AF824881

1781

RICHARD DAWKINS

DAS GROSSE BUCH DER EVOLUTION

EINE NEUE SICHT AUF DIE ENTWICKLUNG DES LEBENS

Aus dem Englischen von Sebastian Vogel
Illustriert von Jana Lenzová

HOFFMANN UND CAMPE

Die Originalausgabe erschien 2024 unter dem Titel *The Genetic Book of the Dead. A Darwinian Reverie* bei Apollo, einem Imprint von Bloomsbury Publishing.

3. Auflage 2026
Copyright Text © 2024 Richard Dawkins
Copyright Illustrationen © 2024 Jana Lenzová
Für die deutschsprachige Ausgabe:
Copyright © 2025 Hoffmann und Campe Verlag GmbH
Harvestehuder Weg 42, 20149 Hamburg, produktsicherheit@hoca.de
www.hoffmann-und-campe.de
Diese Übersetzung von *The Genetic Book of the Dead* wird von
Hoffmann und Campe in Absprache mit Bloomsbury Publishing Plc veröffentlicht.
Umschlaggestaltung: Jorge Schmidt, München
Umschlagabbildungen: Jana Lenzová
Satz: fuxbux, Berlin
Gesetzt aus der Warnock Pro
Druck und Bindung: Livonia Print, SIA, Riga
Printed in Latvia
ISBN 978-3-455-02073-1

Die automatisierte Analyse des Werkes, um daraus Informationen insbesondere über Muster, Trends und Korrelationen gemäß § 44b UrhG (»Text und Data Mining«) zu gewinnen, ist untersagt.

HOFFMANN
UND CAMPE

Ein Unternehmen der
GANSKE VERLAGSGRUPPE

IN DANKBARER ERINNERUNG AN
MIKE CULLEN (1927–2001)

MAN HATTE EIN WISSENSCHAFTLICHES PROBLEM. Man wusste genau, wen man um Hilfe bitten konnte, und dann war er da. Ich sehe die Szene vor mir, als wäre es gestern gewesen. Die drahtige, jungenhafte Gestalt im roten Pullover, leicht gebeugt wie eine gespannte Feder voller intellektueller Energie, und manchmal wiegte er sich in voller Konzentration vorwärts und rückwärts. Die zutiefst intelligenten Augen, die verstanden, was man meinte, noch bevor man die Worte ausgesprochen hatte. Die Rückseite eines Briefumschlags zur Unterstützung einer Erklärung, die manchmal skeptisch und fragend schräg stehenden Augenbrauen unter den unordentlichen Haaren. Dann musste er schnell weg – er musste immer schnell irgendwohin –, griff nach seiner Keksdose mit den Drahtgriffen und verschwand. Aber am nächsten Morgen hatte man die Lösung für das Problem in Mikes charakteristischer kleiner Handschrift, zwei Seiten, oft ein wenig Algebra, Diagramme, eine entscheidende Literaturstelle, vielleicht auch ein passendes klassische Zitat oder ein von ihm selbst komponierter Vers. Ermutigend war es immer.

Wir kennen vielleicht andere Wissenschaftler, die ebenso intelligent sind wie Mike Cullen – viele sind es allerdings nicht. Wir kennen vielleicht andere Wissenschaftler, die ebenso hilfsbereit sind – aber das sind verschwindend wenige. In einem aber bin ich mir sicher: Wir haben niemanden gekannt, der so viel zu geben hatte und es mit solcher Großzügigkeit gegeben hat.

Aus meinem Nachruf bei seiner Trauerfeier
in der Waldham College Chapel, November 2002

INHALT

1 Das Tier lesen 9
2 »Gemälde« und »Statuen« 27
3 In den Tiefen des Palimpsests 47
4 Reverse Engineering 77
5 Gemeinsames Problem, gemeinsame Lösung 119
6 Variationen über ein Thema 159
7 In lebendiger Erinnerung 191
8 Das unsterbliche Gen 237
9 Draußen vor der Körperwand 265
10 Der genzentrierte Blick zurück 287
11 Noch mehr Blicke in den Rückspiegel 321
12 Gute Gefährten, schlechte Gefährten 347
13 Ein gemeinsamer Ausweg in die Zukunft 379

Dank 401
Anmerkungen 403
Literatur 437
Personen- und Sachregister 451
Bildnachweis 464

1

DAS TIER LESEN

DU BIST EIN BUCH, EIN UNVOLLENDETES WERK der Literatur, ein Archiv der beschreibenden Geschichte. Deinen Körper und dein Genom kann man als umfassende Akte lesen, als Akte über eine Abfolge farbenfroher, untergegangener Welten, die unsere längst verschwundenen Vorfahren umgaben: als genetisches Totenbuch. Diese Tatsache gilt für alle Tiere, Pflanzen, Pilze, Bakterien und Archaea, aber um ermüdende Wiederholungen zu vermeiden, werde ich manchmal alle Lebewesen als Tiere ehrenhalber bezeichnen. Aus der gleichen Stimmung heraus schätze ich auch eine Bemerkung, die John Maynard Smith machte, als uns ein Wissenschaftler der Smithsonian Institution, der dort arbeitete, durch den Dschungel von Panama führte: »Was ist es für ein Vergnügen, einem Mann zuzuhören, der seine Tiere wirklich liebt.« Die »Tiere«, um die es ging, waren Palmen.

Aus Sicht der Tiere kann man in dem genetischen Totenbuch auch einen Indikator der Zukunft sehen, wenn man von der vernünftigen Annahme ausgeht, dass die Zukunft sich nicht allzu stark von der Vergangenheit unterscheiden wird. Oder man sagt es auf eine dritte Art: Dann verkörpert das Tier einschließlich seines Genoms ein *Modell* früherer Umgebungen, und dieses Modell nutzt das Tier letztlich, um die Zukunft vorherzusehen und so im Spiel des Darwinismus Erfolg zu haben, dem Spiel um Überleben und Fortpflanzung – oder genauer gesagt, dem Spiel um das Überleben der Gene. Das Genom des Tieres geht eine Wette ein, dass die Zukunft nicht allzu anders sein wird als die Vergangenheit, die seine Vorfahren erfolgreich bewältigt haben.

Ich habe gesagt, man könne ein Tier als Buch über vergangene Welten lesen, die Welten seiner Vorfahren. Warum habe ich nicht von der Gegenwart gesprochen? Warum lesen wir das Tier nicht als Beschreibung der Umwelt, in der es selbst lebt? Das kann man tatsächlich tun. Doch (mit Vorbehalten, von denen noch zu reden sein wird) wurde jeder Aspekt der Überlebensmaschinerie eines Tieres auf dem Weg über seine Gene durch natürliche Selektion der Vorfahren weiter vererbt. Wenn wir also das Tier lesen, lesen wir eigentlich *vergangene* Umgebungen. Deshalb ist in meinem Titel von »den Toten« die Rede.* Es geht darum, uralte Welten zu rekonstruieren, in denen aufeinanderfolgende, längst verstorbene Vorfahren überlebt haben und die Gene weitergeben konnten, die darüber bestimmen, dass wir, die modernen Tiere, so und nicht anders sind. Derzeit ist das ein schwieriges Unterfangen, aber eine Wissenschaftlerin der Zukunft, die es mit einem bis dahin unbekannten Tier zu tun bekommt, wird in der Lage sein, seinen Körper und seine Gene als detaillierte Beschreibung der Umgebungen zu lesen, in denen seine Vorfahren gelebt haben.

Auf meine imaginäre Wissenschaftlerin der Zukunft werde ich häufig zurückkommen, wenn sie sich mit dem Körper eines bisher unbekannten Tieres auseinandersetzt und sich vornimmt, es zu le-

* Der Originaltitel des Buches lautet *The Genetic Book of the Dead* (Anm. d. Übers.).

sen. Da ich sie so häufig erwähne, werde ich kurz ihre Initialen WDZ verwenden. Um unbeholfene Satzkonstruktionen zu vermeiden und aus Höflichkeit gehe ich willkürlich davon aus, dass WDZ weiblich ist.[1] Wäre ich eine Autorin, würde ich es umgekehrt machen.

Dieses genetische Totenbuch, dieser »Ausdruck« des Tieres und seiner Gene, diese reichhaltig codierte Beschreibung früherer Umgebungen, muss zwangsläufig ein *Palimpsest* sein. Alte Dokumente sind teilweise durch einen Text überschrieben, der in späteren Zeiten hinzugekommen ist. Das *Oxford English Dictionary* definiert ein Palimpsest als »Manuskript, bei dem spätere Schrift über die frühere (ausgetilgte) Schrift gelegt wurde«. Ein geschätzter Kollege, der verstorbene Bill Hamilton, hatte die bezaubernde Gewohnheit, Postkarten als Palimpseste zu schreiben, wobei er verschiedenfarbige Tinte verwendete, um die Verwirrung zu verringern. Seine Schwester Dr. Mary Bliss hat mir freundlicherweise eine davon geliehen.

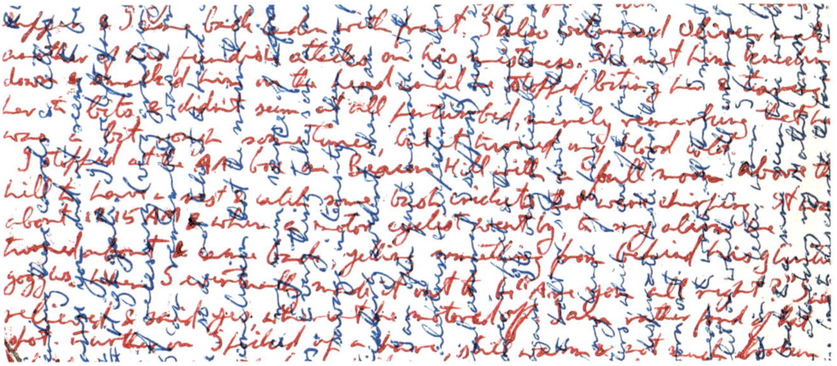

Diese Karte ist nicht nur ein hübsches, buntes Palimpsest, sondern es ist auch angebracht, sie hier zu verwenden, denn Professor Hamilton gilt weithin als der angesehenste Darwinist seiner Generation.[2] Als Robert Trivers seinen Tod betrauerte, sagte er: »Er hatte den feinsten, vielschichtigsten Geist, der mir jemals begegnet ist. Was er sagte, hatte häufig eine doppelte und sogar dreifache Bedeutung, das heißt, während wir anderen in einzelnen Tönen sprechen und denken, dachte er in Akkorden.«[3] Oder waren es Palimpseste? Jedenfalls stelle ich mir gern vor, dass ihm die Idee von Evolutions-Palimpsesten gefallen hätte. Und auch das genetische Totenbuch selbst.

Sowohl Bills Postkarten als auch meine Evolutions-Palimpseste weichen von der strengen Wörterbuchdefinition ab: Die früheren Texte sind nicht unwiederbringlich ausgetilgt. Im genetischen Totenbuch sind sie teilweise überschrieben, aber man kann sie noch lesen, auch wenn wir dazu »durch ein dunkles Glas« oder ein Gewirr späterer Texte blicken müssen.[4] Die Umgebungen, die im genetischen Totenbuch beschrieben sind, decken das ganze Spektrum ab, von den urzeitlichen Meeren des Kambriums über alle Zwischenstufen der Jahrmillionen bis in die jüngste Gegenwart. Vermutlich sorgt eine Art Gewichtung für eine Balance zwischen modernen und alten Texten. Nach meiner Vermutung folgt sie aber nicht einer einfachen Formel wie die Koranregeln für den Umgang mit inneren Widersprüchen – dort übertrumpft das Neue immer das Ältere. Auf das Thema werde ich in Kapitel 3 zurückkommen.

Wer in der Welt Erfolg haben will, muss vorhersehen, was als Nächstes geschehen wird, oder man muss so tun, als würde man es vorhersehen. Jede sinnvolle Vorhersage muss auf der Vergangenheit basieren, und viele sinnvolle Vorhersagen sind nicht absolut, sondern statistischer Natur. Manchmal ist es eine kognitive Vorhersage: »Wenn ich über diese Klippe falle (diese Schlange bei ihrem klappernden Schwanz greife, diese verlockenden Tollkirschen esse), werde ich anschließend leiden oder sterben«. Wir Menschen sind an Vorhersagen dieser kognitiven Art gewöhnt, aber das sind nicht die Vorhersagen, die ich im Sinn habe. Ich werde mich mehr mit unbewussten, statistischen »als ob«-Vorhersagen beschäftigen, die etwas darüber sagen, was die zukünftigen Chancen eines Tieres, zu überleben und Kopien seiner Gene weiterzugeben, beeinflussen kann.

Die Haut dieser Krötenechse aus der Mojave-Wüste ist so gefärbt und gemustert, dass sie dem Sand und kleinen Steinen ähnelt; damit verkörpert sie eine von den Genen ausgehende Vorhersage, dass sie wahrscheinlich in einer Wüste geboren wird (nun ja, eigentlich schlüpft sie). Entsprechend kann ein Zoologe, der mit der Echse konfrontiert wird, ihre Haut als lebhafte *Beschreibung* von Sand und Steinen in der Wüstenumwelt *lesen*, in der ihre Vorfahren zu Hause waren. Hier liegt meine zentrale Aussage. Bis weit unter die Haut, den ganzen Körper durch und durch, kann man jede Einzelheit, jedes Organ, jede Zelle, jeden biochemischen Prozess, jedes Fitzelchen eines Tieres einschließlich seines Genoms als Beschreibung früherer Welten lesen. Im Fall der Echse wird das Genom zweifellos die gleiche Wüstengeschichte spinnen wie die Haut. »Wüste« ist in jedem Teil des Tieres aufgeschrieben, außerdem eine Menge weiterer Informationen über seine frühe Vergangenheit, und diese Informationen gehen weit über alles hinaus, was der heutigen Wissenschaft zugänglich ist.

Wenn die Echse aus dem Ei schlüpft, ist sie mit einer genetischen Vorhersage ausgestattet, wonach sie sich in einer sonnendurchglühten Welt aus Sand und Kies wiederfinden wird. Würde sie dieser genetischen Vorhersage nicht entsprechen, beispielsweise indem sie aus der Wüste auf ein Golfgreen wandert, würde ein vorüberkommender Beutegreifer sie schnell aufsammeln. Und wenn die Welt selbst sich verändert, sodass die genetischen Vorhersagen sich als falsch erweisen, wäre sie ebenfalls zum Untergang verurteilt. Jede nützliche Vorhersage verlässt sich darauf, dass die Zukunft zumindest in einem statistischen Sinn annähernd so ist wie die Vergangenheit. Eine Welt der kontinuierlichen verrückten Launen, ein Umwelt-Irrenhaus, das sich zufällig und unberechenbar verändert, würde Vorhersagen unmöglich machen und das Überleben gefährden. Glücklicherweise ist die Welt konservativ, und die Gene können gefahrlos darauf wetten, dass ein Ort weiterhin mehr oder weniger so ist wie früher. Wenn das bei bestimmten Gelegenheiten nicht zutrifft – beispielsweise nach einer katastrophalen Überschwemmung, einem Vulkanausbruch oder wie beim tragischen Ende der Dinosaurier nach einem Asteroideneinschlag, der die Welt verwüstete –, sind alle Vorhersagen falsch, alle Wetten sind ausgesetzt, und ganze Tiergruppen sterben aus. In den meisten Fällen haben wir es aber nicht mit solchen großen Katastrophen zu tun: Es werden nicht große Teile des Tierreiches auf einen Schlag ausgelöscht, sondern nur die abweichenden Individuen, deren Vorhersagen geringfügig falsch sind, oder aber geringfügig falscher als die von Konkurrenten der eigenen Spezies. Das ist natürliche Selektion.[5]

Die obersten Texte des Palimpsestes sind ganz aktuell und gehören zu einem besonderen Typ: Sie wurden während der Lebenszeit des Tieres niedergeschrieben. Die Beschreibung früherer Welten in den Genen ist durch Abwandlungen und detaillierte Verfeinerungen überlagert, die seit der Geburt des Tieres entstanden sind – Modifikationen, die geschrieben und umgeschrieben wurden, weil das Tier aus Erfahrung *gelernt* hat; oder aber weil es bemerkenswerte, vom Immunsystem angelegte Erinnerungen an frühere Erkrankungen hatte; oder weil eine physiologische Gewöhnung beispielsweise an große Höhe eingetreten ist; oder sogar weil Phantasie mögliche zukünftige Folgen simuliert hat. Solche aktuellen Palimpsest-Texte werden nicht mit den Genen weitergegeben (die Werkzeuge, mit denen sie niedergeschrieben werden, allerdings durchaus), und doch summieren sie sich zu Informationen aus der Vergangenheit, die hinzugezogen werden, um die Zukunft vorherzusagen. Sie stammen einfach nur aus der sehr jungen Vergangenheit, die in die eigene Lebenszeit des Tieres fällt. Von diesen Teilen des Palimpsestes, die seit der Geburt des Tieres hingekritzelt wurden, handelt Kapitel 7.

Auch in einem noch aktuelleren Sinn baut das Gehirn eines Tieres ein dynamisches Modell der sich ständig wandelnden Umwelt auf und sagt Veränderungen von Augenblick zu Augenblick in Echtzeit voraus. Während ich diese Zeilen an der Küste von Cornwall niederschreibe, empfinde ich neidisches Vergnügen über die Möwen, weil sie auf dem Wind reiten, der um die Klippen der Lizard-Halbinsel tobt. Flügel, Schwanz und selbst der Winkel, in dem jeder einzelne Vogel den Kopf hält, stellen sich empfindsam auf die wechselnden Böen und Aufwinde ein. Stellen wir uns einmal vor, WDZ, unsere Zoologin der Zukunft, würde in das Gehirn einer fliegenden Möwe Elektroden mit Funkverbindung einpflanzen. Dann könnte sie auslesen, wie die Möwe ihre Muskeln einstellt und dies in Echtzeit in einen fortlaufenden Kommentar über die wirbelnden Winde übersetzt: in ein Vorhersagemodell im Gehirn, das sich präzise auf die Tragflächen des Vogels einstellt, damit sie ihn im nächsten Sekundenbruchteil weitertragen.

Ich habe gesagt, ein Tier sei nicht nur eine Beschreibung der Vergangenheit und nicht nur eine Vorhersage der Zukunft, sondern auch ein *Modell*. Was ist ein Modell? Eine Konturkarte ist das Modell eines Landes; aus diesem Modell kann man die Landschaft rekonstruieren und sich auf ihren Verkehrswegen zurechtfinden. Das Gleiche gilt für eine Liste von Nullen und Einsen in einem Computer, eine digitalisierte Darstellung der Karte, die vielleicht auch weitere einschlägige Informationen enthält: die örtliche Bevölkerungszahl, die angebauten Nutzpflanzen, die vorherrschenden Religionen und so weiter. In dem Sinn, in dem ein Ingenieur das Wort versteht, sind zwei Systeme »Modelle« voneinander, wenn ihrem Verhalten die gleiche Mathematik zugrunde liegt. Man kann ein elektronisches Modell eines Pendels verdrahten. Die Periodizität des Pendels wie auch des elektronischen Oszillators wird durch dieselbe Gleichung bestimmt. Die Symbole in der Gleichung stehen nur nicht für die gleichen Dinge. Ein Mathematiker könnte jedes davon zusammen mit der einschlägigen, auf Papier geschriebenen Gleichung als »Modell« jedes anderen behandeln. Meteorologen konstruieren ein dynamisches Computermodell des globalen Wetters, das durch Informationen von strategisch aufgestellten Thermometern, Barometern, Anemometern und heute vor allem Satelliten aktualisiert wird. Das Modell wird in die Zukunft fortgeschrieben und dient dazu, eine Vorhersage für jede beliebige Weltregion zu erstellen.

Sinnesorgane projizieren keinen originalgetreuen Film der Außenwelt in ein kleines Kino im Gehirn.[6] Das Gehirn konstruiert vielmehr ein virtuelles VR-Modell der wirklichen Welt draußen, und dieses Modell wird durch die Sinnesorgane ständig aktualisiert. Meteorologen schreiben ihr Computermodell des weltweiten Wetters in die Zukunft fort, und das Gleiche tut auch jedes Tier von einer Sekunde zur nächsten mit seinem eigenen Modell der Welt, um sich so bei seinen nächsten Handlungen leiten zu lassen. Jede Spezies baut sich ihr eigenes Modell der Welt auf – es nimmt eine Form an, die für die Lebensweise der jeweiligen Spezies nützlich ist und dazu dienen kann, lebenswichtige Voraussagen darüber zu treffen, wie man überlebt. Das Modell muss von Spezies zu Spezies sehr unterschiedlich sein. Im Kopf einer Schwalbe oder einer Fledermaus muss es sich an eine dreidimensionale, luftige Welt mit schnell beweglichen Zielen annähern. Dabei spielt es unter Umständen keine Rolle, dass das Modell in einem Fall von Nervenimpulsen der Augen aktualisiert wird, im anderen von Impulsen der Ohren. Nervenimpulse sind Nervenimpulse sind Nervenimpulse, woher sie auch stammen. Im Gehirn eines Eichhörnchens muss ein ähnliches VR-Modell ablaufen wie im Gehirn eines Totenkopfäffchens. Beide müssen in einem dreidimensionalen Gewirr aus Baumstämmen und Ästen zurechtkommen. Das Modell einer Kuh ist einfacher und näher an zwei Dimensionen. Ein Frosch stellt eine Szene nicht in dem Sinn, wie wir das Wort verstehen würden, als Modell dar. Das Auge des Frosches beschränkt sich im Wesentlichen darauf, dem Gehirn über kleine bewegliche Objekte zu berichten.[7] Ein solcher Bericht setzt im typischen Fall einen stereotypen Ablauf in Gang: Der Frosch wendet sich dem Objekt zu, hüpft näher heran und lässt schließlich die Zunge in Richtung des Ziels herausschießen. Die Verdrahtung des Auges verkörpert eine Vorhersage, wonach der Frosch wahrscheinlich etwas zu Fressen treffen wird, wenn er die Zunge in die angegebene Richtung bewegt.[8]

Mein Großvater stammte aus Cornwall und war in seiner Pionierzeit bei dem Unternehmen Marconi beschäftigt, wo er jungen Ingenieuren, die neu in die Firma kamen, die Grundlagen der Funktechnik erklärte. Unter seinen Lehrmitteln war eine Wäscheleine, die er schwenkte, um ein Modell von Schallwellen herzustellen – oder von

Funkwellen, denn das gleiche Modell lässt sich auf beides anwenden, und genau darum geht es. Jedes komplizierte Wellenmuster – Schallwellen, Funkwellen oder notfalls auch Meereswellen – lässt sich in die Sinuswellen zerlegen, aus denen es besteht – diese »Fourier-Analyse« ist nach dem französischen Mathematiker Joseph Fourier (1768–1830) benannt.[9] Umgekehrt kann man sie auch zusammensetzen und damit die ursprüngliche, komplizierte Welle neu aufbauen (Fourier-Synthese). Um das vorzuführen, befestigte mein Großvater seine Wäscheleine an rotierenden Rädern. Drehte sich nur ein Rad, führte das Seil schlangenähnliche Wellenbewegungen aus, die ungefähr einer Sinuswelle entsprachen. Rotierte gleichzeitig auch ein gekoppeltes Rad, wurden die Schlangenwellen des Seils komplizierter. Die Summe der Sinuswellen war eine einfache, aber einprägsame Verdeutlichung des Fourier-Prinzips. Großvaters schwingende Leine war das Modell einer Funkwelle, die vom Sender zum Empfänger wandert. Oder einer Schallwelle, die ins Ohr dringt: eine zusammengesetzte Welle, mit der das Gehirn vermutlich eine Entsprechung zur Fourier-Analyse durchführt, wenn es beispielsweise ein so kompliziertes Muster wie geflüsterte Sprache plus aufdringliches Husten vor dem Hintergrund eines Orchesterkonzerts entschlüsselt. Erstaunlicherweise kann das menschliche Ohr oder eigentlich das menschliche Gehirn aus der zusammengesetzten Welle des ganzen Orchesters hier eine Oboe und dort ein Horn heraushören.

Ein heutiger Nachfolger meines Großvaters würde keine Wäscheleine benutzen, sondern einen Computerbildschirm; er würde darauf zuerst eine einfache Sinuswelle zeigen und dann eine zweite Sinuswelle mit anderer Frequenz.[10] Anschließend würde er beide zusammenfügen und eine kompliziertere geschlängelte Linie erzeugen, und so weiter. Das Bild auf der folgenden Seite zeigt die Form einer Schallwelle – hochfrequenter Luftdruckveränderungen –, die entsteht, wenn ich ein einzelnes englisches Wort ausspreche. Wenn man weiß, wie man es analysieren muss, könnte man an den darin (in einem stark gedehnten Bild) verkörperten numerischen Daten ablesen, was ich gesagt habe. In Wirklichkeit erfordert es eine Menge mathematischer Akrobatik und Rechenleistung, um es zu entziffern. Aber nehmen wir einmal an, die gleiche geschlängelte Linie wäre die Rille, in der eine altmodische Grammophonnadel steht. Die durch sie entstehenden wechselnden Luftdruckwellen würden unsere Trommelfelle bombardieren und sich in den Nervenzellen, die mit dem Gehirn verknüpft sind, in Impulsmuster verwandeln. Das Gehirn würde dann ohne Schwierigkeiten in Echtzeit die erforderliche mathematische Zauberei ausführen und das gesprochene Wort »sisters« erkennen.

Die Geräuschverarbeitungssoftware in unserem Gehirn erkennt das gesprochene Wort mühelos, aber unsere Bildverarbeitungssoftware hat große Schwierigkeiten, es zu entziffern, wenn sie mit einer Wellenlinie konfrontiert wird, ganz gleich, wie sie dargestellt ist: auf Papier, auf einem Computerbildschirm oder in Form der Zahlen, aus denen diese Wellenlinie zusammengesetzt ist. Um sie zu entziffern, müssten wir die ganzen mathematischen Berechnungen mithilfe eines leistungsfähigen Computers durchführen, und auch das wäre eine schwierige Berechnung. Für unser Gehirn dagegen ist es ein Klacks, wenn ihm die gleichen Daten in Form von Schallwellen dargeboten werden. Diese Parabel soll meine Aussage verdeutlichen – sie ist Dreh- und Angelpunkt meiner Absicht, und deshalb sage ich es zweimal: Manche Teile eines Tieres sind ungeheuer viel schwieriger zu »lesen« als andere. Das Muster auf dem Rücken unserer Mojave-Eidechse war einfach: Es entsprach dem *Hören* von »sisters«. Die Vorfahren dieses Tieres haben offenbar in einer Steinwüste überlebt. Aber wir sollten auch nicht vor der schwierigen Lektüre zurückschrecken – beispielsweise von den chemischen Vorgängen in den Leberzellen. Sie könnten uns ebenso große Schwierigkeiten bereiten wie der Anblick der Wellenform von »sisters« auf dem Bildschirm eines Oszilloskops. Aber nichts spricht gegen die Hauptaussage: Die Information steckt darin, so schwierig sie auch zu entschlüsseln sein mag. Das genetische Totenbuch mag sich als ebenso undurchschaubar erweisen wie kretische Linearschrift A oder die Indusschrift. Aber die ganze Information ist nach meiner Überzeugung vorhanden.

Das Muster rechts ist ein QR-Code. Er enthält eine verborgene Nachricht, die unser menschliches Auge nicht lesen kann. Das Smartphone entziffert sie aber sofort und zeigt mir eine Zeile meines Lieblingsdichters. Das genetische Totenbuch ist ein Palimpsest aus Nachrichten über frühere Welten, das sich in Körper und Genom eines Tieres versteckt. Wie QR-Codes sind sie meist mit bloßem Auge nicht zu entziffern, aber die Zookoginnen der Zukunft werden mit hochentwickelten Computern und anderen Hilfsmitteln ihrer Zeit ausgerüstet sein und sie lesen können.

Um die zentrale Aussage noch einmal zu wiederholen: Wenn wir ein Tier untersuchen, können wir in manchen Fällen – einer davon ist die Krötenechse aus der Mojave-Wüste – sofort die konkrete Beschreibung ihrer früheren Umgebung ablesen, genau wie unser Hörsystem sofort das gesprochene Wort »sisters« versteht. In Kapitel 2 werden wir uns mit Tieren beschäftigen, bei denen die frühere Umwelt nahezu buchstäblich auf den Rücken gemalt ist. Meist müssen wir aber auf indirektere, schwierigere Methoden zurückgreifen, um sie auszulesen. In späteren Kapiteln tasten wir uns zu Wegen vor, auf denen das möglich ist. In den meisten Fällen sind die Methoden aber noch nicht weit genug entwickelt, insbesondere wenn es um das Lesen von Genomen geht. Ich verfolge unter anderem die Absicht, Mathematiker, Informatiker, Molekulargenetiker und andere, die besser qualifiziert sind als ich, zur Entwicklung solcher Methoden anzuregen.

Zunächst einmal muss ich im Zusammenhang mit dem englischen Originaltitel *The Genetic Book of the Dead* (»Das genetische Totenbuch«) fünf mögliche Missverständnisse ausräumen. Das erste ist die enttäuschende Eröffnung, dass ich die Aufgabe, das Totenbuch zu entziffern, zu einem großen Teil an die Wissenschaft der Zukunft delegiere. Daran kann ich nicht viel ändern. Zweitens besteht über den poetischen Widerhall hinaus kaum ein Zusammenhang mit den ägyptischen Totenbüchern. Diese waren Anweisungen, die zusammen mit Toten bestattet wurden und ihnen helfen sollten, den Weg zur Unsterblichkeit zu finden. Das Genom eines Tieres ist ein Handbuch, das ihm sagt, wie es sich in der Welt so zurechtfinden kann, dass das Handbuch selbst (aber nicht der Körper) in eine unbegrenzte Zukunft oder sogar in die tatsächliche Unsterblichkeit weitergegeben wird.

Drittens könnte mein Titel so missverstanden werden, als ginge es um das faszinierende Thema der vorzeitlichen DNA. Die DNA längst Verstorbener – nun, leider nicht *sehr* lange Verstorbener –

steht uns in manchen Fällen und häufig in Form zusammenhangloser Fragmente zur Verfügung. Der schwedische Genetiker Svante Pääbo wurde mit dem Nobelpreis ausgezeichnet, weil er das Genom von Neandertalern und Denisova-Menschen, die man ansonsten nur in Form von Fossilien – im Fall der Denisova-Menschen nur aus drei Zähnen und fünf Knochenbruchstücken – kannte, wie ein Puzzle zusammengesetzt hat.[11] Nebenbei bemerkt, zeigen Pääbos Arbeiten, dass die Europäer, nicht aber die Afrikaner von südlich der Sahara, aus den seltenen Fällen einer Kreuzung mit Neandertalern hervorgegangen sind. Manche heutigen Menschen, insbesondere Melanesier, entstammen auch der Kreuzung mit Denisova-Menschen. Die Erforschung »alter DNA« ist heute ein blühendes Forschungsgebiet. Das Genom des Wollmammuts ist nahezu vollständig bekannt, und es besteht ernsthaft die Hoffnung, die Spezies wiederzubeleben. Andere mögliche »Wiederauferstehungen« könnten den Dodo, die Wandertaube, den Riesenalk und den Tasmanischen Beutelwolf betreffen.[12] Leider bleibt aber DNA in ausreichenden Mengen bestenfalls einige Tausend Jahre erhalten. Die alte DNA ist zwar interessant, sie gehört aber nicht zu den Themen dieses Buches.

Viertens werde ich mich nicht mit der Frage beschäftigen, welche Aufschlüsse der Vergleich von DNA-Sequenzen in verschiedenen Gruppen von Jetztmenschen auf die Geschichte und auf die Wanderungswellen der Menschen liefern, die über die Landflächen der Erde hinweggerollt sind. Faszinierenderweise überschneiden sich entsprechende genetische Studien mit Vergleichen zwischen Sprachen. So zeigt beispielsweise die Verteilung von Genen und Wörtern auf den Inseln von Mikronesien im Westpazifik einen mathematisch nachgewiesenen Zusammenhang zwischen den Entfernungen von Insel zu Insel und den Ähnlichkeiten der Wörter.[13] Wir können uns Auslegerkanus vorstellen, die über den offenen Pazifik schießen und sowohl mit Genen als auch mit Wörtern beladen sind! Aber das wäre ein Kapitel für ein anderes Buch. Sollte man es vielleicht *Das egoistische Mem* nennen?

Den Titel des vorliegenden Buches sollte man nicht so verstehen, als wäre die derzeitige Wissenschaft darauf vorbereitet, DNA-Sequenzen in Beschreibungen früherer Umgebungen zu übersetzen. Das kann niemand, und ob die WDZ jemals dazu in der Lage sein wird, ist nicht klar. Das Buch handelt vielmehr davon, wie man das Tier selbst liest, seinen Körper und sein Verhalten – den »Phänotyp«. Zwar stimmt es nach wie vor, dass die Beschreibungen aus der Vergangenheit durch DNA übermittelt werden. Aber vorerst lesen wir sie indirekt auf dem Weg über den Phänotyp. Der einfachste oder vielleicht einzige Weg, ein menschliches Genom in einen funktionierenden Körper zu übersetzen, besteht darin, dass es von einer ganz besonderen Dolmetschervorrichtung aufgenommen wird: einer Frau.

DIE SPEZIES ALS SKULPTUR; DIE SPEZIES ALS MITTELWERTBILDENDER COMPUTER

Sir D'Arcy Thompson (1860–1948), ein ungeheuer gelehrter Zoologe, Altphilologe und Mathematiker, machte einmal eine Bemerkung, die sich zunächst banal und anhört und sogar zweimal das Gleiche zu besagen scheint, dann aber zum Denken anregt.[14] »Alles ist so, wie es ist, weil es so geworden ist.« Das Sonnensystem ist so und nicht anders, weil die Gesetze der Physik eine Gas- und Staubwolke zu einer rotierenden Scheibe gemacht haben, die dann kondensierte und die Sonne bildete, außerdem kreisende Himmelskörper, die alle in der gleichen Ebene und in der gleichen Richtung rotieren, womit sie die Ebene der ursprünglichen Scheibe kennzeichnen. Der Mond ist so, wie er ist, weil ein gigantisches Bombardement vor 4,5 Milliarden Jahren eine große Materiemenge von der Erde in eine Umlaufbahn schleuderte, wo sie dann von der Gravitation zu einer Kugel geformt und geknetet wurde. Die ursprüngliche Rotation des Mondes verlangsamte sich später durch ein Phänomen, das man »gebundene Rotation« nennt, und deshalb sehen wir ihn immer nur von einer Seite. Weitere kleinere Bombardements verunstalteten die Mondoberfläche mit Kratern. Die Erde hätte ebenfalls solche Pockennarben, würden sie nicht durch Erosion und tektonische Verwitterung abgetragen. Eine Skulptur ist so, wie sie ist, weil ein Block aus Carrara-Marmor der liebevollen Aufmerksamkeit Michelangelos teilhaftig wurde.

Warum ist unser Körper so und nicht anders? Zum Teil tragen wir wie der Mond die Narben äußerer Verletzungen – Schusswunden, Andenken an den Säbel eines Duellanten oder das Messer eines Chirurgen, sogar echte Krater durch Pocken oder Windpocken. Aber das sind oberflächliche Details. Vorwiegend ist ein Körper durch die Prozesse von Embryonalentwicklung und Wachstum so geworden. Und die wiederum wurden von der DNA in seinen Zellen gelenkt. Und wie wurde die DNA so, wie sie ist? Damit sind wir beim springenden Punkt. Das Genom jedes Individuums ist eine Stichprobe aus dem Genpool der Spezies. Der Genpool ist über viele Generationen so geworden, wie er ist – teilweise durch zufällige genetische Drift, vorwiegend aber durch einen Prozess der nicht zufälligen Bildhauerei. Der Bildhauer ist die natürliche Selektion: Sie formt und schnitzt den Genpool, bis er – und die Körper, die seine äußere, sichtbare Ausdrucksform sind – so und nicht anders ist.

Warum sage ich, dass der Genpool einer Spezies geformt wird und nicht das einzelne Genom? Weil das Genom eines Individuums sich anders als Michelangelos Marmor nicht verändert. Das einzelne Genom ist nicht das Gebilde, das der Bildhauer formt. Nachdem die Befruchtung stattgefunden hat, bleibt das Genom festgelegt, von der Zygote über die Embryonalentwicklung und die Kindheit bis zum Erwachsenen- und Greisenalter.[15] Nicht das Genom des Individuums, sondern der Genpool der Spezies verändert sich unter dem darwinistischen Meißel.[16] Als Bildhauerei kann man die Veränderung insofern bezeichnen, als dass die dabei entstehende Form eines Tieres in der Regel eine Verbesserung ist. Verbesserung muss nicht »Schönheit« bedeuten wie bei Rodin oder Praxiteles (auch wenn es oft so ist). Es bedeutet nur, dass das Tier besser überleben und sich fortpflanzen kann. Manche Individuen überleben und pflanzen sich fort. Andere sterben jung. Manche Individuen haben viele Partner oder Partnerinnen, andere haben keine. Manche haben keine Kinder, andere einen Schwarm von gesunden Nachkommen. Die sexuelle Rekombination sorgt dafür, dass der Genpool durchgerührt und durchgeschüttelt wird. Mutationen sorgen dafür, dass neue genetische Varianten in den vermischten Pool einfließen. Natürliche und sexuelle Selektion sorgen dafür, dass die Form des durchschnittlichen Genoms der Spezies sich in konstruktive Richtungen verändert, wenn Generation auf Generation folgt.

Wenn wir nicht gerade Populationsgenetiker sind, sehen wir die Verschiebungen des geformten Genpools nicht unmittelbar. Wir beobachten vielmehr Veränderungen im durchschnittlichen Körperbau und Verhalten der Mitglieder einer Spezies. Jedes Individuum wird durch die gemeinschaftliche Anstrengung einer Stichprobe von Genen aus dem derzeitigen Genpool aufgebaut. Der Genpool einer Spezies ist der sich ständig wandelnde Marmor, an dem die Meißel, die feinen, scharfen, höchst empfindsamen und tief vordringenden Meißel der natürlichen Selektion an die Arbeit gehen.

Ein Geologe sieht einen Berg oder ein Tal und »liest« darin, er rekonstruiert die Geschichte der Landschaft von der fernen Vergangenheit bis in die jüngste Zeit. Die natürliche Formung des Berges oder Tals beginnt vielleicht mit einem Vulkan oder einer tektonischen Subduktion einschließlich der Aufwärtsbewegung. Dann übernehmen die Meißel von Wind und Regen, Flüssen und Gletschern. Betrachtet eine Biologin die Geschichte eines Fossils, sieht sie keine Gene, sondern die Dinge, die wir mit der Ausstattung unserer Gene sehen können: fortschreitende Veränderungen des durchschnittlichen Phänotyps.[17] Aber das Gebilde, das von der natürlichen Selektion behauen wird, ist der Genpool der Spezies.

Die sexuelle Fortpflanzung verleiht der Spezies eine Sonderstellung, die andere Einheiten der taxonomischen Hierarchie – Gattung, Familie, Ordnung, Klasse und so weiter – nicht teilen. Warum? Weil die sexuelle Neukombination von Genen – das Mischen des Kartenspiels – nur innerhalb der Spezies stattfindet. Genau das ist die Definition von Spezies. Damit bin ich bei der zweiten Metapher im Titel dieses Abschnitts: der Spezies als mittelwertbildender Computer.

Das genetische Totenbuch ist eine Beschreibung der Welt, in der kein bestimmtes früheres Individuum eine größere Rolle spielt als ein anderes. Es ist eine Beschreibung der Umwelt, die den gesamten Genpool geformt hat. Jedes Individuum, das wir heute untersuchen, ist eine Stichprobe aus dem gemischten Kartenspiel, dem geschüttelten und gerührten Genpool. Und der Genpool war in jeder Generation das Ergebnis eines statistischen Prozesses, der den Durchschnitt aller individuellen Erfolge und Fehlschläge innerhalb der Spezies gebildet hat. Die Spezies ist ein mittelwertbildender Computer. Und der Genpool ist die Datenbank, die er verarbeitet.

2

»GEMÄLDE« UND »STATUEN«

WENN EIN TIER WIE DIE EIDECHSE aus der Mojave-Wüste die Heimat seiner Vorfahren gemalt auf dem Rücken trägt, versetzen uns unsere Augen sofort in die Lage, mühelos die Welten ihrer Vorfahren und die Gefahren, die sie überlebt haben, auszulesen. Hier sehen wir eine weitere gut getarnte Echse.[1] Ist sie auf dem Hintergrund der Baumrinde zu erkennen? Ja, denn das Foto wurde bei starkem Licht aus nächster Nähe aufgenommen. Damit gleichen wir einem Beutegreifer, der das Glück hat, unter idealen Sichtbedingungen über sein Opfer zu stolpern. Solche nahen Begegnungen haben den Selektionsdruck ausgeübt, durch den eine vollkommene Tarnung den letzten Schliff erhielt. Aber wie hat die Evolution der Tarnung angefangen? Zu einer Zeit, als nur eine Art geringe anfängliche

Ähnlichkeit bestand, sorgten wandernde Beutegreifer, die träge aus den Augenwinkeln die Umgebung musterten oder bei schlechten Lichtverhältnissen auf die Jagd gingen, für den Selektionsdruck, durch den die Evolution in Richtung der Baumrinden-Mimikry begann. Die Zwischenstadien auf dem Weg zur vollkommenen Tarnung waren auf mittelgute Sichtverhältnisse angewiesen. Ein ununterbrochenes Spektrum der jeweiligen Bedingungen reichte von »aus der Ferne, bei schlechtem Licht, aus dem Augenwinkel oder ohne besondere Aufmerksamkeit gesehen« bis zu »aus der Nähe bei gutem Licht und genau von vorn gesehen«. Die Echse von heute trägt ein detailliertes, sehr genaues »Gemälde« der Baumrinde auf dem Rücken, und gemalt wurde es von Genen, die im Genpool überlebt haben, weil sie immer genauere Bilder erzeugen konnten.

Den Frosch müssen wir nur ansehen, dann können wir sofort »lesen«, dass es in der Umwelt seiner Vorfahren viele graue Flechten gab. Oder, in einer anderen Formulierung aus Kapitel 1: Die Gene des Frosches »wetten« auf Flechten. Ich benutze hier »wetten« und

»lesen« nahezu im wörtlichen Sinn. Man braucht dazu keine raffinierten Methoden oder Apparate. Die Augen der Zoologin reichen aus. Und das hat den darwinistischen Grund, dass das Gemälde dazu dienen soll, die Augen eines Beutegreifers zu täuschen, die genauso funktionieren wie die Augen der Zoologin. Froschvorfahren überlebten, weil sie die räuberischen Augen, die den Augen der Zoologin – oder unseren, den Augen der lesenden Wirbeltiere – ähnelten, täuschen konnten.

In manchen Fällen sind nicht Beutetiere, sondern Beutegreifer von außen mit den Farben und Mustern aus der Welt ihrer Vorfahren bemalt, sodass sie sich an ihre Beute besser ungesehen anschleichen können. Tigergene wetten darauf, dass der Tiger in einer Welt geboren wird, in der senkrecht stehende Stämme Streifen von Licht und Schatten erzeugen. Die Zoologin, die den Körperbau eines Schneeleoparden untersucht, könnte darauf wetten, dass seine Vorfahren in einer gefleckten Welt aus Steinen und Felsen lebten, also vielleicht in einer Gebirgsregion. Und seine Gene platzieren für die Zukunft eine Wette auf die gleiche Umwelt als Tarnung für seine Nachkommen.

Nebenbei bemerkt: Die Säugetier-Beute der Großkatzen findet deren Tarnung vielleicht noch erstaunlicher als wir. Wir Menschenaffen und alle Altweltaffen sehen trichromatisch, das heißt, wir haben wie moderne Digitalkameras drei farbempfindliche Zelltypen in der Netzhaut. Die meisten anderen Säugetiere sind Dichromaten: Sie sind, wie wir es nennen würden, rot-grün-farbenblind. Das dürfte bedeuten, dass ein Tiger oder Schneeleopard für sie noch schwerer vom Hintergrund zu unterscheiden ist als für uns. Die natürliche Selektion hat die Streifen der Tiger und die Flecken der Schneeleoparden so »gestaltet«, dass die dichromatischen Augen ihrer typischen Beutetiere getäuscht werden. Und auch unsere trichromatischen täuschen sie noch recht gut.

Und noch eine Bemerkung: Ich finde es überraschend, dass ansonsten wunderschön getarnte Tiere sich durch einen todsicheren Hinweis verraten: durch die Symmetrie. Die Federn dieser Eule ahmen die Baumrinde wunderschön nach. Aber die Symmetrie verrät sie. Die Tarnung ist durchbrochen.

Mir bleibt nichts anderes übrig, als zu vermuten, dass es irgendwo in der Embryonalentwicklung eine tief liegende Einschränkung gibt, die es schwierig macht, aus der Links-Rechts-Symmetrie auszubrechen. Oder verschafft Symmetrie bei sozialen Begegnungen irgendeinen rätselhaften Vorteil? Schüchtert sie vielleicht Rivalen ein? Eulen können den Hals um einen weitaus größeren Winkel drehen als wir. Vielleicht lindert dies das Problem des symmetrischen Gesichts. Das Foto verlockt zu der Spekulation, die natürliche Selektion könne die Gewohnheit, ein Auge zu schließen, begünstigt haben, weil sich damit die Symmetrie abschwächt. Aber ich habe den Verdacht, dass dies eine übertriebene Hoffnung ist.

Ein wenig anders als die »Gemälde« sind die »Statuen«. Dabei ähnelt der ganze Körper eines Tieres einem bestimmten Gegenstand, der er nicht ist. Ein graubrauner Eulenschwalm oder ein Tagschläfer ähnelt dem Stumpf eines abgebrochenen Astes, eine stabförmige Raupe ist wie ein Zweig geformt, eine Heuschrecke ähnelt einem Stein oder einem trockenen Erdklumpen, eine Raupe ahmt die Exkremente eines Vogels nach: All das sind Beispiele für Tier-»Statuen«.

Zwischen einem »Gemälde« und einer »Statue« besteht der charakteristische Unterschied, dass das Gemälde im Gegensatz zur Statue in dem Augenblick nicht mehr täuscht, in dem das Tier aus seinem natürlichen Hintergrund entfernt wird. Wenn man einen »bemalten« Birkenspanner von der hellen Rinde wegnimmt, der er ähnelt, und ihn vor einen anderen Hintergrund setzt, wird er sofort von einem natürlichen Feind gesehen und gefangen. In dem Foto ist der Hintergrund ein rußgeschwärzter Baum in einem Industriegebiet, für den sich die dunkle, melaninhaltige Mutante derselben Schmet-

terlingsart, die vielleicht nicht sofort zu erkennen ist, hervorragend eignet.[2] Setzt man dagegen die von Anil Kumar Verma in Indien fotografierte, »verkleidete« Spannerraupe vor einen beliebigen Hintergrund, bestünde immer noch eine gute Chance, dass ein natürlicher Feind sie für einen Stock hält und übersieht. Das ist das Kennzeichen einer guten Tierstatue.

Eine Statue ähnelt zwar Gegenständen aus dem natürlichen Hintergrund, sie ist mit ihrer Wirkung aber im Gegensatz zu einem »Gemälde« nicht darauf angewiesen, dass man sie vor diesem Hintergrund sieht. Im Gegenteil: Dann ist sie unter Umständen in größerer Gefahr. Ein einzelnes stabförmiges Insekt auf einem Rasen wird vielleicht übersehen wie ein Stöckchen, das dort hingefallen ist. Ist das Stabinsekt dagegen von echten Stäben umgeben, wird es unter Umständen als seltsame Ausnahme wahrgenommen. Treibt der Große Fetzenfisch allein im Wasser, ist er unter Umständen durch seine Ähnlichkeit mit einem Stück Tang geschützt, jedenfalls mehr als sein Vetter, das Seepferdchen, das mit seiner Form in nichts dem

Seetang ähnelt. Aber wäre diese Statue stärker gefährdet, wenn sie sich in einem wogenden Beet aus echtem Seetang versteckte? Das ist eine strittige Frage.

Wenn die Larven von Süßwassermuscheln der Spezies *Lampsilis cardium* heranwachsen, ernähren sie sich von Blut, das sie aus den Kiemen eines Fisches saugen. Dazu muss die Muschel einen Weg finden, um ihre Larven in den Fisch einzuschleusen. Das tut sie mithilfe einer »Statue«, die den Fisch täuscht.[3] Die Muschel besitzt am Rand ihres Mantels einen Brutbeutel für sehr junge Larven. Dieser Beutel ist ein eindrucksvolles Abbild zweier kleiner Fische einschließlich falscher Augen und falscher, sehr fischähnlicher »Schwimmbewegungen«. Echte Statuen bewegen sich nicht, deshalb ist das Wort »Statue« streng genommen nicht angebracht, aber das macht nichts; was ich sa-

gen will, ist klar. Größere Fische schwimmen heran und versuchen, die Fischattrappe zu fangen. Dabei fangen sie in Wirklichkeit einen Schwarm Muschellarven – und das tut ihnen nicht gut.

Diese gut getarnte Schlange aus dem Iran trägt an ihrer Schwanzspitze eine Spinnenattrappe.[4] Auf einem Foto sieht sie vielleicht nicht ganz überzeugend aus. Die Schlange bewegt ihren Schwanz aber so, dass es verblüffend danach aussieht, als würde eine Spinne herumlaufen. Es ist wirklich realistisch, insbesondere wenn die Schlange selbst sich in ihrem Bau versteckt, sodass nur die Schwanzspitze zu sehen ist. Vögel stoßen auf die vermeintliche Spinne herab. Und das ist das Letzte, was sie tun. Es lohnt sich, darüber nachzudenken: Dass ein solches Kunststück sich durch natürliche Selektion entwickeln konnte, ist wirklich bemerkenswert. Wie könnten die Zwischenstadien ausgesehen haben? Wie kam der Evolutionsablauf in Gang? Meine Vermutung: Bevor die Schwanzspitze auch nur entfernt nach einer Spinne aussah, war schon ihr Wackeln ein wenig

attraktiv, denn die Vögel fühlen sich von allen kleinen, beweglichen Gegenständen angezogen.

Sowohl »Gemälde« als auch »Statuen« sind leicht zu lesende Beschreibungen früherer Welten, der Umgebungen, in denen die Vorfahren überlebt haben. Die stäbchenförmige Raupe ist eine detaillierte Beschreibung früherer Zweige. Der Tagschläfer ist ein hervorragendes Modell längst vergessener Aststümpfe. Nur – eigentlich sind sie nicht vergessen. Der Tagschläfer ist die Erinnerung. Zweige früherer Zeiten haben ihr eigenes Abbild in den verkleideten Körper dieser Raupe eingeprägt. Der Sand der Zeit hat sein gesamtes Selbstporträt auf die Oberfläche dieser Spinne gemalt, sodass man sie nur schwer erkennt.

»Wo ist der Schnee von gestern?«[5] Die natürliche Selektion hat ihn im Winterkleid des Moorschneehuhns eingefroren. Der Plattschwanzgecko lässt uns – aber nicht ihn – an die toten Blätter denken, zwischen denen seine Vorfahren lebten. Er verkörpert die darwinistische »Erinnerung« an Generationen von Blättern, die herabgefallen sind, lange bevor Menschen nach Madagaskar kamen und sie sehen konnten, ja vermutlich sogar lange bevor es überhaupt irgendwo Menschen gab. Die grüne Laubheuschrecke hat keine Ahnung, dass sie die genetische Erinnerung an die grünen Moose und Farnwedel verkörpert, auf denen ihre Vorfahren herumspazierten. Wir dagegen erkennen auf den ersten Blick, dass es so ist. Das Gleiche gilt für den entzückenden kleinen Moosfrosch aus Vietnam.[6]

Nicht immer ahmen Statuen unbelebte Gegenstände wie Stöcke oder Kieselsteine, tote Blätter oder Aststummel von Bäumen nach. Manche tun auch so, als wären sie giftige oder ungenießbare Vorbilder, und dann sind sie eben gerade nicht unauffällig. Auf den ersten Blick könnte man glauben, es sei eine Wespe, und dann zögert man, danach zu greifen. In Wirklichkeit ist es nur eine harmlose Schwebfliege. Das verraten ihre Augen. Fliegen haben größere Komplexaugen als Wespen. Dieses Merkmal ist vermutlich in einer tieferen Schicht des Palimpsestes niedergelegt und lässt sich aus irgendeinem Grund nur schwer überschreiben. Auch der größte anatomische Unter-

schied zwischen Fliegen und Wespen – Fliegen haben nicht vier, sondern zwei Flügel (was der Ordnung ihren lateinischen Namen Diptera oder Zweiflügler verschafft hat) – ist vielleicht nur schwer zu überschreiben. Möglicherweise fällt dieser potenzielle Anhaltspunkt aber auch kaum auf. Welcher Fressfeind nimmt sich schon die Zeit, Flügel zu zählen?

Wespen, die Vorbilder für die Mimikry der Schwebfliegen, versuchen nicht, sich zu verstecken. Sie tragen das Gegenteil einer Tarnung. Ihr auffällig gestreifter Hinterleib schreit: »Vorsicht! Leg dich nicht mit mir an!« Die Schwebfliege schreit das Gleiche, aber bei ihr ist es eine Lüge. Sie hat keinen Stachel, und ein natürlicher Feind könnte sie gut fressen, wenn er es wagen würde, sie anzugreifen. Sie ist kein Gemälde, sondern eine Statue, denn ihre (falsche) Warnung hängt nicht vom Hintergrund ab. Aus unserer Sicht und im Zusammenhang dieses Buches können wir an ihren Streifen ablesen, dass

es im ökologischen Umfeld ihrer Vorfahren gefährliche gelbschwarz gestreifte Dinge gab, vor denen natürliche Feinde sich fürchteten. Die Streifen der Fliege sind ein Abbild früherer Wespenstreifen und wurden von der natürlichen Selektion auf ihren Hinterleib gemalt. Gelbe und schwarze Streifen auf einem Insekt signalisieren potenziellen Angreifern zuverlässig eine – echte oder falsche – Warnung vor üblen Folgen. Ein besonders augenfälliges Beispiel ist dieser Käfer.

Angenommen, wir würden auf das hier stoßen, wie es uns im Unterholz anstarrt: Würden wir zurückschrecken, weil wir es für

eine Schlange halten? Es starrt nicht, und es ist auch keine Schlange. Vielmehr handelt es sich um die Puppe des Schmetterlings *Dynastor darius*, und Schmetterlingspuppen starren nicht. Als hübsches Abbild des vorderen Endes einer Schlange ist es dazu gedacht, Angst zu machen. Da spielt es auch keine Rolle, was man sich bei genauem rationalem Nachdenken ausrechnen kann: Es sieht nur auf einem Stückchen der Schmalseite nach einer gefährlichen Schlange aus. Aus einer gewissen Distanz – die immer noch so gering ist, dass man besorgt sein kann – wirkt auch eine Schlange so klein. Außerdem hat ein Vogel in seiner Panik keine Zeit, genauer nachzudenken. Ein aufgeregtes Quieken, und er ist auf und davon. Wer als Darwinist das genetische Totenbuch studiert und mehr Zeit für Gedanken hat,

liest an der Raupe ab, dass die Welt ihrer Vorfahren von gefährlichen Schlangen bevölkert war. Manche Raupen führen mit ihrem Hinterende den gleichen Trick aus und bewegen sogar ihre Muskeln so, dass die Pseudoaugen sich zu schließen und zu öffnen scheinen. So etwas tun Schlangen zwar nicht, aber dass potenzielle Fressfeinde das wissen, ist nicht zu erwarten.

Schon Augen als solche flößen Angst ein. Deshalb tragen manche Motten auf den Flügeln große Augenflecken, die sie plötzlich zeigen, wenn sie von einem natürlichen Feind überrascht werden. Wer gute Gründe hat, sich vor Tigern oder anderen Angehörigen der Katzenfamilie zu fürchten, würde vielleicht auch beunruhigt zurückschrecken, wenn plötzlich diese südostasiatische »Eulenmotte« (*Brahmaea certhia*) auftaucht. Auch hier würde ein Tiger oder Leopard aus der Distanz – einer gefährlich kurzen Distanz – auf der

Netzhaut ein ebenso großes Bild erzeugen wie die aus der Nähe betrachtete Motte. Nun gut, für unsere Augen sieht sie nicht gerade aus wie ein bestimmtes Mitglied der Katzenfamilie. Vieles spricht aber dafür, dass Tiere verschiedener Arten auf Attrappen ansprechen, die nur eine grobe Ähnlichkeit mit ihrem Vorbild haben – ein vertrautes Beispiel sind Vogelscheuchen, und es gibt auch viele experimentelle Belege. Lachmöwen reagieren auf das Modell eines Vogelkopfes am Ende eines Stocks, als wäre es eine vollständige, echte Möwe.[7] Und ein erschrockener Rückzug reicht schon aus, um die Motte zu retten.

Zu meinem Vergnügen habe ich erfahren, dass auch Augen, die auf das Hinterteil einer Kuh gemalt werden, Löwen sehr wirksam von der Verfolgung abhalten.[8] Nach dem von Jean de Brunhoff geschaffenen, liebenswerten, klugen Elefantenkönig könnten wir auch vom Babar-Effekt sprechen: Er gewann den Krieg gegen die Nashörner, indem er Elefanten Angst einflößende Augen auf das Hinterteil malte.[9]

Was um alles in der Welt ist das hier? Ein Drache? Ein Teufelspferd aus einem Albtraum? Die Antwort: Es ist die Raupe des australischen Schmetterlings *Phylloides imperialis,* auch *pink underwing* genannt. Im Ruhezustand der Raupe ist das auffällige Muster mit »Augen« und »Zähnen« nicht zu sehen, denn dann wird es von Hautfalten verdeckt. Wird das Tier aber bedroht, zieht es die Haut zurück und entblößt das Bild – und dann kann ich nur sagen: Wenn ich ein potenzieller natürlicher Feind wäre, würde ich nicht mehr lange bleiben.[10]

Das beängstigendste falsche Gesicht, das ich kenne? Da steht es unentschieden zwischen dem Tintenfisch links und dem Geier rechts. Die echten Augen des Tintenfisches sind über dem inneren Ende der »Augenbrauen« der auffälligen falschen Augen kaum zu sehen. Die echten Augen des Himalayageiers findet man, wenn man zuerst nach dem Schnabel und dann nach dem echten Kopf sucht.

Die falschen Augen des Tintenfisches sollen vermutlich natürliche Feinde abschrecken.[11] Der Geier nutzt das falsche Gesicht offenbar, um andere Geier einzuschüchtern und sich damit einen Weg durch die Menge rund um einen Kadaver zu bahnen.[12]

Manche Schmetterlinge tragen auf der Flügelrückseite einen falschen Kopf.[13] Wie könnte das dem Insekt nutzen? Dazu wurden fünf Hypothesen vorgeschlagen. Am beliebtesten ist die Ablenkungshypothese: Vögel hacken mit dem Schnabel vielleicht auf den weniger

verwundbaren falschen Kopf ein und verschonen den echten. Mir ist ein sechster Gedanke noch ein wenig lieber: Danach erwartet der natürliche Feind, dass der Schmetterling in der falschen Richtung abhebt. Warum ich das bevorzuge? Vielleicht weil ich an der Idee hänge, dass Tiere überleben, indem sie die Zukunft vorhersehen.

Unter allen Wegen, auf denen ein Totenbuch sich einem buchstäblichen Auslesen annähert, kommen Gemälde und Statuen, mit denen natürliche Feinde getäuscht werden sollen, einer unmittelbaren Beschreibung früherer Welten am nächsten. Auf einen Aspekt möchte ich dabei besonders hinweisen: auf die erstaunliche Genauigkeit und Detailtreue. Dieses Blattinsekt trägt sogar falsche Flecken. Die bereits erwähnte stäbchenförmige Raupe besitzt falsche Knospen.

Ich kann keinen Grund erkennen, warum die gleiche gewissenhafte Aufmerksamkeit für Details nicht auch für weniger offensichtliche Teile des Erscheinungsbildes gelten sollte. Nach meiner Überzeugung verbirgt sich die gleiche, bis ins Detail reichende Vollkommenheit auch in inneren Organen, in der Nervenverdrahtung von Verhaltensweisen, in der Biochemie der Zellen und anderen indirekten oder tief liegenden Ausdrucksformen. Dort wartet sie nur darauf, entdeckt und ausgegraben zu werden, sobald wir die dazu notwendigen Werkzeuge entwickeln. Warum sollte die natürliche Selektion ihre Umsicht gezielt auf das *äußere Erscheinungs-*

bild der Tiere richten? Innere Details, und zwar *alle* Details, sind für das Überleben nicht weniger entscheidend. Sie werden ebenso zu schriftlichen Beschreibungen früherer Welten, allerdings sind sie in einer weniger gut lesbaren Schrift geschrieben und schwieriger zu entziffern als die in diesem Kapitel beschriebenen, oberflächlichen Gemälde und Statuen. Warum Gemälde und Statuen für uns leichter zu lesen sind als die inneren Seiten des genetischen Totenbuches, liegt auf der Hand. Sie zielen auf Augen ab, und zwar insbesondere auf die Augen natürlicher Feinde. Und wie ich bereits betont habe, funktionieren die Augen solcher natürlicher Feinde – zumindest wenn es sich um Wirbeltiere handelt – genauso wie unsere. Da ist es kein Wunder, dass Tarnung und andere Formen von Gemälden und Skulpturen uns von allen Seiten im Totenbuch am stärksten beeindrucken.

Nach meiner Überzeugung wird sich herausstellen, dass die im Inneren begrabenen Beschreibungen früherer Welten die gleiche detaillierte Vollkommenheit aufweisen wie die Gemälde und Statuen, die von außen zu sehen sind. Warum sollte es anders sein? Die Beschreibungen werden nur geheimnisvoller und weniger augenscheinlich sein, und sie werden eine kompliziertere Entschlüsselung erfordern. Wie das gesprochene Wort »sisters« in Kapitel 1, das vom Ohr entschlüsselt wird, so sind auch die Gemälde und Statuen dieses Kapitels mühelos lesbare Seiten aus Totenbüchern. Aber genau wie die Wellenform von »sisters«, die in der sperrigen Form von Binärziffern dargestellt wird und am Ende doch der Analyse zugänglich ist, so wird man auch die nicht offensichtlichen, unter der Haut liegenden Details der Tiere und ihrer Gene entschlüsseln. Das Totenbuch wird bis in die kleinsten, tief im Inneren jeder Zelle verborgenen Details lesbar werden.

Das ist meine zentrale Aussage, und es lohnt sich, sie hier noch einmal zu wiederholen. Die fingerfertige Bildhauerei der natürlichen Selektion ist nicht nur am äußeren Erscheinungsbild von Tieren am Werk wie bei der stäbchenförmigen Raupe, der Eidechse, die auf Bäume klettert, einem blattförmigen Insekt oder einem Eulenschwalm, bei denen wir sie mit bloßem Auge beurteilen können. Die scharfen Meißel des darwinistischen Bildhauers dringen in alle inneren Winkel und Ecken eines Tieres vor, bis hinunter zum submikroskopischen Zellinneren und den schnellen chemischen Zahnrädern, die sich darin drehen. Durch die zusätzliche Schwierigkeit, tiefer vergrabene Einzelheiten zu erkennen, sollten wir uns nicht täuschen lassen. Wir haben allen Grund zu der Annahme, dass bemalte Echsen oder Schmetterlinge oder die Statuen von Tagschläfern und Raupen nur die äußeren, sichtbaren Spitzen riesiger, verborgener Eisberge sind. Wenn es darum ging, diese Erkenntnis in Worte zu fassen, war Darwin besonders eloquent.

> Bildlich gesprochen könnte man sagen, dass natürliche Selektion täglich und stündlich auf der ganzen Welt noch die geringfügigste Variation genau im Blick hat und dabei die schlechten verwirft und alle guten erhält und zusammenfügt; so arbeitet sie lautlos und unmerklich, wann und wo immer sich die Gelegenheit bietet, an der Verbesserung jeglichen Lebewesens im Hinblick auf seine organischen wie unorganischen Lebensbedingungen. Von diesen langsamen, stetigen Veränderungen bemerken wir erst dann etwas, wenn der Zeiger der Zeit das Vergehen ganzer Epochen anzeigt, und da unser Blick in längst vergangene Perioden der Erdgeschichte so unvollkommen ist, sehen wir nur, dass die Lebensformen heute anders sind als früher.*

* *Der Ursprung der Arten.* Übersetzung E. Schönfeld; Stuttgart: Klett-Cotta 2018, S. 109.

3

IN DEN TIEFEN DES PALIMPSESTS

SCHÖN UND GUT: Ein Tier ist also Ausdruck der Umweltverhältnisse früherer Zeiten. Aber wie weit dringen wir in die Vergangenheit vor? Jedes Mal, wenn uns Schmerzen im unteren Rücken plagen, werden wir daran erinnert, dass unsere Vorfahren noch vor sechs Millionen Jahren auf allen vieren gingen.[1] Unser Wirbeltier-Rückgrat wurde über Hunderte von Jahrmillionen eines horizontalen Daseins aufgebaut, und die Funktion des Körpers hing davon ab – hing im buchstäblichen Sinn daran. Die Wirbelsäule des Menschen »sollte« nicht senkrecht stehen und legt nun verständlicherweise Protest ein. Auf unserem menschlichen Palimpsest steht dick »Vierbeiner« geschrieben, und dann wurde es ziemlich oberflächlich – und manchmal unter Schmerzen – mit einem neuen Text überschrieben: »Zweibeiner«. Ein Emporkömmling, der neuerdings aufrecht geht.

Die Haut der Krötenechse aus Kapitel 1 hat uns von einer früheren Wüstenwelt mit Sand und Steinen berichtet, aber diese Welt gab es vermutlich noch vor kurzer Zeit. Was können wir aus dem Palimpsest über frühere Umgebungen ablesen? Begeben wir uns zunächst einmal sehr weit in die Vergangenheit. Wie alle Wirbeltiere, so sind auch die Embryonen von Echsen mit Kiemenbögen ausgestattet, die vom urzeitlichen Leben im Wasser erzählen. Zufällig haben wir Fossilien, und die berichten davon, dass die wässrigen Texte aller landlebenden Wirbeltiere einschließlich der Echsen in die Zeit des Devon und dann bis zu den Anfängen des Lebens im Meer zurückreichen. Schon oft wurde folgende poetische Aussage formuliert – ich bringe sie mit dem legendären intellektuellen Krieger J. B. S. Haldane in Verbindung[2]: Unser salziges Blutplasma ist ein Überbleibsel aus den Meeren des Paläozoikums. In einem 1940 erschienenen Aufsatz mit dem Titel »Man as a Sea Beast« (»Der Mensch als Meerestier«) wies er darauf hin, dass unser Blutplasma in seiner chemischen Zusammensetzung dem Meerwasser ähnelt, aber stärker verdünnt ist. Er sieht darin ein Indiz – nach meiner widerstrebenden Ansicht kein sehr stichhaltiges Indiz (»widerstrebend«, weil mir die Idee gefällt) –, dass die Meere im Paläozoikum weniger Salz enthielten als heute:

> Da das Meer ständig Salz aus den Flüssen aufnimmt und es nur gelegentlich in austrocknenden Lagunen ablagert, wird es von einem Erdzeitalter zum anderen immer salziger, und unser Plasma erzählt von einer Zeit, als es weniger als die Hälfte seines heutigen Salzgehaltes hatte.

Die Formulierung »erzählt von einer Zeit« ist ein großartiger Anklang an unser genetisches Totenbuch. Haldane fährt fort:

> Wir verbringen unsere ersten neun Monate als Wassertiere, schweben in einem salzigen, flüssigen Medium und werden von ihm geschützt. Wir beginnen unser Leben als Salzwassertiere.

Wie plausibel Haldanes Vermutungen über den wechselnden Salzgehalt auch sein mögen, eines lässt sich nicht leugnen: Alles Leben begann im Meer. Die unterste Schicht des Palimpsests erzählt eine Geschichte vom Wasser. Nach einigen Hundert Millionen Jahren unternahmen Pflanzen und später verschiedene Tiere den wagemutigen Schritt auf das Land. Wenn wir Haldanes Phantasie folgen, können wir sagen: Sie erleichterten sich den Weg, indem sie ihr privates Meerwasser im Blut mitnahmen. Zu den Tiergruppen, die unabhängig voneinander den Schritt wagten, gehören Skorpione, Schnecken, Hundert- und Tausendfüßer, Spinnen, Landasseln und Landkrebse, Insekten (die später einen weiteren riesigen Sprung in die Luft unternahmen) und verschiedene Würmer, die sich aber bis heute nie weit von der Feuchtigkeit entfernen. Bei allen diesen Tieren steht »trockenes Land« im Palimpsest oberhalb der tieferen, auf das Meer verweisenden Schichten. Von besonderem Interesse für uns als Wirbeltiere sind die Fleischflosser, eine Gruppe von Fischen, die heute durch Lungenfische und Neunaugen repräsentiert werden: Sie krochen anfangs vermutlich aus dem Meer, weil sie anderswo nach Wasser suchten, aber am Ende ließen sie sich dauerhaft auf dem trockenen Land nieder, das in manchen Fällen wirklich sehr trocken war.[3] Dazwischen liegende Texte des Palimpsests erzählen von einem jugendlichen Leben im Wasser (man denke an die Kaulquappen), begleitet vom Übergang des ausgewachsenen Tieres auf das Land.

Das alles ist plausibel. Man konnte an Land durchaus sein Leben fristen. Die Sonne überschüttet die Landschaft und die Meeresoberfläche gleichermaßen mit Photonen. Energie war also da und konnte genutzt werden. Warum sollten Pflanzen sich ihrer nicht auf dem Weg über grüne Solarzellen, und dann die Tiere auf dem Weg über die Pflanzen bedienen? Man sollte nicht annehmen, dass ein mutiertes Individuum plötzlich genetisch vollständig für das Leben an Land ausgerüstet war. Wahrscheinlicher ist, dass Lebewesen mit unternehmungslustiger Einstellung die ersten unangenehmen Schritte vollzogen. Belohnt wurden sie vielleicht mit einer neuen Nahrungsquelle. Wir können uns vorstellen, wie sie lernten, zum Fangen und Greifen kurze Ausflüge aus dem Wasser zu unternehmen. Die genetische natürliche Selektion begünstigte dann Individuen, die den neuen Trick besonders gut beherrschten. Spätere Generationen lernten ihn immer besser und verbrachten immer weniger Zeit im Meer.

Ganz allgemein bezeichnet man das Phänomen, dass erlerntes Verhalten genetisch verinnerlicht wird, als Baldwin-Effekt.[4] Ich möchte hier nicht näher darauf eingehen, aber ich habe den Verdacht, dass er generell von großer Bedeutung für die Evolution wichtiger Neuerungen ist, vielleicht auch für die ersten Schritte, mit denen die Schwerkraft durch die Fähigkeit zum Fliegen überwunden wurde. Was die Quastenflosser angeht, die vor rund 400 Millionen Jahren in der Devonzeit das Wasser verließen, gibt es über den genauen Ablauf verschiedene Theorien. Besonders gefällt mir eine, die von dem amerikanischen Paläontologen AS Romer vorgeschlagen wurde. Durch immer wiederkehrende Dürre strandeten Fische in schrumpfenden Wasserlachen. Die natürliche Selektion begünstigte Individuen, die eine solche zum Austrocknen verurteilte Pfütze verlassen und über das trockene Land zu einer anderen kriechen konnten. Für diese Theorie spricht ein stichhaltiges Argument: Es gab ein ununterbrochenes Spektrum verschiedener Entfernungen zwischen den Pfützen. Zu Beginn des Evolutionsablaufes konnte ein Fisch sein Leben retten, indem er zu einer Nachbarpfütze kroch, wobei nur eine kurze Entfernung zu überwinden war. Später konnten die Fische auch weiter entfernte Pfützen erreichen. Evolutionsfortschritte müssen immer allmählich ablaufen. Damit ein Fisch die Atemluft nutzen kann, muss er sich physiologisch verändern. Wichtige Abwandlungen dieser Art ereignen sich nicht mit einem Schlag. Das wäre zu unwahrscheinlich. Vielmehr musste es einen Gradienten kleiner, schrittweise ablaufender Verbesserungen geben. Und ein Gradient verschiedener Entfernungen zwischen den Pfützen – manche ganz in der Nähe, manche ein Stück weiter entfernt – war genau das, was dafür gebraucht wurde. Das Prinzip wird uns in Kapitel 6 im Zusammenhang mit der erstaunlich schnellen Evolution der Buntbarsche im Victoriasee wieder begegnen. Leider zitierte Romer im Vorfeld seiner Theorie auch Belege, wonach das Devon besonders zu Trockenheit neigte. Als diese Indizien infrage gestellt wurden, litt auch die Anerkennung für Romers gesamte Theorie.[5] Das wäre nicht nötig gewesen.

Wie sich der Wechsel auf das trockene Land auch vollzogen hat, in jedem Fall waren tiefgreifende Umgestaltungen notwendig. Wasser ist wirklich eine ganz andere Umwelt als Luft und Land. Für Tiere war der Umzug aus dem Wasser von radikalen anatomischen und physiologischen Veränderungen begleitet. Die wässrigen Texte in der tiefsten Tiefe des Palimpsests mussten umfassend überschrieben werden. Umso erstaunlicher ist es, dass zahlreiche Tiergruppen später den umgekehrten Weg gingen, ihre hart erarbeiteten neuen Hilfsmittel in den Wind schlugen und ins Wasser zurückkehrten. Bei den Wirbellosen umfasst die Liste Schlammschnecken, Wasserspinnen und Wasserkäfer. Bei dem Wasser, das sie neu besiedelten, handelte es sich nicht mehr um das Meer, sondern um Süßwasser. Einige Rückkehrer aus der Gruppe der Wirbeltiere jedoch, insbesondere Wale (einschließlich der Delfine), Seekühe, Seeschlangen und Schildkröten, begaben sich geradewegs wieder in die salzige Meereswelt, die ihre Vorfahren unter solchen Mühen verlassen hatten.

Robben, Seelöwen, Walrosse und ihre Verwandten, aber auch die Galapagos-Meeresechsen, kehrten nur teilweise ins Meer zurück, nämlich zum Fressen. Sie verbringen immer noch viel Zeit an Land und paaren sich dort. Das Gleiche gilt für die Pinguine, deren stromlinienförmige Wendigkeit im Meer mit einer geradezu lachhaften Unbeholfenheit an Land erkauft wird. Man kann kein Alleskönner sein. Meeresschildkröten schleppen sich mühsam an Land, um ihre Eier abzulegen. Ansonsten sind sie völlig auf das Meer eingestellt.[6] Sobald die kleinen Schildkröten im Sand geschlüpft sind, verlieren sie keine Zeit und stürmen den Strand hinunter zum Meer. Viele andere Landwirbeltiere sind Teilzeit-Süßwasserbewohner, darunter Schlangen, Krokodile, Flusspferde, Otter, Spitzmäuse, Tenreks, Nagetiere wie Wühlmäuse und Biber, Desmane (eine Art Maulwürfe), Schwimmbeutler (eine Art Beutelratten) und Schnabeltiere. Sie alle verbringen viel Zeit an Land und begeben sich vorwiegend zum Fressen ins Wasser.

Nun könnte man meinen, die Wasser-Rückkehrer würden die unteren Schichten des Palimpsests freilegen und die Konstruktionsmerkmale wiederentdecken, die ihren Vorfahren so gute Dienste geleistet haben. Warum haben Wale und Dugongs keine Kiemen?

Eine Meeresschildkröte

Ihre Embryonen besitzen wie die aller Tiere sogar die Anlagen dazu. Es scheint das Natürlichste auf der Welt zu sein, den alten Text zu entstauben und wieder in Gebrauch zu nehmen. Aber das geschieht nicht. Nachdem die Landtiere in ihrer Evolution unter solchen Schwierigkeiten die Lunge erworben haben, ist es fast so, als würde es ihnen widerstreben, sie wieder aufzugeben, obwohl Kiemen ihnen, wie man sich vielleicht vorstellen kann, bessere Dienste leisten würden. Mit Kiemen müssten sie nicht immer wieder zum Atmen an die Oberfläche kommen. Aber statt die Kiemen wiederzubeleben, hielten sie treu an der Lunge fest, und das sogar um den Preis tiefgreifender Abwandlungen im gesamten Atmungssystem, mit denen sie sich auf die Rückkehr ins Wasser einstellten.

In der Physiologie der Meeressäuger fanden so extreme Veränderungen statt, dass sie in manchen Fällen über eine Stunde unter Wasser bleiben können. Wenn Wale dann doch an die Oberfläche kommen, tauschen sie ein gewaltiges Luftvolumen sehr schnell mit einem dröhnenden Atemzug aus, bevor sie wieder untertauchen. Man ist versucht, mit dem Gedanken an eine allgemeine Regel zu spielen, wonach alte Texte aus tieferen Schichten des Palimpsests nicht wiederbelebt werden können. Ich kann allerdings nicht erkennen, warum das allgemein gelten sollte. Es muss einen aufschlussreicheren Grund geben. Nachdem die Mechanik der Embryonalentwicklung auf die Lunge zum Luftatmen umgestellt war, wäre der erneute Einsatz der Kiemen nach meiner Vermutung eine noch radikalere embryologische Umwälzung gewesen, und die zu bewerkstelligen, hätte größere Schwierigkeiten bereitet als das Umschreiben oberflächlicher Texte, mit denen die Ausstattung zum Luftatmen abgewandelt wurde.

Seeschlangen besitzen keine Kiemen, sondern beziehen den Sauerstoff mit einem außerordentlich stark durchbluteten Kopf aus dem Wasser. Auch sie haben also nicht die alte Lösung für das Problem wiederbelebt, sondern eine neue gefunden. Manche Schildkröten beziehen eine gewisse Sauerstoffmenge über die Kloake (die Abfallentsorgungs- und Genitalöffnung) aus dem Wasser, aber auch sie müssen an die Oberfläche kommen und Luft in die Lunge saugen.

Da Wale sich niemals vom stützenden Auftrieb des Wassers verabschiedet haben, stand es ihnen in der Evolution frei, sich von ihren landlebenden Vorfahren in unterschiedliche (wirklich unterschiedliche) Richtungen weg zu entwickeln. Der Blauwal ist vermutlich das größte Tier, das jemals gelebt hat. Stellersche Seekühe, ausgestorbene Verwandte der Dugongs und Rundschwanzseekühe, erreichten eine Länge von elf Metern und eine Masse von zehn Tonnen, womit sie größer waren als Zwergwale. Im 18. Jahrhundert, kurz nachdem Steller sie zum ersten Mal gesehen hatte, wurden sie durch die Jagd ausgerottet. Wie Wale, so atmeten auch Seekühe Luft, denn auch sie hatten es versäumt, etwas wiederzuentdecken, was den Kiemen ihrer entfernten Vorfahren entsprochen hätte. Aber aus den gerade erörterten Gründen trifft das Wort »versäumt« vielleicht nicht ganz zu.

Die Ichthyosaurier waren Reptilien und Zeitgenossen der Dinosaurier. Sie hatten Flossen, waren stromlinienförmig gebaut und besaßen einen kräftigen Schwanz, der ihre wichtigste Antriebsmaschine war: In dieser Hinsicht glichen sie den Delfinen, nur mit dem Unterschied, dass der Schwanz der Ichthyosaurier sich nicht von oben nach unten, sondern von rechts nach links bewegte. Die Vorfahren der Wale und Delfine hatten an Land bereits den Galopp der Säugetiere perfektioniert, und davon leitete sich ganz von selbst die Auf-und-Ab-Bewegung der Delfinfluke ab. Delfine »galoppieren« gewissermaßen durch das Wasser, während die Ichthyosaurier mehr nach der Art der Fische schwammen. Ansonsten sahen die Ichthyo-

Eine Stellersche Seekuh

saurier wie Delfine aus und lebten vermutlich auch ganz ähnlich. Sprangen sie ausgelassen durch die Luft – ein wunderbarer Gedanke – und schlugen dabei wie Delfine mit dem Schwanz (nur von rechts nach links)? Sie hatten große Augen, deshalb können wir vermuten, dass sie sich nicht wie die kleinäugigen Delfine des Sonars bedienten. Dass auch Ichthyosaurier im Meer lebende Junge zur Welt brachten, wissen wir von einer fossilen Vertreterin der Gruppe, die leider bei der Entbindung starb. Im Gegensatz zu Schildkröten, aber wie Delfine und Seekühe hatten sich die Ichthyosaurier völlig von ihrer landlebenden Vergangenheit gelöst. Das Gleiche gilt für die Plesiosaurier, denn auch bei ihnen gibt es Anhaltspunkte, dass sie lebende Junge zur Welt brachten. Angesichts der Tatsache, dass sich das Lebendgebären einer maßgeblichen Schätzung zufolge bei den landlebenden Reptilien mindestens hundertmal unabhängig voneinander entwickelt hat, erscheint es überraschend, dass Meeresschildkröten, die im Wasser schweben, aber an Land schmerzlich schwerfällig sind, sich immer noch auf den Sand bemühen und dort Eier ablegen. Und dass ihre Babys nach dem Schlüpfen gezwungen

Dieser Ichthyosaurier starb, als er ein Junges zur Welt brachte

sind, den gefährlichen Weg hinunter zum Meer zu kriechen, wobei sie einem Spießrutenlauf mit Möwen, Fregattvögeln, Füchsen und sogar marodierenden Krebsen ausgesetzt sind.

Meeresschildkröten kehren an Land zurück, um ihre Eier in Löcher abzulegen, die sie in einen Sandstrand graben. Das ist für sie eine gewaltige Anstrengung, denn sie sind entsetzlich schlecht dazu ausgestattet, das Wasser zu verlassen. Robben, Seelöwen, Otter und viele andere Säugetiere, auf die wir in Kürze zu sprechen kommen werden, verbringen einen Teil ihrer Zeit im Wasser und sind darauf eingestellt, nicht zu gehen, sondern zu schwimmen; deshalb sind sie an Land ebenfalls schwerfällig, aber nicht so wie die Meeresschildkröten. Das Gleiche gilt, wie bereits erwähnt, auch für die Pinguine, die sich im Wasser meisterhaft bewegen können, an Land aber seltsam ungeschickt sind. Die Galapagos-Meeresechsen sind ausgezeichnete Schwimmer, erreichen aber auch an Land erstaunliche Geschwindigkeiten, wenn sie vor Schlangen flüchten. Alle diese Tiere zeigen uns, wie die Zwischenstufen auf dem Weg zu ausgesprochenen Meeresbewohnern wie Walen, Dugongs, Plesio- und Ichthyosauriern ausgesehen haben könnten.

SCHILDKRÖTEN: EIN GEWUNDENER WEG

Wie wir noch genauer erfahren werden, sind Landschildkröten, was die Entstehung ihres Palimpsests angeht, nahezu einmalig: Es macht im langen Verlauf ihrer Evolution sogar zweimal eine Kehrtwendung. Ihre Fischvorfahren verließen das Meer zusammen mit den Vorfahren aller Landwirbeltiere einschließlich unserer selbst in der Devonzeit vor ungefähr 400 Millionen Jahren. Nach einer gewissen Zeit des Landlebens kehrten sie wie Wale und Dugongs, wie Ichthyo- und Plesiosaurier ins Wasser zurück und wurden zu Meeresschildkröten. Schließlich aber zogen manche Meeresschildkröten wiederum aufs Trockene und wurden zu unseren heutigen Landschildkröten (wobei das Land in manchen Fällen tatsächlich sehr trocken ist). Das ist die erwähnte »doppelte Kehrtwende«. Aber woher wissen wir das? Wie wurde das einzigartig komplizierte Palimpsest der Landschildkröten entschlüsselt?

Wenn wir alle verfügbaren Befunde einschließlich der Ergebnisse aus der Molekulargenetik heranziehen, können wir einen Stammbaum mit drei heute lebenden Schildkrötengruppen zeichnen. Das Diagramm unten wurde aus einem Aufsatz von Walter Joyce und Jacques Gauthier übernommen und leicht verändert. Im Wasser lebende Gruppen sind blau gekennzeichnet, landlebende sind orange. Ich habe mir die Freiheit genommen, die Knoten mit den »Vorfahren« blau einzuzeichnen, wenn die Gruppen ihrer Nachkommen in ihrer Mehrzahl blau sind. Die heutigen Landschildkröten bilden einen einzigen Zweig, der zwischen den anderen Zweigen mit den Wasserschildkröten eingezwängt ist.

Dies lässt darauf schließen, dass die heutigen Landschildkröten im Gegensatz zu den meisten landlebenden Reptilien und Säugetieren nicht ständig an Land geblieben sind, nachdem ihre Fisch-

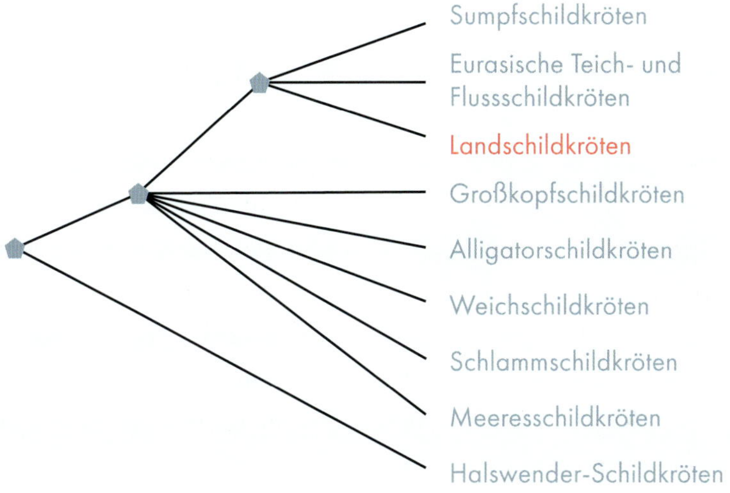

vorfahren (die auch die unseren waren) aus dem Meer aufgetaucht waren. Die Vorfahren der Landschildkröten gehörten zu denen, die wie Wale und Dugongs ins Wasser zurückgekehrt sind. Aber im Gegensatz zu Walen und Dugongs stiegen sie später erneut aufs Land. Vermutlich sollte ich also widerstrebend einräumen, dass die amerikanische Terminologie etwas für sich hat. Was wir Briten als *tortoises* bezeichnen, sind offenbar einfach Meeresschildkröten, die sich in *turtles* verwandelten und an Land zurückkehrten. Es sind Land-*turtles*. Nein, ich kann das nicht. Meine Erziehung veranlasst mich, sie weiterhin *tortoises* zu nennen, aber ich werde meiner Neigung widerstehen, bei Ausdrücken wie Wüsten-*turtles* aufzuschreien. Aus der Sicht des genetischen Totenbuches ist in jedem Fall eines interessant: Wenn es um Kehrtwenden geht, haben die Landschildkröten offensichtlich das komplizierteste Palimpsest von allen mit der größten Zahl fast pervers erscheinender Umkehrungen.

Darüber hinaus sieht es so aus, als wären unsere heutigen Land-

Eine heutige Landschildkröte

schildkröten nicht die ersten ihrer Art gewesen, die eine solche bemerkenswerte doppelte Umkehr vollzogen haben. Etwas Ähnliches ereignete sich allem Anschein nach schon früher, nämlich in der Triaszeit. Die beiden Gattungen *Proganochelys* und *Palaeochersis* gehen bis auf das erste große Dinosaurierzeitalter zurück, eine Zeit lange vor den aufsehenerregenden, berühmten Riesendinosauriern der Jura- und Kreidezeit. Anscheinend lebten sie an Land. Woher wir das wissen? Dies ist eine gute Gelegenheit, zur WDZ zurückzukehren, der »Wissenschaftlerin der Zukunft«, die es mit einem unbekannten Tier zu tun hat: Wir können sie auffordern, seine Umwelt aus seinem Skelett »abzulesen«. Fossilien stellen uns dabei vor eine ernsthafte Herausforderung, denn wir können sie nicht lebend – ob schwimmend oder gehend – in ihrer Umwelt beobachten.

Was also könnte die WDZ über die rätselhaften Fossilien *Proganochelys* und *Palaeochersis* sagen? Ihre Füße sehen nicht nach Schwimmflossen aus. Aber können wir das auch etwas wissenschaftlicher ausdrücken? Joyce und Gauthier sind uns bereits begegnet: Die Methode, deren sie sich bedienten, kann allen den Weg weisen, die das genetische Buch der längst Verstorbenen quantitativ entschlüsseln wollen. Sie konzentrierten sich auf 71 heutige Arten von Schildkröten, deren Lebensräume man kennt, und ermittelten die Länge der Armknochen – des Humerus (Oberarmknochen), der Ulna oder Elle (einer der beiden Unterarmknochen) und der Hand – als Prozentsätze der gesamten Armlänge. Die Ergebnisse trugen sie auf Dreiecks-Millimeterpapier auf. Ein solches Dreiecksdiagramm nutzt auf bequeme Weise einen Beweis aus der euklidischen Geometrie. An jedem Punkt eines gleichseitigen Dreiecks addiert sich die Länge von Linien, die zu den drei Seiten führen und sie im rechten Winkel schneiden, auf den gleichen Wert. Damit hat man eine nützliche Methode zur Darstellung von drei Variablen, wenn die Anteile aller drei sich auf eine festgelegte Zahl wie 1 oder als Prozentsätze auf 100 addieren. Jeder farbige Punkt stellt eine der 71 Arten dar. Ihre rechtwinkligen Entfernungen von den drei Seitenlinien des großen Dreiecks stellen die Messwerte für die drei Knochen dar. Markiert man die Arten dann noch farbig, je nachdem, ob sie im Wasser oder an Land leben, fällt etwas Wichtiges ins Auge. Die farbigen Punkte trennen sich auf elegante Weise. Blaue Markierungen bezeichnen Arten, die im Wasser leben, gelbe stehen für landlebende Arten. Grüne Punkte repräsentieren Gattungen, die ihre Zeit auf beide Umgebungen aufteilen, und erfreulicherweise besetzen sie die Region zwischen den blauen und den gelben Markierungen.

Nun lautet die interessante Frage: Wo stehen die beiden vorzeitlichen, fossilen Arten *Palaeochersis* und *Proganochelys*? Gekennzeichnet sind sie durch die beiden roten Sterne. Hier besteht wenig Zweifel. Die roten Sterne stehen zwischen den gelben Punkten, das heißt den heutigen Schildkrötenarten, die auf dem trockenen Land

Proganochelys

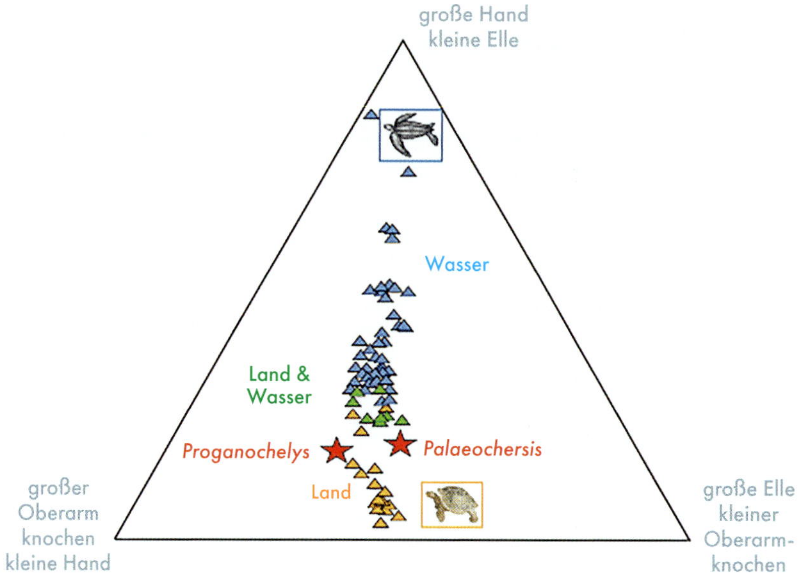

leben. Es waren Landschildkröten. Beide stehen allerdings auch recht nah an den grünen Punkten, vielleicht entfernten sie sich also nicht allzu weit vom Wasser. Die Methode verdeutlicht einen Weg, auf dem unsere hypothetische WDZ die Umwelt eines bis dahin unbekannten Tieres »auslesen« könnte – und damit auch die Umwelt, in der die natürliche Selektion seiner Vorfahren stattgefunden hat. Der WDZ werden zweifellos höher entwickelte Verfahren zur Verfügung stehen, aber Studien wie diese dürften in die richtige Richtung weisen.

Palaeochersis und *Proganochelys* waren also Landbewohner. Aber sind sie immer an Land geblieben, seit ihre (und unsere) Fischvorfahren aus dem Meer krochen? Oder zählten sie, wie die heutigen Landschildkröten auch, Meeresschildkröten zu ihren Vorfahren? Um diese Frage zu beantworten, können wir uns ein weiteres Fossil ansehen. *Odontochelys semitestacea* lebte wie *Palaeochersis*

Odontochelys

und *Proganochelys* in der Triaszeit, aber früher. Sie war ungefähr einen halben Meter lang, inklusive eines langen Schwanzes, der den heutigen Schildkröten fehlt. Das *Odonto* im Gattungsnamen spiegelt die Tatsache wider, dass sie Zähne besaß, während alle heutigen Schildkröten so etwas Ähnliches wie einen Vogelschnabel haben. Und der Artname *semitestacea* besagt, dass sie nur einen halben Panzer besaß – das »Plastron«, die harte Schale, die den Bauch aller Schildkröten schützt. Der kuppelförmige Rückenpanzer dagegen fehlte. Die Rippen waren aber abgeflacht wie bei normalen Schildkröten, bei denen sie den Panzer tragen.

Entdeckt und beschrieben wurde das Fossil in China von einem Forschungsteam unter Leitung von Li Chun. Die Forschenden gehen davon aus, dass *Odontochelys* oder eine ähnliche Form der Vorläufer aller Schildkröten war und dass der Panzer sich »von unten nach oben« entwickelte. Sie verweisen auf den Artikel von Joyce und Gauthier über die Proportionen der Vordergliedmaßen und gelangen zu dem Schluss, dass *Odontochelys* im Wasser lebte. Und falls sich jemand fragt, wozu ein halber Panzer gut ist: Haie (die sich schon lange vor Beginn unserer Geschichte im Wasser herumtrieben) greifen häufig von unten an, der gepanzerte Bauch könnte also der Abwehr solcher Räuber gedient haben. Wenn wir dieser Interpretation Glauben schenken, lässt sie ebenfalls darauf schließen, dass der Panzer der Schildkröten sich im Wasser entwickelt hat. Gegen natürliche Feinde an Land würde sich der Brustpanzer dagegen wahrscheinlich

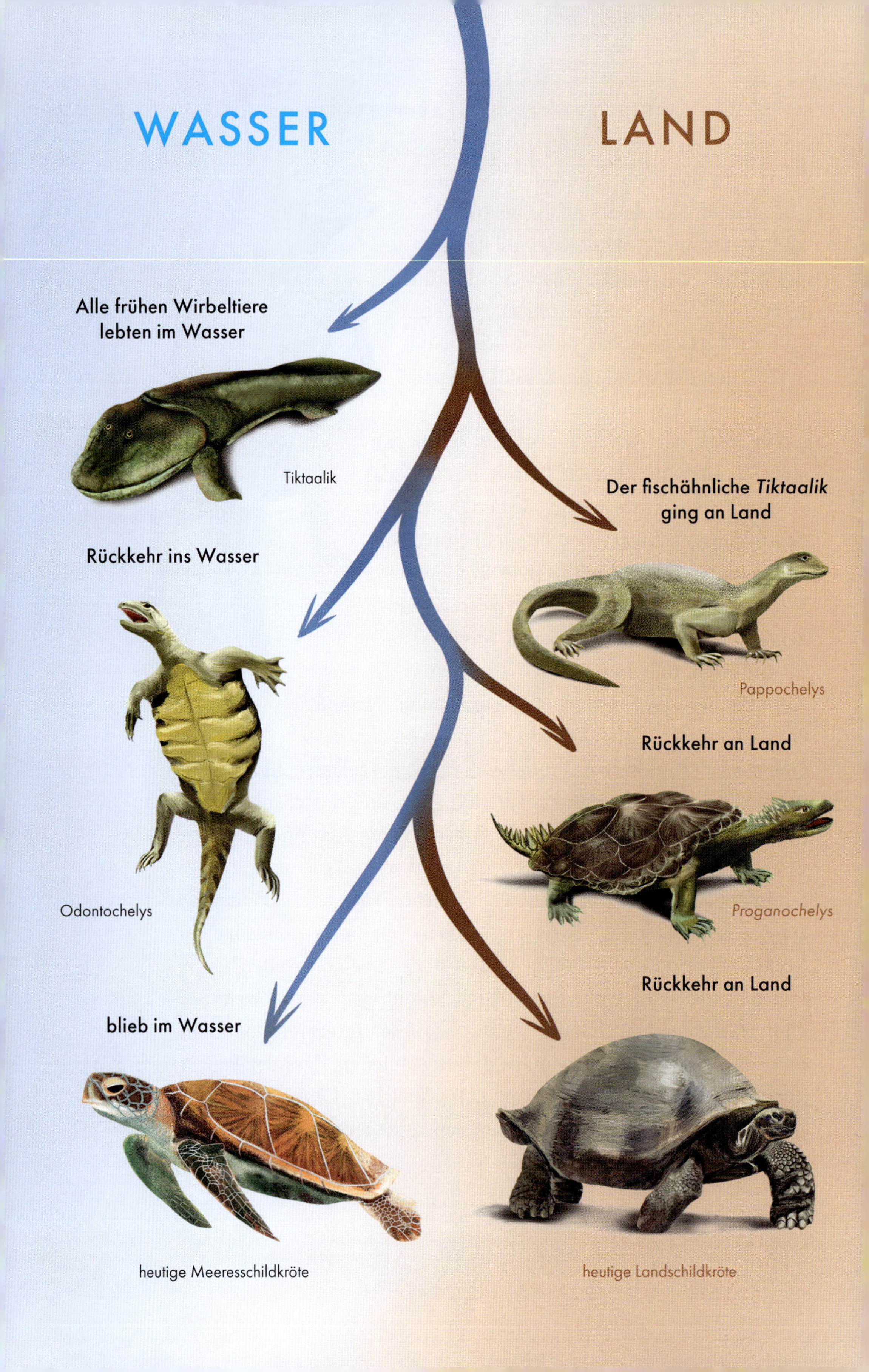
WASSER
LAND
Alle frühen Wirbeltiere lebten im Wasser
Tiktaalik
Der fischähnliche *Tiktaalik* ging an Land
Rückkehr ins Wasser
Pappochelys
Rückkehr an Land
Odontochelys
Proganochelys
Rückkehr an Land
blieb im Wasser
heutige Meeresschildkröte
heutige Landschildkröte

Pappochelys

nicht als erste Abwehrmaßnahme entwickeln. Ganz im Gegenteil. *Odontochelys* war vermutlich eine Art schwimmende Echse ähnlich den Galapagos-Meeresechsen, aber mit einer großen Panzerplatte auf der Bauchseite.

Die Theorie ist zwar umstritten, aber die Forschenden aus China neigen zu der Ansicht, dass eine Meeresschildkröte wie *Odontochelys* mit ihrem halben Panzer der Urahn aller Schildkröten war. Wie alle Reptilien stammte sie demnach von landlebenden, echsenähnlichen Vorfahren ab, die vielleicht *Pappochelys* ähnelten. Angenommen die Autoren haben recht damit, dass sich der Schildkrötenpanzer nach Art von *Odontochelys* in Gewässern voller Haie von unten nach oben entwickelte: Was können wir dann über *Palaeochersis* und *Proganochelys* auf dem trockenen Land sagen?

Es scheint, als würden diese Gattungen einen früheren Übergang vom Wasser an Land repräsentieren und wären damit eine frühere Verkörperung der Landschildkröten mit ihrer doppelten Kehrtwende, eine Parallele zu den heutigen Giganten der Galapagos- und Aldabra-Inseln, die aus einer späteren Generation von Meeresschildkröten hervorgingen. In jedem Fall ist die Gruppe, die wir Landschildkröten nennen, ein Paradebeispiel für die Vorstellung von einem komplizierten Palimpsest. Sie verließen nicht nur das Wasser und gingen an Land, kehrten ins Wasser zurück und begaben sich dann in einer weiteren Kehrtwende erneut an Land. Möglicherweise taten sie das sogar zweimal! Die Kehrtwende wurde zum ersten Mal von Tieren nach Art von *Proganochelys* eingeleitet und dann ein zweites Mal unabhängig davon durch unsere heutigen Landschildkröten. Möglicherweise gingen einige von ihnen später noch einmal ins Wasser. Es würde mich nicht wundern, wenn manche Süßwasserschildkröten eine solche dreifache Kehrtwende repräsentieren, aber Belege dafür sind mir nicht bekannt. Schon eine einzige Umkehr ist bemerkenswert genug.

Wenn diese Galapagos-Riesenschildkröte ein homerisches Epos über ihre Vorfahren singen könnte, würde ihre in der DNA festgehaltene Odyssee von uralten Legenden über Fische der Devonzeit zu echsenähnlichen Tieren verlaufen, die über die Landschaften des Perm streiften, dann wieder ins Meer mit den Schildkröten des Mesozoikums und schließlich ein zweites Mal zurück an Land.[7] Das nenne ich ein anständiges Palimpsest!

Eine Galapagos-Riesenschildkröte

WER SINGT AM LAUTESTEN?

In Kapitel 1 habe ich gesagt, wir würden in dem Kapitel über das Palimpsest auf die Frage des Gleichgewichtsverhältnisses zwischen aktuellen und alten Texten zurückkommen. Dafür ist es jetzt an der Zeit. Man könnte vermuten, dass es sich ähnlich verhält wie mit der Regel für innere Widersprüche im Koran: Spätere Verse haben

Vorrang vor früheren. Aber so einfach ist es nicht. Im genetischen Totenbuch können ältere Texte im Palimpsest für »Einschränkungen der Vollkommenheit« sorgen.[8]

Auf solche historischen Beschränkungen lassen sich berühmte Fälle schlechter Konstruktionen aus der Evolution zurückführen, so die Netzhaut der Wirbeltiere, die verkehrt herum angeordnet ist, oder der verschwenderische Umweg des Kehlkopfnervs (siehe unten).

»Können Sie mir den Weg nach Dublin erklären?«
»Nun, von hier würde ich nicht losfahren.«

Der Witz ist altbekannt, aber er zielt auf den Kern unserer Frage nach der Priorität im Palimpsest. Im Gegensatz zu einem Ingenieur, der ans Zeichenbrett zurückkehren kann, muss die Evolution immer »von hier losfahren«, ganz gleich, wie ungünstig »hier« als Ausgangspunkt ist. Stellen wir uns einmal vor, wie ein Düsentriebwerk aussehen würde, wenn der Konstrukteur an seinem Zeichenbrett von einem Propellermotor ausgehen müsste, den er dann in einem mühsamen Schritt nach den anderen abwandelt, bis er zum Düsentriebwerk gelangt. Ein Ingenieur, der den Luxus eines leeren Zeichenbretts genießt, hätte niemals ein Auge mit nach hinten gerichteten »Photozellen« konstruiert, deren »Verbindungskabel« über die Oberfläche der Netzhaut verlaufen und sie schließlich auf ihrem Weg zum Gehirn an einem »blinden Fleck« durchquert. Der blinde Fleck ist beunruhigend, aber wir bemerken ihn nicht, weil das Gehirn, das sein eingeschränktes Modell der Welt als virtuelle Realität aufbaut, für den fehlenden Abschnitt des Blickfeldes einen klugen, plausiblen Ersatz findet. Nach meiner Vermutung könnten solche Spekulationen gefährlich werden, wenn das Abbild einer Gefahr in einem entscheidenden Augenblick auf den blinden Fleck fällt. Aber dieses schlechte Konstruktionsmerkmal ist tief in der Embryonalentwicklung verborgen. Es zu ändern, um damit ein sinnvolleres Endprodukt zu erzeugen, würde im Embryo während eines frühen Entwicklungsstadiums des Nervensystems größere Umwälzungen erfordern. Und je früher sie in der Embryonalentwicklung stattfinden, desto radikaler und schwerer erreichbar sind sie. Selbst wenn eine solche Umwälzung am Ende zu bewerkstelligen wäre, würden sich die evolutionären Zwischenschritte auf dem Weg zur endgültigen Verbesserung vermutlich auf fatale Weise gegenüber der vorhandenen Anordnung als unterlegen erweisen, denn die funktioniert schließlich ziemlich gut. Mutierte Individuen, die sich auf den langen Weg zur Verbesserung begeben, würden von Konkurrenten, die mit dem Status quo einigermaßen zurechtkommen, verdrängt. In dem hypothetischen Fall einer Neukonstruktion der Netzhaut wären sie vermutlich sogar völlig blind.

Wenn man möchte, kann man die umgedrehte Netzhaut als »schlechte Konstruktion« bezeichnen. Sie ist eine Hinterlassenschaft der Vergangenheit, ein Überrest, ein älterer Text im Palimpsest, der teilweise überschrieben wurde. Ein anderes Beispiel ist der Schwanz der Menschen und anderer Menschenaffen, der im Embryo noch

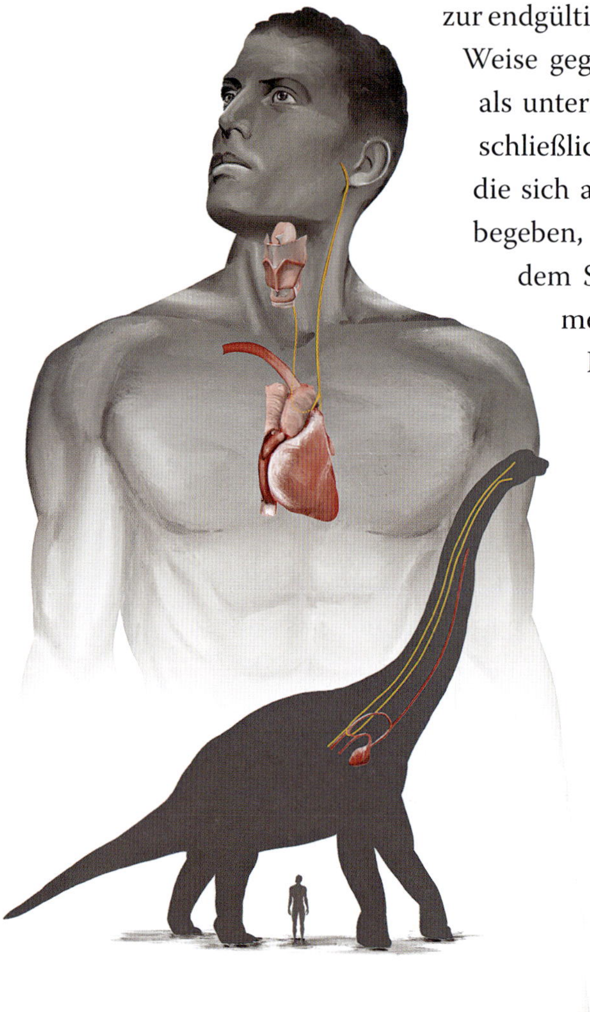

Der rückläufige Kehlkopfnerv

deutlich zu erkennen ist und beim Erwachsenen zum Steißbein zusammenschrumpft. Auch unsere spärliche Körperbehaarung lässt sich im Palimpsest undeutlich zurückverfolgen. Sie war früher als Wärmeisolierung nützlich und ist heute nur noch als Überrest vorhanden, der seine mittlerweile nahezu sinnlose Eigenschaft, sich als Reaktion auf Kälte oder Gefühle aufzurichten, beibehalten hat.

Der rückläufige Kehlkopfnerv von Säugetieren und Reptilien versorgt den Kehlkopf. Er verläuft aber nicht auf geradem Weg zu seinem Bestimmungsort, sondern zieht sich vom Hals geradewegs am Kehlkopf vorbei in den Brustkorb, bildet dort eine Schleife um eine große Arterie und vollzieht dann den ganzen Weg zurück in den Hals bis zum Kehlkopf. Wenn man das für eine Konstruktion hält, ist es offensichtlich eine sehr schlechte.[9] Bei dem Riesendinosaurier *Brachiosaurus* summiert sich der Umweg auf eine Länge von ungefähr 20 Metern.[10] Ebenso eindrucksvoll ist er bei einer Giraffe – das konnte ich unmittelbar miterleben, als ich im Rahmen eines Dokumentarfilms für den britischen Sender Channel 4 mit dem Titel *Inside Nature's Giants* bei der Sektion einer Giraffe assistieren durfte, die unglücklicherweise in einem Zoo gestorben war. Wer weiß, welche ineffiziente oder geradezu fehlerhafte Übertragung durch die Verzögerung entstehen konnte, mit der ein solcher Umweg verbunden war. Aber die natürliche Selektion ist nicht absichtlich verrückt. Bei unseren Fischvorfahren war es ursprünglich keine schlechte Konstruktion: Der Nerv verlief bei ihnen auf geradem Weg zu seinem Zielorgan – allerdings nicht zum Kehlkopf, denn den gibt es bei Fischen nicht. Fische besitzen auch keinen Hals. Als der Hals bei ihren landlebenden Nachkommen immer länger wurde, war der Preis für jede geringfügige Verlängerung des Umweges gering im Vergleich zu den erheblichen Kosten, die mit einer radikalen Umstellung der Embryonalentwicklung und der Herstellung eines

»sinnvollen« Nervenverlaufs auf der anderen Seite der Arterie verbunden gewesen wären.[11] Mutierte Individuen, die sich auf den embryologisch radikalen Evolutionsweg in Richtung einer Neuverlegung des Kehlkopfnervs begeben hätten, wären von ihren Konkurrenten, die mit dem funktionierenden Status quo zurechtkamen, verdrängt worden. Ein ganz ähnliches Beispiel ist auch der Verlauf der Leitungsbahnen, die die Hoden mit dem Penis verbinden.[12] Sie nehmen nicht den direkten Weg, sondern bilden eine Schleife über dem Rohr, dass von der Niere zur Blase verläuft – ein scheinbar sinnloser Umweg. Auch hier entsteht die schlechte Konstruktion durch Einschränkungen, die sich tief in der Embryonalentwicklung und tief in der Geschichte verbergen.

»Tief in der Embryonalentwicklung und tief in der Geschichte verborgen« ist eine andere Formulierung für »im Palimpsest unter Schichten mit jüngeren Texten verborgen«. Damit sind wir weit von der »Koranregel« entfernt, wonach »das Spätere über das Frühere triumphiert«, und wir sind vielleicht versucht, mit dem umgekehrten Gedanken zu spielen: »Das Frühere triumphiert über das Spätere.« Aber auch das funktioniert nicht. Die Selektionskräfte, die unsere jüngeren Vorfahren geprägt haben, wirken vermutlich auch heute noch. Wenn wir die Metapher ändern und nicht mehr von einem Buch, sondern von einem Durcheinander der Stimmen sprechen, hat die jüngste Stimme mit ihrer jugendlichen Kraft vielleicht automatisch eine Art Vorteil. Es ist aber kein überwältigender Vorteil. Ich wäre mit einer vorsichtigeren Aussage zufrieden: Das genetische Totenbuch ist ein Palimpsest aus Texten, deren Spektrum vom sehr Alten bis zum sehr Jungen reicht und alle Zwischenstufen einschließt. Wenn es allgemeine Regeln gibt, die über die relative Bedeutung des Alten gegenüber dem Jungen oder Mittleren bestimmen, müssen sie auf zukünftige Forschungsarbeiten warten.

Merkmale, die seit jeher in den tieferen Schichten des Palimpsests liegen, hat man in der Biologie schon lange erkannt. Ein Beispiel ist das Skelett der Wirbeltiere mit der Wirbelsäule im Rücken, Schädel und Schwanz an den Enden und einer Kette aus unterteilten Wirbeln, durch die sich der wichtigste Körpernerv zieht. Dann gibt es die vier Gliedmaßen, die von der Wirbelsäule ausgehen und jeweils aus einem einzigen, in der Regel langen Knochen (Oberarm- oder Oberschenkelknochen) bestehen, an den sich zwei parallel verlaufende Knochen (Schien- u. Wadenbein, Elle/Speiche) anschließen; es folgt eine Gruppe kleinerer Knochen mit fünf Fingern oder Zehen am Ende. Beim Embryo sind es immer fünf, auch wenn einige davon beim ausgewachsenen Tier unter Umständen zurückgebildet sind oder ganz fehlen. Pferde haben alle Finger außer den mittleren verloren, und dieser trägt den Huf (eine stark vergrößerte Form unseres Fingernagels). Zu den Litopterna, einer ausgestorbenen Gruppe südamerikanischer Pflanzenfresser, gehörten einige Arten wie *Thoaterium*, bei denen sich unabhängig nahezu die gleichen mit Hufen ausgestatteten Gliedmaßen entwickelten wie bei den Pferden.[13] Die beiden Gliedmaßen sind hier zum besseren Vergleich in der gleichen Größe dargestellt, *Thoaterium* war aber beträchtlich kleiner als ein typisches Pferd und ähnelte in seiner Größe eher einer kleinen Antilope. Das Pferd in dem Bild könnte man sich als Shetlandpony vorstellen.

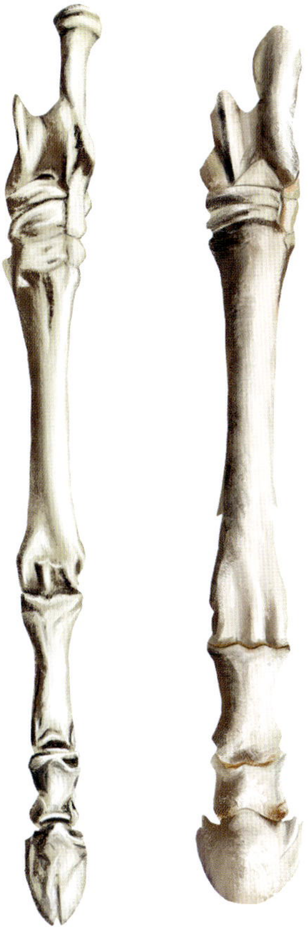

Litopterna (links), Pferd (rechts)

Gliederfüßer haben einen anderen Körperbauplan, ähnlich wie Wirbeltiere bestehen sie aber ebenfalls aus Segmenten oder Einheiten, die sich von vorn nach hinten in einer Reihe wiederholen.[14] Auch die Ringelwürmer, darunter Regenwürmer, Nereiden und Wattwürmer, besitzen einen segmentierten Körperbau und tragen den Hauptnerv wie die Gliederfüßer auf der Bauchseite. Dieser Unterschied in der Lage des Hauptnervs hat zu einer provokativen Spekulation geführt: Danach stammen wir Wirbeltiere von einem Wurm ab, bei dem sich die Gewohnheit entwickelte, in Rückenlage zu schwimmen – ein Verhalten, das die heutigen Salzkrebschen wiederentdeckt haben. Wenn das stimmt, ist der »grundlegende« Bauplan der Wirbeltiere vielleicht nicht ganz so grundlegend, wie wir geglaubt hatten.

Ein Salzkrebschen

Aber so wichtig und sogar imposant solche morphologischen Baupläne auch sind: Wenn es darum geht, die tieferen Schichten der biologischen Palimpseste zu lesen und den Stammbaum von Tieren zu rekonstruieren, wurde die Morphologie durch die Molekulargenetik in den Schatten gestellt. Ich möchte ein hübsches kleines Beispiel nennen. Auf den Bäumen Südamerikas wohnen zwei Gattungen von Faultieren, die Zweifinger- und die Dreifinger-Faultiere. Außerdem gab es ein Riesenfaultier, das am Erdboden lebte und vor 10- bis 12 000 Jahren ausstarb, gerade spät genug, um die Molekularbiologen noch mit DNA zu versorgen. Da die beiden auf den Bäumen lebenden Arten sich in Anatomie und Verhalten so ähnlich sind, nahm man ganz selbstverständlich an, dass sie eng verwandt sind und von einem Vorfahren abstammen, der vor recht kurzer Zeit ebenfalls auf den Bäumen lebte, während sie mit dem Riesenfaultier eine entferntere Verwandtschaft verbindet. Heute zeigt jedoch die Molekulargenetik, dass das Zweifinger-Faultier mit dem vier Tonnen schweren Riesenfaultier enger verwandt ist als mit dem Dreifinger-Faultier.

Lange bevor die moderne, molekularbiologisch begründete Systematik auf der Bildfläche erschien, zeigte bereits eine Fülle morphologischer Befunde, dass Delfine keine Fische, sondern Säugetiere sind, und das, obwohl sie oberflächlich wie große Fische aussehen und sich auch so verhalten – Gemeine Goldmakrelen werden im Englischen manchmal sogar als *dolphinfish* oder sogar *dolphins* bezeichnet. Aber auch wenn in der Wissenschaft schon lange bekannt war, dass Delfine und Wale Säugetiere sind, war kein Zoologe auf die Bombe vorbereitet, die gegen Ende des 20. Jahrhunderts platzen

Flusspferde sind mit den Walen näher verwandt als mit allen anderen Huftieren.

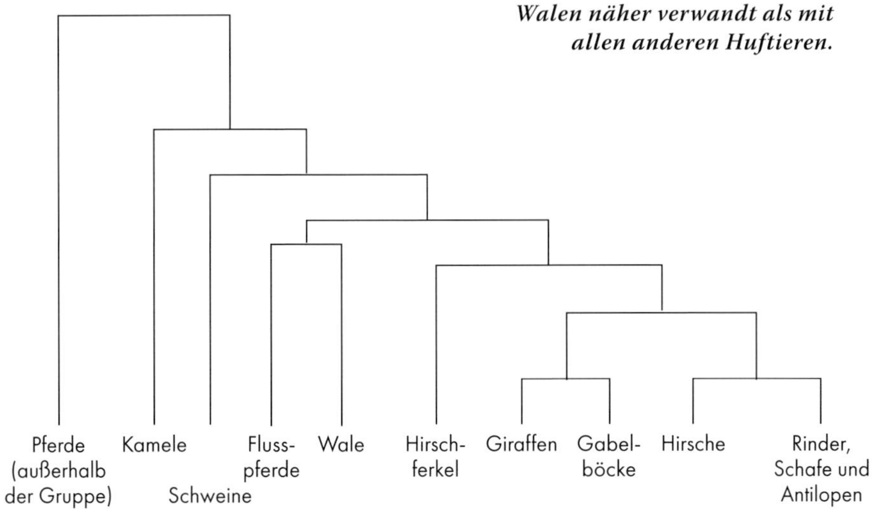

sollte: Molekulargenetiker wiesen zweifelsfrei nach, dass die Wale aus der Gruppe der Artiodactyla oder Paarhufer hervorgegangen sind.[15] Die engsten heute lebenden Verwandten der Flusspferde sind nicht die Schweine, wie ich es noch als Studienanfänger in Zoologie gelernt hatte. Es sind die Wale. Wale haben keine Hufe, die Paare bilden könnten. Ihre landlebenden Vorfahren hatten vermutlich ebenfalls keine doppelten Hufe, sondern breite Füße mit vier Zehen wie die heutigen Flusspferde. Dennoch sind sie Vollmitglieder der Paarhufer und nicht einmal Außenseiter im Vergleich zu der übrigen Gruppe: Als Vettern stehen sie den Flusspferden näher als die Flusspferde den Schweinen oder anderen Tieren, die tatsächlich zwei Hufe haben. Diese verblüffende Erkenntnis hatte niemand kommen sehen.[16] Auch in Zukunft könnte die molekulare Gensequenzierung noch weitere Überraschungen für uns parat haben.

Wie eine Computerfestplatte, die mit Bruchstücken veralteter Dokumente übersät ist, so sind auch die Genome von Tieren mit Genen durchsetzt, die früher einmal nützliche Funktionen erfüllt haben müssen, jetzt aber nicht mehr gelesen werden. Man nennt sie Pseudogene – kein großartiger Name, aber er hat sich durchgesetzt. Manchmal bezeichnet man sie auch als »Schrott-Gene«, aber »Schrott« in dem Sinn, dass sie bedeutungslos wären, sind sie nicht.[17] Sie stecken voller Bedeutung. Würden sie translatiert, wäre das Produkt ein echtes Protein. Aber sie werden nicht translatiert. Das verblüffendste mir bekannte Beispiel betrifft den menschlichen Geruchssinn. Er ist berüchtigt schlecht im Vergleich zu dem von Jagdhunden, Robben, jagenden Eisbären, Trüffelschweinen oder überhaupt der Mehrzahl der Säugetiere. Mit der Annahme, dass unsere Vorfahren über Fähigkeiten zur Geruchsunterscheidung verfügten, die uns verblüffen würden, wenn wir in die Vergangenheit reisen und sie erleben könnten, hätten wir recht. Bemerkenswert ist, dass wir die dafür erforderlichen Gene – und es sind viele – noch heute in uns tragen. Sie werden nur niemals abgelesen, niemals transkribiert, niemals in Proteine umgesetzt. Sie wurden als Pseudogene an den Rand gedrängt.[18] Und solche älteren Texte des DNA-Palimpsests sind nicht nur da. Sie lassen sich auch vollkommen eindeutig ablesen – allerdings nur von Molekularbiologen.[19] Von den natürlichen Ablesemechanismen unserer Zellen werden sie übergangen. Unser Geruchssinn ist frustrierend schlecht im Vergleich dazu, wie er sein könnte, wenn wir einen Weg finden würden, um diese uralten Gene, die immer noch in uns versteckt sind, einzuschalten. Man stelle sich vor, welche hochtrabenden Bilder mutierte Weinkenner in die Welt setzen könnten. »Schwarzkirsche durchsetzt von frisch gemähtem Heu im Ansatz, gefolgt von Bleistiftnoten im befriedigenden Abgang« wäre da im Vergleich noch harmlos.

Zwischen dem Genom und einer Computerfestplatte besteht eine ungewöhnlich enge Analogie. Wenn ich meinen Computer anweise, die Dokumente auf meiner Festplatte anzuzeigen, sehe ich eine geordnete Reihe von Briefen, Artikeln, Buchkapiteln, Kontenblättern, Musik, Urlaubsfotos und so weiter. Wollte ich allerdings die Rohdaten lesen, wie sie tatsächlich auf der Platte liegen, würde ich mich einer schwindelerregenden Fülle zusammenhangloser Bruchstücke gegenübersehen. Was ein zusammenhängendes Buchkapitel zu sein scheint, besteht aus einem Fetzen hier, einem Fragment da, alles über die Platte verteilt. Zusammenhängend erscheint es uns nur, weil die Software des Systems weiß, wo sie nach dem nächsten Bruchstück suchen muss. Und wenn ich ein Dokument lösche, kann ich mir naiv vorstellen, dass es weg ist. Aber es ist nicht weg. Es liegt immer noch da, wo es vorher war. Warum soll man kostbare Rechenzeit darauf verwenden, es zu beseitigen? Wenn wir ein Dokument löschen, geschieht nur eines: die Systemsoftware kennzeichnet seinen Platz auf der Platte als verfügbar, sodass er durch andere Daten überschrieben werden kann, sobald der Platz gebraucht wird. Ist der Platz nicht erforderlich, wird er nicht überschrieben, und das Dokument oder Teile davon bleiben erhalten – sie sind lesbar, werden aber in Wirklichkeit nie abgelesen –, genau wie die Geruchs-Pseudogene, die wir immer noch besitzen, aber nicht nutzen. Wenn wir verfängliche Dokumente wirklich von unserem Computer beseitigen wollen, müssen wir deshalb besondere Maßnahmen ergreifen, um sie vollständig auszumerzen. Das normale »Löschen« bietet keine Sicherheit gegen Hacker.

Pseudogene sind eine leuchtende Nachricht aus der Vergangenheit und ein bedeutender Teil des genetischen Totenbuches. Wenn unsere WDZ es nicht bereits aufgrund anderer Anhaltspunkte abgeleitet hätte, könnte sie aus dem Friedhof mit toten, über das Genom verteilten Genen den Schluss ziehen, dass die Welt unserer Vorfahren für sie reichhaltigere Gerüche zu bieten hatte, als wir es uns vorstellen. Die DNA-Grabsteine sind nicht nur da, auch ihre Beschriftung ist mehr oder weniger klar und deutlich. Nebenbei bemerkt, sind diese molekularen Grabsteine auch für Kreationisten eine große Peinlichkeit. Warum um alles in der Welt sollte ein Schöpfer unser Genom mit Geruchsgenen überhäufen, die nie benutzt werden?

In diesem Kapitel ging es vor allem um die tieferen Schichten des Palimpsests, die Überbleibsel einer älteren Vergangenheit. In den nächsten vier Kapiteln wenden wir uns den Schichten in der Nähe der Oberfläche zu. Damit werden wir auch einen Blick auf die Fähigkeit der natürlichen Selektion werfen, sich über tiefere Hinterlassenschaften der Geschichte hinwegzusetzen. Unter anderem kann man das untersuchen, indem man sich konvergente Ähnlichkeiten zwischen nicht verwandten Tieren heraussucht. Eine andere Methode ist das *reverse engineering*. Ihm wenden wir uns jetzt zu.

4

REVERSE ENGINEERING

EINE ZENTRALE AUSSAGE DIESES BUCHES – dass nämlich die minutiöse, detaillierte Perfektion, die wir am äußeren Erscheinungsbild von Tieren beobachten, sich auch durch ihr gesamtes Inneres zieht – basiert natürlich auf der Annahme, dass es überhaupt etwas gibt, was man annähernd als Perfektion bezeichnen kann. Dass es vorhanden ist und dass man es aus darwinistischen Gründen auch erwarten kann. Diese Annahme wurde kritisiert und muss begründet werden – das ist der Zweck der nächsten drei Kapitel.

Die prominentesten Kritiker des »Adaptionismus«, wie sie ihn nannten, waren Richard Lewontin und Stephen Gould von der Harvard University, zwei angesehene Fachleute in ihren Fachgebieten der Genetik beziehungsweise der Paläontologie. Lewontin definierte Adaptionismus als »Ansatz der Evolutionsforschung, der ohne weitere Beweise davon ausgeht, dass alle Aspekte von Morphologie, Physiologie und Verhalten der Lebewesen optimale Anpassungslösungen für Probleme darstellen«.[1] Ich bin vermutlich eher ein Adaptionist als viele andere Biologen. Andererseits habe ich in meinem Buch *Der erweiterte Phänotyp* ein Kapitel den »Beschränkungen der Perfektion« gewidmet. Darin unterscheide ich zwischen sechs Kategorien von Beschränkungen, und fünf davon möchte ich hier erwähnen.

1. Zeitlicher Abstand (das Tier ist nicht auf dem neuesten Stand und hat nicht mit dem Wandel der Umwelt Schritt gehalten). Ein Beispiel sind die Überbleibsel des vierbeinigen Ganges im Skelett der Menschen.
2. Historische Beschränkungen, die nie korrigiert werden (zum Beispiel der rückläufige Kehlkopfnerv oder die verkehrt herum angeordnete Netzhaut).
3. Keine Verfügbarkeit genetischer Variation (selbst wenn die natürliche Selektion geflügelte Schweine begünstigen würde, sind die dazu notwendigen Mutationen niemals aufgetaucht).
4. Beschränkungen bei Kosten und Material (selbst wenn Schweine zu bestimmten Zwecken Flügel gebrauchen könnten und selbst wenn die erforderlichen Mutationen sich ereignen würden, überwiegt der Aufwand, die Flügel wachsen zu lassen, gegenüber dem Nutzen).
5. Fehler aufgrund einer unberechenbaren oder boshaften Umwelt (wenn beispielsweise ein Rohrsänger einen jungen Kuckuck füttert, ist das aus Sicht des Rohrsängers eine Unvollkommenheit, die aber den Kuckucken von der natürlichen Selektion mitgegeben wurde).

Wenn man solche Beschränkungen einräumt und in Rechnung stellt, könnte man mich wohl mit Fug und Recht als Adaptionist bezeichnen. Denn es bleibt der Gedanke, der vielen Menschen gekommen ist: Danach sind bestimmte »Aspekte von Morphologie, Physiologie oder Verhalten der Organismen« so banal, dass die natürliche

Selektion sie nicht zur Kenntnis nimmt. Sie fliegen unter dem Radar der natürlichen Selektion. Wenn wir aus molekularbiologischer Sicht von Genen reden, stimmt es vermutlich, dass die meisten Mutationen von der natürlichen Selektion nicht beachtet werden. Sie werden nicht in ein verändertes Protein translatiert, das heißt, im Lebewesen ändert sich nichts. Vielmehr sind sie buchstäblich neutral im Sinne des japanischen Genetikers Motoo Kimura und damit im Hinblick auf die Funktion überhaupt keine Mutationen.[2] Es ist, als würde man die Schrift, mit der eine Anweisung gedruckt ist, von Times New Roman zu Helvetica ändern. Die Bedeutung ist nach der Mutation genau die gleiche wie zuvor. Solche Fälle hatte Lewontin aber sinnvollerweise ausgeschlossen, als er von »Morphologie, Physiologie und Verhalten« sprach. Wenn eine Mutation sich auf die Morphologie, die Physiologie oder das Verhalten eines Tieres auswirkt, ist sie nicht neutral in dem trivialen Sinn einer »Veränderung der Schriftart«.

Dennoch haben manche Menschen intuitiv das Gefühl, viele Mutationen seien vermutlich belanglos, auch wenn sie Morphologie, Physiologie oder Verhalten tatsächlich beeinflussen. Könnte nicht eine echte Veränderung selbst dann, wenn sie am Körperbau des Tieres sichtbar wird, so trivial sein, dass die natürliche Selektion sich nicht darum kümmert? Mein Vater versuchte mich mehrfach davon zu überzeugen, dass die Form von Blättern, beispielsweise der Unterschied zwischen einem Eichen- und einem Buchenblatt, doch wohl keine Bedeutung haben könne. Ich bin da nicht so sicher, und an dieser Stelle neige ich dazu, mich von Skeptikern wie Lewontin zu distanzieren. Arthur Cain (der eine Zeit lang in Oxford mein Tutor war) schrieb 1964 einen polemischen Artikel, in dem er nachdrücklich (in den Augen mancher zu nachdrücklich) die Vorstellung von »der Perfektion der Tiere« vertrat. Wenn es um »triviale« Eigenschaften geht, so erklärte er, spiegelt sich in dem, was uns trivial erscheint, vielleicht nur unser Unwissen wider. Sein Wahlspruch lautete: »Ein Tier ist so und nicht anders, weil es so sein muss«; diesen Grundsatz wandte er sowohl auf sogenannte triviale Eigenschaften als auch auf das Gegenteil an – auf grundlegende Merkmale wie die Tatsache, dass Wirbeltiere vier Gliedmaßen haben und Insekten sechs. Meines Erachtens hatte er gute Argumente, wenn es um sogenannte triviale Merkmale ging, wie beispielsweise in dem folgenden denkwürdigen Absatz:

> Aber die vielleicht bemerkenswerteste funktionsorientierte Interpretation eines »trivialen« Merkmals liefern Mantons Arbeiten über den Doppelfüßer [eine Art von Tausendfüßern] *Polyxenus*: Darin hat sie gezeigt, dass eine Eigenschaft, die früher als »Verzierung« beschrieben wurde (und was könnte sich mehr nach Nutzlosigkeit anhören?), nahezu buchstäblich der Dreh- und Angelpunkt im Leben des Tieres ist.[3]

Selbst in Fällen, in denen die Eigenschaft wirklich nahezu trivial zu sein scheint, ist die natürliche Selektion unter Umständen ein strengerer Richter als das menschliche Auge. Was für unseren Blick trivial ist, wird dennoch von der natürlichen Selektion wahrgenommen, wenn »der Zeiger der Zeit das Vergehen ganzer Epochen anzeigt«, wie Darwin es formulierte.* Eine einschlägige hypothetische Berechnung stellte JBS Haldane an:[4] Er ging von einem Selektionsdruck zugunsten einer so schwachen neuen Mutation aus, dass sie trivial erscheint: Auf jeweils 1000 Individuen, die mit der Mutation überleben, kommen 999, die ohne die Mutation überleben. Dieser Selek-

* *Der Ursprung der Arten*, Üb. v. E. Schönfeld, Stuttgart: Klett-Cotta 2018, S. 109.

tionsdruck ist viel zu schwach, als dass Forschende ihn im Freiland nachweisen könnten. Wie lange würde es mit Haldanes Annahme dauern, bis die Mutation sich bei der Hälfte der Population durchgesetzt hat? Seine Antwort: nur 11 739 Generationen, wenn es sich um ein dominantes Gen handelt, und 32 444 Generationen, wenn es rezessiv ist. Bei vielen Tieren ist eine solche Generationenzahl nach erdgeschichtlichen Maßstäben nur ein Augenblick. Was dabei entscheidend ist: So trivial die Veränderung auch sein mag, das mutierte Gen hat viele Gelegenheiten, etwas zu bewirken – und zwar durch die vielen Tausend Individuen, in deren Körper es sich in geologischen Zeiträumen befindet. Und auch wenn ein Gen vielleicht nur einen einzigen unmittelbaren Effekt hat, kann sich dieser primäre Effekt wegen der komplizierten Embryonalentwicklung vielfach auswirken. Deshalb hat das Gen dann in verschiedenen Körperteilen viele scheinbar nicht zusammenhängende Wirkungen. Solche unterschiedlichen Effekte bezeichnet man als pleiotrop, das Phänomen als Ganzes ist die Pleiotropie. Selbst wenn eine einzelne Auswirkung der Mutation wirklich zu vernachlässigen wäre, ist es unwahrscheinlich, dass das Gleiche auf alle seine pleiotropen Wirkungen zutrifft.

Wenn man die verschiedenen Beschränkungen der Perfektion angemessen berücksichtigt, sieht eine plausible Arbeitshypothese nach meiner Überzeugung so aus, wie Lewontin selbst sie erstaunlicherweise formulierte, zugegebenermaßen allerdings lange vor seinen Angriffen auf den Adaptionismus: »In einer Frage sind sich meines Erachtens alle Evolutionsforscher einig: Es ist praktisch unmöglich, eine Aufgabe besser zu erfüllen, als ein Organismus sie in seiner eigenen Umwelt erfüllt.«[5]

Manche Fachleute sagen lieber: Die natürliche Selektion bringt Tiere hervor, die nicht optimal, sondern gerade »gut genug« sind.

Um Eindruck zu schinden, übernehmen sie aus der Wirtschaftswissenschaft den Begriff *satisficing*, was so viel bedeutet wie »sich mit etwas zufriedengeben«. Ich halte nicht viel davon. Die Konkurrenz ist so hart, dass jedes Tier, das sich einfach nur »zufriedengibt«, schon bald von einem Konkurrenten, der erst mit etwas Besserem zufrieden ist, ausgestochen würde. Andererseits müssen wir von den Ingenieuren den wichtigen Begriff der lokalen Optima übernehmen. Wenn wir uns eine Landschaft der Vollkommenheit vorstellen, in der Verbesserungen den Aufstieg auf Hügel bedeutet, hält die natürliche Selektion die Tiere in der Regel auf dem Gipfel des nächstgelegenen, relativ niedrigen Hügels fest, der von einem hohen Berggipfel der Perfektion durch ein unüberwindliches Tal getrennt ist. In das Tal hinabzusteigen, ist die Metapher für eine vorübergehende Verschlechterung, bevor man besser wird. Sowohl in der Biologie als auch in der Technik kennt man verschiedene Wege, auf denen Bergsteiger den lokalen Optima entgehen und den Weg zur »weiten, sonnenbeschienenen Hochebene« finden können, wenn auch nicht zwangsläufig zum höchsten Gipfel von allen.

Aber damit möchte ich das Thema jetzt verlassen.

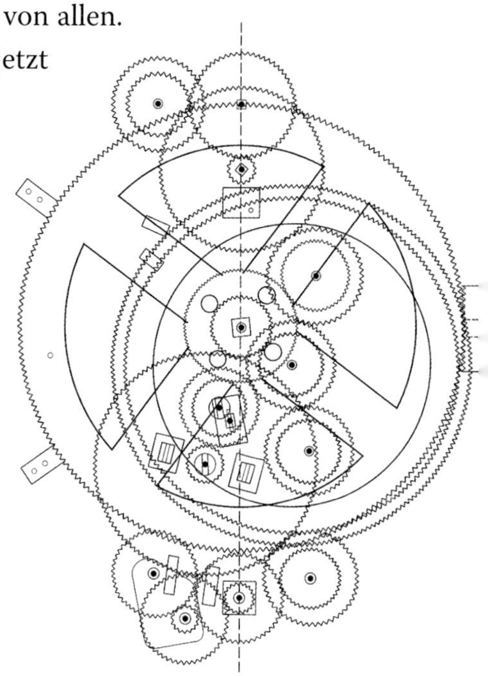

Im Ingenieurwesen geht man davon aus, dass ein Mechanismus, der von jemandem zu einem bestimmten Zweck konstruiert wurde, diesen Zweck durch sein Wesen verrät. Mit »Reverse Engineering« können wir erkennen, welchen Zweck der Konstrukteur im Kopf hatte. Mit der Methode des

Reverse Engineering rekonstruierten Archäologen den Zweck des Mechanismus von Antikythera, eines Gewirrs von Zahnrädern, das man in einem gesunkenen griechischen Schiff aus der Zeit um 80 v. Chr. gefunden hatte.[6] Das komplizierte Getriebe wurde durch Computertomographie und andere moderne Verfahren analysiert. Wie man dabei feststellte, diente es ursprünglich als antike Entsprechung zu einem Analogrechner und war dazu konstruiert, die Bewegungen der Himmelskörper nach dem System der Epizyklen nachzuahmen, das man später mit Ptolemäus in Verbindung brachte.

Beim Reverse Engineering geht man davon aus, dass der Gegenstand, den wir vor uns haben, nach dem Willen eines fähigen Konstrukteurs einen Zweck erfüllen sollte, und über diesen Zweck kann man Vermutungen anstellen. Dazu stellt man eine Hypothese darüber auf, was ein vernünftiger Konstrukteur im Sinn gehabt haben könnte, und dann überprüft man, ob der Mechanismus zu der Hypothese passt. Reverse Engineering funktioniert beim Körperbau von Tieren ebenso gut wie bei menschengemachten Maschinen. Dass diese gezielt von Konstrukteuren mit einem Bewusstsein gestaltet wurden, während die Tiere durch die unbewusste natürliche Selektion entstanden sind, ist von erstaunlich geringer Bedeutung: Hier besteht ein Verwirrungspotenzial, das von den Kreationisten mit ihrem charakteristischen Heißhunger auf Verwirrung bereitwillig ausgenutzt wird. Die Anmut eines Tigers und seiner Beute, so scheint es, lässt sich nicht ohne Weiteres verbessern:

Welche unsterblichen Hände oder Augen
*Könnten deine furchterregende Symmetrie gestalten?**

* Aus dem Gedicht »The Tyger« des englischen Dichters William Blake (Anm. d. Ü.).

Manchmal sind Tiere sogar anscheinend allzu symmetrisch gestaltet, was ihnen selbst zum Nachteil gereicht: Denken wir noch einmal an die in Kapitel 2 abgebildete Eule.

Darwin gab einem Abschnitt in seinem *Ursprung der Arten* die Überschrift »Organe äußerster Vollendung und Komplexität«. Nach meiner Überzeugung sind solche Organe die Produkte evolutionärer Rüstungswettläufe. In die Literatur über Evolution wurde der Begriff »Rüstungswettlauf« von dem Zoologen Hugh Cott mit seinem Buch *Animal Coloration* eingeführt, das 1940 während des Zweiten Weltkrieges erschien. Er war während des Ersten Weltkrieges als Offizier in der Armee tätig gewesen und brachte damit alle Voraussetzungen mit, um die Analogie zum evolutionären Rüstungswettlauf zu erkennen. John Krebs und ich belebten die Vorstellung 1979 in einem Vortrag bei der Royal Society wieder.[7] Während ein einzelner Beutegreifer und seine Beute in Echtzeit einen Wettlauf veranstalten, laufen Rüstungswettläufe in Evolutionszeiträumen zwischen Abstammungslinien von Organismen ab. Jede Verbesserung auf der einen Seite wird zum Anlass für eine dagegen gerichtete Verbesserung auf der anderen. Auf diese Weise eskaliert der Rüstungswettlauf, bis er – vielleicht wegen des übermäßigen wirtschaftlichen Aufwandes – genau wie ein militärischer Rüstungswettlauf zum Stillstand kommt.

Antilopen könnten stets schneller laufen als Löwen und umgekehrt, aber möglich wäre das nur mithilfe einer kontraproduktiven Investition von zu viel »Kapital« in die Beinmuskulatur, die dann auf Kosten anderer Investitionsnotwendigkeiten ginge, beispielsweise der Milchproduktion. Damit der Begriff der »Investition« nicht zu vermenschlicht erscheint, möchte ich ihn verdeutlichen. Individuen mit ausgezeichneter Laufgeschwindigkeit würden in der Konkurrenz von geringfügig langsameren Individuen ausgestochen, die ihre Ressourcen nützlicher einsetzen und von sportlichen Beinen in Milch umlenken. Umgekehrt verlieren Individuen, die es mit der Milchproduktion übertreiben, gegen Rivalen, die bei der Milchproduktion sparsamer sind und die verbliebene Energie in die Laufgeschwindigkeit stecken. Um ein abgegriffenes Sprichwort aus der Wirtschaft zu bemühen: Nichts ist umsonst. Tauschgeschäfte sind in der Evolution allgegenwärtig.

Nach meiner Überzeugung sind Rüstungswettlaufläufe für alle biologischen Konstruktionen verantwortlich, die so eindrucksvoll sind, dass sie in den Worten von David Humes Cleanthes »jeden, der sie betrachtet, in höchste Bewunderung versetzt«.* Anpassungen an Eiszeiten oder Dürreperioden, aber auch Anpassungen an den Klimawandel sind relativ einfach und weniger dazu angetan, Bewunderung auszulösen, denn das Klima hat es nicht auf uns abgesehen. Beutegreifer sehr wohl. Ebenso die Beutetiere in einem indirekten Sinn: Je besser es ihnen gelingt, dem Gefressenwerden zu entgehen, desto näher rücken ihre potenziellen natürlichen Feinde dem Hungertod. Das Klima verändert sich nicht bedrohlich als Antwort auf biologische Evolution. Beutegreifer und Beute sehr wohl. Ebenso Parasiten und Wirte. Die gegenseitige Eskalation im Rüstungswettlauf treibt die Evolution in Cleanthische Höhen, unter anderem durch die Errungenschaften der Nachahmung und Tarnung, die wir in Kapitel 2 kennengelernt haben, und in Kapitel 10 werden uns noch die heimtückischen Listen der Kuckucke verblüffen.

Damit sind wir bei einem Punkt, der zunächst negativ zu sein scheint. Tiere sehen zwar von außen wunderschön gestaltet aus, aber sobald wir sie aufschneiden, gewinnen wir oberflächlich einen ganz anderen Eindruck. Ein unbedarfter Zuschauer, der beim Sezieren eines Säugetiers zusieht, erkennt vielleicht nur Chaos. Überall

* *Dialoge über natürliche Religion*. Üb. v. N. Hoerster, Stuttgart: Reclam 1981, S. 24.

scheinen Därme, Blutgefäße, Schleimhäute und Nerven herauszuquellen. Das Ganze ist ein offenkundiger Gegensatz zu der sehnigen Eleganz eines Leoparden oder einer Antilope, die man von außen betrachtet. Auf den ersten Blick scheint das der Schlussfolgerung aus Kapitel 2 zu widersprechen. Dort lautete die zentrale Aussage: Die Perfektion, die für die Außenseite typisch ist, muss sich auch in allen inneren Details fortsetzen. Vergleichen wir nun einmal unser Herz mit der Pumpe auf dem Dorfplatz, die sich ganz klar und eindeutig für ihren Zweck zu eignen scheint. Zugegeben: Das Herz besteht aus zwei Pumpen, von denen eine die Lunge versorgt und die andere den übrigen Körper. Aber man könnte es uns nachsehen, wenn wir uns fragen würden, ob man nicht eine elegantere Pumpe hätte konstruieren und damit viel gewinnen können.

Zwei Pumpen

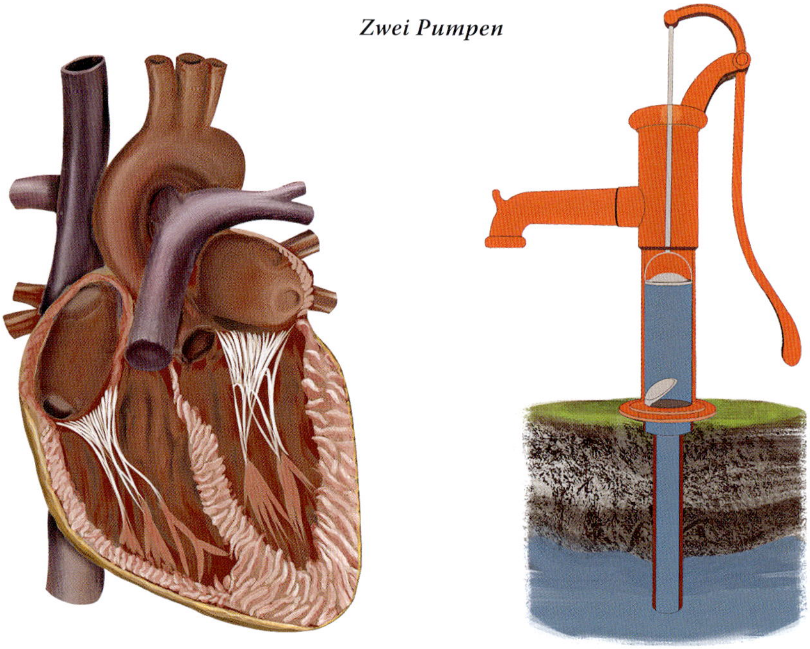

Jedes Auge schickt seine Informationen an die gegenüberliegende Gehirnhälfte. Muskeln auf der linken Körperseite werden von der rechten Seite des Gehirns gesteuert und umgekehrt. Warum? Nach meiner Vermutung haben wir es auch hier mit uralten Texten zu tun, die seit Langem in den unteren Schichten des Palimpsests begraben sind. Vor dem Hintergrund solcher tiefliegenden Einschränkungen spielt die natürliche Selektion eifrig mit den oberen Textebenen herum und schafft damit so gut es geht einen Ausgleich für die unvermeidlichen Unvollkommenheiten, die ihr durch die tieferen Ebenen aufgezwungen werden. Die umgekehrte Verdrahtung der Wirbeltiernetzhaut wird durch nachträgliche Verbesserungen gut ausgeglichen. Man könnte glauben, dass »aus solchen verbogenen Anfängen nichts Elegantes erwachsen kann«.[8] Der große deutsche Naturwissenschaftler und Universalgelehrter Hermann von Helmholtz soll einmal gesagt haben, wenn ein Ingenieur ihm ein solches Auge konstruiert hätte, würde er es zurückschicken. Aber durch nachträgliches »Post-Editing«, wie man in der Filmbranche sagt, kann das Wirbeltierauge dennoch zu einer schönen optischen Gerätschaft werden.

Warum wirkt das sichtbare Äußere von Tieren offenkundig gut konstruiert, ihr Inneres aber viel weniger? Liegt der Hinweis vielleicht in dem Wort »sichtbar«? Wenn es um die Tarnung aus Kapitel 2 oder auch um extravaganten Zierrat wie den Pfauenschwanz geht, bewundern (menschliche) Augen das äußere Erscheinungsbild des Tieres, und die Augen (von Pfauenweibchen oder natürlichen Feinden) sorgen für die natürliche Selektion dieses Erscheinungsbildes: In beiden Fällen handelt es sich um ähnliche Wirbeltieraugen. Da ist es kein Wunder, dass das äußere Erscheinungsbild vollkommener »gestaltet« *wirkt* als innere Einzelheiten. Aber die inneren Einzelheiten unterliegen Stück für Stück der gleichen natürlichen Selektion, sie sehen nur nicht so aus, weil deren Selektion nicht durch Augen stattfindet.

Eine solche Erklärung reicht aber nicht für die stromlinienförmige Eleganz des springenden Gepards oder seiner ebenso anmutigen Beute, der Antilope. Ihre Schönheit hat sich in der Evolution nicht entwickelt, um die Augen zu erfreuen, sondern um die lebensrettenden Erfordernisse der Geschwindigkeit zu befriedigen. Offensichtlich haben ihnen die Gesetze der Physik das aufgezwungen, was wir als Eleganz wahrnehmen: Das Gleiche gilt auch für die aerodynamische Anmut eines schnellen Düsenflugzeugs. Ästhetik und Funktion fließen in der gleichen schnittigen Eleganz zusammen.

Ich muss gestehen, dass ich das Körperinnere unglaublich kompliziert finde. Ich könnte sogar ketzerisch so weit gehen, es als ein Chaos zu bezeichnen. Aber wenn es um die innere Anatomie geht, bin ich schließlich ein naiver Amateur. Ein Facharzt für Chirurgie, den ich um seinen fachlichen Rat gebeten habe (worum sollte man einen Facharzt auch sonst bitten?), versicherte mir mit voller Überzeugung, für seinen geübten Blick sei die innere Anatomie von überragender Eleganz: Alles sei fein säuberlich an der richtigen Stelle untergebracht, alles tipptopp und in schönster Ordnung. Nach meiner Vermutung ist der »geübte Blick« wirklich das Entscheidende. In Kapitel 1 habe ich das Ohr, das mühelos das gesprochene Wort »sisters« erkennt, dem Auge mit seiner Unbeholfenheit gegenübergestellt, irgendetwas außer einer Wellenlinie auf dem Oszilloskop zu erkennen. Mein Auge erkennt äußerliche Eleganz. Wenn ich aber ein Tier aufschneide, sieht mein amateurhafter Blick nur ein Durcheinander. Der ausgebildete Chirurg nimmt innen wie außen eine schicke, perfekte Gestaltung wahr. Es ist zumindest teilweise die gleiche Geschichte wie mit den »sisters«. Aber es gibt darüber noch mehr zu sagen. Und zwar über Embryologie.

Der Skeptiker hat vielleicht auf den ersten Blick Zweifel, dass es wirklich eine Rolle spielt, ob diese Armvene über oder unter jenem Nerv verläuft. Vielleicht spielt es in einem gewissen Sinn wirklich keine Rolle: Wenn man die Verhältnisse mit einem Zauberstab umkehren könnte, würde das Leben des Menschen nicht darunter leiden und sich vielleicht sogar verbessern.

In einem anderen Sinn ist es aber nach meiner Überzeugung durchaus von Bedeutung – nämlich in dem gleichen Sinn, mit dem wir auch das Rätsel des Kehlkopfnervs gelöst haben. Jeder Nerv, jedes Blutgefäß, jede Sehne und jeder Knochen ist durch die embryologischen Prozesse während der Entwicklung des Individuums so und nicht anders geworden. Was über oder unter etwas anderem verläuft, mag für ein effizientes Funktionieren von Bedeutung sein oder auch nicht, wenn der endgültige Verlauf erreicht ist. Aber die embryologischen Umwälzungen, die für eine Veränderung notwendig wären, würden nach meiner Vermutung so viele Probleme oder so hohen Aufwand verursachen, dass sie gegenüber allen anderen Überlegungen überwiegen. Insbesondere wenn die embryologischen Umwälzungen schon früh einsetzen. Das komplizierte Origami der Gewebefaltung und -einstülpung im Embryo folgt einem strengen Ablauf, wobei jedes Stadium der Auslöser für das nächste

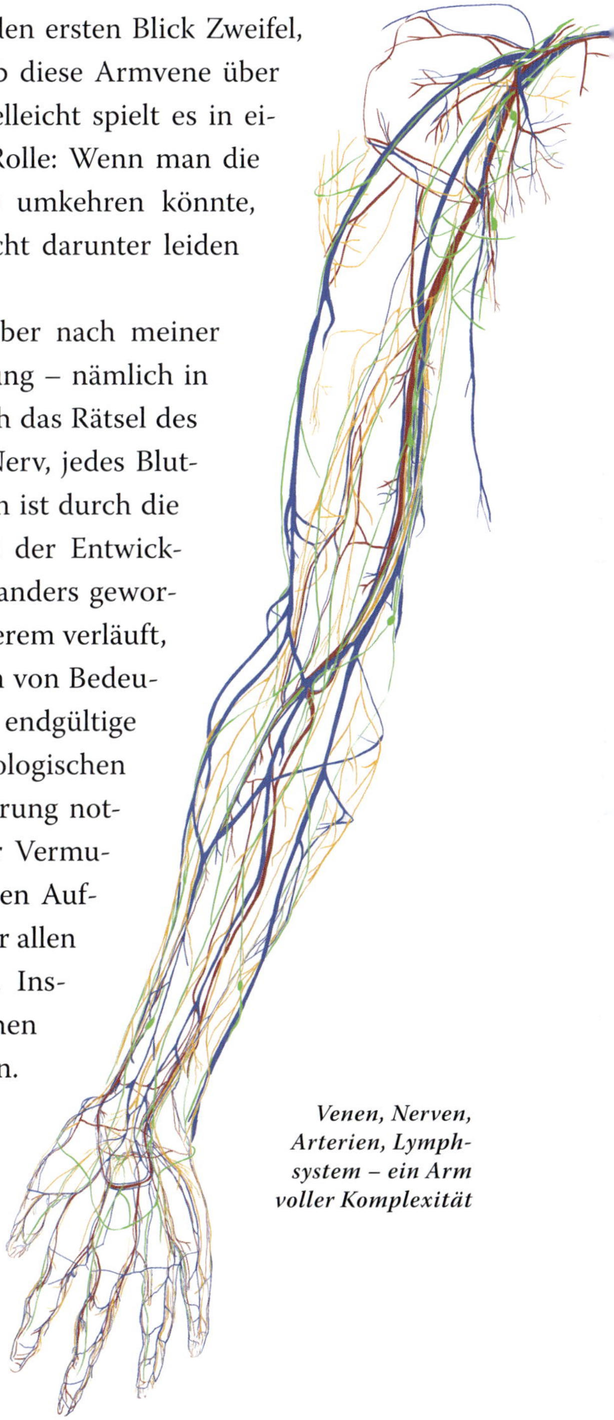

Venen, Nerven, Arterien, Lymphsystem – ein Arm voller Komplexität

ist. Wer kann schon sagen, welche katastrophalen Folgen sich im weiteren Verlauf aus einer Veränderung des Programms ergeben könnten – beispielsweise durch die Veränderung des Verlaufs eines Blutgefäßes.

Darüber hinaus haben darwinistische Kräfte so auf unsere Wahrnehmung eingewirkt, dass unsere Urteilskraft für das äußere Erscheinungsbild im Gegensatz zu inneren Details geschärft wurde. In jedem Fall kehre ich voller Zuversicht zu der Schlussfolgerung aus Kapitel 2 zurück. Die Annahme, die Meißel der natürlichen Selektion würden das äußere, sichtbare Erscheinungsbild behutsam vervollkommnen und dann unter der Haut des Tieres plötzlich innehalten, ohne ihre Kunststücke auch im Inneren zu vollführen, ist vollkommen unvernünftig. Im Inneren lebender Organismen müssen die gleichen Maßstäbe der Vollkommenheit gelten, auch wenn sie für unser Auge weniger gut zu erkennen sind. Das Nicht-Offensichtliche freizulegen und gut erkennbar zu machen, wird die Aufgabe zukünftiger analytischer Zoologen sein, und an sie appelliere ich hiermit.

Im Idealfall ist Reverse Engineering eine systematische wissenschaftliche Vorgehensweise, vielleicht unter Beteiligung mathematischer Modelle in dem Sinn, den ich in Kapitel 1 erörtert habe. In den meisten Fällen geht es dabei aber zumindest derzeit um intuitive Plausibilitätsüberlegungen. Hat der fragliche Gegenstand vor einem dunklen Hohlraum eine Linse, die ein Bild scharf auf ein Gitter lichtempfindlicher Elemente auf der Rückseite des Hohlraums fokussiert, kann jeder Mensch, der nach der Erfindung der Kamera geboren wurde, sofort den Zweck ableiten, für den er entwickelt wurde. Aber auch die Details sind wichtig, und die erfordern hoch entwickelte Methoden des Reverse Engineering einschließlich mathematischer Analysen. In diesem Kapitel geht es vor allem um Reverse Engineering der intuitiven, dem gesunden Menschenverstand verpflichteten Art wie in dem Beispiel vom Auge und der Kamera.

Ergänzt wird das Reverse Engineering durch den Vergleich zwischen biologischen Arten. Bekommt es die WDZ mit einem bisher unbekannten Tier zu tun, kann sie es sowohl durch reines Reverse Engineering lesen (»eine Vorrichtung, die von einem Ingenieur zu diesem oder jenem Zweck konstruiert wurde, würde vermutlich so aussehen«) als auch durch den Vergleich mit bekannten Arten (»dieses Organ sieht aus wie ein Organ dieser oder jener Art, die wir bereits kennen, und dient vermutlich demselben Zweck«).

Mit einer indirekten Version des Reverse Engineering kann man auf Aspekte eines Tieres schließen, die man nicht sieht, beispielsweise wenn wir nichts außer Fossilien haben. Fossile Belege für das Herz eines Dinosauriers gibt es nicht. Aber von den Fossilien wissen wir, dass Sauropoden wie *Brontosaurus* und der noch größere *Sauroposeidon* einen außerordentlich langen Hals hatten.[9] Die Computergraphik-Künstler von *Jurassic Park* veranschaulichten wunderschön die vorherrschende Meinung, die Dinosaurier hätten sich nach oben gereckt und hohe Bäume abgeweidet. Wie Giraffen, nur noch länger. Jetzt tritt der Ingenieur auf den Plan und beruft sich auf einfache Gesetze der Physik: Das Herz muss einen sehr hohen Druck erzeugen, um das Blut bis ins Gehirn des Tieres zu treiben, wenn es die Blätter von einem hohen Baum pflückt. Man kann Wasser nicht senkrecht durch einen mehr als 10,30 Meter langen Strohhalm saugen, selbst wenn die Saugkraft so stark ist, dass sie im Halm ein vollkommenes Vakuum erzeugt. Um ungefähr diesen Betrag überragte der Kopf von *Sauroposeidon* vermutlich sein Herz – das vermittelt uns eine Ahnung davon, welch einen Druck das Herz erzeugen müsste, damit das Blut bis in den Kopf gelangt. Ohne jemals ein fossiles Sauropodenherz gesehen zu haben, kann der Ingenieur den Schluss ziehen, dass der Druck sehr hoch gewesen sein muss. Entweder das, oder die Sauropoden weideten überhaupt keine Bäume ab.

Ich kann mich des Gedankens nicht erwehren, dass das Problem, Blut in einen so hoch gelegenen Kopf zu pumpen, ein Grund dafür war, dass diese großen Dinosaurier manche Gehirnfunktionen in ein zweites »Gehirn« im Beckenbereich auslagerten. Außerdem lasse ich nie einen Grund aus, um das köstlich witzige Gedicht von Bert Leston Taylor zu dem Thema zu zitieren:

Sieh nur den Dino-Riesen dort,
Bekannt von vorzeitlichem Ort,
Berühmt ist nicht nur seine Kraft,
Nein, auch was er so geistig schafft.
Die Reste zeigen zweifelsfrei:
Statt einem Hirn hatte er zwei!
Eins lag im Kopf wie man es kennt,
Das andre hinten, ganz am End'.
So konnte er denken a priori,
oder auch a posteriori.
Probleme fochten ihn nicht an,
Er ging mit Kopf und Schwanz daran.
Er war so klug, so geistesstark,
Denken füllte sein Rückenmark.
War einem Hirn die Last zu schwer,
Gab es ein paar Ideen her.
Wenn der Geist vorn was nicht bedachte,
Der hintere die Rettung brachte.
Irrtümer, die vorn durchgegangen,
Die wurden hinten abgefangen.
Durchdachte zweimal alle Themen,

Da gab's dann nichts zurückzunehmen.
So klärte er ohne Blockade
Stets beide Seiten jeder Frage.
Doch ist dies vorbildliche Tier
Seit Jahrmillionen nicht mehr hier.

Das »Gehirn« im Becken lag demnach ungefähr auf gleicher Höhe wie das Herz und bedeutend tiefer als der Kopf.

Leider gibt es aber keine Sauropoden mehr, an denen wir solche Überlegungen überprüfen könnten. Also müssen wir uns mit dem Zweitbesten zufriedengeben, und das ist die Giraffe. Sie spielt zwar nicht in der gleichen Liga wie ein Riesendinosaurier, aber auch der Kopf einer Giraffe befindet sich in so luftiger Höhe, dass er einen anormal hohen Blutdruck erfordert, der für Säugetiere außerhalb des Gewöhnlichen liegt. Die folgende Graphik bestätigt die Erwartung. Ich habe hier für ein breites Spektrum verschiedener Säugetiere von der Maus bis zum Elefanten den mittleren arteriellen Blutdruck gegen den Logarithmus der Körpermasse aufgetragen.[10] Beim Gewicht verwendet man am besten den Logarithmus – ansonsten

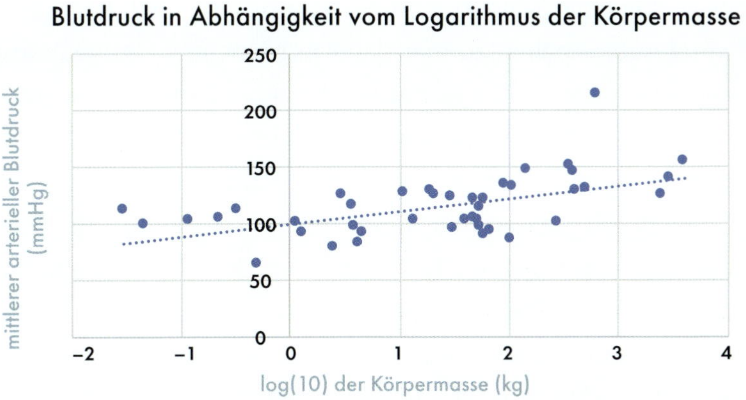

wäre es schwierig, Maus und Elefant auf einer Seite unterzubringen; die dazwischenliegenden Tiere sind dann bequem verteilt.[11] Die gestrichelte Linie passt am besten zu den Daten. Sie verläuft leicht aufwärts – größere Tiere haben in der Regel einen höheren Blutdruck. Die meisten Arten liegen aber recht nahe bei der Linie, das heißt, ihr Blutdruck ist nahezu typisch für ihr Gewicht. Die Giraffe bildet eine große Ausnahme: Sie liegt weit oberhalb der Linie. Ihr Blutdruck ist weitaus höher, als er für ein Tier ihrer Größe »sein sollte«. Erstaunlicherweise weiß man aus anderen Untersuchungen, dass das Herz einer Giraffe nicht besonders groß ist.[12] Sein weiteres Wachstum wurde in der Evolution offensichtlich durch die Notwendigkeit verhindert, die Körperhöhle mit den großen Verdauungsorganen eines Pflanzenfressers zu teilen. Der besonders hohe Blutdruck wird auf andere Weise erzeugt: durch eine größere Dichte der Herzmuskelzellen, eine Verbesserung, die vermutlich wiederum Kosten verursacht. Ohne jemals das Herz eines *Brontosaurus* gesehen zu haben, können wir vorhersagen, dass es in einem entsprechenden Diagramm für Reptilien ebenfalls weit oberhalb der Linie stehen würde.

Die Zähne eines bisher unbekannten Tieres sprechen Bände, und das ist ein Glück: Zähne müssen zwangsläufig so hart sein, dass sie Nahrung zerkleinern können, und deshalb sind sie auch hart genug, um alle anderen Fossilien zu überdauern. Manche wichtigen ausgestorbenen Arten kennt man nur aufgrund ihrer Zähne. Im weiteren Verlauf dieses Kapitels werden wir die Zähne und andere biologische Vorrichtungen zur Verarbeitung von Nahrung als Beispiel auswählen. Sehen wir uns einmal diesen alten Schädel an. Als Erstes fallen die angsteinflößenden Reißzähne auf. Mit Reverse Engineering könnte man darüber aussagen, dass sie sich entweder für den Kampf mit Rivalen eignen oder aber dazu, Beutetiere zu erstechen und festzuhalten. Sucht man nach weiteren Anhaltspunkten, kann

Säbelzahn

man sich die Zähne ansehen, die im Kiefer weiter hinten stehen: die Molaren. Ihre Oberflächen greifen nicht ineinander wie bei uns oder einem Pferd, sondern gleiten wie die Schneiden einer Schere aneinander vorbei, wenn der Kiefer sich schließt. Offensichtlich sind sie nicht zum Zermalmen, sondern zum Zerteilen konstruiert.[13] Sie sprechen also für einen Fleischfresser. Nun, das liegt auf der Hand. Offenkundig ist es aber nur, weil wir das intuitive Reverse Engineering ziemlich gut beherrschen und weil wir auch heutige große Fleischfresser wie Löwen und Tiger zum Vergleich heranziehen können. Es schadet nicht, die Überlegung ausführlich darzustellen.

Tieren fällt es – vielleicht weil sie selbst aus Fleisch bestehen – relativ leicht, Fleisch zu verdauen, und der Darm von Fleischfressern ist in der Regel entsprechend kurz. Würde man der WDZ ein unbekanntes Tier vorsetzen, würde ein sehr langer Darm für sie »Pflanzenfresser« signalisieren. Ich werde darauf zurückkommen. Außerdem erfordert Fleisch vor der Verdauung relativ wenig Vorverarbeitung mit den Zähnen. Es reicht, kräftige Brocken abzubeißen und im Ganzen zu schlucken. Pflanzen sind vielleicht einfacher zu fangen als Tiere – sie laufen nicht weg –, aber im Gegenzug ist ihre Verarbeitung, nachdem man sie dingfest gemacht hat, schwieriger. Pflanzenzellen sind anders als Tierzellen. Sie haben dicke Wände, die durch Cellulose und Siliziumoxid verstärkt werden.[14] Aus diesem und anderen Gründen müssen Pflanzenfresser ihre Nahrung so stark zerkleinern, bevor sie in den Darm gelangt und dort chemisch zu noch kleineren Bestandteilen abgebaut wird. Die Zähne von Pflanzenfressern sind Mühlsteine, die wie die Mühlen Gottes langsam und extrem fein mahlen. Die Zähne von Fleischfressern mahlen dagegen nicht. Vielmehr durchschneiden sie wie Scheren faseriges Gewebe.

Wenn wir uns bei dem abgebildeten Schädel die hinteren Zähne ansehen, können wir unsere anfängliche Diagnose, die wir anhand der dolchähnlichen Reißzähne gestellt haben, bestätigen und durch Reverse Engineering feststellen, dass das beängstigende Exemplar eine Geschichte über vorzeitliche Fleischfresser erzählt. Betrachten wir den restlichen Schädel, so stellen wir fest, dass die Gelenke des Unterkiefers nur Auf-und-ab-Bewegungen ermöglichen, die sich für das Zerschneiden der Nahrung eignen, aber keine seitlichen Bewegungen, wie sie für das Zermahlen notwendig wären. »Auf und ab« ist vorsichtig ausgedrückt: Die Öffnung hat eine beträchtliche Größe. Wie man vielleicht vermuten konnte, handelt es sich um den Schädel einer Säbelzahnkatze – oft spricht man auch vom Säbelzahntiger, man könnte ihn aber genauso gut Säbelzahnlöwe nennen. Die Großkatze namens *Smilodon* war mit keiner heutigen Großkatze näher verwandt als mit einer anderen. Zeitgenossen von *Smilodon* waren in Amerika echte, heute ausgestorbene Löwen, die größer als die Säbelzahnkatze und auch größer als afrikanische Löwen waren.

Wozu benutzte *Smilodon* seine ansehnlichen Reißzähne? Interessanterweise bedienen sich die Mitglieder der Katzenfamilie (Felidae) häufiger langer Reißzähne als die der Hundefamilie (Canidae). Das hat einen plausiblen Grund. Hunde sind vorwiegend Verfolgungsjäger.[15] Sie jagen ihre Beute bis zur Erschöpfung. Haben sie den Gegner endlich eingeholt, ist das arme, ermüdete Tier nicht mehr in der Lage zu entkommen, und das Töten ist dann kein Problem

mehr. Guten Appetit! Katzen dagegen schleichen sich häufiger an und legen sich in den Hinterhalt. Wenn sie sich erstmals auf ihre Beute stürzen, ist diese noch frisch und gut in der Lage, zu flüchten. Dann ist entweder ein schneller, tödlicher Stich mit den Zähnen oder ein unentrinnbarer Griff wünschenswert, und lange, durchdringende Reißzähne entsprechen beiden Erfordernissen. Unter den heute lebenden Katzen nähert sich der Nebelparder mit seinen Reißzähnen am ehesten den Zähnen von *Smilodon* an. Nebelparder sitzen meist auf Bäumen und stürzen sich von dort auf ihre Beute. Dann eignen sich lange, spitze Dolche besonders gut dafür, ein Tier zu überwältigen, das nicht »zu Tode gehetzt«, sondern überraschend von oben angegriffen wurde und sich im Vollbesitz seiner Kräfte befindet.[16]

Ein Nebelparder

Wenden wir uns anderen Teilen des *Smilodon*-Schädels zu, so stellen wir fest, dass die Augenhöhlen nach vorn weisen, was auf beidäugiges Sehen hindeutet; das ist nützlich, wenn man sich auf Beutetiere stürzt, aber Gefahren, die sich von hinten nähern, sieht man auf diese Weise nicht gut. Säbelzahnkatzen hatten es nicht nötig, auf den Bereich hinter sich zu achten. Pflanzenfresser,

Pliohippus

deren Vorfahren nur zu Vorfahren werden konnten, weil sie potenzielle Mörder wahrnahmen, haben meist seitwärts gerichtete Augen, mit denen sie fast um 360 Grad Ausschau halten können; sie sind darauf ausgerichtet, einen Beutegreifer auszumachen, ganz gleich, aus welcher Richtung er sich anschleicht.

Nehmen wir jetzt einmal an, jemand würde uns den folgenden Schädel vorlegen. Dass er ganz anders ist, erkennt man sofort. Die Augen blicken zur Seite, als wollten sie die Umgebung nach Gefahren absuchen, während sie sich nicht besonders um das kümmern, was vor ihnen liegt. Offensichtlich musste dieses Tier sich also vor Fressfeinden fürchten. Die Schneidezähne am Vorderende sehen aus, als wären sie gut zum Abweiden von Gras geeignet. Am stärksten fallen aber die Backenzähne auf: Sie sind keine scharfen Messer, sondern breite Mahlsteine und passen genau mit ihrem Gegenstück zusammen, wenn die Kiefer sich schließen. Die ganze Form einschließlich der Gelenke eignet sich gut dazu, pflanzliche Nahrung zu zermahlen, womit wieder einmal der Verdacht bestätigt wird, dass die Gene dieses Tieres in einer Welt mit viel Gras oder anderer pflanzlicher Nahrung überlebt haben. Und der Unterkiefer konnte sich anders als der von *Smilodon* nicht nur auf und ab bewegen, sondern auch in seitlicher Richtung mahlen. Das Fossil heißt *Pliohippus* und ist eine ausgestorbene Pferdeart, die im Pliozän lebte und vermutlich Todesangst vor *Smilodon* hatte.

Zwischen den Schädeln der fleischfressenden Säbelzahnkatze und des pflanzenfressenden Pferdes besteht ein krasser, deutlich erkennbarer Unterschied. Es gab aber auch ein Tier namens *Tiarajudens*; es gehörte zu denen, die man früher als säugetierähnliche Reptilien bezeichnete (heute sprechen wir von frühen Säugetieren), und lebte etwa 280 Millionen Jahre vor der Blütezeit der Dinosaurier. *Tiarajudens* besaß eindrucksvolle Reißzähne nach Art von

Säbelzahnkatzen wie *Smilodon*, die ähnlich wie bei der Furcht einflößenden Katze auf eine Ernährung mit Fleisch schließen lassen. Die Backenzähne dagegen legen die Vermutung nahe, dass es wie andere Tiere, mit denen es verwandt war, Pflanzen fraß. Wir stehen also vor einem Widerspruch. Warum hat ein Tier mit mahlenden Backenzähnen weiter vorne Reißzähne wie *Smilodon*? Vielleicht war *Tiarajudens* ein Pflanzenfresser, der aber zur Abwehr natürlicher Feinde mit dolchähnlichen Zähnen ausgestattet war. Oder vielleicht kämpfte es gegen konkurrierende Artgenossen wie die heutigen Walrosse oder wie die Elefanten mit ihren riesigen Stoßzähnen (die Stoßzähne der Elefanten sind übrigens anders als bei Walrossen keine Reißzähne, sondern vergrößerte Schneidezähne). Wie man beobachten konnte, ziehen Walrosse sich mit den Stoßzähnen (den oberen Eckenzähnen) aus dem Wasser, und sie nutzen sie auch, um Löcher in das Eis zu hauen. Jedenfalls kann uns *Tiarajudens* als Warnung dienen, nicht mit voreiligem Reverse Engineering nur einen Aspekt zu betrachten, in diesem Fall die Reißzähne.

Ein Walross

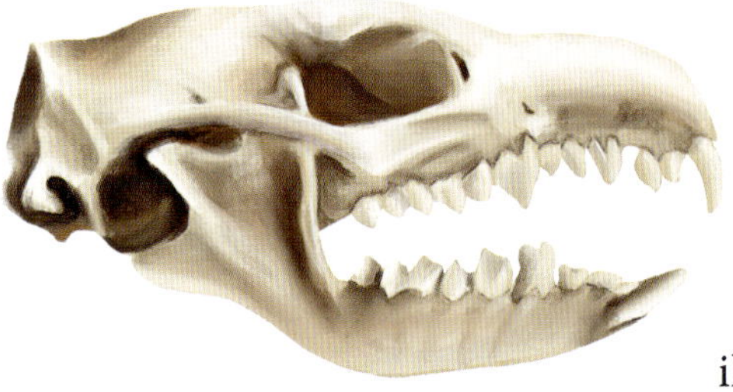

Igel

Manche Säugetiere, beispielsweise Spitzmäuse und kleine Fledermäuse, fressen Insekten. Delfine fressen Fische. Genau genommen sind sie also Fleischfresser, ihre Ernährung stellt aber andere Asprüche an die Zähne. Die Beißwerkzeuge von Insektenfressern sind weder Mahlsteine noch Messer, sondern Spieße. Sie sind meist spitz und eignen sich gut dafür, das Außenskelett von Insekten zu durchstechen. Hätte das unbekannte Exemplar der WDZ spitze Zähne wie der hier abgebildete Igel, könnte sie vermuten, dass seine Vorfahren mit einer Ernährung aus Insekten und anderen Gliederfüßern überlebt haben. Das stimmt auch, allerdings fressen Igel auch gern Regenwürmer. Ein Sonderfall sind Ameisen und Termiten (siehe unten).

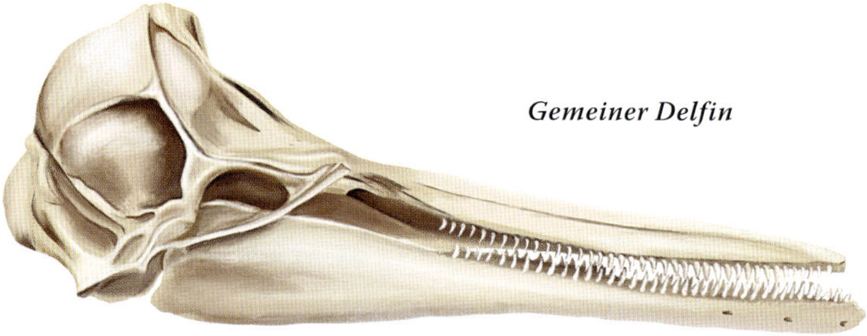

Gemeiner Delfin

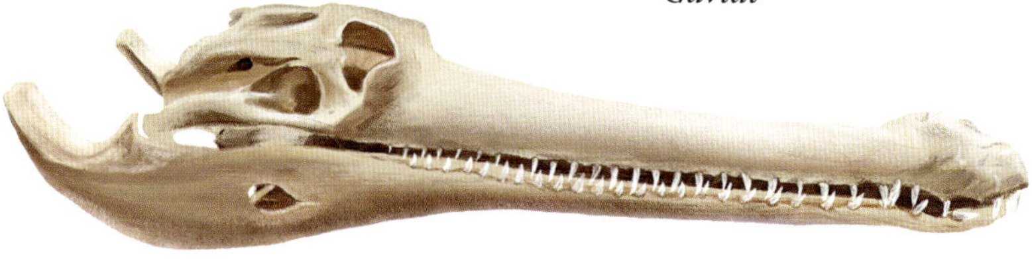

Gavial

Am Schädel eines Delfins und eines Gavials erkennt man die typischen Zähne und Kiefer von Fischfressern. Bei beiden, einem Säugetier und einem Krokodil, hat sich in der Evolution unabhängig voneinander mehr oder weniger das gleiche Zahnbild und die gleiche Kieferform entwickelt – ein Beispiel für konvergente Evolution (die das Thema von Kapitel 5 sein wird). Wie können wir diese konvergente Ähnlichkeit mit Reverse Engineering erklären? Fischfresser sind im Gegensatz beispielsweise zu Löwen in der Regel viel größer als ihre Beute. Sie müssen ihre Opfer nicht zerkleinern, zerschneiden oder erstechen. Die Beutetiere sind so klein, dass sie sie im Ganzen verschlucken können.[17] Lange Reihen mit kleinen, spitzen Zähnen sind gut dazu geeignet, einen glitschigen, weichen Fisch festzuhalten und am Entkommen zu hindern. Außerdem können die schlanken Kiefer sich um den Fisch schließen, ohne dass dabei ein Wasserschwall erzeugt wird, der ihn unter Umständen versehentlich aus dem Gefahrenbereich befördert.

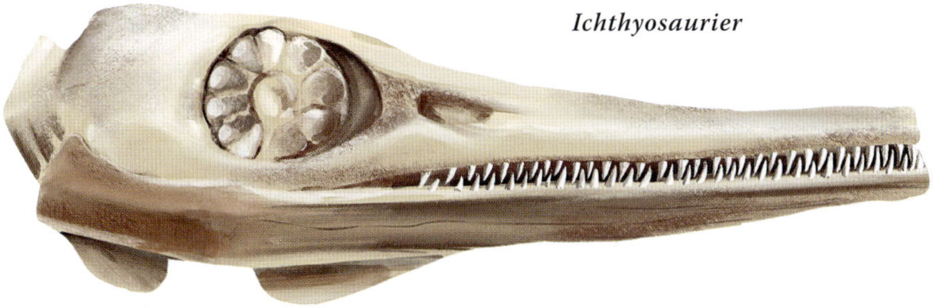

Ichthyosaurier

Wer das Glück hat, über ein Fossil wie in der Abbildung oben zu stolpern, könnte die Erkenntnisse aus dem vorherigen Absatz anwenden: Fischfresser. Es handelt sich um einen Ichthyosaurier, wie wir ihn bereits in Kapitel 3 kennengelernt haben, einen Zeitgenossen und Verwandten der Dinosaurier. Er gehörte zu einer großen Gruppe, die ein wenig früher ausstarb als die letzten Dinosaurier. Aber sowohl das Reverse Engineering als auch der Vergleich mit den Bildern von Delfin und Gavial sprechen eine eindeutige Sprache: Seine Vorfahren fraßen Fische.

Schwertwale (*Orca*) und Pottwale kann man sich wie riesige Delfine vorstellen. Auch sie fressen Beutetiere, die kleiner sind als sie selbst, und sie besitzen ebenfalls lange Reihen delfinähnlicher Zähne, die aber stark vergrößert sind. Pottwale tragen sie ausschließlich im Unterkiefer (und nur sehr selten im Oberkiefer, was wir als Überbleibsel früherer Zeiten deuten können). Bei Schwertwalen stehen sie in beiden Kiefern. Alle anderen großen Wale, die sogenannten Bartenwale, sind Filtrierer: Sie sieben Krill (kleine Krebse) aus dem

Großer Ameisenbär

Wasser. Zähne haben sie überhaupt nicht (aufschlussreich ist allerdings, dass die Embryonen sie besitzen und nie nutzen). Die großen Filter oder Barten bestehen wie auch Hufe, Fingernägel und das Horn der Nashörner aus Keratin. Beim Reverse Engineering würde man in einem Bartenwal ohne Schwierigkeiten einen Schleppnetzfischer erkennen. In Wirklichkeit sind sie aber besser als Schleppnetzfischer, denn sie zielen auf einen großen Krillschwarm und schlucken ihn mit einer gewaltigen Menge Seewasser, das dann durch den Vorhang aus Barten wieder ausgestoßen wird, wobei die Krebse hängen bleiben.

Ameisen und Termiten treten in ungeheuren Zahlen auf. Spezialisten, die in der Lage sind, die Respekt einflößenden Abwehrmechanismen eines Ameisennestes zu überwinden, stoßen auf einen Schatz an Nahrung, der Igeln und anderen gewöhnlichen Insektenfressern verwehrt bleibt. Entsprechend spezialisiert ist ihr Gebiss. In diesem Zusammenhang sind Termiten übrigens Ameisen ehrenhalber. Säugetiere, die sich bevorzugt von Ameisen und/oder Termiten ernähren, bezeichnet man als Ameisenesser. In Südamerika gibt es eine Gruppe von drei Säugetieren, die sich von Ameisen ernähren: den Großen Ameisenbär, den Südlichen Tamandua und den Gemeinen Zwergameisenbär.

Myrmecophaga, der wissenschaftliche Name des Großen Ameisenbären, ist einfach das griechische Wort für »Ameisenfresser«. Manch einer ist vielleicht schon auf den Gedanken gekommen, dass »Ameisenfresser« für eine systematische Gruppe kein besonders guter Name ist, weil auch andere Tiere Ameisen fressen.[18]

Die südamerikanischen Ameisenfresser treiben die Gewohnheit, Ameisen zu fressen, ins Extrem. Die Schädel von zwei solchen Arten, eines Tamandua und des Großen Ameisenbären *Myrmecophaga*, sind auf der folgenden Seite oben abgebildet. An ihnen fällt auf,

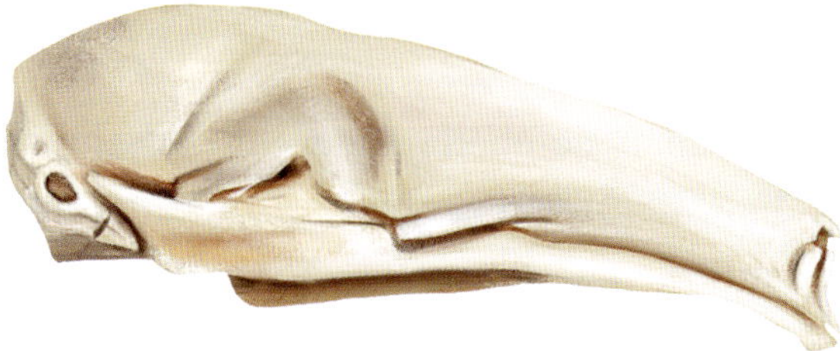

Tamandua

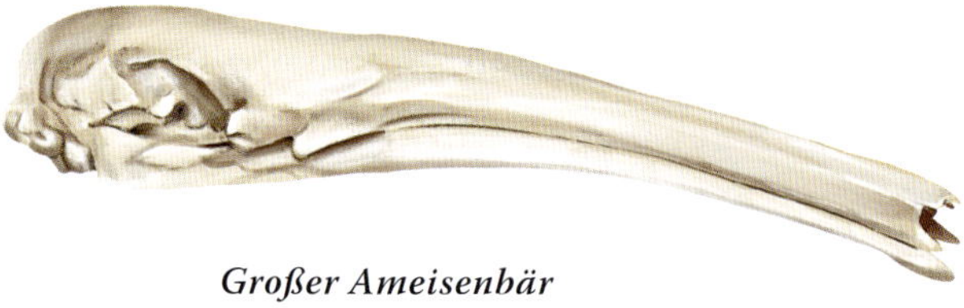

Großer Ameisenbär

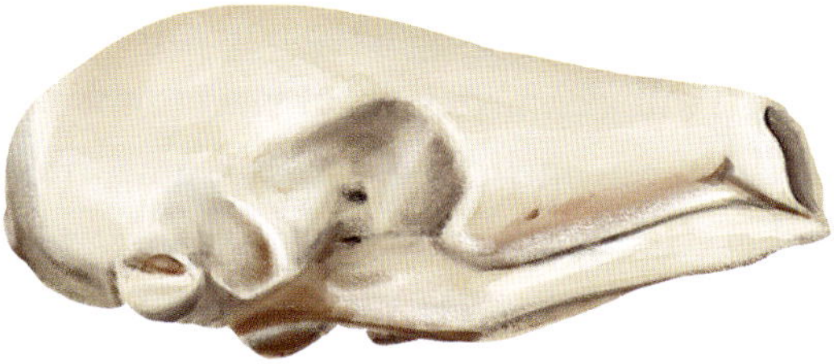

Schuppentier

Gürteltier

Ameisenigel

dass die Schnauze stark verlängert ist und Zähne völlig fehlen. Im Schädel des Großen Ameisenbären erkennt man fast keinen Schädel. Die gleichen Merkmale zeigen alle Ameisenfresser, wenn auch in unterschiedlichem Ausmaß. Das Schuppentier hat keine Zähne und eine mäßig verlängerte Schnauze. Gürteltiere haben eine längere Schnauze und recht kleine Zähne. Beim Erdferkel aus Afrika findet man Backenzähne, aber entlang eines großen Teils seiner langen Schnauze fehlen Zähne fast völlig. *Myrmecobius*, der Numbat oder Ameisenbeutler, ein Ameisen fressendes Beuteltier aus Australien, besitzt einen langen, spitz zulaufenden Kopf. Er hat Zähne, frisst damit aber nur als Jungtier. Die ausgewachsenen Tiere nutzen ihre Zähne offenbar ausschließlich zum Greifen und zum Vorbereiten von Nestmaterial.

Tachyglossus, der in Australien und Neuguinea heimische Kurzschnabel-Ameisenigel, ist zwar ebenfalls ein Säugetier, aber mit allen zuvor genannten Tieren nur so weitläufig verwandt, wie man es sich überhaupt vorstellen kann. Wie das Schnabeltier legt er Eier, obwohl er ein Säugetier ist – ein Überbleibsel der »säugetierähnlichen Reptilien« auf dem alten Superkontinent Gondwana.[19] Im Gegensatz zum Schnabeltier, mit dem er Merkmale in den tiefen Schichten des Palimpsests teilt, frisst er, wie der Name schon sagt, Ameisen und Termiten. Sein recht seltsam aussehender Schädel hat tatsächlich eine lange, schmale Schnauze und keine Zähne. Wir sollten uns aber davon nicht täuschen lassen. Eine geringfügig längere Schnauze besitzt auch der mit ihm verwandte Langschnabeligel *Zaglossus*, und der frisst fast nichts außer Regenwürmern. Offensichtlich müssen wir Vorsicht walten lassen, bevor wir voreilig zu der Schlussfolgerung gelangen, »lange Schnauze« bedeute automatisch »Ameisenfresser«. Der Verzehr von Ameisen ist nicht die einzige Gewohnheit, die »lange Schnauze« im Palimpsest bedeutet.

Welche Hinweise könnte unsere WDZ sonst noch nutzen, um in dem Tier einen Ameisenfresser zu erkennen? *Myrmecophaga*, der südamerikanische Große Ameisenbär, dessen gewaltig verlängerten Schädel wir bereits kennengelernt haben, besitzt eine riesige, klebrige Zunge, die er bis auf 60 Zentimeter ausfahren kann, nachdem er mit seinen beeindruckenden Klauen in ein Ameisen- oder Termitennest eingebrochen ist. An der Zunge bleibt eine Riesenzahl von Insekten hängen und wird aufgenommen, bevor die Zunge erneut herausschießt.[20] Trotz ihrer Länge schnellt die Zunge mit hoher Geschwindigkeit – mehr als zweimal in der Sekunde – heraus und wieder hinein. Mit *Myrmecophaga* kann zwar kein anderes Tier ganz mithalten, aber achtbar lange und klebrige Zungen findet man, durch konvergente Evolution entstanden, auch bei Erdferkeln und den nicht mit ihnen verwandten Erdwölfen, die im Gegensatz zu anderen Mitgliedern der Hyänenfamilie auf den Verzehr von Termiten spezialisiert sind. Auch bei Schuppentieren hat sich durch konvergente Evolution eine lange, klebrige Zunge entwickelt. Sie kann beim Riesenschuppentier bis zu 40 Zentimeter lang werden und ist nicht wie bei uns am Zungenbein im Rachen befestigt, sondern viel weiter hinten in der Nähe des Beckens. Ein Schuppentier kann seine Zunge tief in ein Ameisennest hineinstecken und sie geschickt durch das Labyrinth der Tunnel bewegen, wobei sie sich nach rechts und links wendet und keinen unterirdischen Weg unerforscht lässt. Tamanduas haben ebenfalls eine lange, klebrige Zunge, aber ihre Evolution ist nicht unabhängig von *Myrmecophaga* verlaufen. Sie haben ihre lange Zunge sicher von dem gemeinsamen Vorfahren geerbt, der sich ebenfalls von Ameisen ernährte. Auch der Eier legende Ameisenigel hat eine lange, klebrige Zunge, die in diesem Fall wirklich durch konvergente Evolution entstanden ist. Das Gleiche gilt für den Numbat oder Ameisenbeutler.

Zwischen Säugetieren, die Ameisen fressen, bestehen auch physiologische Ähnlichkeiten, insbesondere eine niedrige Stoffwechselrate und Körpertemperatur; diese Eigenschaften haben sich ebenfalls so viele Male konvergent entwickelt, dass unsere hypothetische WDZ beeindruckt wäre. Eine niedrige Stoffwechselrate ist aber kein ausschließliches Kennzeichen für die Gewohnheit, Ameisen zu fressen. Bei Faultieren ist sie passend zum Namen ebenfalls niedrig. Das Gleiche gilt für die Koalas, die man als eine Art Beuteltier-Entsprechung zu den Faultieren betrachten kann. Beide Gruppen leben auf Bäumen, verzehren relativ nährstoffarme Blätter und bewegen sich langsam, ja man könnte sagen träge. Die Konvergenz erstreckt sich allerdings nicht auf beide Enden des Verdauungskanals. Koalas koten mehr als hundertmal am Tag, Faultiere halten den Rekord für das andere Extrem. Sie entleeren ihren Verdauungskanal ungefähr einmal in der Woche, vielleicht weil sie dazu mühsam von einem Baum herabklettern müssen.

Manche meiner auf Reverse Engineering gegründeten Vermutungen könnten falsch sein. Sie sind nur vorläufiger Natur und sollen meine Aussage verdeutlichen: Wenn man in den Zähnen eines Tieres richtig liest, erzählen sie eine Geschichte. In vielen Fällen ist es eine Geschichte über vorzeitliche Graslandschaften oder Laubwälder. Und wenn die Zähne uns an die von *Smilodon* oder die des Nebelparders erinnern, erzählen sie eine Geschichte von Hinterhalt und Anschleichen. Wenn wir sie lesen könnten, würde zweifellos jeder Zahn, den wir finden, uns immer tiefer in detaillierte Geschichten eintauchen lassen. Zähne sind ein Archiv der Vorgeschichte.

Die Zähne sind die erste Verarbeitungsstation auf dem Förderband der Verdauung. Die aufschlussreichen Unterschiede zwischen Fleisch- und Pflanzenfressern setzen sich auch im Darm fort. Pflanzen sind Kilo für Kilo weniger nahrhaft als Fleisch, und deshalb müssen beispielsweise Kühe nahezu ununterbrochen grasen. Das Futter durchläuft sie wie ein ständig fließender Strom, und sie scheiden pro Tag 40 bis 50 Kilogramm Dung aus. Da pflanzliches Material sich so stark von ihrem eigenen Körper unterscheidet, brauchen Pflanzenfresser die Hilfe chemischer Spezialisten, um sie zu verdauen. Manche davon haben ihre Fähigkeiten vermutlich schon eine Milliarde Jahre vor dem Zeitpunkt verfeinert, zu dem Tiere überhaupt auf der Bildfläche erschienen: unter ihnen sind Bakterien, Archaea (die früher zu den Bakterien gerechnet wurden, in Wirklichkeit aber weit von ihnen entfernt sind), Pilze und Protozoen, wie wir sie früher nannten. Wiederkäuer, darunter Kühe und Antilopen, bewerkstelligen die Vergärung anders als Pferde und Kaninchen (und am anderen Ende des Darmes), aber sie alle sind auf die Hilfe von Mikroorganismen angewiesen. Wie zuvor bereits erwähnt, haben Pflanzenfresser einen längeren Darm als Fleischfresser, und er ist auch

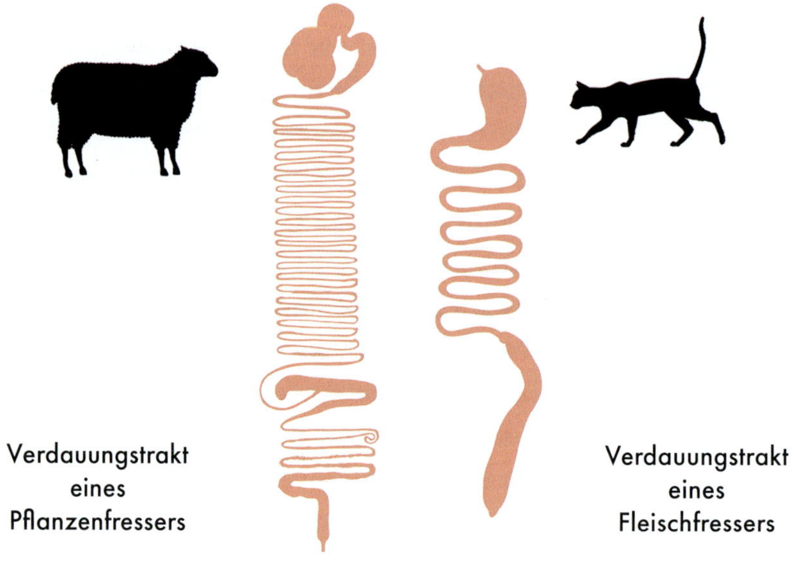

komplizierter gebaut: Verwinkelte Sackgassen und Gärkammern sind gezielt dazu konstruiert, symbiontische Mikroorganismen aufzunehmen. Bei Wiederkäuern kommt eine weitere Komplikation hinzu: Das Futter muss auch rückwärts wandern und ein zweites Mal von den Zähnen verarbeitet werden, nachdem es geschluckt wurde – es wird eben wieder gekaut.

In Südamerika gibt es einen Vogel, den Hoatzin (auch Schopfhuhn genannt), der als einziger Vogel nichts außer Blättern frisst. Auch er ist ein Beispiel für konvergente Evolution, einen Vorgang, den wir im nächsten Kapitel genauer kennenlernen werden: Ähnlich wie wiederkäuende Säugetiere besitzt der Hoatzin im Darm viele kleine Kammern, in denen Bakterien zu Hause sind und die mit den erforderlichen chemischen Fähigkeiten die Blätter verdauen. Nebenbei bemerkt, besagt ein verbreiteter Mythos, der Hoatzin sei auch der einzige Vogel, der vorn an den Flügeln noch alte Klauen besitzt wie der fossile *Archaeopteryx*, eine »Zwischenform« aus der Jurazeit. Dass Hoatzinküken solche Klauen tragen, stimmt, aber das gilt, wie David Haig mir erklärte, auch für viele andere Jungvögel. Im weiteren Verlauf äußerte er die Vermutung, dieses mythische Mem sei vielleicht deshalb bei Biologen als auch bei Kreationisten beliebt, weil die einen wollen und die anderen nicht wollen, dass *Archaeopteryx* eine »evolutionäre Zwischenform« ist. Kein Tier ist primitiv um der Primitivität willen, und keines diente als evolutionäre Zwischenform. Die Klauen sind für die Jungvögel nützlich: Sie klettern damit zurück auf einen Baum, wenn sie heruntergefallen sind.

Aus dem gleichen Grund existieren Tiere auch nicht zu dem Zweck, »in das nächste Evolutionsstadium überzuge-

Tiktaalik

hen«. *Tiktaalik*, ein Fossil aus dem Devon, wird allgemein als Übergangsform zwischen Fischen und Landwirbeltieren gepriesen. Das mag schon stimmen, aber eine Übergangsform zu sein, ist kein Weg, sein Leben zu fristen. *Tiktaalik* war ein lebendes, atmendes, fressendes, sich fortpflanzendes Tier, das man als solches dem Reverse Engineering unterwerfen und nicht als Stadium auf halbem Weg zu etwas Besserem begreifen sollte.

Wie steht es um unsere eigenen Zähne und Kiefer, um unseren Darm und die unserer engen Verwandten? Welche Geschichten erzählen sie über die Mahlzeiten längst verflossener Vorfahren? Der Vergleich unserer Abstammungslinie des *Homo sapiens* mit denen ausgestorbener Homininen wie *Paranthropus* (*Australopithecus*) *robustus* und *boisei* zeigt in unserer *sapiens*-Linie einen deutlichen zeitlichen Trend zur Schrumpfung von Kiefer und Zähnen. Die Bauchhöhle dieser robusten alten Homininen hatte ohne Weiteres Platz für einen großen Pflanzenfresserdarm. Offensichtlich aßen sie weniger Fleisch als wir: Sie waren mit großen Zähnen zum Zermahlen von Pflanzen, kräftigen Kiefern und einer entsprechend starken Kiefermuskulatur ausgestattet. Die Muskeln selbst sind zwar nicht zu Fossilien geworden, aber ihre Befestigungsstellen an den Knochen, bei denen manchmal sogar ein senkrechter »Scheitelkamm« – wie bei Gorillas – für besseren Halt sorgte, legen beredtes Zeugnis von generationenübergreifendem Pflanzenverzehr ab. Unsere eigenen Kiefermuskeln reichen seitlich am Kopf nicht so weit nach oben, und auch den Knochenkamm besitzen wir nicht.

Eine faszinierende Hypothese vertrat der Primatenforscher Richard Wrangham: Danach war die Erfindung des Kochens der Schlüssel zur Einzigartigkeit und den Erfolgen der Menschen.[21] Wie er überzeugend darlegte, eignen sich unsere verkleinerten Kiefer, Zähne und Därme weder für eine Fleischfresser- noch für eine

Pflanzenfresserernährung, es sei denn, ein beträchtlicher Anteil der Nahrung wird gekocht. Durch das Kochen können wir schneller und effizienter die Energie aus den Lebensmitteln gewinnen. Nach Wranghams Ansicht führte das Kochen in der Evolution zu der drastischen Vergrößerung des menschlichen Gehirns, denn das Gehirn ist mit Abstand unser energieintensivstes Organ. Wenn er recht hat, ist das ein schönes Beispiel dafür, wie kultureller Wandel (die Zähmung des Feuers) evolutionäre Folgen haben kann, in diesem Fall die Schrumpfung von Kiefern und Zähnen.

Vögel besitzen weder Zähne noch Kieferknochen. Es mag überraschend klingen, aber beides haben sie möglicherweise verloren, um Gewicht zu sparen – für ein Flugtier ein wichtiger Faktor –, und sie wurden durch einen leichten Hornschnabel ersetzt. Seine beiden Teile werden als Ober- und Unterschnabel bezeichnet. Der Schnabel kann zerreißen, aber nicht kauen. Die Entsprechung zum Kauen übernimmt bei Vögeln der Muskelmagen, eine mit dicken Muskeln ausgestattete Kammer im Verdauungstrakt, die häufig harte Gastrolithen enthält, Steine oder Sandkörner, die der Vogel schluckt, damit sie ihm beim Zermahlen helfen. Straußenvögel schlucken dabei angemessen große Steine von bis zu zehn Zentimetern Durchmesser. Da sie nicht fliegen können, brauchen sie sich um das Gewicht nicht allzu viele Sorgen zu machen. Noch größere Steine, die man an fossilen Vögeln wie den neuseeländischen Riesenmoas gefunden hat, waren anhand ihrer Oberfläche ebenfalls als Gastrolithen zu erkennen – sie waren durch die Mahltätigkeit im Muskelmagen poliert.

Schnäbel sehen sehr unterschiedlich aus und erzählen eindrücklich von unterschiedlichen Wegen der Nahrungsbeschaffung. Ihre Vielfalt wurde mit einem Satz Zangen im Werkzeugkasten eines Mechanikers verglichen. Spitze Schnäbel richten sich behutsam auf kleine Ziele, auf einzelne Samenkörner oder Maden. Die Schnäbel

1. *Neuweltpapagei*
2. *Kreuzschnabel*
3. *Löffler*
4. *Adler*
5. *Scherenschnabel*
6. *Kolibri*

von Papageien sind robuste Nussknacker oder dienen zum Zermalmen großer Samen, und der gebogene Oberschnabel mit seiner Spitze wird manchmal ähnlich genutzt wie eine Hand. Oft kann man beobachten, wie in Käfigen gehaltene Papageien an den Gitterstäben emporklettern und sich dabei mit dem Schnabel wie mit einer Hand hochziehen. In freier Wildbahn bedienen sie sich auf den Bäumen des gleichen Kunstgriffs. Der Schnabel eines Kolibris ist ein langes Rohr zum Nektartrinken. Der gebieterische, hakenförmige Adlerschnabel reißt das Fleisch von Kadavern. Der Specht hämmert mit seinem Schnabel wie mit einem Presslufthammer und schlägt damit auf der Suche nach Larven rhythmisch auf Bäume ein. Spechte haben einen speziell verstärkten Schädel, der mit den Stößen dieser Hammerbewegung fertigwird. Der Flamingoschnabel ist ein umgekehrtes Sieb zum Fangen kleiner Krebse und kommt damit in der Vogelwelt den Krill-Sieben der Bartenwale am nächsten. Austernfischer hacken mit ihrem langen, spitzen Schnabel Muscheln und andere Schalentiere auf. Löffler schwenken den flachen, paddelähnlichen Schnabel von einer Seite zur anderen, wühlen gleichzeitig mit den Füßen den Schlamm auf und legen damit kleine Tiere frei, die sich darin verbergen. Noch stärker spezialisiert ist der Schnabel der Scherenschnäbel: Bei ihnen ist der Unterschnabel länger als der Oberschnabel. Der Vogel fliegt mit geöffnetem Mund dicht über dem Wasser, und die Spitze des Unterschnabels durchpflügt die Wasseroberfläche. Trifft er auf einen Fisch, schnappt der Schnabel zu und fängt ihn. Pelikane haben unter dem Schnabel einen großen Hautsack, der die Fische aufnimmt.

Jungvögel, die im Nest von ihren Eltern gefüttert werden, brauchen den Schnabel nur dazu, ihn aufzusperren. Ihre Schnäbel sind grotesk weit und innen leuchtend bunt ausgekleidet – eine grelle Werbefläche, die dazu dient, die Geschwister im Wettbewerb um

Laysangimpel

Kakawahie (ausgestorben)

Iiwikleidervogel

Hawaii-Sichelkleidervogel

die Gunst der Eltern zu übertreffen. Der große Unterschied zum Schnabel ausgewachsener Vögel derselben Spezies erinnert uns daran, dass junge Tiere häufig ganz andere Bedürfnisse haben als ältere, ein Prinzip, das bei Raupen und Schmetterlingen zum Ausdruck kommt, aber auch bei Kaulquappen und Fröschen sowie in vielen anderen Fällen, in denen die Larvenform eine ganz andere ökologische Nische besetzt als das ausgewachsene Tier, zu dem sie später wird.

Beim Kreuzschnabel stehen Ober- und Unterschnabel seltsam über Kreuz, was hilfreich ist, um die Schuppen von Kiefernzapfen auseinanderzudrücken. Vögel, die sich von Insekten ernähren, haben einen anders geformten Schnabel als Samenfresser. Und wenn sie auf Samen unterschiedlicher Größe spezialisiert sind, besitzen sie entsprechend unterschiedliche Schnäbel, wobei die Unterschiede aus Sicht des Reverse Engineering vollkommen plausibel sind. Die Evolution solcher Unterschiede ist das Thema einer wunderschönen, immer noch laufenden Langzeitstudie an den »Darwinfinken«, die Peter und Rosemary Grant zusammen mit ihren Kollegen auf einer der kleineren Galapagos-Inseln betreiben.[22]

Als Vorzeigebeispiel für darwinistische Evolution unter den Pazifikinseln reicht der Hawaii-Archipel problemlos an die Galapagos-Inseln heran. Beide Inselketten sind vulkanischen Ursprungs und nach erdgeschichtlichen Maßstäben noch sehr jung. Allerdings herrschen auf Hawaii andere biologische Verhältnisse, denn die Inseln wurden stärker von Menschen und anderen Eindringlingen, für die Menschen die Schuld trugen, kontaminiert. Die evolutionäre Auseinanderentwicklung der Naschvögel von Hawaii (rechts) äußert sich in einer Vielfalt von Schnabelformen, die sogar jene der Galapagosfinken (links) übertrifft.[23] Heute leben noch 18 Arten von Naschvögeln (mehr als doppelt so viele sind ausgestorben), und alle stammen offensichtlich von einer einzigen Spezies asiatischer Finken ab, die vermutlich den Galapagosfinken nicht unähnlich war. Dass sich in so kurzer Zeit ein so breites Spektrum von Schnabeltypen entwickelt hat, ist wirklich erstaunlich.[24]

Manche Arten haben die Gewohnheit des Vorfahren, Samen zu fressen, beibehalten und sehen mit ihrem stabilen, untersetzten Schnabel noch heute wie Finken aus. Bei anderen ist der Schnabel zum Nektartrinken abgewandelt, aber nicht wie

Schnabel-Grundfink

Mittel-Grundfink

Zwergdarwinfink

Waldsänger-Darwinfink

bei den Neuweltkolibris, sondern wie bei den afrikanischen Nektarvögeln. Wieder andere stochern mit einem langen, abwärts gebogenen Schnabel nach Insekten. Unter ihnen hat der Iiwikleidervogel einen spitzen, kräftigen, zum Stechen geeigneten Unterschnabel, mit dem er an Baumrinde klopft. Anschließend tritt der lange, gebogene Oberschnabel, den er während des Klopfens abseits hält, in Aktion, mit dem er Insekten aus den Ritzen stochert. Der Papageischnabel-Kleidervogel nutzt seinen kräftigen Scherenschnabel, um auf der Suche nach Insekten Zweige zu zerdrücken und Rinde abzureißen.

Der Schnabel des Reihers ist ein langer Fischfangspeer, den er plötzlich und präzise ins Wasser sticht. Der in Afrika heimische Glockenreiher wirft mit den Flügeln einen Schatten auf sein Blickfeld, wo ihn ansonsten die Reflexionen auf der gekräuselten Wasseroberfläche stören würden. Er schwenkt seine schwarzen Flügel pathetisch über den Körper, womit er lächerlicherweise an den Bösewicht aus einem viktorianischen Melodram mit seinem schwarzen Mantel erinnert. Doch wenn man mit dem Speer von oben Fische fangen will, ergibt sich immer noch ein anderes Problem: die Brechung an der Wasseroberfläche – die bekannte Illusion, Ruder hätten einen Knick. Manchen Indizien zufolge stellen sich Reiher und Eisvögel beim Zielen darauf ein. Das umgekehrte Problem haben die Schützenfische aus Südostasien. Sie lauern unter Wasser und schießen Insekten ab, die auf Ästen über der Oberfläche sitzen; dazu richten sie plötzlich einen Wasserstrahl geradewegs auf ihr Ziel. Schon das ist bemerkenswert genug. Noch interessanter ist, dass sie offensichtlich die Brechung ausgleichen, wie es Reiher in der umgekehrten Richtung tun.

Reverse Engineering ist also eine Methode, um im Körper eines Tieres zu lesen. Eine zweite ist der Vergleich mit anderen Tieren, die

Schützenfisch

mit ihm verwandt sind oder auch nicht. Dieser Methode haben wir uns bis zu einem gewissen Grad in dem vorliegenden Kapitel bedient. Wenn die genetischen Bücher von Tieren, die nicht miteinander verwandt sind, die gleiche Nachricht über ihre Umwelt und Lebensweise enthalten, sprechen wir von Konvergenz. Wie spektakulär konvergente Ähnlichkeiten sein können, werden wir im nächsten Kapitel erfahren.

5

GEMEINSAMES PROBLEM, GEMEINSAME LÖSUNG

DIE ZENTRALE THESE des vorliegenden Buches lautet: Jedes Tier ist eine schriftliche Darstellung vorzeitlicher Welten. Sie basiert auf der versteckten – nun ja, eigentlich nicht sehr versteckten – Annahme, dass die natürliche Selektion eine ungeheuer mächtige Kraft ist, die dem Genpool bis hinab zu den kleinsten Details seine Form verleiht. Einen der überzeugendsten Belege für die Wirkung der natürlichen Selektion haben wir in Kapitel 2 kennengelernt: die Vollkommenheit der Tarnung, die vollendeten Details, in denen manche Tiere ihrer (früheren) Umwelt oder einem Gegenstand aus dieser Umwelt ähneln. Ebenso beeindruckend ist die weitreichende Ähnlichkeit zwischen zwei Tieren, die nicht miteinander verwandt sind, sich aber bei der gleichen Lebensweise zusammengefunden haben. Matt Ridley dokumentiert in seinem Werk *How Innovation Works*, wie Erfinder unabhängig voneinander in verschiedenen Ländern auf die größten Neuerungen der Menschheit gestoßen sind, wobei sie nichts über die Bestrebungen der jeweils anderen wussten.[1] Für die Evolution durch natürliche Selektion gilt das Gleiche. Das nun folgende Kapitel handelt von der konvergenten Evolution als einem beeindruckenden Zeugen für die Kraft der natürlichen Selektion.

Das Tier oben auf der gegenüberliegenden Seite ist entgegen dem ersten Anschein kein Hund, sondern *Thylacinus*, der Tasmanische Wolf (oft auch Tasmanische Tiger genannt, wofür es keinen anderen Grund als die Streifen gibt), ein Beuteltier, das nicht mit Hunden verwandt ist. Im Rahmen eines (wie man heute im Rückblick erkennt) heimtückischen Verbrechens gegen die Natur setzte die Regierung Tasmaniens 1888 eine Prämie für die Köpfe Tasmanischer Wölfe aus. Der letzte Vertreter der Spezies in freier Wildbahn wurde schändlicherweise 1930 von einem gewissen Wilf Batty erschossen. Ihm muss klar gewesen sein, dass die Art nahezu ausgestorben war, aber dass es sich um das letzte Exemplar handelte, konnte er nicht wissen. Nach meiner Vermutung kümmerte man sich 1930 noch nicht um solche Dinge – ein ergreifendes Beispiel für die Wandlung des moralischen Zeitgeistes, wie ich ihn gerne nenne. In Gefangenschaft überlebte ein Exemplar namens Benjamin im Zoo von Hobart bis 1936.[2] *Thylacinus* ist eines der bekanntesten Beispiele für Konvergenz. Er sah aus wie ein Hund, weil er genauso lebte wie ein Hund. Insbesondere der Schädel ähnelte dem eines Hundes so stark, dass er im Examen für Zoologiestudierende der Gegenstand einer beliebten Fangfrage ist. Sie ist sogar so beliebt, dass man uns in meinem Jahr in Oxford als doppelte Täuschung einen echten Hundeschädel vorsetzte, weil alle annahmen, wir würden ihn automatisch für *Thylacinus* halten.

Ein Nashornkäfer

Dieses Tier würden wir niemals für ein Nashorn halten. Würden wir aber zuerst zwei Nashornkäfern und dann zwei Nashörnern beim Kämpfen zusehen, so würden wir bemerken, dass konvergente Ähnlichkeiten auch vor ganz unterschiedlichen Körpergrößen nicht haltmachen. Ein Kampf ist ein Kampf ist ein Kampf, und ein Horn ist in jeder Größe eine handliche Waffe. Das Gleiche gilt für Hirschkäfer und Hirsche, allerdings mit einem einigermaßen dramatischen zusätzlichen Dreh. Hirschkäfer – nicht aber Hirsche – können ihre Gegner mit den Spitzen ihres »Geweihs« hoch in die Luft heben.[3]

Thylacinus

Paka

Hirschferkel

Das linke Bild zeigt einen Paka, ein Nagetier aus den Regenwäldern Süd- und Mittelamerikas. Rechts sehen wir ein Hirschferkel, einen Unpaarhufer, der in den Wäldern der Alten Welt zu Hause ist. Die beiden sehen sich konvergent ähnlich, weil sie eine ähnliche Lebensweise haben. In Afrika wird die Nische von einem kleinen Huftier besetzt, in Südamerika von einem großen Nager.

Die Gürteltiere, Säugetiere aus Südamerika, schützen sich mit einem Panzer gegen natürliche Feinde. Wird ein Gürteltier bedroht, zieht es sich zu einer Kugel zusammen. Das Bild unten zeigt ein Dreibinden-Gürteltier, das sich besonders elegant kompakt zusammenrollt. In einem anschaulichen Zitat stellt das *Oxford English Dictionary* etwas Erstaunliches fest: »Früher wurde das Gürteltier medizinisch verwendet und im zusammengerollten Zustand als Pille geschluckt.« Ganz schön weit hergeholt! Jedenfalls bis einem klar wird, dass mit *armadillo,* dem englischen Namen für das Gürteltier, in dem Zitat von 1859 nicht das Säugetier gemeint war, sondern ein konvergentes Krebstier, eine Rollassel, deren lateinischer Name *Armadillidium* so viel wie »kleiner *armadillo*« bedeutet. *Armadillo* selbst ist ein spanisches Wort, ein Diminutiv von *armado* oder »gepanzert«. *Armadillidium* ist also die Verkleinerungsform einer Verkleinerungsform.

Die Namensgemeinsamkeit zeugt von der Kraft der konvergenten Evolution. Passend zu der umgangssprachlichen Bezeichnung als »Pillenkäfer« könnte man eine Rollassel im zusammengerollten Zustand tatsächlich als Ganzes schlucken, zu dem angeblichen medizinischen Nutzen enthalte ich mich aber jeglichen Kommentars. Das Gürtel-Säugetier und das Krebstier *Armadillidium* haben sich in ihrer Evolution aneinander angenähert und sind unabhängig voneinander – wenn auch in sehr unterschiedlicher Größe – auf die gleiche Schutzmethode gestoßen: Sie rollen sich zu einer Kugel zusammen.

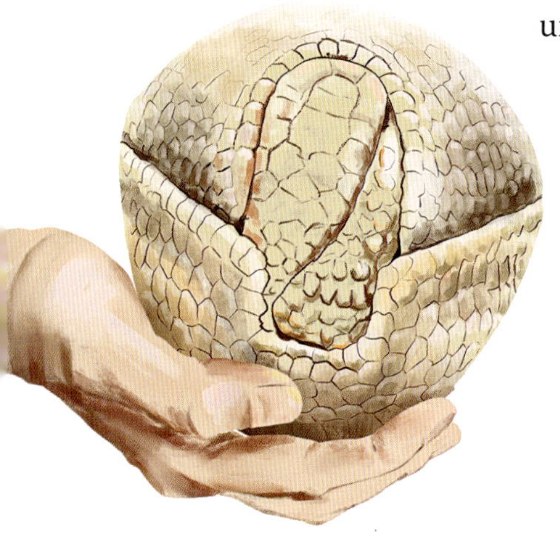

Die lateinische Sprache hat den Vorteil, dass sie in einem Wort zusammendrängen kann, was in Sprachen wie dem Englischen zwei oder drei erfordert. Es gibt im Lateinischen sogar das Verb *glomero*, was so viel wie »ich rolle mich zu einer Kugel zusammen« bedeutet und von dem sich Wörter wie Konglomerat oder das englische *agglomerate* (»Anhäufung«) ableiten. *Glomeris* ist der wissenschaftliche Name für ein weiteres Tier, das sich zu einer Kugel zusammenrollt und in der englischen Umgangssprache ebenfalls als »pill« bezeichnet wird. Es ist aber kein Krebstier, sondern gehört zu den Tausendfüßern, und zwar zur Untergruppe der »Saftkugler« (Glomerida). Und als wäre das nicht genug, hat sich bei zwei Ordnungen der Tausendfüßer unabhängig voneinander ein Körper mit der Fähigkeit zum Zusammenrollen entwickelt. Neben den Glomerida sehen Riesenkugler (Ordnung Sphaerotheriida – das griechische Wort bedeutet »kugelförmige Bestie«) ganz ähnlich wie *Glomeris* und sogar wie *Armadillidium* aus, nur mit dem Unterschied, dass sie größer sind.

Rollassel

Saftkugler

Die Rollasseln (links) und Saftkugler (rechts) sind – unter einem Feld starker Konkurrenten – mein Lieblingsbeispiel für konvergente Evolution. Wenn man sie kriechen sieht oder wenn sie sich zu einer Kugel zusammenrollen, sind sie kaum zu unterscheiden. Und doch ist die eine als Krebstier mit Garnelen und Krabben verwandt, der andere ist ein Tausendfüßer und damit ein Verwandter der Hundertfüßer. Um mich zu vergewissern, um wen es sich jeweils handelt, muss ich sie umdrehen. Das Krebstier trägt an jedem Segment nur ein Beinpaar, insgesamt sind es sieben Paare. Der Tausendfüßer hat viel mehr Beine, nämlich zwei Paare pro Segment. Die beiden zutiefst unterschiedlichen »Pillentiere« sehen sich in den oberflächlichen Schichten ihrer Palimpseste äußerst ähnlich, weil sie ihr Leben auf die gleiche Weise und an ähnlichen Orten fristen. Ausgehend von weit voneinander entfernten Vorfahren haben sie sich in den Zeiträumen der Evolution angenähert: Sie sind *konvergiert* und zu sehr ähnlichen Endpunkten gelangt. Die tieferen Schichten des Palimpsests zeigen, dass es sich bei dem einen Tier unverkennbar um eine Assel und beim anderen um einen Tausendfüßer handelt. Die Asseln oder Isopoda sind eine wichtige Gruppe der Krebstiere; zu ihnen gehören auch Bewohner des Meeresbodens, die beunruhigend groß werden können. Sie werden uns im nächsten Kapitel wieder begegnen, wenn wir einen Rundgang durch die Welt der Krebstiere machen.

Riesenassel

Das Lateinische ist nicht die einzige Sprache, die durch ihre Sparsamkeit beeindruckt. Das malaiische Wort *pengguling* bedeutet so viel wie »einer, der sich einrollt«, und von ihm stammt das englische Wort *pangolin* für das Schuppentier, von dem im vorherigen Kapitel die Rede war. Ein Schuppentier könnte man mit einem großen, beweglichen Kiefernzapfen verwechseln. Es ist mit keinem anderen Säugetier eng verwandt, sondern steht in seiner eigenen Ordnung der Pholidota. Der Name kommt von einem griechischen Wort, das »mit Schuppen bedeckt« bedeutet – im Englischen wird es auch als *scaly anteater* (»geschuppter Ameisenfresser«) bezeichnet. Die Schuppen bestehen wie Hufe und Fingernägel aus Keratin. So hart wie die Knochenpanzerplatten der Gürteltiere sind sie nicht.

Wenn es allerdings um die Kugelbildung geht, sind die Schuppentiere den Gürteltieren, Kugelasseln und Kugel-Tausendfüßern vielleicht sogar überlegen. Nach dem Bericht eines Biologen von der indonesischen Insel Siberut lief ein Schuppentier vor ihm bis zum oberen Ende einer steilen Böschung davon, verwandelte sich dann in eine Kugel und rollte mit drei Metern pro Sekunde den Abhang hinunter, doppelt so schnell, wie ein Gürteltier laufen kann.[4] Der Berichterstatter deutete das Hinunterrollen auf dem Abhang als normale Reaktion auf natürliche Feinde. Ich dagegen muss mich widerstrebend fragen, ob es vielleicht nur ein Zufall war.

Dass das Einrollen ein wirksamer Schutzmechanismus ist, scheint unbezweifelbar. Löwen unternehmen fruchtlose Versuche, die Abwehr eines Schuppentiers zu überwinden. Dessen beneidenswerte Unbekümmertheit wirft die Frage auf, warum andere Tiere, auf die Jagd gemacht wird, nicht die gleiche Strategie – die Strategie von Schildkröten oder Gürteltieren – übernehmen, statt hektisch zu

Ein Schuppentier durchkreuzt die Absichten eines Löwen

flüchten. Nach meiner Vermutung ist die Herstellung eines Panzers mit großem Aufwand verbunden, aber das gilt auch für lange, mit kräftigen Muskeln ausgestattete, zum schnellen Laufen geeignete Beine. Auch ein anderes Argument ist nicht stichhaltig, selbst wenn es möglicherweise zutrifft: Wenn beispielsweise alle Antilopen die Geschwindigkeit zugunsten einer panzerbewehrten Einrollbewegung aufgeben würden, hätte sich bei den Löwen auf der anderen Seite des evolutionären Wettrüstens eine Gegenstrategie entwickelt. Einer besseren Überlegung zufolge hatten die ersten einzelnen Antilopen, die es mit noch unzureichenden Ansätzen einer Panzerung versuchten, im Vergleich zu ihren unbelasteten Konkurrenten, die in einer Staubwolke verschwanden, mehr zu leiden.

Zwei der bekanntesten Beispiele für konvergente Evolution sind uns so vertraut, dass wir sie hier nicht noch einmal detailliert betrachten müssen: das Fliegen und die Augen. Die Gesetze der Physik eröffnen die Möglichkeit, Energie aufzuwenden und damit unbegrenzt lange in der Luft zu bleiben, und so haben sich Flügel unabhängig voneinander und konvergent fünfmal entwickelt: bei Insekten, Pterosauriern, Vögeln, Fledermäusen und … in der Technologie der Menschen.

Augen sind in der Evolution sogar Dutzende von Male unabhängig voneinander entstanden und folgen neun grundlegenden Konstruktionsprinzipien.[5] Die konvergente Ähnlichkeit zwischen einer Kamera, dem Wirbeltierauge und dem Auge der Tintenfische ist nahezu sprichwörtlich geworden. Hier möchte ich nur erwähnen, dass der aufschlussreichste Unterschied – dass nämlich die Netzhaut bei Wirbeltieren, nicht aber bei Weichtieren von hinten nach vorn verkabelt ist – sich auf einer tiefen Ebene des Palimpsests befindet. Das ist gleichbedeutend mit der Aussage, dass in der Embryologie ein grundlegender Unterschied vorliegt. Das Wirbeltierauge entwickelt sich vorwiegend als Auswuchs des Gehirns, bei Kopffüßern dagegen entsteht es durch eine Einstülpung von außen. Dieser Unterschied verbirgt sich tief in den ältesten Schichten des Palimpsests.

Ein weniger bekanntes Beispiel für Konvergenz sind die Komplexaugen: Auch sie haben sich in der Evolution mehrere Male unabhängig voneinander entwickelt. Manche Muscheln besitzen eine Form von Komplexaugen, ebenso einige Ringelwürmer, die in unterirdischen Röhren leben. Beide sind zueinander ebenso konvergent wie zu den höher entwickelten Komplexaugen der Krebse, Insekten, Trilobiten und anderer Gliederfüßer. Kameraaugen enthalten eine einzige Linse, die ein kopfstehendes Bild auf einer Netzhaut scharf stellt. Das Bild eines Komplexauges – wenn man es als Bild bezeichnen will – steht richtig herum. Denken wir nur an eine jagende Libelle mit ihren zwei großen, halbkugelförmigen Augen: Jedes davon ist ein Bündel aus Röhren, die sternförmig in verschiedene Richtungen weisen. Sieht eine solche Röhre das Ziel, fliegt die Libelle in dieser Richtung und fängt es.

In Nord- und Südamerika ist der »Truthahngeier« ein vertrauter Anblick. Er sieht aus wie ein Geier, verhält sich wie ein Geier, lebt wie ein Geier, ernährt sich wie ein Geier von Aas, das er findet, und hat einen Geruchssinn, der für einen Vogel untypisch scharf ist. Aber er ist kein Geier. Oder vielmehr hat sich sein Geiersein unabhängig von den echten Geiern konvergent entwickelt. Aber Moment mal: Wer sagt denn, dass die Geier der Alten Welt »echter« sind als die Neuwelt-Truthahngeier? Amerikaner sehen die Prioritäten vielleicht anders. Nennen wir einfach beide Geier, womit wir begeistert die konvergente Evolution und ihre beeindruckende Fähigkeit, uns in die Irre zu führen, würdigen.

Auch die mehr oder weniger gleiche Diskussion darüber, wer die »echten« Stachelschweine sind, können wir beilegen. Sowohl die Altwelt- als auch die Neuwelt-Stachelschweine sind Nagetiere. Aber innerhalb dieser sehr großen Tierordnung sind sie nicht sonderlich eng verwandt, und ihre Abwehrstacheln haben sich unabhängig voneinander entwickelt. Die beiden Bilder zeigen, wie ein Leopard bei einem Altwelt-Stachelschwein ungefähr die gleiche Strafe erlebt wie der Hund, der sie bei einem Neuwelt-Stachelschwein erdulden musste.

Hund nach der Annäherung an ein Neuwelt-Stachelschwein

Anders als die Legende behauptet, schießen Stachelschweine nicht mit ihren Stacheln. Allerdings verfügen sie über einen Schnellauslösemechanismus, sodass ein unvernünftiger Fressfeind, der ein Stachelschwein belästigt, am Ende viele Stacheln im Gesicht hat. Die Stacheln von Neuwelt-Stachelschweinen verstärken die Qual mit rückwärts gerichteten Widerhaken, sodass sie schwieriger zu entfernen sind.[6] Dieses Detail teilen sie nicht mit den ansonsten konvergenten Altwelt-Stachelschweinen, konvergent dazu sind aber die viel kleineren Widerhaken der Bienenstachel.[7]

Eine Biene hat im Gegensatz zu einem Stachelschwein einen doppelten Stachel. Zwei gezackte Schneiden reiben aneinander, während das Gift zwischen ihnen hindurchläuft. Beide bewegen sich abwechselnd und sägen sich in das Opfer hinein. Beide sind mit rückwärts gerichteten Widerhaken besetzt wie die Stacheln eines Neuwelt-Stachelschweins. Der Bienenstachel ist ein abgewandelter Ablageapparat, ein Rohr zum Eierlegen. Stachelschweinstacheln sind abgewandelte Haare. Bienen sind nicht die einzigen Insekten mit gezackten Legestacheln. Bei den Zikaden (die nicht stechen) dienen die Zacken und die bienenähnliche abwechselnde Sägebewegung der beiden Schneiden dazu, das Eiablagerohr (beispielsweise) in einen Baum zu treiben, wo die Eier dann abgelegt werden.

Der Bienenstachel, der sich vom Eiablageapparat ableitet, sodass ihn nur Weibchen besitzen, ist eine Kanüle zum Einspritzen von Gift. Solche Giftspritzen haben sich nach meiner Zählung bei elf verschiedenen Tiergruppen entwickelt (und vermutlich in manchen Gruppen mehr als einmal unabhängig voneinander): bei Insekten, Skorpionen, Schlangen, Echsen, Spinnen, Hundertfüßern, Stechrochen, Drachenkopfverwandten (einer Gruppe von Fischen), Kegelschnecken und den Klauen an den Hinterbeinen von Schnabeltiermännchen. Außerdem sind die Nesselzellen oder »Cnidocyten« der Quallenfische winzige Harpunen, die am Ende eines Fadens herausschießen und das Gift injizieren. Unter den Pflanzen besitzen die Brennnesseln kleine Injektionskanülen.[8]

Leopard bei der Annäherung an ein Altwelt-Stachelschwein

Die kurzen Stacheln der Igel sind wie die langen Dolche der Stachelschweine abgewandelte Haare. Auch sie sind mindestens dreimal unabhängig voneinander entstanden. In Madagaskar gibt es den kleinen Igeltenrek: Er ähnelt bemerkenswert stark einem Igel, gehört aber im Tierreich nicht zur gleichen Ordnung, sondern zu den Afrotheria und ist damit mit Elefanten, Erdferkeln und Dugongs verwandt. Eine dritte Konvergenz repräsentieren die Ameisenigel in Australien und Neuguinea. Sie legen Eier und sind, was die Verwandtschaft angeht, von Igeln und Tenreks so weit entfernt, wie es überhaupt möglich ist, wenn sie noch Säugetiere sind. Auch sie tragen Stacheln, die ebenfalls abgewandelte Haare sind.

Nun wissen wir, dass die Stacheln der Stachelschweine ein hübsches Beispiel für konvergente Evolution sind, denn sie haben sich innerhalb der Nagetiere unabhängig voneinander entwickelt. Auch sogenannte Flughörnchen sind zweimal unabhängig voneinander in verschiedenen Familien der Nagetiere entstanden: Bei den echten Hörnchen und den Dornschwanzhörnchen. Dass sich ihre Gewohnheit, sich im Gleitflug fortzubewegen, unabhängig voneinander entwickelt hat, wissen wir, weil die engsten Verwandten beider Gruppen unter den Nagetieren dazu nicht in der Lage sind. Aus dem gleichen Grund wissen wir auch, dass Neuwelt- und Altwelt-Stachelschweine sich innerhalb der großen Ordnung der Nagetiere konvergent entwickelt haben.

Dass sich auch die Fähigkeit zum Gleitflug bei einer ganzen Reihe von Wirbeltieren konvergent entwickelt hat, überrascht nicht. Das Bild zeigt vier Beispiele aus der Gruppe der Säugetiere, darunter die beiden zuvor erwähnten Nagetiere. Der Colugo oder Riesengleiter aus den Wäldern Südostasiens wird manchmal auch als fliegender Lemur bezeichnet, aber ein Lemur ist er nicht (alle echten Lemuren leben in Madagaskar, deshalb allein ist der Colugo allerdings noch kein Nicht-Lemur), und eigentlich kann er auch nicht richtig fliegen, aber wenn es darum geht, durch die Luft zu gleiten, ist er vielleicht geschickter als die anderen abgebildeten Tiere. Der Kurzkopfgleitbeutler sieht zwar stark nach einem Flughörnchen aus, ist aber in Wirklichkeit ein Beuteltier aus Australasien und einer von mehreren »fliegenden Kletterbeutlern«. Trotz der verblüffend starken Ähnlichkeit zwischen Kurzkopfgleitbeutler und Flughörnchen wissen wir aus den tieferen Schichten des Palimpsests, dass der eine ein Beuteltier und das andere ein Nager ist. So besitzt der weibliche

1. Riesengleiter
2. Flughörnchen
3. Kurzkopfgleitbeutler
4. Dornschwanzhörnchen

(Abbildungen nicht maßstabsgetreu)

Gleitbeutler einen Brutbeutel, das Flughörnchen dagegen eine Plazenta.

Die Welt der australischen Beuteltiere bietet noch viele weitere Beispiele für konvergente Evolution; am berühmtesten ist vielleicht der bereits erwähnte, ausgestorbene Tasmanische Beutelwolf. Das Bild gegenüber zeigt ausgewählte Vergleiche zwischen australischen Beuteltieren und ihren Entsprechungen unter den Plazentatieren der übrigen Welt. Unter ihnen sind zwei Ameisenfresser und zwei »Mäuse«. Der Beutel-»Maulwurf« aus Australien ähnelt nicht nur dem bekannten eurasischen Maulwurf, sondern auch dem Goldmull aus Südafrika. Den Maulwürfen ebenfalls sehr ähnlich sind unter den Nagetieren die Asiatischen Maulwurfsratten oder Blindmulle.[9]

Alle diese »Maulwürfe« haben sich unabhängig voneinander die gleiche Lebensweise zu eigen gemacht und graben Tunnel. Bei allen haben sich die Hände so angepasst, dass sie leistungsfähige Schaufeln sind, und alle vier sehen mehr oder weniger gleich aus. Die Konvergenz ist so überzeugend, dass die Goldmulle früher zu den Maulwürfen gerechnet wurden, aber dann erkannte man, dass sie zu den Afrotheria gehören, einem ganz anderen Zweig der (afrikanischen) Säugetiere, der auch Elefanten, Erdferkel und Seekühe umfasst. Die Maulwürfe Eurasiens dagegen sind Laurasiatheria und mit Igeln, Pferden, Hunden, Fledermäusen und Walen verwandt. Die Maulwurfsratten sind als Nagetiere Verwandte der Blindmulle, haben sich vollständig auf das Leben unter der Erde eingestellt und sehen wie Maulwürfe aus, aber wie man es von einem Nagetier erwarten kann, graben sie nicht mit den Händen, sondern mit den Zähnen. Der Stammbaum auf Seite 134 zeigt die ziemlich überraschenden Verwandtschaftsverhältnisse von vier »Maulwürfen«.

Auch wenn die Konvergenzen zwischen australischen Beuteltieren und einer breiten Vielfalt von Plazentasäugetieren beein-

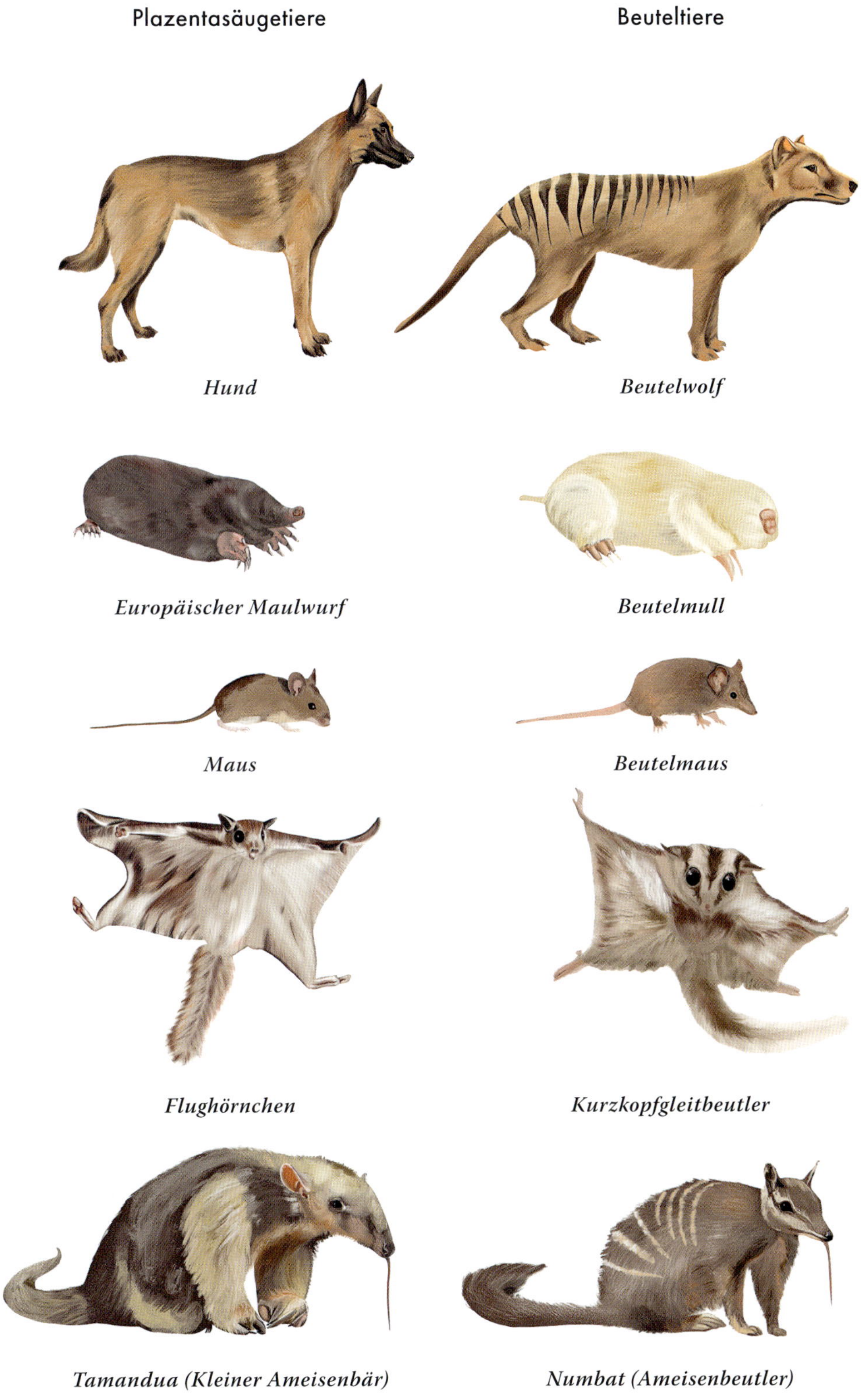
Plazentasäugetiere
Beuteltiere
Hund
Beutelwolf
Europäischer Maulwurf
Beutelmull
Maus
Beutelmaus
Flughörnchen
Kurzkopfgleitbeutler
Tamandua (Kleiner Ameisenbär)
Numbat (Ameisenbeutler)

druckend sind, dürfen wir doch die Ausnahmen nicht übersehen. Kängurus sehen den afrikanischen Antilopen, mit denen sie ihre Lebensweise teilen, nicht sonderlich ähnlich. Sie hätten sich ohne Weiteres konvergent entwickeln können, haben es aber nicht getan. Vielmehr kam es zur Auseinanderentwicklung, vor allem weil sich die Kängurus frühzeitig eine ganz andere Gangart für die schnelle Fortbewegung zu eigen gemacht haben. Nach meiner Vermutung gab es eine Zeit, in der die Vorfahren beider Gruppen entweder das Hüpfen eines Kängurus oder den Galopp einer Antilope hätten übernehmen können. Beide Gangarten sind schnell und effizient, zumindest wenn sie in der Evolution über viele Generationen perfektioniert wurden. Aber wenn eine evolutionäre Abstammungslinie erst einmal einen Weg wie den zum Hüpfen oder Galoppieren eingeschla-

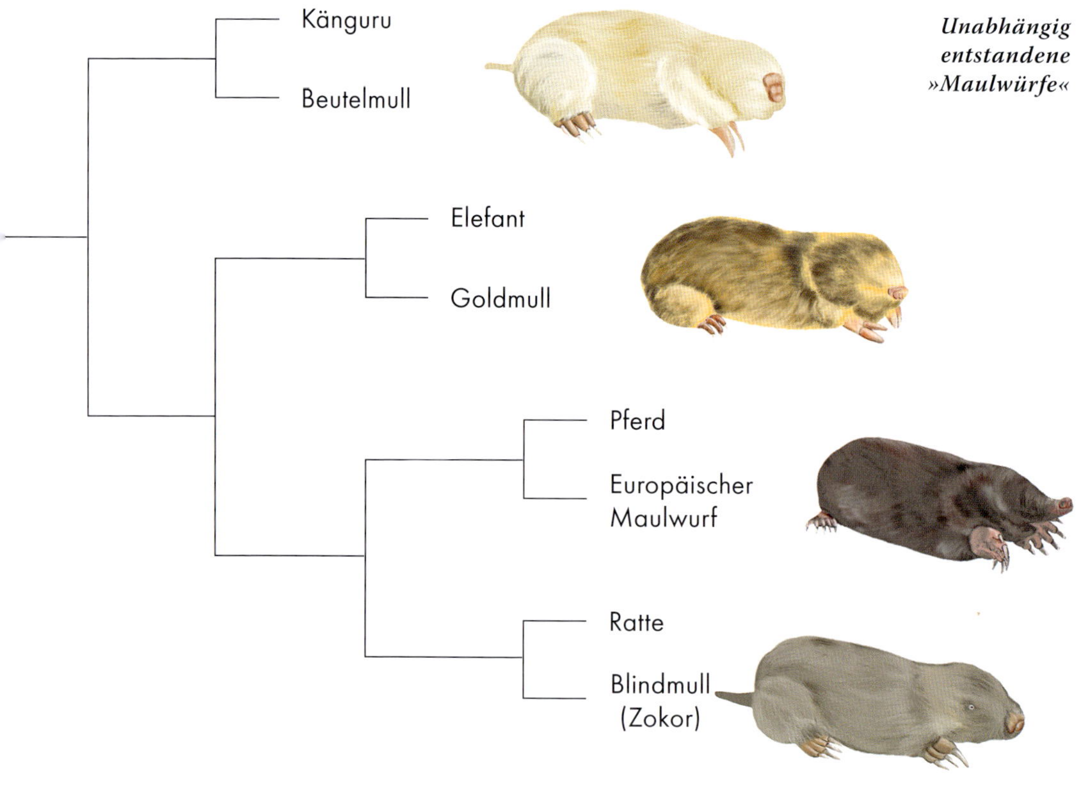

Unabhängig entstandene »Maulwürfe«

gen hat, ist ein Wechsel schwierig. »Festlegung« ist in der Evolution von großer Bedeutung. Nachdem eine Abstammungslinie der Säugetiere auf dem Weg zum Hüpfen ein Stück weit vorangekommen war, wäre jede Mutante, die zu galoppieren versucht hätte, in der Konkurrenz unterlegen gewesen. Vielleicht waren die Vorderbeine bereits zu kurz. Das Umgekehrte gilt für eine Abstammungslinie, die bereits ein wenig auf das Galoppieren festgelegt war: Hier wäre jede Mutante, die zu hüpfen versucht hätte, krachend gescheitert. Es gibt keine Gesetzmäßigkeit, wonach Plazentasäugetiere nicht den Weg der Kängurus hätten einschlagen können. Tatsächlich kennen wir Nagetiere, deren Vorfahren auf diesem Weg sehr erfolgreich waren. Ein Kollege, der an der Universität von Nairobi Zoologie unterrichtet, erklärte in einer Vorlesung, es gebe in Afrika keine Kängurus. Daraufhin widersprach ihm ein Student und behauptete, er habe ein kleines Känguru gesehen. In Wirklichkeit hatte er einen Springhasen beobachtet, ein Nagetier, das wie ein Wallaby hüpft und sowohl über verkürzte Vorderbeine als auch einen vergrößerten Schwanz als Gegengewicht verfügt.

Springhase

Wenn wir zusehen könnten, wie ein Ichthyosaurier in den Wellen des Mesozoikums herumtollt, würde uns zwangsläufig ein Delfin einfallen. Ein klassischer Fall von konvergenter Evolution. Andererseits könnte unsere Zeitmaschine uns aber auch einen Plesiosaurier vorsetzen. Er sieht nicht einmal entfernt wie ein Delfin oder Ichthyosaurier aus, sondern hat mit nichts Ähnlichkeit, was wir jemals gesehen haben. Sowohl Ichthyosaurier als auch Plesiosaurier stammen von landlebenden Reptilien ab, die ins Meer zurückkehrten. Aber nachdem sie auf die gleiche Weise begonnen hatten, legten sie sich auf unterschiedliche Wege zu einer effizienten Schwimm-»Gangart« fest. Ichthyosaurier entdeckten die uralten Rechts-links-Schwanzbewegungen ihrer Fischvorfahren wieder. Vermutlich machten sie eine Phase durch, in der ihre »Gangart« der wellenförmigen Schlangenbewegung der Galapagos-Meerechsen ähnelte. Die Plesiosaurier dagegen bedienten sich wie Meeresschildkröten aller vier Gliedmaßen, aus denen riesige Paddel wurden. Nachdem Ichthyosaurier und Plesiosaurier sich auf diese Weise festgelegt hatten, widmeten sie sich zunehmend ihren jeweiligen Evolutionswegen. Und am Ende sahen sie höchst verschieden aus.

Tiere, die sich konvergent entwickelt haben, müssen nicht unbedingt Zeitgenossen sein. In Nordamerika gab es in der Periode des Eozän die Epoicotheriidae, maulwurfsähnliche Tiere, die unter der Erde lebten, wie Maulwürfe Hände zum Graben hatten, aber mit keinen heutigen grabenden Arten eng verwandt waren; vielmehr gehörten sie zu den Pholidota, der Familie der Schuppentiere. Es würde mich nicht überraschen, wenn es auch Dinosaurier-»Maulwürfe« gegeben hätte, aber ich muss gestehen, dass mir davon nichts bekannt ist. Zwar gab es kleine Dinosaurier wie *Oryctodromeus*, die auch Gänge gruben, aber ich kenne keinen, bei dem man von einer Konvergenz mit Maulwürfen sprechen könnte.

Dann gab es die sogenannten »falschen Säbelzahntiere«. Den Säbelzahn-»Tiger« *Smilodon* haben wir bereits kennengelernt, eine große, kräftige und zweifellos angsteinflößende Katze, die zusammen mit einem großen Teil der übrigen nordamerikanischen Großtiere am Ende der Ära des Pleistozän ausstarb, also erst vor rund 10 000 Jahren, als die Menschen Amerika entdeckten. Weniger bekannt ist, dass *Smilodon* nicht die einzige Spezies aus der Ordnung der Carnivora war, die von der Evolution solche entsetzlichen Reißzähne mitbekommen hatte. 30 Millionen Jahre früher, über die

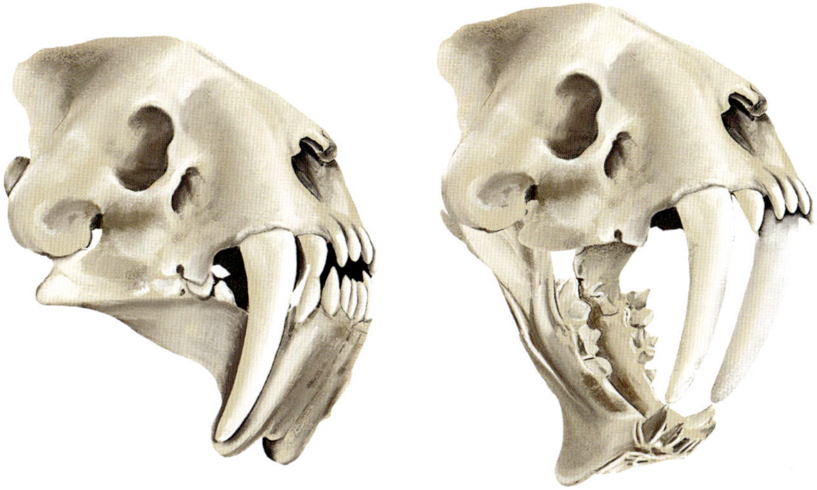

Eine »falsche« Säbelzahnkatze aus der Gruppe der Nimravidae

gesamte Epoche des Oligözän, lebte eine Gruppe namens Nimravidae. Das waren keine Katzen, sondern eine ältere Gruppe innerhalb der Carnivora, und in ihrer Evolution entwickelten sich unabhängig ebenfalls dolchähnliche Reißzähne, die denen von *Smilodon* ähnelten. Die Nimravidae werden manchmal auch als falsche Säbelzahnkatzen bezeichnet. *Falsch?* Sagen wir das einmal dem frühen Pferd *Mesohippus* und den anderen verängstigten Opfern dieser riesigen Dolchzähne. Die »falschen« Säbelzahnkatzen waren lebende, atmende, knurrende, schnell zuschlagende und vermutlich stark riechende Fleischfresser, die ihren Opfern alles andere als falsch vorgekommen sein müssen. Eine weitere ausgestorbene Gruppe von »falschen Säbelzahnkatzen«, die Barbourofelidae, lebte in der Epoche des Miozäns und damit später als die Nimravidae, aber früher als *Smilodon*, und besetzten konvergent die gleiche ökologische Nische.

Angesichts der Tatsache, dass die Carnivora uns zu verschiedenen Zeiten der Erdgeschichte mit drei unabhängig voneinander ent-

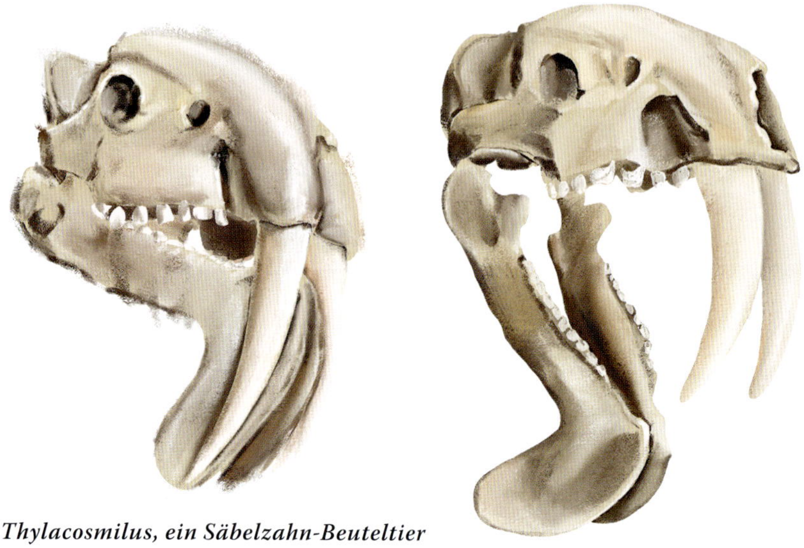

Thylacosmilus, ein Säbelzahn-Beuteltier

standenen Säbelzahnkatzen beschenkt haben, wären wir vielleicht ein wenig enttäuscht, wenn es keine Säbelzahn-Beuteltiere gäbe. Und tatsächlich ergab sich in Südamerika die Gelegenheit. Das Beuteltier *Thylacosmilus* sieht aus, als wäre es nahezu ebenso beeindruckend gewesen wie *Smilodon* und die anderen konvergent entstandenen Säbelzahnkatzen unter den Carnivora. Allerdings war er ein wenig kleiner.

Dass Konvergenzen zwischen Tieren und der Technik der Menschen besonders beeindruckend sein können, haben wir am Beispiel der Kamera und des Wirbeltier- oder Tintenfischauges erfahren. Eine andere Entdeckung galt ursprünglich als empörende Falschmeldung, aber heute ist sie allgemein anerkannt: Fledermäuse, die nachts auf die Jagd gehen, verfügen über die »Echolokation«, eine Form der Technik, die man bei U-Booten konvergent unter dem Namen »Sonar« entwickelt hat – sie nutzen das Echo ihrer eigenen Geräusche, um Ziele aufzuspüren.[10] Die Fledermäuse gliedern sich in zwei Hauptgruppen: die kleinen eigentlichen Fledermäuse oder Microchiroptera und die großen Megachiroptera oder »Flughunde«. Microchiroptera »sehen« mit den Ohren. Sie besitzen eine hoch entwickelte Echolokation, mit der sie sogar schnell fliegende Insekten jagen können. Mit einer raffinierten Echtzeit-Analyse des Echos der eigenen Geräusche setzt das Gehirn ein detailliertes Modell der Umgebung einschließlich der Beuteinsekten zusammen. Wenn eine Fledermaus herumfliegt, bewegen sich ihre Schreie im Leerlauf. Zielt sie aber auf eine Motte, die wahrscheinlich Fluchtbewegungen zeigen wird, kommen die Geräusche als schnelles Geknatter wie aus einem Maschinengewehr. Da jeder Impuls der Fledermaus ein aktualisiertes Bild der Umwelt liefert, ist sie mit dem »Maschinengewehrfeuer« in der Lage, die schnellen Drehungen und Wendungen der Motte zu verarbeiten. Je höher der Ton ist, desto kürzer ist definitionsgemäß seine Wellenlänge. Und nur kurze Wellenlängen können das Auflösungsvermögen für ein detailliertes Bild liefern. Deshalb der Ultraschall: Er ist zu hoch – meist viel zu hoch –, als dass wir ihn hören könnten. Junge Menschen hören noch am unteren Ende des Frequenzbereichs von Fledermäusen. Nostalgisch erinnere ich mich an ein Geräusch aus meiner Jugend, das sich wie ein Mittelding zwischen einem Klicken und einem Quietschen anhörte. Wir können aber auch Fledermausdetektoren verwenden, Instrumente, die den Ultraschall in hörbares Klicken umwandeln.

Etwas weniger bekannt ist, dass Delfine und andere Zahnwale (Pottwale, Schwertwale) es genauso machen: Auch sie bedienen sich des Ultraschalls und können, was den Entwicklungsstand angeht, mit den Fledermäusen mithalten. Eine eher rudimentäre Form der Echolokation hat sich bei den Spitzmäusen und mindestens zweimal bei Vögeln, die in Höhlen nisten, unabhängig voneinander entwickelt: bei den südamerikanischen Fettschwalmen und den asiatischen Braunkehlsalanganen (die durch die Vogelnestersuppe berühmt wurden). Ultraschall nutzen diese Vögel nicht: Ihre Schreie sind so tief, dass wir sie hören können. Auch manche Megachiroptera bedienen sich einer weniger genauen Form der Echolokation, aber sie erzeugen das Klicken nicht mit der Stimme, sondern mit den Flügeln.[11] Auch das muss man als eine weitere konvergente Evolution der Echolokation einstufen. Eine Gattung von Megachiroptera nutzt für die Echolokation auch die Stimme wie die Microchiroptera, allerdings nicht mit der gleichen Geschicklichkeit. Interessanterweise deuten molekularbiologische Befunde darauf hin, dass die Hufeisennasen oder Rhinolophidae, eine Gruppe von Microchiroptera, mit den Megachiroptera enger verwandt sind als mit anderen Microchiroptera.[12] Das legt offensichtlich die Vermutung nahe, dass das hoch entwickelte Sonar der Hufeisennasen durch konvergente Evolution mit den anderen Microchiroptera entstanden ist. Oder aber die Mehrzahl der Megachiroptera hat es verloren.

Die kleinen Fledermäuse und die Zahnwale spielen in einer eigenen Liga. Ihr Sonar ist von so hoher Qualität, dass die Formulierung »mit den Ohren sehen« ihre Fähigkeiten kaum übertreibt. Die Ultraschall-Echolokation liefert ihnen ein detailliertes Bild ihrer Umgebung, das dem Vergleich mit dem Sehen durchaus standhält. Das wissen wir, weil man im Experiment überprüft hat, wie gut Fledermäuse zwischen einem Gitter aus dünnen Drähten hindurchfliegen können, ohne anzustoßen. Ich habe sogar die (leider vermutlich nicht überprüfbare) Vermutung veröffentlicht, Fledermäuse könnten »in Farbe hören«. Dass es plausibel ist, behaupte ich hartnäckig, denn die Farbtöne, die wir wahrnehmen, sind Markierungen, die im Gehirn erzeugt werden und in einem willkürlichen Zusammenhang mit bestimmten Lichtwellenlängen stehen. Als die Vorfahren der Fledermäuse sich nicht mehr mit Augen abgaben, sondern das Echo an die Stelle des Lichtes setzten, hatten die Markierungen für Farbtöne nichts mehr zu tun, sondern lagen tatenlos im Gehirn herum. Was wäre natürlicher, als sie zur Markierung von Echos unterschiedlicher Qualität zweckzuentfremden? Ich nehme an, man könnte es als frühe Nutzung der »Synästhesie« bezeichnen, die manche Menschen kennen.

In einem der meistzitierten Fachaufsätze der modernen Philosophie stellte Thomas Nagel die didaktische Frage: »Wie ist es, eine Fledermaus zu sein?«[13] Eine seiner Aussagen lautete: Wir können es nicht wissen. Ich habe die Vermutung, dass es vielleicht nicht so viel anders ist, als wie wir zu sein, oder wie ein anderes visuell ausgerichtetes Tier, beispielsweise eine Schwalbe. Um einen Gedanken aus Kapitel 1 wieder aufzunehmen: sowohl Schwalben als auch Fledermäuse bauen ein inneres virtuelles Realitätsmodell ihrer Umwelt auf. Die Tatsache, dass Schwalben das Modell von einem Augenblick zum nächsten mit Licht aktualisieren, während Fledermäuse sich des Echos bedienen, ist weniger wichtig als das Wesen und der Zweck des inneren Modells selbst. Dieses ist wahrscheinlich in beiden Fällen ähnlich, denn es wird zu einem ähnlichen Zweck verwendet: um sich in Echtzeit zwischen Hindernissen zurechtzufinden und schnell bewegliche Beuteinsekten aufzuspüren. Schwalben und Fledermäuse brauchen sehr ähnliche, dreidimensionale innere Modelle, die von Zielen in Form beweglicher Insekten bevölkert sind. Beide sind meisterhafte fliegende Insektenjäger – Schwalben jagen tagsüber, und wenn die Nacht hereinbricht, übernehmen die Fledermäuse. Wenn meine Spekulation stimmt, kann sich die Ähnlichkeit auch auf die Nutzung von Farben zur Kennzeichnung von Gegenständen in dem Modell erstrecken, und das sogar bei den Fledermäusen, die »mit den Ohren sehen«. Nebenbei bemerkt, besitzen Schwalben in jedem Auge zwei Sehgruben (Bereiche mit besonders hoher Sehschärfe – in unserem Auge gibt es nur eine davon, und die nutzen wir zum Beispiel zum Lesen), vermutlich eine für die Ferne und eine für den Nahbereich. Statt einer Bifokalbrille besitzen sie eine Bifokalnetzhaut.

Das James-Webb-Weltraumteleskop liefert uns atemberaubende Bilder von weit entfernten Nebeln, leuchtende Wolken in Rot, Blau und Grün. Die Farbe repräsentiert dabei die Wellenlänge der Strahlung. Aber die Farben auf den Fotos sind falsch. Sie dienen dazu, unterschiedliche Wellenlängen darzustellen, in Wirklichkeit liegen sie aber im unsichtbaren Infrarotbereich des Spektrums. Mir geht es darum, dass die Konvention des Gehirns zur Darstellung sichtbaren Lichts mit unterschiedlichen Wellenlängen ebenso willkürlich ist. Man ist versucht, über Falschfarbenbilder wie die vom James-Webb-Teleskop unzufrieden zu sein: »Aber sieht es *wirklich* so aus? Sagt das Teleskop die *Wahrheit*, oder werden wir mit falschen Farben abgespeist?« Die Antwort lautet: Wir werden immer »abgespeist«, wenn wir irgendetwas ansehen. Wenn wir überhaupt von Falschfarben sprechen wollen, wird alles, was wir jemals sehen – eine Rose, ein Sonnenuntergang, das Gesicht eines geliebten Menschen –, in den eigenen »falschen« Farben des Gehirns dargestellt. Solche lebhaften oder pastellartigen Töne sind innere Machwerke, hergestellt vom Gehirn als codierte Etiketten für Licht unterschiedlicher Wellenlänge. Die Wahrheit liegt in der tatsächlichen Wellenlänge der elektromagnetischen Strahlung. Der wahrgenommene Farbton ist eine Fiktion, ob es sich um die Falschfarbendarstellung eines James-Webb-Fotos handelt oder um die Etiketten, die das Gehirn erzeugt und damit die Wellenlängen des auf die Netzhaut treffenden Lichtes kennzeichnet. In meiner Vermutung über die Fledermäuse, die »in Farbe hören«, bediene ich mich des gleichen Prinzips: Innerlich wahrgenommene Farbtöne sind willkürliche Markierungen.

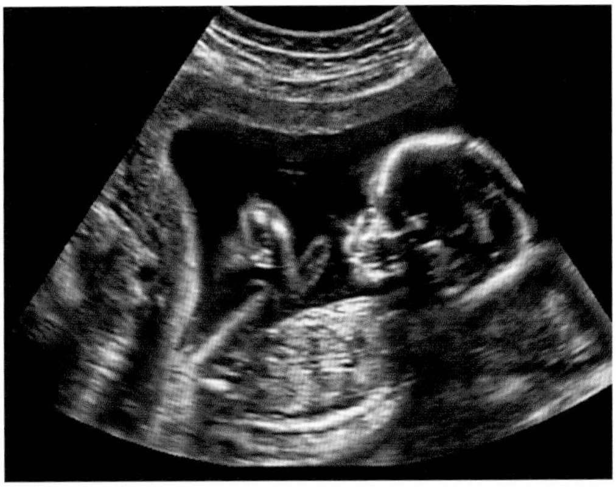

Ärzte »blicken« mit Ultraschall durch die Bauchwand einer schwangeren Frau und sehen ein bewegtes Schwarz-Weiß-Bild des in der Entwicklung befindlichen Fetus. Der Computer setzt dabei aus den Ultraschallechos ein Bild zusammen, das mit unseren Augen kompatibel ist. In Einzelfallberichten ist davon die Rede, dass Delfine schwangeren Frauen, die mit ihnen schwimmen, besondere Aufmerksamkeit entgegenbringen.[14] Es erscheint plausibel, dass sie mit den Ohren das Gleiche tun wie Ärzte mit ihren Geräten. Wenn das stimmt, können sie vermutlich auch in Delfinweibchen »hineinblicken« und erkennen, welche von ihnen schwanger sind. Könnte diese Fähigkeit für männliche Delfine nützlich sein, wenn sie auf Partnerinnensuche sind? Schließlich hat es keinen Sinn, ein Weibchen zu besamen, das bereits schwanger ist.

Die Fähigkeit zur Echoanalyse hat sich in der Evolution von Fledermäusen und Delfinen unabhängig voneinander entwickelt. Beide sind im Stammbaum der Säugetiere von Verwandten umgeben, die keine Echolokation betreiben. Es ist eine starke Konvergenz und ein weiterer stichhaltiger Beweis für die Kraft der natürlichen Selektion. Kommen wir jetzt zu einem Aspekt, der für das genetische Totenbuch besonders aufschlussreich ist. Es gibt einen Proteintyp namens Prestin, der in enger Verbindung mit der Hörfähigkeit von Säugetieren steht. Exprimiert wird das Protein in der Cochlea, einem schneckenförmigen Hörorgan im Innenohr. Seine genaue Aminosäuresequenz wird wie bei allen biologischen Proteinen von der

DNA festgelegt. Und diese DNA-Sequenz ist bei verschiedenen Arten nicht genau gleich – auch das ist üblich. Eines aber ist besonders interessant. Konstruiert man einen Stammbaum der Ähnlichkeiten auf der Grundlage des gesamten Genoms, stehen Wale und Fledermäuse erwartungsgemäß weit voneinander entfernt[15]: Die Evolution ihrer Vorfahren hat sich seit dem Dinosaurierzeitalter unabhängig voneinander abgespielt. Lässt man aber alle Gene außer dem für Prestin außer Acht – konstruiert man also einen Stammbaum der Ähnlichkeiten allein anhand der Prestin-Sequenzen –, kristallisiert sich etwas Bemerkenswertes heraus. Dann stehen Delfine und kleine Fledermäuse dicht nebeneinander. Dagegen findet man keine Häufung von kleinen Fledermäusen und den großen Fledermäusen, die keine Echolokation betreiben, mit ihnen aber viel näher verwandt sind. Und die Delfine bilden auch keine Gruppe mit den Bartenwalen, die zwar mit ihnen verwandt sind, aber nicht die Echolokation beherrschen. Demnach, so steht zu vermuten, könnte die WDZ das Prestin-Gen eines unbekannten Tieres auslesen und daraus ableiten, ob es (oder genauer gesagt: seine Vorfahren) unter Bedingungen, in denen ein Ultraschallsonar nützlich ist, lebte und auf die Jagd ging: nachts, in dunklen Höhlen oder an anderen Orten, an denen Augen nutzlos sind, wie beispielsweise im trüben Wasser des Flusses Irrawaddy oder des Amazonas. Ich wüsste gern, ob auch die beiden zur Echolokation fähigen Vogelarten fledermausähnliche Prestine besitzen.

Die Erkenntnisse an Fledermäusen und Delfinen – die charakteristische Ähnlichkeit ihrer Prestin-Gene – scheint mir ein Vorbild für ein ganzes Gebiet zukünftiger Forschungsarbeiten am genetischen Totenbuch zu sein. Ein anderes Beispiel sind die Tragflächen fliegender Säugetiere.[16] Fledermäuse fliegen richtig, die Gleitbeutler dagegen gleiten durch die Luft; beide nutzen dazu ausgebreitete

Hautfalten, um sich von der Luft tragen zu lassen. An der Entstehung der Hautfalten ist ein bestimmter Genkomplex beteiligt, den sowohl Fledermäuse als auch Gleitbeutler besitzen. Interessant wäre, ob die gleichen Gene auch bei den anderen zum Gleitflug fähigen Säugetieren vorkommen, die wir in diesem Kapitel kennengelernt haben: den Riesengleitern (den sogenannten »fliegenden Lemuren«) und den beiden Gruppen von Nagetieren, in deren Evolution sich der Gleitflug unabhängig entwickelt hat.

Ebenso wäre es schön, wenn man auf die gleiche Weise auch Tiere betrachten könnte, die vom Land ins Wasser zurückgekehrt sind – und dafür sind die Wale zusammen mit Dugongs und Seekühen nur das extremste Beispiel. Besitzen solche Wasser-Rückkehrer gemeinsame Gene, die sie nicht mit anderen, außerhalb des Wassers lebenden Säugetieren teilen? Welche anderen Merkmale haben sie gemeinsam? Viele im Wasser lebende Säugetiere und Vögel tragen Schwimmhäute an den Füßen. Wenn ein unbekanntes Tier, mit dem unsere hypothetische WDZ es zu tun bekommt, Füße mit Schwimmhäuten hat, kann sie daran voller Überzeugung die Aussage »Wasser in der Umwelt der jüngeren Vorfahren« ablesen. Aber das liegt auf der Hand. Können wir bei unserer Suche nach weniger offenkundigen Signalen für Wasser im genetischen Totenbuch auch systematisch vorgehen? Wie viele andere Merkmale kennzeichnen ein Leben im Wasser? Gibt es gemeinsame Gene, wie wir sie im Fall des Prestins für das Sonar sowie bei den Hautfalten von Fledermäusen und Gleitbeutlern kennengelernt haben? Vermutlich verbirgt sich tief in der Physiologie und im Genom eines Wassertiers eine Fülle gemeinsamer Merkmale.[17] Wir müssen sie nur finden. Eine Art negativen Anhaltspunkt können wir erkennen, wenn wir Gene betrachten, die inaktiv wurden, als landlebende Tiere ins Wasser zurückkehrten. Genau wie Menschen, bei denen zahlreiche Gene für den Geruch inaktiviert wurden (siehe Kapitel 3), so tragen auch Wale in ihrem Genom mehrere inaktive Gene, und deren Ausschaltung wurde als Nutzen gedeutet, wenn sie in große Tiefen hinabtauchen.

Weiter vorgehen könnten wir nach folgenden Prinzipien: Wir übernehmen aus der medizinischen Wissenschaft das Verfahren der GWAS (genomweiten Assoziationsstudie). Leicht verständlich und im Plauderton wird die Idee hinter der GWAS von Francis Collins erklärt, dem früheren Leiter des Human-Genomprojekts:

> Für eine genomweite Assoziationsstudie muss man viele Menschen finden, die an der Krankheit leiden, außerdem viele weitere, die sie nicht haben, aber ansonsten gut dazu passen. Dann sucht man im gesamten Genom ... nach Stellen, an denen es immer wieder einen Unterschied gibt. Wenn das gelingt – und bei der Statistik muss man wirklich sorgfältig vorgehen, sonst fällt man auf viele falsch-positive Ergebnisse herein –, kann man sich auf eine Stelle im Genom einschießen, die an dem Krankheitsrisiko beteiligt sein muss, und man muss nicht im Voraus raten, was für ein Gen man wahrscheinlich finden wird.[18]

Tauscht man »Krankheit« gegen »Leben im Wasser« und »Menschen« gegen »biologische Arten« aus, hat man das Verfahren, für das ich mich hier einsetze. Wir könnten es als »interspezifische GWAS« oder IGWAS bezeichnen.

Wir sammeln eine große Zahl von Säugetieren, die bekanntermaßen im Wasser leben. Daneben stellen wir jeweils ein verwandtes Säugetier (je enger verwandt, desto besser), das am Land und bevorzugt in trockenen Verhältnissen lebt. Anfangen könnten wir mit der folgenden Liste zusammengehöriger Paare, die sich aber erweitern lässt.

Richardson-Wühlmaus	Wühlmaus
Wasserspitzmaus	Spitzmaus
Desman	Maulwurf
Schnabeltier	Ameisenigel
Wasser-Tenrek	Land-Tenrek
Otter	Dachs
Seehund	Wolf
Schwimmbeutler	Opossum
Eisbär	Braunbär

Im Rahmen der IGWAS würde man sich jetzt die Genome aller dieser Tiere ansehen und nach Genen suchen, die den Tieren in der linken Spalte gemeinsam sind, nicht aber denen in der rechten. Solange nicht die Genome aller dieser Tiere sequenziert sind und die mathematischen Verfahren der Aufgabe gerecht werden, können wir eine Version der IGWAS betreiben, die nicht auf das Genom zurückgreift: Zu Beginn vermessen wir alle genannten Tiere. Wir vermessen sämtliche Knochen, ermitteln das Gewicht von Herz, Gehirn, Nieren, Lunge und so weiter; alle Gewichtsmessungen setzen wir ins Verhältnis zum Körpergewicht (womit wir die absolute Größe herausrechnen, die wahrscheinlich kaum von Interesse ist). Nach dem gleichen Prinzip sollte man auch die Messwerte der Knochen als Anteil von irgendetwas ausdrücken, genau wie im Beispiel mit den Schildkröten aus Kapitel 3: Dort haben wir die Knochenlänge als Anteil der gesamten Armlänge berechnet. Wir messen Körpertemperatur, Blutdruck, die Konzentration bestimmter chemischer Substanzen im Blut und alles andere, was uns einfällt. Manche Messungen sind vielleicht keine stetig variierenden Größen wie Zentimeter oder Gramm: Sie könnten auch »Ja oder Nein«, »vorhanden oder nicht vorhanden«, »richtig oder falsch« lauten.

Als Nächstes füttern wir einen Computer mit den vielen Messwerten. Jetzt kommt der interessante Teil. Wir wollen die zahlenmäßigen Unterschiede zwischen Wassertieren und ihren landlebenden Gegenstücken maximieren. Wir wollen herausfinden, durch welche Messwerte sie sich unterscheiden, und sie so voneinander trennen. Gleichzeitig wollen wir Merkmale identifizieren, die alle Wassertiere vereinen, ganz gleich, wie weitläufig sie verwandt sind. Als gutes Unterscheidungsmerkmal werden sich wahrscheinlich die Schwimmhäute zwischen den Zehen herauskristallisieren, aber wir wollen auch weniger offensichtliche Unterscheidungsmerkmale finden, biochemische Unterscheidungsmerkmale und letztlich Unterscheidungsmerkmale in den Genen. Wenn es um Genomvergleiche geht, leisten uns dabei die GWAS-Methoden, die man bereits zu medizinischen Zwecken entwickelt hat, gute Dienste. Eine mögliche graphische Methode ist eine andere Version des Dreiecksdiagramms mit den Gliedmaßen von Wasser- und Landschildkröten, das wir in Kapitel 3 kennengelernt haben. In einer anderen graphischen Methode zeichnet man Stammbäume, in denen die genetischen Konvergenzen farbig markiert sind.

In einer Verfeinerung der IGWAS könnte man die Arten entlang einer ökologischen Dimension anordnen. Man könnte beispielsweise eine Liste von Säugetieren entsprechend einer *Dimension der Wassergebundenheit* einordnen, von Walen und Dugongs am einen Ende bis zu Kamelen, Wüstenfüchsen, Oryxantilopen und den afrikanischen Kammfingern (auch Gundis genannt) am anderen. Dazwischen stünden dann Robben, Otter, Schwimmbeutler und Richardson-Wühlmäuse. Oder wir probieren es mit einer *Dimension der Baumgebundenheit.* Dabei könnten wir zu der Erkenntnis gelangen, dass ein Eichhörnchen eine Ratte ist, die entlang der Dimension der Baumgebundenheit ein messbares Stück vorangekommen ist. Maulwürfe, Gold- und Beutelmulle liegen am einen Ende einer *Dimension der Grabfähigkeit.* Könnten wir auch Vögel entlang einer Dimension anordnen, den flugunfähigen Kormoranen und Emus am einen Ende bis zu den Albatrossen am anderen, oder bis zu den noch extremeren Mauerseglern, die sogar im Flug kopulieren? Angenommen, wir hätten solche »Dimensionen« erkannt: Könnten wir dann auf dem Weg von einem Extrem zum anderen nach Trends bei der Genhäufigkeit suchen? Dabei sehe ich sofort beunruhigende Komplikationen. Die verschiedenen Dimensionen treten untereinander in Wechselbeziehung, und wir müssten Experten hinzuziehen, die auf mathematischen Flügeln durch vieldimensionale Räume fliegen. Meine eigenen traurig amateurhaften Versuche, die sich auf drei Dimensionen beschränkten und die keine Mathematik, sondern Computersimulationen nutzten, beschreibe ich in meinem Buch *Gipfel des Unwahrscheinlichen* und dort insbesondere im Kapitel »Das Museum aller Schneckenhäuser«.

Eine Arbeitsgruppe der Carnegie Mellon University in Pittsburgh führte beispielhaft eine IGWAS durch, wie ich sie nenne (sie tun es nicht). Sie studierten bei Säugetieren nicht die Wassergebundenheit, sondern die Haarlosigkeit.[19] Die meisten Säugetiere sind behaart, und alle hatten behaarte Vorfahren, aber wenn man den Stammbaum der Säugetiere durchmustert, so fällt auf, dass sporadisch bei nur weitläufig verwandten Säugetieren vereinzelt die Haarlosigkeit vorkommt. Das Diagramm zeigt einige der 62 Arten, deren Genome untersucht wurden.

Wale, Seekühe, Schweine, Walrosse, Nacktmulle und Menschen haben ihre Körperbehaarung mehr oder weniger vollständig verloren (gelbe Namen in dem Diagramm). Und was dabei wichtig ist: In vielen Fällen geschah es unabhängig voneinander. Das können wir feststellen, wenn wir die behaarten engeren Verwandten betrachten,

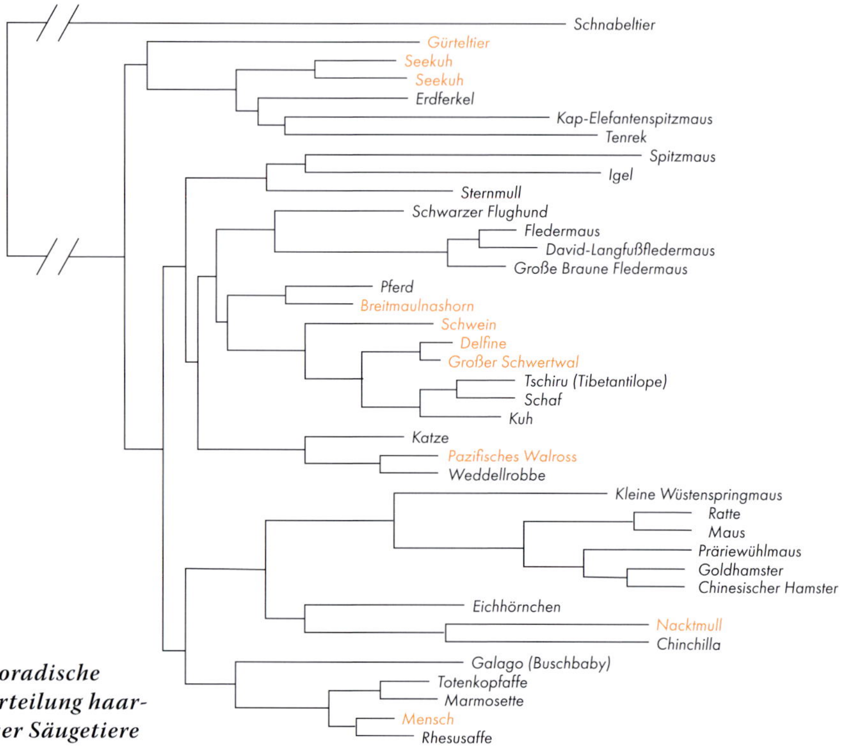

Sporadische Verteilung haarloser Säugetiere

aus denen die haarlosen Arten hervorgegangen sind. Erinnern wir uns noch einmal: Fledermäuse und Wale betreiben Echolokation, und beide haben auch etwas anderes gemeinsam: das Prestin-Gen. Gibt es in den Genomen der nackten Arten ein Gen für Haarlosigkeit, das allen gemeinsam ist? Die Antwort lautet: im wörtlichen Sinn nein. Aber nur im wörtlichen Sinn. Die Wahrheit ist ebenso interessant. Wie sich herausgestellt hat, besitzen wir und andere nackte Arten nach wie vor die urtümlichen Gene, die Haare entstehen lassen. Aber diese Gene wurden ausgeschaltet, und zwar auf unterschiedliche Weise. Konvergent ist die Tatsache, dass sie ausgeschaltet wurden, aber die Einzelheiten sind nicht bei allen gleich. Nebenbei bemerkt, stellt sich auch hier für Kreationisten wieder ein

Problem. Wenn ein intelligenter Designer ein nacktes Tier schaffen wollte, warum sollte er es dann mit Genen für die Herstellung von Haaren ausstatten und diese anschließend ausschalten? Ein ähnliches Beispiel habe ich in Kapitel 3 im Zusammenhang mit dem Geruchssinn der Menschen erwähnt: Die Gene für die Riechwahrnehmung unserer Säugetiervorfahren stecken noch in uns, aber sie wurden inaktiviert.

Eines meiner Lieblingsbeispiele für konvergente Evolution sind die schwach elektrischen Fische. Zwei getrennte Fischgruppen, die südamerikanischen Messeraale (Gymnotidae) und die in Afrika heimischen Großnilhechte (Gymnarchidae), sind unabhängig voneinander und konvergent auf die Möglichkeit gestoßen, elektrische Felder zu erzeugen. Sie tragen an den gesamten Körperseiten Sinnesorgane und nehmen damit Veränderungen elektrischer Felder wahr, die von Gegenständen in der Umgebung verursacht werden. Von solchen Sinnesorganen haben wir keine Vorstellung. Die Fische beider Gruppen nutzen sie in trübem Wasser, in dem sie nichts sehen können. Dabei stellt sich nur eine Schwierigkeit. Die normalen, für Fische typischen Schlängelbewegungen stören die Analyse der elektrischen Felder, die entlang des Körpers gemessen werden, und machen sie unmöglich. Der Fisch muss eine starre Körperhaltung einnehmen. Aber wenn der Körper starr ist, wie soll er dann schwimmen? Die Antwort: Mit einer einzelnen Längsflosse, die sich über die gesamte Länge des Körpers zieht. Der Körper selbst mit seiner Kette elektrischer Sensoren bleibt starr, und nur die einzelne Längsflosse führt die wellenförmigen Bewegungen aus, die bei Fischen für die Fortbewegung typisch sind. Es gibt aber auch einen aufschlussreichen Unterschied. Bei den südamerikanischen Fischen verläuft die Längsflosse an der Bauchseite, bei den afrikanischen auf dem Rücken. Die Fische beider Gruppen können die Wellenbewegungen auch umkehren: Sie schwimmen offenbar mit gleicher Leichtigkeit vorwärts und rückwärts.

Sowohl der »Entenschnabel« des Schnabeltiers als auch das riesige, flache »Paddel«, das aus dem Vorderende der Löffelstöre (Polyodontidae) herausragt, ist mit elektrischen Sensoren besetzt, die sich unabhängig voneinander durch konvergente Evolution entwickelt haben. In diesem Fall werden die elektrischen Felder, die sie wahrnehmen, unabsichtlich von den Muskeln ihrer Beutetiere erzeugt. Auch ein seit Langem ausgestorbener Trilobit verfügte über einen großen, paddelförmigen Körperanhang ähnlich dem der Löffelstöre.[20] Dieses Paddel war ebenfalls mit Gebilden besetzt, die wie Sinnesorgane aussehen und wahrscheinlich eine weitere Konvergenz darstellen.

Die Eier und Küken eines Sandregenpfeifers liegen auf dem Boden und sind, abgesehen von ihrer Tarnung, schutzlos. Ein Fuchs nähert sich. Der Elternvogel ist viel zu klein, als dass er irgendeine Art von Widerstand leisten könnte. Also tut er etwas Erstaunliches. Er bemüht sich, den Beutegreifer vom Nest wegzulocken, indem er sich selbst als größeren Preis anbietet. Dazu hinkt er vom Nest weg, tut so, als sei ein Flügel gebrochen, und simuliert damit eine leichte Beute. Er flattert mitleiderregend und mit ausgestreckten Flügeln auf dem Boden, wobei er manchmal einen Flügel widersinnigerweise in die Luft streckt. Wir müssen nicht annehmen, dass er weiß, was er tut oder warum er es tut (es wäre allerdings möglich). Wir müssen nur voraussetzen, dass die natürliche Selektion diejenigen Vorfahren begünstigt hat, deren Gehirn genetisch so verdrahtet war, dass es das Ablenkungsmanöver vollziehen konnte; später wurde es dann über die Generationen vervollkommnet. Warum erzähle ich diese Geschichte in einem Kapitel über konvergente Evolution? Die Antwort: Dieses Ablenkungsverhalten, auch *broken wing display* genannt, ist in der Evolution nicht nur einmal entstanden, sondern viele Male unabhängig voneinander in verschiedenen Vogelfamilien. Das folgende Diagramm ist ein Stammbaum der Vögel, der zu einem Kreis gebogen wurde, damit er auf die Seite passt. Vögel, die das Ablenkungsverhalten zeigen, sind rot dargestellt, alle anderen blau. Wie man leicht erkennt, ist das Verhalten sporadisch über den Stammbaum verteilt und damit ein reizendes Beispiel für konvergente Evolution.

Mein letztes Beispiel für Konvergenz leitet zum nächsten Kapitel über. Mehr als 200 Arten aus 36 Fischfamilien praktizieren das »Put-

Das bemerkenswerte **broken wing display** *taucht in verschiedenen Vogelgruppen immer wieder auf (rot) und ist damit ein eindrucksvoller Beleg für die Wirksamkeit der natürlichen Selektion.*

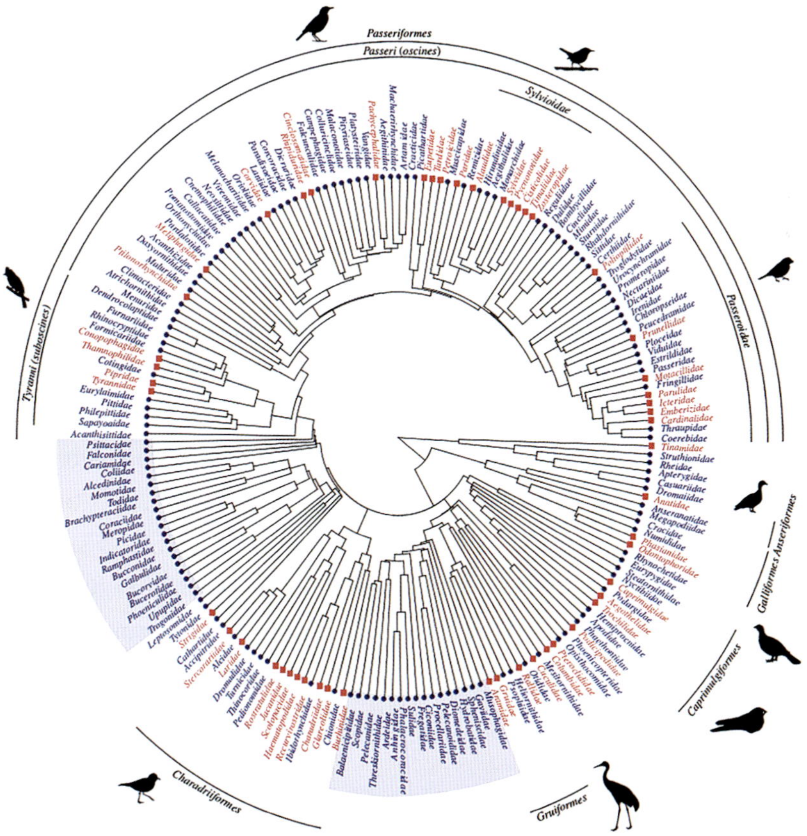

zerhandwerk«. Sie entfernen Parasiten und beschädigte Schuppen vom Körper größerer Fisch-»Kunden«. Jeder einzelne Putzerfisch hat seine eigene Reinigungsstation und seine eigenen treuen Kunden, die immer wieder zu demselben »Barbershop« im Riff zurückkehren. Diese Ortstreue ist wichtig, denn nur so ergibt sich ein gegenseitiger Nutzen: Der Putzerfisch frisst die Parasiten und abgenutzten Schuppen von der Haut bestimmter Kunden, und der Kunde verzichtet darauf, seinen persönlichen Wohltäter zu fressen. Ohne die individuelle Ortstreue und die wiederholten Besuche dort hätten die Kunden keinen Anreiz, den Putzer nicht zu fressen – natürlich nachdem sie gereinigt wurden. Einen Putzer zu verschonen, würde den Fischen insgesamt nutzen, auch den Konkurrenten dessen, der nachsichtig ist. Die natürliche Selektion »kümmert« sich nicht um allgemeinen Nutzen. Ganz im Gegenteil. Sie kümmert sich nur um den Nutzen für das Individuum und dessen enge Verwandte, und das auf Kosten der Konkurrenten. Eine Bindung der individuellen Loyalität zwischen einem bestimmten Putzer und einem bestimmten Kunden hat deshalb eine echte Bedeutung und wird durch die Ortstreue bewerkstelligt. Manche Putzerfische wagen sich sogar in das Maul eines Kunden, um seine Zähne zu reinigen – und überleben, sodass sie den Service beim nächsten Besuch des Kunden erneut bieten können. Putzerfische machen Werbung für ihr Handwerk und sorgen mit einem charakteristischen Tanz, der oft noch durch ein Streifenmuster unterstrichen wird, für ihre Sicherheit – bei Fischen die Entsprechung zu den gestreiften Pfählen vor den Friseurläden der Menschen. Es ist wie ein Passierschein für freies Geleit.

Im Zusammenhang dieses Kapitels ist interessant, dass sich das Putzverhalten in der Evolution viele Male konvergent entwickelt hat, und zwar nicht nur viele Male unabhängig bei Fischen, sondern auch viele Male bei Garnelen. Auch hier halten sich die Fischkunden an die Abmachung: Sie verzichten darauf, ihre Putzergarnelen zu fressen, und verhalten sich ebenso respektvoll wie gegenüber den Putzerfischen. In vielen Fällen tragen Putzergarnelen einen ähnlichen Streifen als Zeichen des »Friseurpfahls«. Dass die Kennzeichen des »Friseurpfahls« ähnlich aussehen, ist für alle von Vorteil.

Wer im Meer schwimmt, ist gut beraten, sich von den Kiefern der Muränen mit ihren spitzen Zähnen fernzuhalten. Es gibt aber eine Garnele, die diese Zähne in aller Ruhe reinigt. Auffällig ist auch hier der rote Streifen oder »Friseurpfahl«, der zu der Muräne sagt: »Friss mich nicht, ich bin dein persönlicher Putzer. Wir beide haben eine Beziehung auf Gegenseitigkeit. Du wirst mich beim nächsten Mal wieder brauchen.« Empfindet die Garnele Angst, wenn sie sich voller Zutrauen zwischen die furchteinflößenden Kiefer begibt? Pulsiert in den Ganglien in ihrem Kopf irgendeine Entsprechung von »Vertrauen«? Ich habe daran meine Zweifel, aber darin würde mir nicht jeder zustimmen. Stimmen Sie mir zu?

Das Verhalten hat sich nicht nur in der Evolution von Fischen und Garnelen unabhängig – konvergent – entwickelt, sondern es ist auch konvergent viele Male *innerhalb* der Gruppe der Garnelen entstanden, und ebenso viele Male unter den Fischen. Selbst innerhalb einer Garnelenfamilie, den Palaemonidae, wird das Putzerhandwerk von 16 verschiedenen Arten praktiziert und hat sich innerhalb der Familie fünfmal unabhängig entwickelt.[21] Dass diese fünf Evolutionsentwicklungen unabhängig voneinander stattgefunden haben, wissen wir aus einem ganz bestimmten Grund: Die Methode ist beispielhaft dafür, wie wir feststellen kön-

Muräne und Putzergarnele

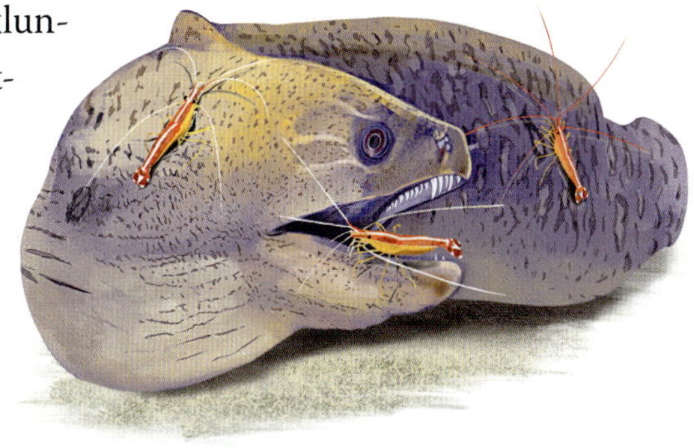

nen, ob Evolutionsereignisse eigenständig waren. Wir sehen uns den Stammbaum der Palaemonidae an, der mithilfe molekulargenetischer Sequenzierung erstellt wurde. Er umfasst 68 Garnelenarten. Neben denjenigen, die das Fischputzerhandwerk ausüben, steht ein kleines Fischsymbol. 16 Arten von Palaemonidae sind Putzergarnelen. Bei vielen davon kann man nicht behaupten, das Verhalten habe sich unabhängig entwickelt. So sind beispielsweise die drei Arten von *Urocardella* Putzer, aber das Bild besagt, dass wir sie nicht als unabhängig betrachten sollten: Sie haben das Verhalten vermutlich von ihrem gemeinsamen Vorfahren geerbt.

In der Gattung *Ancyclomenes* gibt es sechs Arten von Putzern, aber auch hier müssen wir vorsichtshalber annehmen, dass alle sie von einem gemeinsamen Vorfahren geerbt haben – und dass das Verhalten bei *A.aqabai, A.kuboi, A.luteomaculatus* und *A.venustus* verloren gegangen ist. Mit diesem vorsichtigen Ansatz gelangen wir zu dem Schluss, dass das Putzerverhalten sich in fünf Gattungen von Palaemonidae unabhängig entwickelt hat, allerdings nicht bei allen Arten dieser fünf Gattungen. Aber auch bei den Palaemonidae ist die Geschichte noch nicht zu Ende. Zwei andere, in dem Diagramm nicht dargestellte Garnelenfamilien, nämlich die Hippolytidae (siehe das Bild mit der Muräne oben) und die Stenopodidae, umfassen ebenfalls viele Arten von Putzern.

Anschaulicher und gründlicher als jeder andere hat der Paläontologe Simon Conway Morris aus Cambridge die konvergente Evolution erörtert.[22] In seinem amüsant formulierten Werk *Jenseits des Zufalls* weist er darauf hin, dass konvergente Evolution allgemein als verblüffend, erstaunlich, frappierend und so weiter dargestellt wird, obwohl dafür keine Notwendigkeit besteht. Sie ist keineswegs besonders verblüffend, sondern vielmehr genau das, was wir von der natürlichen Selektion erwarten. Dennoch eignet sich die kon-

Unabhängige Evolution von Putzergarnelen

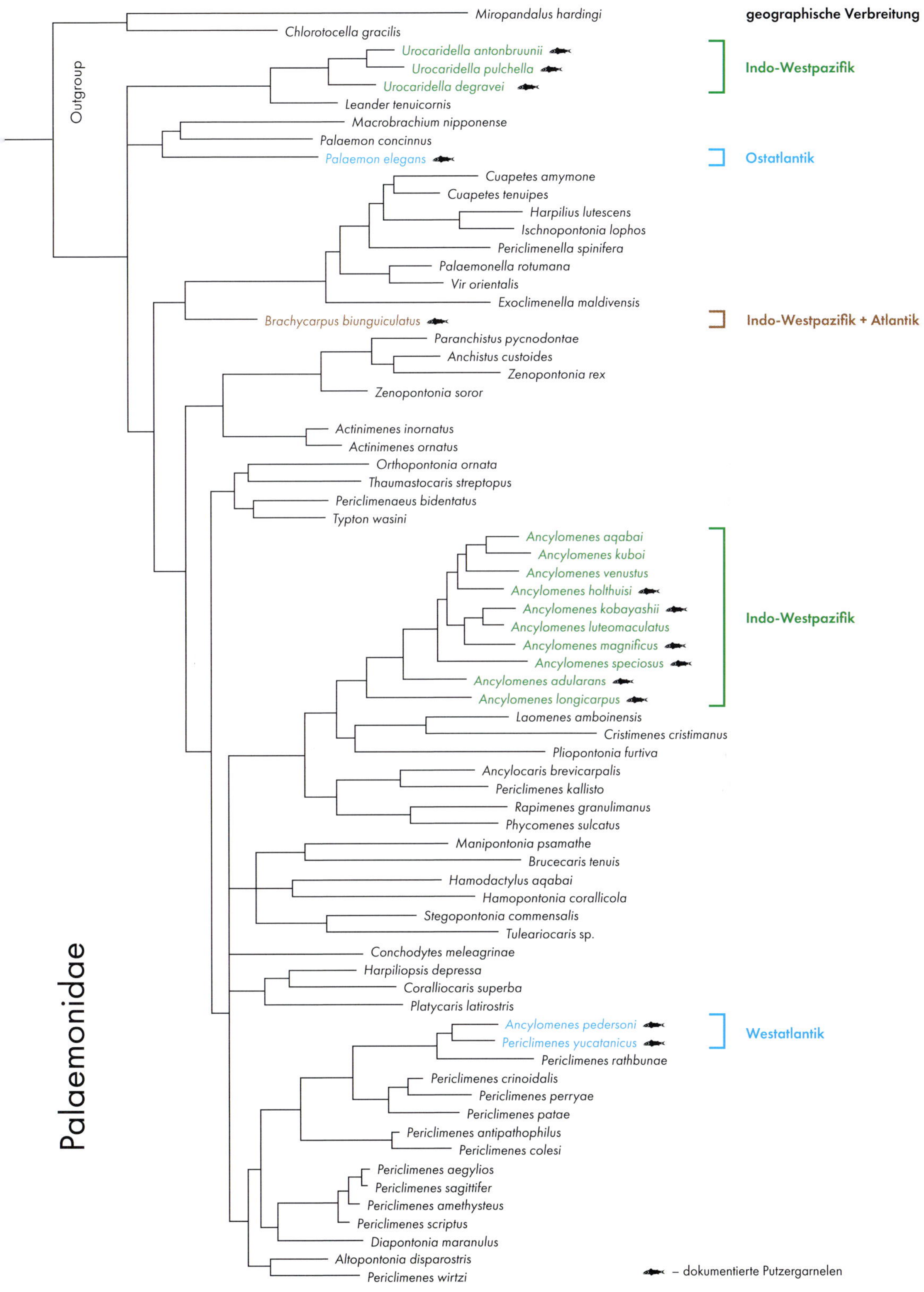

Miropandalus hardingi
geographische Verbreitung
Chlorotocella gracilis
Outgroup
Urocaridella antonbruunii
Urocaridella pulchella
Urocaridella degravei
Indo-Westpazifik
Leander tenuicornis
Macrobrachium nipponense
Palaemon concinnus
Palaemon elegans
Ostatlantik
Cuapetes amymone
Cuapetes tenuipes
Harpilius lutescens
Ischnopontonia lophos
Periclimenella spinifera
Palaemonella rotumana
Vir orientalis
Exoclimenella maldivensis
Brachycarpus biunguiculatus
Indo-Westpazifik + Atlantik
Paranchistus pycnodontae
Anchistus custoides
Zenopontonia rex
Zenopontonia soror
Actinimenes inornatus
Actinimenes ornatus
Orthopontonia ornata
Thaumastocaris streptopus
Periclimenaeus bidentatus
Typton wasini
Ancylomenes aqabai
Ancylomenes kuboi
Ancylomenes venustus
Ancylomenes holthuisi
Ancylomenes kobayashii
Ancylomenes luteomaculatus
Ancylomenes magnificus
Ancylomenes speciosus
Ancylomenes adularans
Ancylomenes longicarpus
Indo-Westpazifik
Laomenes amboinensis
Cristimenes cristimanus
Pliopontonia furtiva
Ancylocaris brevicarpalis
Periclimenes kallisto
Rapimenes granulimanus
Phycomenes sulcatus
Manipontonia psamathe
Brucecaris tenuis
Hamodactylus aqabai
Hamopontonia corallicola
Stegopontonia commensalis
Tuleariocaris sp.
Conchodytes meleagrinae
Harpiliopsis depressa
Coralliocaris superba
Platycaris latirostris
Palaemonidae
Ancylomenes pedersoni
Periclimenes yucatanicus
Westatlantik
Periclimenes rathbunae
Periclimenes crinoidalis
Periclimenes perryae
Periclimenes patae
Periclimenes antipathophilus
Periclimenes colesi
Periclimenes aegylios
Periclimenes sagittifer
Periclimenes amethysteus
Periclimenes scriptus
Diapontonia maranulus
Altopontonia disparostris
Periclimenes wirtzi
– dokumentierte Putzergarnelen

vergente Evolution hervorragend dafür, Lehnstuhlphilosophen und andere zu verwirren, die die Kraft der natürlichen Selektion und die Pracht ihrer Produkte unterschätzen. Neben 110 dicht bedruckten Seiten mit umfassend recherchierten Endnoten und Hinweisen auf die biologische Fachliteratur enthält *Jenseits des Zufalls* auch drei Register: einen allgemeinen Index, einen Namensindex und – was sicher einzigartig ist – einen »Index der Konvergenzen«. Er führt auf fünf zweispaltig bedruckten Seiten rund 2000 Beispiele für Konvergenz auf. Natürlich sind nicht alle so eindrucksvoll wie die Pillenkäfer, die Maulwürfe, die Gleiter, die Säbelzahnkatzen oder die Putzerfische, aber dennoch …

Konvergente Evolution ist womöglich so beeindruckend, dass man sich fragt, woher wir wissen, dass eine Ähnlichkeit tatsächlich konvergent ist. Das ist die Macht der natürlichen Selektion, jene ungeheure und doch subtile Macht, die hinter der ganzen Idee vom genetischen Totenbuch steht. Rollasseln und Saftkugler ähneln sich wie zwei Pillen. Woher wissen wir, dass die eine ein Krebstier und die andere ein nur weitläufig mit ihm verwandter Tausendfüßer ist? Dafür gibt es viele aufschlussreiche Anhaltspunkte. Die tieferen Schichten des Palimpsests werden niemals vollständig überschrieben. Immer wieder kommen die Glyphen der Geschichte ans Licht. Und wenn alles andere scheitert, bleibt die Molekulargenetik unbestreitbar.

In der Konvergenz von Tieren mit einer weit getrennten Vergangenheit manifestiert sich die Fähigkeit der Selektion, Schicht für Schicht auf das Palimpsest zu schreiben. Ein anderer Ausdruck dieser Fähigkeit ist das Umgekehrte: die evolutionäre Auseinanderentwicklung von einem gemeinsamen historischen Ursprung. Hier geht die natürliche Selektion von einer Grundkonstruktion aus und dreht und wendet diese so, dass ein oftmals bizarres Spektrum funktionell wichtiger Formen entsteht. Darum geht es im nächsten Kapitel.

6

VARIATIONEN ÜBER EIN THEMA

WIE WIR IN KAPITEL 3 erfahren haben, liefern molekularbiologische Vergleiche den schlüssigen Beweis, dass die Wale tief innerhalb der Paarhufer oder Artiodactyla stehen. Mit »tief innerhalb stehen« meine ich etwas ganz Bestimmtes, Überraschendes. Es lohnt sich, dies noch einmal zu wiederholen. Wir reden hier über weit mehr als nur einen gemeinsamen Vorfahren, von dem aus die Wale sich in die eine Richtung und die Artiodactyla in die andere entwickelt haben. Das wäre nicht weiter erstaunlich. »Tief innerhalb« bedeutet: Der gemeinsame Vorfahr der Wale und mancher Paarhufer (der Flusspferde) lebte viel später als jener, der diese Paarhufer mit den anderen Angehörigen der Gruppe verbindet, obwohl die Flusspferde ihnen viel stärker ähneln. Das weiß man schon seit mehr als 20 Jahren, aber ich finde es immer noch unglaublich, so überwältigend ist das Eintauchen unter die Oberflächenschichten des Palimpsests. Natürlich heißt das nicht, dass die Vorfahren der Wale Flusspferde gewesen wären oder Flusspferden auch nur ähnelten. Aber die Wale sind die engsten noch lebenden Verwandten der Flusspferde.

Was haben die Wale Besonderes, dass neue Texte in ihrem Totenbuch so umfassend nahezu alle Hinweise auf jene frühere Welt ausgetilgt haben, eine Welt mit grasbewachsenen Prärien und galoppierenden Füßen – Spuren, die tief vergraben im Palimpsest liegen müssen? Wie ist es den Walen gelungen, sich so vollständig von allen übrigen Paarhufern abzusetzen? Wie konnten sie ihrem Paarhufer-Erbe so vollständig entkommen?

Die Antwort liegt vermutlich in dem Wort »entkommen«. Rinder, Schweine, Antilopen, Schafe, Hirsche, Giraffen und Kamele werden von der Schwerkraft erbarmungslos diszipliniert. Selbst Flusspferde halten sich während eines beträchtlichen Teils ihrer Zeit an Land auf und können ihre unförmigen Massen auf eine beunruhigende Geschwindigkeit beschleunigen. Die landlebenden Paarhufer-Vorfahren der Wale mussten sich der Gravitation unterwerfen. Um sich zu bewegen, müssen Landtiere stämmige Beine haben, die das Körpergewicht tragen können. Ein Landtier von der Größe eines Blauwals würde Beine brauchen, die an die Steinpfeiler von Stonehenge heranreichen, und auch dann würde ihm das Überleben schwerfallen, weil Herz und Lunge vom Körpergewicht erdrückt und erstickt würden. Im Meer dagegen konnten die Wale die Tyrannei der Schwerkraft abschütteln. Der Körper eines Säugetiers hat ungefähr die gleiche Dichte wie Wasser. Die Gravitation verschwindet nie, aber sie wird vom Auftrieb gezähmt. Als ihre Paarhufer-Vorfahren ins Wasser gingen, schüttelten die Wale die Notwendigkeit stützender Beine ab; die Zwischenstadien sind an den Fossilfunden wunderschön zu erkennen.

Ein wichtiger Meilenstein war erreicht, als Dugongs und Seekühe im Gegensatz zu Robben und Schildkröten selbst für die Fortpflanzung nicht mehr an Land zurückkehrten. Das war die endgültige Befreiung von der Schwerkraft, denn nun spielte nur noch der

Auftrieb eine Rolle. Es stand den Walen frei, zu üppiger Größe, einer buchstäblich untragbaren Größe heranzuwachsen. Ein Wal kommt heraus, wenn man ein Huftier nimmt, es vom Land abschneidet und durch das Wasser von der Schwerkraft befreit. Auf diese große Emanzipation folgten alle möglichen weiteren Abwandlungen, und die machten das alte Palimpsest weitgehend unleserlich. Vorderbeine wurden zu Flossen, die Hintergliedmaßen verschwanden im Körper und schrumpften auf winzige Überreste zusammen, die Nasenöffnungen wanderten auf die Kopfoberseite, und zwei gewaltige horizontale Fluken – Gewebelappen, die nicht durch Knochen, sondern durch dichtes Fasergewebe verstärkt werden – wuchsen in seitlicher Richtung und bildeten das Antriebsorgan. Zahlreiche tiefgreifende Veränderungen in Physiologie und Biochemie ermöglichten das Tieftauchen und ungeheuer stark verlängerte Pausen zwischen den Atemzügen. Die Wale wechselten von einer (vermutlich) pflanzlichen Ernährung zur Ernährung mit Fischen, Tintenfischen und – im Fall der Bartenwale – mit üppigen Mengen gefilterter Schwärme von Krillkrebsen.

Auch Fischen erlaubt es der Auftrieb, bizarre Formen anzunehmen, welche die Schwerkraft an Land nicht zulassen würde. Bei den Teleoistei oder Knochenfischen (im Gegensatz zu den Knorpelfischen) wird der Auftrieb sogar durch ein ausgezeichnetes Hilfsmittel perfektioniert: durch die tief im Körper verborgene

Feuerfisch

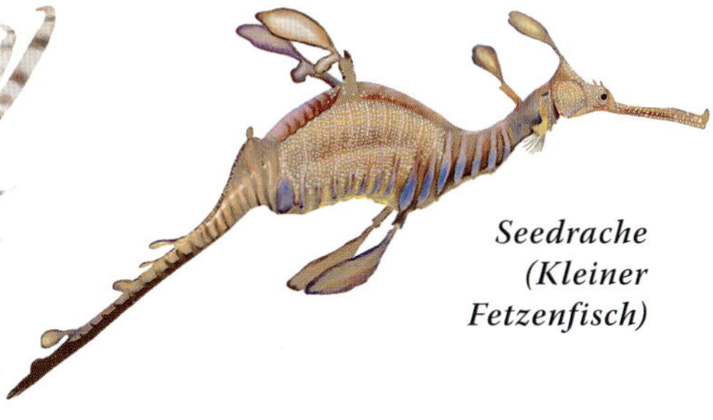

Seedrache (Kleiner Fetzenfisch)

Mondfisch
Geisterpfeifenfisch
Marlin
Großer
Fetzenfisch
Trompetenfisch
Pelikanaal
Seepferdchen
Kugelfisch
Viperfisch

Schwimmblase. Der Fisch kann die Gasmenge in der Schwimmblase verändern, seine spezifische Schwerkraft anpassen und ein vollkommenes Gleichgewicht herstellen, ganz gleich, welche Wassertiefe er zu einem beliebigen Zeitpunkt bevorzugt.[1]

Das ist nach meiner Überzeugung der Grund, warum ein Aquarium in einem Wohnzimmer ein so beruhigendes Möbelstück ist. Man kann davon träumen, sich mühelos durchs Leben treiben zu lassen wie ein Fisch, der in stetigem Gleichgewicht durch das Wasser treibt. Das gleiche hydrostatische Gleichgewicht verschafft den Fischen auch die Freiheit, eine solche Fülle extravaganter Formen anzunehmen. Der Fetzenfisch zieht Wolken aus prächtigen Lappen hinter sich her, und man hat den Eindruck, als könnte man fast die Tangspezies benennen, die diese Lappen nachahmen. Man muss genau hinsehen, damit man erkennt, dass der Fisch verschiedene Teile hat: Er ist ein abgewandeltes Seepferdchen – und das ist seinerseits die verzerrte Karikatur der »üblichen Fischform« seiner vertrauten Vettern wie Forelle und Makrele.

Die meisten Raubfische suchen aktiv nach ihren Beutetieren und verfolgen sie, was einen beträchtlichen Anteil der mit der Nahrung aufgenommenen Energie verbraucht. Die Anglerfische, die am Meeresboden mit mehreren Hundert Arten vertreten sind, sparen Energie: Sie locken ihre Beute an. Die Angler selbst sind hervorragend getarnt. Aus dem Kopf wächst eine Angelrute (ein abgewandelter Flossenstrahl). An ihrer Spitze befindet sich ein Köder, mit dem der Anglerfisch verlockend herumwedelt. Das ahnungslose Beutetier wird von dem Köder angelockt, woraufhin der Angler sein riesiges Maul öffnet und das Opfer verschlingt. Die einzelnen

Anglerfisch

Von den Beschränkungen der Schwerkraft befreit, konnten die Fische eine erstaunliche Formvielfalt entwickeln.

Anglerfischarten bevorzugen unterschiedliche Köder. Bei manchen ähnelt er einem Wurm, der sich auch glaubwürdig windet, wenn der Angler mit seiner Rute wedelt. Anglerfische aus der dunklen Tiefsee beherbergen Leuchtbakterien an der Spitze der Rute. Die von ihnen verursachte glimmende Verlockung ist für andere Tiefseefische, aber auch für Garnelen und sonstige wirbellose Beutetiere, höchst attraktiv. Die konvergenten Alligatorenschildkröten verharren mit geöffnetem Mund, wackeln mit der Zunge, als wäre sie ein Wurm, und legen damit einen Köder für arglose Beutefische aus.

Seepferdchen und Anglerfische sind Extrembeispiele für die adaptive Radiation der Knochenfische. Und auf ihre unterschiedliche Weise führen sie auch ein ungewöhnliches Sexualleben. Dieses kann man bei den Anglerfischen nur als bizarr bezeichnen. Alles, was ich im vorangegangenen Abschnitt gesagt habe, gilt ausschließlich für Anglerfischweibchen. Die männlichen Tiere sind winzige »Zwergmännchen« und einige Hundert Mal kleiner als die Weibchen. Das Weibchen gibt eine chemische Substanz ab, die das Zwergmännchen anlockt. Dieses versenkt seine Kiefer in ihrem Körper und verdaut anschließend sein eigenes Vorderende, das in den Körper des Weibchens eingeschlossen wird. Er ist dann nur noch eine kleine Ausstülpung an ihrem Körper und enthält die männlichen Keimdrüsen, aus denen das Weibchen bei Bedarf die Samenzellen entnimmt. Es ist, als würde das Weibchen zum Hermaphroditen, nur besitzen »ihre« Hoden einen anderen Genotyp als sie selbst, denn sie sind ja von außen in Form des in ihrer Haut eingeschlossenen Zwergmännchens eingedrungen.

Viele Fischarten sind lebendgebärend: Die Weibchen werden wie Säugetiere schwanger und bringen lebende Junge zur Welt. Seepferdchen sind in dieser Hinsicht ungewöhnlich: Bei ihnen wird das Männchen schwanger, trägt die Jungen in einer Bauchtasche und bringt sie am Ende zur Welt. Manch einer fragt sich vielleicht, warum wir ihn dann als Männchen bezeichnen. Im gesamten Tier- und Pflanzenreich lässt sich das männliche Geschlecht leicht definieren: Es bringt viele kleine Gameten hervor, die Samenzellen, während das Weibchen eine geringere Zahl größerer Eizellen produziert.

Adaptive Radiation bedeutet, dass die evolutionäre Entwicklung von einem Ausgangspunkt aus in unterschiedliche Richtungen verläuft. In besonders auffälliger Form kann man sie beobachten, wenn plötzlich ein neuer Lebensraum zur Verfügung steht. Als eine himmlische Katastrophe vor 66 Millionen Jahren 76 Prozent aller biologischen Arten auf der Erde hinwegfegte, stand eine große, leere Bühne zur Verfügung, auf der die Zweitbesetzung aus Säugetieren in die verlassenen Kostüme der Dinosaurier schlüpfen konnte. Darauf folgte eine spektakuläre adaptive Radiation der Säugetiere. Aus den kleinen, grabenden Tieren, welche die Verwüstung überlebt hatten – vermutlich weil sie in sicheren kleinen Bunkern unter der Erde überwinterten –, ging in erstaunlich kurzer Zeit ein breites Spektrum von Nachkommen mit höchst unterschiedlicher Größe und Lebensweise hervor.

In kleinerem Maßstab und viel kürzerem Zeitrahmen kann eine Insel durch vulkanische Tätigkeit plötzlich (jedenfalls plötzlich nach den erdgeschichtlichen Zeitmaßstäben) vom Meeresboden emporsteigen. Für Tiere und Pflanzen ist sie dann jungfräuliches Gebiet, öde, unbewohnt und offen für eine neue Erkundung. Langsam (jedenfalls nach den Maßstäben der Lebensdauer eines Menschen) zerkrümelt das Vulkangestein und wird zu Boden. Samen fliegen mit dem Wind heran oder werden von Vögeln transportiert und durch ihre Exkremente gedüngt. Die Insel, anfangs eine schwarze Lavawüste, wird grün. Geflügelte Insekten treiben heran, und winzige Spinnen fliegen mit schwebenden Seidenfäden auf die Insel. Zugvögel werden durch den Wind vom Kurs abgebracht, landen, um sich zu auszuruhen, bleiben und pflanzen sich fort; ihre Nachkommen machen eine Evolution durch. Bruchstücke von Mangroven treiben vom Festland zur Insel, und gelegentlich kommt ein von einem Sturm entwurzelter Baum hinzu. Solche Zufallsflöße tragen blinde Passagiere – beispielsweise Meerechsen. Durch einen Zufallsschritt nach dem anderen wird die Insel besiedelt. Die Nachkommen der ersten Siedler durchlaufen nach geologischen Zeitmaßstäben eine schnelle Evolution, entwickeln sich auseinander und besetzen die verschiedenen ökologischen Nischen. Eine besonders reichhaltige Auseinanderentwicklung findet auf Inselgruppen statt, wo zufällige Übergänge von Insel zu Insel häufiger stattfinden als zwischen dem Festland und dem Archipel. Lehrbuchbeispiele dafür sind die Galapagos- und die Hawaii-Inseln.

Ein Vulkan ist nicht die einzige Ursache, durch die sich neues, jungfräuliches Terrain für die Evolution eröffnen kann. Die gleiche Wirkung kann ein neuer See entfalten. Der Victoriasee, der größte See der Tropen, größer als alle nordamerikanischen Großen Seen außer einem, ist sehr jung. Schätzungen reichen von 100 000 Jahren bis zu einer durch Carbondatierung ermittelten Zahl von nur 12 400 Jahren. Die Diskrepanz lässt sich leicht erklären. Geologische Befunde zeigen, dass das Becken des Sees sich vor rund 100 000 Jah-

Nimbochromis livingstonii (links) und Lamprologus lemairii (rechts)

ren gebildet hat, der See selbst ist aber mehrmals vollständig ausgetrocknet und hat sich dann neu gefüllt. Die Zahl von 12 400 Jahren entspricht der letzten Füllung und ist deshalb das Alter des heutigen Sees in seinem geographischen Umfeld. Jetzt aber kommt etwas Erstaunliches.

Im Victoriasee gibt es ungefähr 400 Arten von Buntbarschen,[2] und alle stammen von vermutlich nur zwei Gründer-Abstammungslinien ab, die in der kurzen Zeit, seit es den See gibt, aus Flüssen eingewandert sind. Das Gleiche geschah früher auch in den anderen großen afrikanischen Seen, so in dem viel tieferen Tanganjika- und Malawisee. In jedem dieser drei Seen hat eine eigene Auseinanderentwicklung von Buntbarschen stattgefunden, die sich von den anderen unterscheidet, aber parallel zu ihnen verlaufen ist.

Für die Parallelentwicklung gibt es ein leicht makabres Beispiel. Im Malawisee (an dem ich meine ersten Strandferien mit Eimerchen und Schaufel verbracht habe) gibt es einen Raubfisch namens *Nimbochromis livingstonii.* Er liegt am Seeboden und stellt sich tot. Auf seinem Körper verteilen sich helle und dunkle Flecken, die den Anschein von Verwesung erwecken. Kleine Fische lassen sich täuschen, werden mutig und schwimmen heran, um an dem vermeintlichen Kadaver zu knabbern, woraufhin der »Kadaver« plötzlich aktiv wird und den kleinen Fisch verschlingt. Diese Methode des Beutefangs galt lange im Tierreich als einzigartig.[3] Dann aber entdeckte man genau den gleichen Trick auch im Tanganjikasee, dem zweiten großen Gewässer im Rift-Tal. Dort ist *Lamprologus lemairii,* ein anderer Buntbarsch, unabhängig davon und konvergent auf den gleichen Trick des Totstellens gekommen. Er hat auch das gleiche Fleckenmuster, das an Tod und Verwesung denken lässt. In beiden Seen hat die adaptive Radiation unabhängig die gleiche, ein wenig gruselige Form der Nahrungsbeschaffung hervorgebracht. Und das zusammen mit Dutzenden anderen Lebensweisen, die man unabhängig, aber parallel zueinander in den beiden ähnlichen Seen entdeckt hat.

Mein alter Freund, der verstorbene George Barlow, bezeichnete die drei großen afrikanischen Seen sehr anschaulich als Buntbarschfabriken.[4] Sein Buch *The Cichlid Fishes* ist eine anregende Lektüre. An den Buntbarschen können wir über die Evolution im Allgemeinen und die adaptive Radiation im Besonderen viel lernen. In jedem der drei großen Seen ist ein eigenes Spektrum von mehreren Hundert Buntbarscharten durch unabhängige Auseinanderentwicklung entstanden. Alle drei Seen erzählen die gleiche Geschichte einer explosionsartigen Evolution dieser Fische, und doch liefen alle drei Entwicklungen vollkommen unabhängig voneinander ab. Alle drei begannen mit einer Gründerpopulation aus wenigen Arten. Und in allen drei Fällen folgte parallel ein Evolutionsverlauf mit einer massiven Auseinanderentwicklung zu einer großen Vielfalt von »Berufsständen« oder Lebensweisen – wobei die Fische das gleiche breite Spektrum von Lebensweisen in allen drei Seen unabhängig voneinander entdeckten.

Nun könnte man meinen, dass es im ältesten See die meisten Arten gibt. Schließlich hatten sie hier am längsten Zeit für ihre Evolution. Aber so ist es nicht. Der Tanganjikasee ist rund 6 Millionen Jahre alt und damit weitaus der älteste, aber er beherbergt nur (!) 300 Arten. Der Victoriasee, ein Baby von nur 100 000 Jahren, enthält rund 400 Arten. Dazwischen liegt der Malawisee mit ein bis 2 Millionen Jahren, und hier ist die Zahl der Arten am größten: Es sind vermutlich rund 500, manche Schätzungen reichen aber auch bis über 1000. Außerdem scheint der Umfang der Radiation auch nichts mit der Zahl der Gründerarten zu tun zu haben. Die gewaltige Auseinanderentwicklung im Victoria- und Malawisee lässt sich im Wesentlichen auf nur eine Abstammungslinie von Buntbarschen zurückführen, die *Haplochromis*-Arten. Die immer noch ansehnlichen rund 300 Arten im Tanganjikasee gehen dagegen offensichtlich auf zwölf Abstammungslinien von Gründern zurück, von denen *Haplochromis* nur eine ist.

Das alles legt die Vermutung nahe, dass die dramatische Explosion der Artenzahl im jungen Victoriasee das Modell für alle drei Seen ist. In allen waren offenbar nur wenige Zehntausend Jahre erforderlich, damit mehrere Hundert Arten entstanden. Nach dem explosiven Anfang verläuft die Entwicklung vermutlich im typischen Fall so, dass die Zahl sich stabilisiert oder sogar zurückgeht; deshalb steht die endgültige Artenzahl nicht im Zusammenhang mit dem Alter des Sees oder mit der Zahl der Gründerarten. Die Buntbarsche im Victoriasee zeigen, wie schnell Evolution verlaufen kann, wenn sie die Laufschuhe anzieht. Wir können aber nicht erwarten, dass eine solche explosionsartige Geschwindigkeit für Tiere im Allgemeinen typisch ist. Man muss sie sich als Obergrenze vorstellen.

Bei genauerem Hinsehen ist selbst die Errungenschaft des Victoriasees nicht ganz so erstaunlich, wie es zunächst den Anschein hat. In seiner derzeitigen Form ist der See zwar nur rund 12 400 Jahre alt, aber wie ich bereits erwähnt habe, war die gleiche flache Senke schon vor 100 000 Jahren von einem See ausgefüllt. In der Zwischenzeit trocknete er mehrere Male mehr oder weniger aus und füllte sich erneut – die letzte derartige Episode war die Auffüllung vor 12 400 Jahren. Wie drastisch der Wasserstand der Seen steigen und fallen kann, zeigt sich am Malawisee: Sein Wasserspiegel lag vom 14. bis zum 19. Jahrhundert mehr als 100 Meter niedriger als heute. Im Gegensatz zum Victoriasee war er aber niemals auch nur annähernd ausgetrocknet. Er liegt in der Spalte des Rift-Tals und ist fast zehnmal so tief wie der Victoriasee. Da dieser so flach ist, hinterließ der sinkende Wasserstand bei jedem Austrocknungszyklus zahlreiche Tümpel und kleine Teiche, die sich mit dem nächsten Anstieg wieder vereinigten. Die Fische, die in diesen verbliebenen Tümpeln und kleinen Seen gefangen und damit vorübergehend isoliert waren, konnten eine getrennte Evolution durchmachen – zwischen den Teichen wurden keine Gene ausgetauscht. Beim nächsten Zyklus des Wasseranstiegs trafen sie wieder zusammen, aber genetisch waren sie jetzt so weit voneinander entfernt, dass sie sich mit denen, die in anderen Teichen gestrandet waren, nicht mehr kreuzen konnten. Wenn das stimmt, bot der Wechsel von Austrocknung und Auffüllen ideale Voraussetzungen für die Artbildung (der Fachausdruck bezeichnet den evolutionären Ursprung einer neuen Spezies durch Aufspaltung einer vorhandenen Art). Es bedeutet auch, dass wir das wahre Alter des Victoriasees unter dem Gesichtspunkt der Evolution nicht mit 12 400, sondern mit 100 000 Jahren ansetzen können. Womit er immer noch sehr jung ist.

Wenn also 100 000 Jahre zur Verfügung stehen, können wir fragen: Welche Abstände zwischen den Artbildungsereignissen würden zu 400 Arten führen, wenn wir hypothetisch von einer einzigen Gründerart ausgehen? Sind 100 000 Jahre lang genug? Ein Mathematiker könnte eine kurze Berechnung anstellen, wobei er sicherheitshalber überall von vorsichtigen Annahmen ausgeht. Es gibt zwei Extreme, zwei Grenzen, welche die mögliche Artbildungsgeschwindigkeit je nach den Gesetzmäßigkeiten der Aufspaltung einschränken. Am fruchtbarsten wäre eine Gesetzmäßigkeit (ein unwahrscheinliches Extrem), nach der jede Spezies sich in zwei Arten aufspaltet, wobei zwei Tochterarten entstehen, die sich ihrerseits wiederum in zwei Arten aufspalten. Eine solche Gesetzmäßigkeit führt zu einem exponentiellen Wachstum der Artenzahl. Dann wären nur 8 bis 9 Zyklen der Artbildung erforderlich, damit 400 Arten entstehen (2^9 ist 512). Damit würde ein Zeitraum von 11 000 Jahren zwischen den

Abbildungsereignissen ausreichen. Nach der am wenigsten fruchtbaren Gesetzmäßigkeit (auch sie ein unwahrscheinliches Extrem) bleibt die Gründerart erhalten und bringt eine Tochterart nach der anderen hervor. Dies würde weitaus mehr Artbildungsereignisse – nämlich ungefähr 400 – erfordern, damit die Gesamtzahl von 400 Arten erreicht wird: alle 250 Jahre eine neue Spezies. Wie können wir einen realistischen Mittelwert zwischen diesen beiden Extremen abschätzen? Eine einfache Berechnung des Durchschnitts (des arithmetischen Mittels) liefert eine Schätzung von 5000 bis 6000 Jahren zwischen den Artbildungsereignissen, also genügend Zeit. Unser Mathematiker könnte aber noch vorsichtiger sein und zum geometrischen Mittel neigen (dabei multipliziert man die beiden Zahlen und berechnet die Quadratwurzel). Dies kann man unter anderem deshalb bevorzugen, weil es den stärkeren Einfluss eines gelegentlich auftretenden, sehr schlechten Jahres berücksichtigt. Eine solche vorsichtigere Schätzung erfordert einen Zeitraum von ungefähr 1600 Jahren zwischen den Artbildungsereignissen. Plausibel ist irgendein Wert zwischen den beiden Zahlen, aber wir wollen hier lieber übervorsichtig sein und die Schätzung von 1600 Jahren verwenden. Buntbarsche erreichen die Geschlechtsreife in der Regel in weniger als zwei Jahren, also sind wir auch dieses Mal vorsichtig und gehen von einer zweijährigen Generationszeit aus. Dann brauchen wir zwischen den Artbildungsereignissen ungefähr 800 Fischgenerationen, um in 100 000 Jahren 400 Arten entstehen zu lassen. 800 Generationen sind genug für vielfältige evolutionäre Veränderungen.

Woher weiß ich, dass 800 Generationen ausreichend Zeit bieten? Auch hier können Mathematiker der Intuition mit einfachen Berechnungen unter die Arme greifen. Besonders gefällt mir eine Rechnung des amerikanischen Botanikers Ledyard Stebbins. Stellen wir uns vor, die natürliche Selektion würde mausgroße Tiere in Richtung einer zunehmenden Körpergröße drängen. Auch Stebbins gab sich alle Mühe, vorsichtig zu sein: Er unterstellte einen so schwachen Selektionsdruck, dass Forschende ihn im Freiland nicht durch Einfangen und Vermessen von Mäusen nachweisen könnten. Mit anderen Worten: Er nahm an, dass eine natürliche Selektion zugunsten der zunehmenden Körpergröße existiert, die aber so geringfügig und subtil ist, dass sie für Forschende im Freiland unterhalb der Nachweisgrenze liegt. Angenommen, der gleiche unmerklich schwache Selektionsdruck würde dauerhaft bestehen: Wie lange würde es dann dauern, bis sich die Mäuse zur Größe von Elefanten entwickelt hätten? Die von Stebbins berechnete Antwort lautete: ungefähr 20 000 Generationen, nach erdgeschichtlichen Maßstäben also nur einen Augenblick. Zugegeben: Das sind viel mehr als unsere 800 enerationen, aber wir reden hier auch nicht von etwas so Bombastischem wie Mäusen, die sich in Elefanten verwandeln. Es ging nur um Buntbarsche, die sich so stark verändern, dass sie sich mit anderen Arten nicht mehr kreuzen können. Außerdem ging Stebbins – wie wir – von vorsichtigen Annahmen aus. Er unterstellte einen so schwachen Selektionsdruck, dass man ihn nicht messen kann. In Wirklichkeit hat man den Selektionsdruck in freier Wildbahn beispielsweise an Schmetterlingen durchaus gemessen.[5] Er war nicht nur leicht nachweisbar, sondern auch um Größenordnungen stärker als der unterschwellige, unter dem Radar fliegende Druck, den Stebbins unterstellte. Ich gelange zu dem Schluss, dass 100 000 Jahre für die Evolution der Buntbarsche eine üppig lange Zeit sind, die ohne Weiteres ausreicht, damit eine Vorläuferart sich zu 400 getrennten Arten auseinanderentwickeln kann. Das ist ein Glück, denn es ist tatsächlich geschehen!

Übrigens ist Stebbins' Berechnung auch ein aufschlussreiches

Gegengift gegen Skeptiker, nach deren Ansicht die geologischen Zeiträume nicht ausreichen, um das beobachtete Ausmaß des evolutionären Wandels zu ermöglichen. Seine 20 000 Generationen für den Wandel von der Maus zum Elefanten sind so kurz, dass man sie mit den Datierungsmethoden der Geologen normalerweise nicht messen kann. Mit anderen Worten: Ein Selektionsdruck, der so schwach ist, dass Freilandgenetiker ihn nicht nachweisen können, kann so schnell einen evolutionären Wandel herbeiführen, dass er für die Geologen wie ein Augenblicksereignis aussieht.

Eine weitere prachtvolle Gruppe vorwiegend im Wasser lebender Tiere sind die Krebstiere: Auch in ihrer Evolution hat eine spektakuläre Radiation stattgefunden, die von älteren, gemeinsamen Ursprüngen ausging. Beeindruckend ist in diesem Fall besonders die Abwandlung der gemeinsamen Anatomie. Ein starres Skelett macht nur dann Bewegungen möglich, wenn es aus beweglich verbundenen Einheiten besteht – aus Knochen im Fall der Wirbeltiere oder gepanzerten Röhren und Gehäusen wie bei Krebstieren und anderen Gliederfüßern. Da diese Knochen und Röhren starr und durch Gelenke verbunden sind, gibt es nur eine begrenzte Anzahl von ihnen, und jede derartige Einheit kann man bei verschiedenen Arten benennen und wiedererkennen. Da alle Säugetiere nahezu das gleiche Arsenal an Knochen mit festen Namen besitzen (bei Menschen sind es 206), kann man evolutionsbedingte Unterschiede als Verformung jedes einzelnen benannten Knochens erkennen: Elle, Oberschenkelknochen, Schlüsselbein und so weiter. Für die Skelettelemente der Krebstiere gilt das Gleiche, und man hat zusätzlich den Vorteil, dass sie im Gegensatz zu Knochen von außen sichtbar sind.

Der große schottische Zoologe D'Arcy Thompson suchte sich sechs Arten von Krebsen aus und betrachtete bei jeder davon nur einen Teil des Skeletts, nämlich den Hauptteil der Panzerung, auch

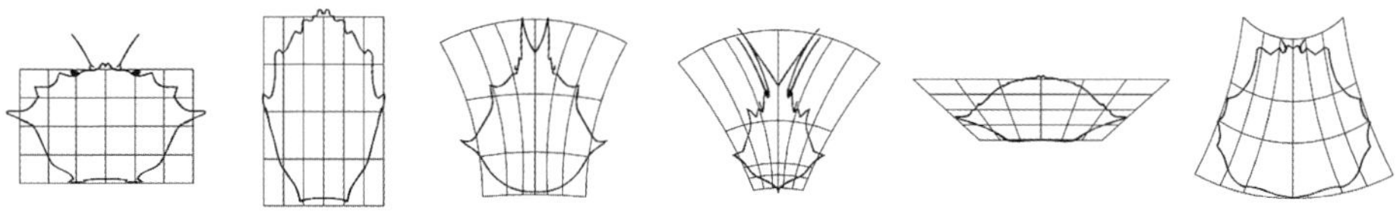

Carapax genannt. Dann wählte er willkürlich eine der sechs Arten aus – zufällig war es *Geryon* (ganz links) – und zeichnete darüber ein rechtwinkliges Gittermuster. Anschließend wies er nach, dass er die Form der anderen fünf annähernd dadurch erreichen konnte, dass er einfach das Gitternetz nach bestimmten mathematischen Gesetzmäßigkeiten verzerrte. Das Ganze kann man sich vorstellen, als hätte er einen Krebs auf ein Gummituch gezeichnet und dieses dann in mathematisch festgelegte Richtungen gedehnt, um so die anderen fünf Formen zu simulieren. Die Verzerrungen sind keine evolutionären Veränderungen. Alle sechs Arten leben heute. Keine davon ist der Vorfahre einer anderen, sondern sie haben gemeinsame Vorfahren, die heute nicht mehr bei uns sind. Man kann an ihnen aber erkennen, wie leicht Veränderungen der Embryonalentwicklung (beispielsweise veränderte Gradienten der Wachstumsgeschwindigkeit) im Hinblick auf einen Teil des Außenskeletts eine aufschlussreiche Vielfalt von Krebsformen hervorbringen können. Das gleiche Experiment machte D'Arcy Thompson auch mit vielen anderen Skelettelementen, darunter die Schädel von Menschen und anderen Menschenaffen.

Natürlich werden Tiere nicht auf irgendeine Entsprechung zu einem gedehnten Gummi gezeichnet. Jedes Individuum entwickelt sich neu aus einer befruchteten Eizelle. Aber durch Veränderungen der Wachstumsgeschwindigkeit einzelner Teile des entstehenden Embryos kann dieser am Ende wie eine Verzerrung auf dem gedehnten Gummituch aussehen. Julian Huxley wandte D'Arcy Thompsons

Methode auf das relative Wachstum verschiedener Körperteile eines Embryos an.[6] Solche Veränderungen der Embryonalentwicklung werden genetisch gesteuert, und evolutionäre Veränderungen von Genhäufigkeiten führen zu einer Evolutionsvielfalt, die wiederum wie gedehntes Gummi aussieht. Und natürlich betrifft es nicht nur den Panzer. Evolutionäre Verzerrungen des gleichen Typs beobachtet man an allen Körperteilen der Krebstiere (und an den Körpern aller anderen Tiere, wo sie aber häufig weniger offensichtlich sind). Man erkennt, dass bei jedem Exemplar die gleichen Teile vorhanden sind, nur sind sie unterschiedlich stark ausgeprägt. Diese unterschiedliche Ausprägung entsteht durch unterschiedliche Wachstumsgeschwindigkeiten in verschiedenen Teilen des Embryos.

Krebstiere sind ungeheuer zahlreich. Der australische Ökologe Robert Mai bemerkte einmal mit seinem charakteristischen Scharfsinn: »In erster Näherung sind alle Arten Insekten.« In Wirklichkeit hat man aber berechnet, dass es auf der Welt mehr einzelne Ruderfußkrebse gibt als einzelne Insekten. Das Gemälde auf der folgenden Seite stammt von dem Zoologen Ernst Haeckel (1834–1919), Darwins führendem Fürsprecher in Deutschland, und zeigt auf atemberaubende Weise die anatomische Vielseitigkeit der Ruderfußkrebse.

Ein Fangschreckenkrebs

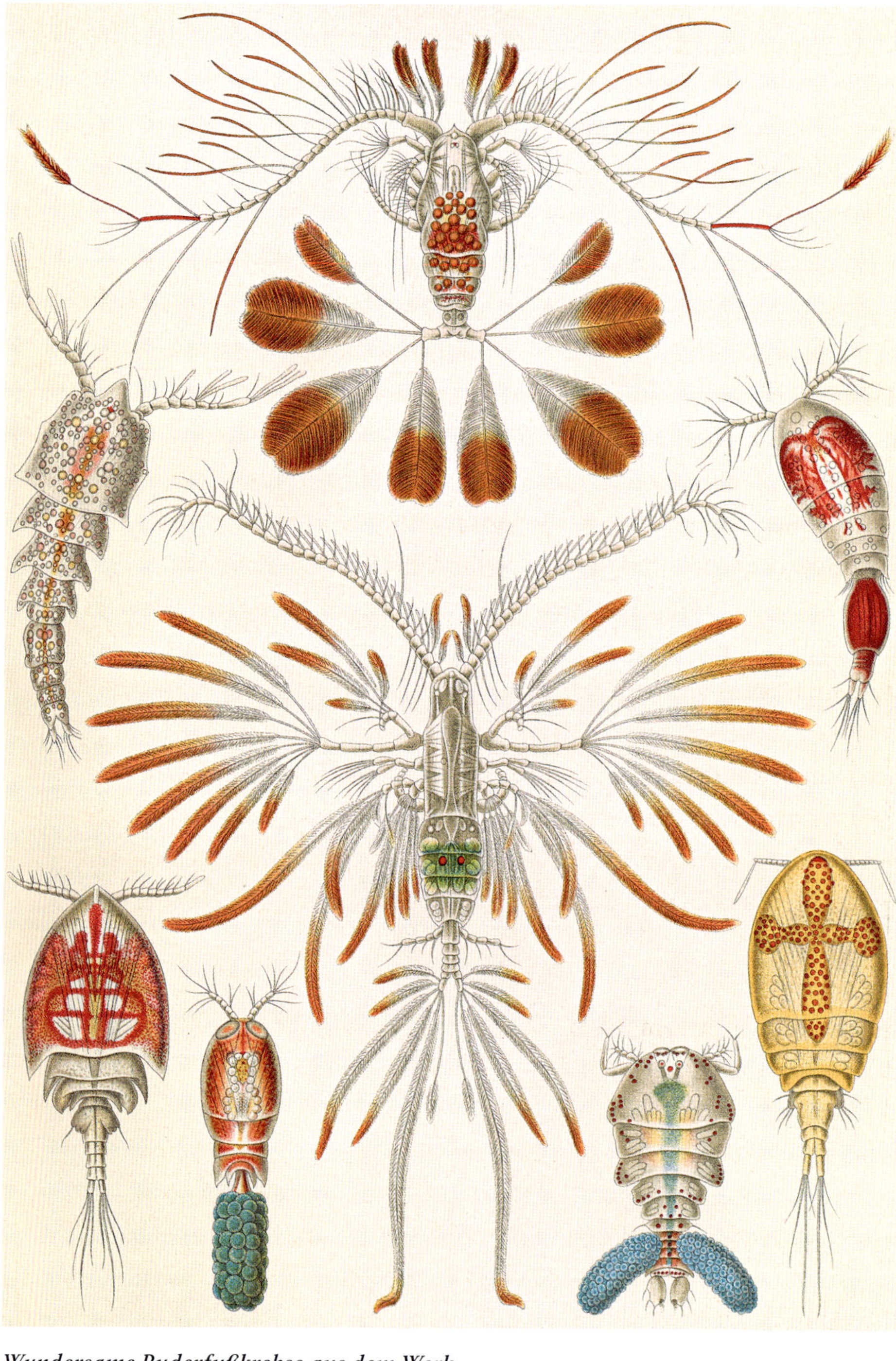

Wundersame Ruderfußkrebse aus dem Werk
Kunstformen der Natur *von Ernst Haeckel*

Das hier ist ein ausgewachsener Fangschreckenkrebs, ein typisches Krebstier. Nun ja, typisch sind die Fangschreckenkrebse (Stomatopoda), was ihren Körperbau und ihre Farbenpracht angeht – deshalb habe ich einen solchen Krebs zu diesem Zweck ausgewählt. Zu ihnen gehören aber auch einige Furcht einflößende Gesellen, die in einem Aspekt alles andere als typisch sind. In der freien Natur zertrümmern sie mit heimtückischen Schlägen ihrer knüppelförmigen Scheren die Schalen von Muscheln, und in Gefangenschaft zerschmettert so ein Schlag, der mit der Geschwindigkeit einer Kleinkaliber-Gewehrkugel daherkommt, die Glasscheibe eines Aquariums. Dabei wird eine so große Energie freigesetzt, dass das Wasser in der Umgebung siedet und ein Lichtblitz entsteht.[7] Mit Fangschreckenkrebsen sollte man sich nicht anlegen, aber sie sind ein großartiges Beispiel für die vielfältigen Abwandlungen des Grundbauplans von Krebsen.[8]

Die Fangschreckenkrebse sollte man nicht mit den (buchstäblich) umwerfenden »Knallkrebsen« oder »Pistolenkrebsen« (Alpheidae) verwechseln, die auf ihre Weise ebenfalls wunderschön die Vielfalt der Krebse deutlich machen.[9] Bei diesen Krebsen ist eine Schere gegenüber der anderen ein wenig vergrößert.[10] Sie lassen die größere Schere mit ungeheurer Kraft zuschnappen und erzeugen damit eine Schockwelle, einen heftigen Impuls mit äußerst hohem Druck, auf den sofort ein extrem niedriger Druck folgt. Diese Schockwelle betäubt oder tötet Beutetiere. Das Geräusch gehört zu den lautesten, die im Meer zu hören sind, und ist mit dem Heulen und Quieken großer Wale zu vergleichen. Muskeln sind so langsam, dass sie Hochgeschwindigkeitsbewegungen wie das Zuschnappen der Scheren von Knallkrebsen oder die Schlagbewegungen der Fangschreckenkrebse (oder auch den Sprung eines Flohs) nicht erzeugen können. Die Energie wird vielmehr in einem elastischen Material oder einer

Art Feder gespeichert und dann plötzlich freigesetzt – das Katapult- oder Pfeil-und-Bogen-Prinzip.

Die Krebstiere verblüffen uns mit ihrer Vielfalt. Aber es ist eine eingeschränkte Vielfalt. Um noch einmal die Aussage zu wiederholen, derentwegen ich die Krebse für dieses Kapitel ausgewählt habe: An jeder Spezies kann man ohne Weiteres die gleichen Teile wiedererkennen. Sie sind untereinander in derselben Reihenfolge verbunden, in Form und Größe unterscheiden sie sich dagegen gewaltig. Als Erstes stellt man am Grundbauplan der Krebse fest, dass er segmentiert ist. Die Segmente sind von vorn nach hinten angeordnet wie die Waggons eines Güterzuges. Noch offenkundiger ähnelt die Segmentierung der Hundert- und Tausendfüßer einem Eisenbahnzug, denn ihre Segmente sind alle gleich. Ein Fangschreckenkrebs oder ein Hummer gleicht einem Zug, dessen Waggons in einigen Aspekten (beispielsweise Räder, Drehgestelle, Kupplungen) gleich sind, sich aber in anderer Hinsicht unterscheiden (wie beispielsweise Tiertransport- od. Langholzwaggons, Milchtanks und so weiter).

Krebstiere gelangten in ihrer Evolution zu einer erstaunlichen Vielfalt, indem sie die Waggons in den evolutionären Zeiträumen veränderten, ohne jemals den Zug aus dem Blick zu verlieren. So vielgestaltig sie auch sind, die Segmente eines Fangschreckenkrebses sind immer noch als Zug erkennbar, und der ist nach den gleichen Gesetzmäßigkeiten aufgebaut wie bei allen anderen Krebstieren: Jedes Segment trägt ein Paar Gliedmaßen, die sich an der Spitze gabeln. Auffällige Beispiele für die Gabelung sind die Scheren von Krabben und Hummern. Wenn man das Tier vom Vorder- zum Hinterende betrachtet, handelt es sich bei den paarweise angeordneten Körperanhängen um Antennen, verschiedenartige Mundwerkzeuge, Scheren und dann vier Beinpaare. Weiter hinten tragen die Segmente am Bauch eines Hummers oder Fangschreckenkrebses jeweils auf der Unterseite beiderseits kleine, mit Gelenken versehene Anhänge, Schwimmfüße oder Pleopoden genannt, die häufig in einem kleinen Paddel enden. Bei Hummern und insbesondere bei Echten Krabben sind die Segmente von Brust und Kopf unter einer gemeinsamen Abdeckung verborgen, dem Panzer oder Carapax. Die Segmentierung verrät sich aber durch die Körperanhänge: Bei vier Segmenten sind es Laufbeine, Antennen, große Scheren und am Vorderende die Mundwerkzeuge. Das Hinterende des Hinterleibs, gewissermaßen der Bremswagen des Zuges, trägt ein besonderes Paar abgeflachte Anhänge, die Uropoden. Als ich zum ersten Mal in Australien war, sah ich auf einem Büfett zu meiner Verblüffung *bay bugs* liegen, wie sie dort genannt werden. Diese Hummerart trägt nicht nur am Hinter-, sondern auch am Vorderende Uropoden, eine Art Krebsversion von Doktor Doolittles Stoßmich-Ziehdich, allerdings nicht mit zwei Köpfen, sondern mit zwei Hinterenden. Wie wir gleich erfahren werden, ist das nicht sonderlich überraschend.

Früher war man überzeugt, die Segmentierung von Gliederfüßern und Wirbeltieren sei in der Evolution unabhängig voneinander entstanden. Heute glaubt man das nicht mehr, und das hängt mit einer faszinierenden Geschichte zusammen, die auch für Ringelwürmer und andere segmentierte Tiere gilt. Nicht nur die Segmente sind in einer Reihe von vorn nach hinten angeordnet wie die Waggons eines Eisenbahnzuges, sondern auch die Gene, von denen die Segmente gesteuert werden, liegen entlang des Chromosoms in einer Reihe hintereinander.[11] Diese revolutionäre Entdeckung warf die ganze Einstellung zur Zoologie über den Haufen, die ich als Student verinnerlicht hatte, und das finde ich großartig. Um die Analogie mit der Eisenbahn weiterzuverfolgen: Parallel zu dem Zug der Segmentwaggons im Körper gibt es auf dem Chromosom einen Zug von Genwaggons.

Wie man schon seit mehr als 100 Jahren weiß, kann bei mutierten Taufliegen ein Bein an einer Stelle wachsen, an der eigentlich eine Antenne stehen sollte. Diese Mutation wird aus naheliegenden Gründen als *antennapedia* bezeichnet und ist reinerbig. Bei Taufliegen gibt es auch andere, dramatische Mutationen, so beispielsweise *bithorax*, durch die wie bei normalen Insekten vier Flügel entstehen und nicht die zwei, denen die Fliegen ihren Namen Diptera verdanken. Alle diese größeren Mutationen lassen sich mit Veränderungen in den hintereinander angeordneten Genen des »Chromosomenzuges« erklären. Als ich den *bay bug* in einem Restaurant am Großen Barriereriff zum ersten Mal sah, stellte ich mir sofort die Frage, ob sich bei diesen Tieren ursprünglich ebenfalls eine ähnliche Mutation wie *antennapedia* ereignet hatte, durch die sich in diesem Fall die Uropoden am Vorderende des Tieres verdoppelt hatten.

Einen sehr hübschen Nachweis für solche Effekte erbrachten Nipam Patel und seine Kollegen. Sie arbeiten mit *Parhyale*, einem Meereskrebs aus der Ordnung der Flohkrebse oder Amphipoda. Ich weiß noch, wie fasziniert ich war, als Hunderte kleine Flohkrebse auf unserem Bauernhof in einem kalten Bach schwammen, in dessen Verlauf meine Eltern einen Teich gegraben hatten, damit wir darin schwimmen konnten.[12] Ein weiteres bekanntes Beispiel sind die Schwärme der überschwänglich springenden »Sandhüpfer«, die uns an Stränden häufig begegnen. Im vorangegangenen Kapitel haben wir die Isopoda oder »Kugelasseln« mit ihrer abgeflachten Form kennengelernt. Flohkrebse sind anders. Sie sind nicht zwischen Rücken und Bauch abgeflacht, sondern von links nach rechts. Und bei *Parhyale* wie auch bei vielen anderen sind die Körperanhänge keineswegs alle gleich. Manche Beine weisen scheinbar in die »falsche« Richtung. Drei »Waggons« scheinen verkehrt herum »angekoppelt« zu sein (in der linken Abbildung rot gekennzeichnet). Mit scharf-

ILLUSTRATION: KALLIOPI MONOYIOS

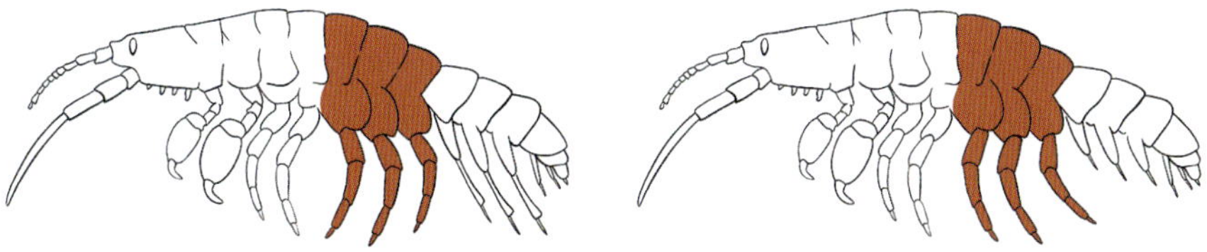

sinnigen Eingriffen in die Gene, die über die Waggons des Zuges bestimmen, konnten Patel und seine Kollegen die drei umgedrehten Segmente verändern und die Waggons so koppeln, dass alle Gliedmaßen in die gleiche Richtung wiesen (rechte Abbildung).[13] Das funktioniert, wenn man die drei umgedrehten Segmente durch Kopien der davor liegenden Segmente ersetzt. Ebenso interessante Manipulationen nahm Patels Arbeitsgruppe auch an anderen Segmenten vor; diese Arbeiten sind zwar ebenfalls faszinierend und einfallsreich, würden uns aber zu weit von unserem Thema wegführen.

Auch wir Wirbeltiere sind segmentiert, allerdings anders. Sehr deutlich zeigt sich das bei den Fischen, und ziemlich klar ist es auch bei unseren Rippen und unserer Wirbelsäule. Schlangen treiben das Prinzip ins Extrem – sie ähneln in gewisser Hinsicht den Hundertfüßern, nur haben sie keine Beine außen, sondern Rippen innen. Heute wissen wir, durch welchen Mechanismus sich die Segmente in der Embryonalentwicklung vervielfachen. Es ist erstaunlich und erscheint sogar geradezu wundersam: Wie sich herausgestellt hat, läuft es bei Wirbeltieren und Gliederfüßern mehr oder weniger gleich ab. Damit verstehen wir auch, warum sich in der Evolution verschiedener Schlangenarten eine radikal unterschiedliche Anzahl von Wirbeln entwickelt hat: Das Spektrum reicht von rund 100 bis über 400 – zum Vergleich: Bei uns sind es 33. Alle Wirbel, ob an ihnen Rippen ansetzen oder nicht, sind über ähnliche Kopplungsmechanismen mit den benachbarten »Waggons im Zug« verbunden;

alle besitzen auch ähnliche Blutgefäße und sowohl sensorische als auch motorische Nerven, die mit dem durch sie hindurch verlaufenden Rückenmark verbunden sind. Wie ich gerade erwähnt habe, war es in der Zoologie der jüngeren Zeit eine der umwälzendsten Entdeckungen, dass die embryologischen Mechanismen, die hinter der Segmentierung von Gliederfüßern und Wirbeltieren stehen und tief in den unteren Schichten der jeweiligen Palimpseste liegen, sich verblüffend stark ähneln. Die Schönheit liegt hier wieder einmal in der Tatsache, dass die Gene bei beiden Gruppen entlang der Chromosomen in der gleichen Reihenfolge angeordnet sind wie die von ihnen beeinflussten Segmente.

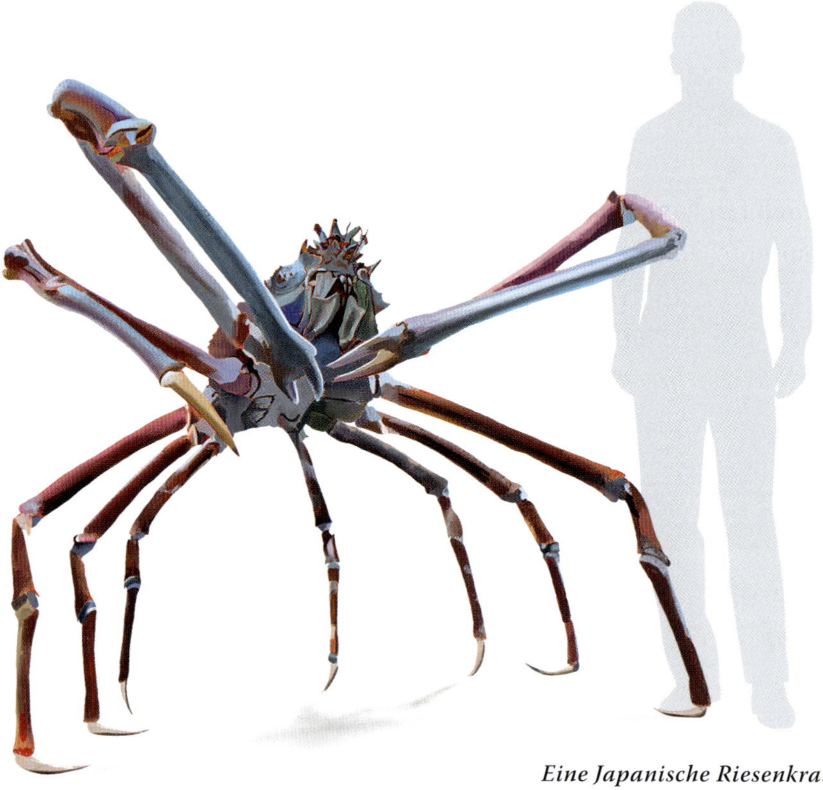

Eine Japanische Riesenkrabbe

Auch wenn alle Krebstiere dem Segmentierungsplan folgen, der fett in den Tiefen des Palimpsests steht, variieren die »Waggons« so krass, dass man das Bild des Eisenbahnzuges ziemlich stark strapazieren muss. Manchmal sind viele Segmente wie bei den Krabben zu einem einzigen Körper verbunden. Auch die Anhänge, die von den Segmenten ausgehen, sind spektakulär unterschiedlich – das Spektrum reicht von den mächtigen Scheren an der Vorderseite eines Hummers und den Schlagstöcken des Fangschreckenkrebses bis zu den unter dem Hinterleib angeordneten Schwimmfüßen. Die Größe der Krebse variiert von den nicht einmal einen Millimeter großen »Wasserflöhen« bis zu der Japanischen Riesenkrabbe *Macrocheira*, deren Beine eine Spannweite von drei Metern erreichen können. Die Begegnung mit einem solchen Tier mag Angst einflößen, ist für Menschen aber harmlos. Man stelle sich dagegen den Händedruck eines Hummers oder den Schlag eines Fangschreckenkrebses dieser Größe vor!

Krabben kann man sich als Hummer mit verkürztem, unter den vorderen Körper geklapptem Schwanz (Hinterleib) vorstellen; deshalb sieht man den Schwanz erst, wenn man das Tier umdreht. Der Hinterleib der Krabbe hat eine entfernte Ähnlichkeit mit dem Steißbein von Menschenaffen und Menschen: Beide bestehen aus einigen Segmenten eines urtümlichen, zusammengequetschten Schwanzes. Einsiedlerkrebse – auf Englisch als *hermit crabs* bezeichnet – sind streng genommen keine Krabben, sondern bilden innerhalb der Krebstiere eine eigene Gruppe namens Anomura. Ihr Hinterleib ist anders als bei echten Krabben nicht unter ihnen zusammengequetscht, sondern weich und nach einer Seite gedreht, sodass er in die verlassenen Schneckenhäuser passt, in denen Einsiedlerkrebse wohnen. Der Prozess, mit dem sie ihre Gehäuse auswählen und untereinander um bevorzugte Gehäuse konkurrieren, ist für sich genommen faszinierend. Aber das ist eine andere Geschichte. In diesem Kapitel dienen sie dazu, noch einmal die großartige Vielgestaltigkeit der Krebse zu verdeutlichen.

Mindestens ebenso prachtvoll wie bei den ausgewachsenen Krebsen zeigt sich die Vielgestaltigkeit der Gruppe bei ihren Larven. Auch hier ist die Grundkonstruktion des Eisenbahnzuges überall spürbar. Und was vielleicht noch dramatischer ist als bei den ausgewachsenen Krebsen: Es scheint, als hätte die natürliche Selektion die verschiedenen Körpersegmente in wilder Hemmungslosigkeit gezogen, gedrückt, geknetet oder verzerrt. Verschiedene Krebsarten machen Larvenstadien durch, die eigene Namen tragen und eigenständige, frei lebende Tiere sind; häufig führen sie ein ganz anderes Leben als die ausgewachsenen Entsprechungen, ganz ähnlich wie die Raupen der Insekten, die vollkommen anders leben als die Schmetterlinge. Ein solcher Krebs-Larventyp ist die Zoea. Sie ist bei Krabben, Hummern, Großkrebsen, Garnelen, *bay bugs* und ihresgleichen – den Zehnfußkrebsen oder Decapoda – das letzte Larvenstadium vor dem ausgewachsenen Zustand.

Die nächste Seite zeigt eine Auswahl an Zoeas und macht damit deutlich, wie leicht der Grundbauplan der Krebse in der Evolution gedehnt und gebogen werden kann, als bestünde er aus Knetmasse. Ich habe mir an diesen zarten kleinen Lebewesen gemerkt, dass alle die gleichen Teile haben, die sich nur in ihren Größenverhältnissen und ihrer äußeren Form unterscheiden. Alle sehen wie verzerrte Versionen voneinander aus. Genau darum geht es in der evolutionären Auseinanderentwicklung, und an den Krebsen zeigt es sich so eindeutig wie an jeder anderen Tiergruppe. Man kann die entsprechenden Teile aller Arten nebeneinanderlegen und dann deutlich sehen, wie gleiche Teile bei verschiedenen Arten in den Zeiträumen der Evolution unterschiedlich gezogen, gedehnt, verdreht,

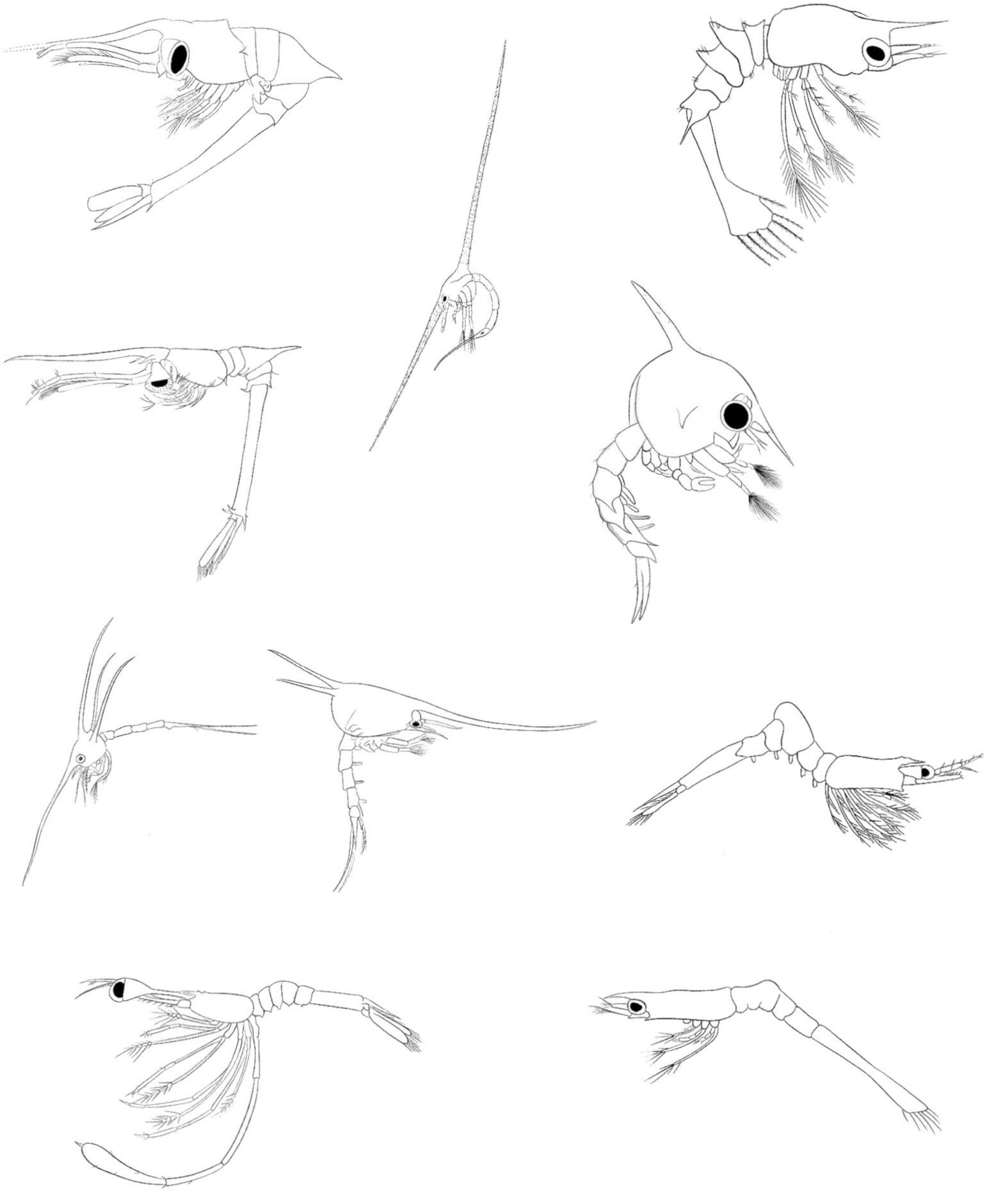

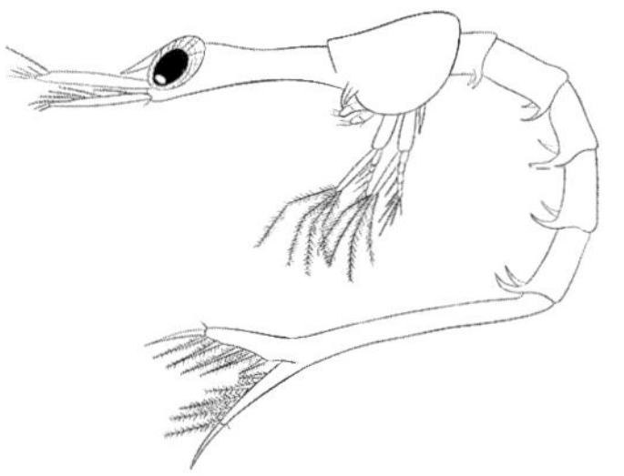

Krebslarven. Immer die gleichen Teile, aber in unterschiedliche Richtungen gezogen und geschoben

aufgebläht oder verkleinert wurden. Ein wunderbarer Anblick, da wird mir sicher jeder zustimmen.

Zoeas sehen vielleicht ein wenig so aus wie die ausgewachsenen Tiere, zu denen sie einmal werden. Sie müssen aber in einer ganz anderen Welt überleben – meist in der Welt des Planktons. Ihr Körperbau ist so vielseitig, dass sich bei ihnen alle möglichen unwahrscheinlichen Verzerrungen entwickeln können – und die sind in den oberflächlichen Schichten des Palimpsests festgeschrieben. Viele von ihnen tragen lange Stacheln, vermutlich damit sie schwerer zu schlucken sind. Die eindrucksvollen Stacheln der Plankton-Zoea oben in der Mitte sind an der typischen ausgewachsenen Krabbe, zu der sie wird, nirgendwo zu sehen. Um die Wahrheit zu sagen: Das erwachsene Tier ist in diesem Fall überhaupt nicht einfach unter dem Seeigel zu erkennen, den es gewöhnlich auf seinem Rücken herumträgt – vermutlich um sich den Schutz der Seeigelstacheln zu sichern. Auffällig ist der lange, vorstehende Hinterleib der Larve mit seinen leicht erkennbaren Segmenten. Der Hinterleib des ausgewachsenen Krebses ist wie bei allen Krabben weder lang noch steht er vor, sondern er ist diskret unter den Vorderleib geklappt.

Ein früheres Larvenstadium, das der Zoea vorausgeht und ebenfalls zum Lebenszyklus der meisten Krebse gehört, ist die Naupliuslarve. Im Gegensatz zur Zoea, die eine gewisse Ähnlichkeit mit dem späteren ausgewachsenen Tier zeigt, haben Naupliuslarven ein ganz eigenes Erscheinungsbild. Ein drittes Larvenstadium mancher Krebse ist die Cyprislarve. Vermutlich heißt sie so, weil sie der ausgewachsenen Form des Wasserflohs *Cypris* ähnelt. Vielleicht ist der ausgewachsene *Cypris* ein Beispiel für das Phänomen der übermäßig gewachsenen Larve, das eine recht verbreitete Form des Evolutionsfortschritts darstellt. Die Abbildung zeigt die Cyprislarve einer Spezies aus der recht unbekannten Krebstier-Teilklasse Facetotecta.

Eine Facetotecta-Larve

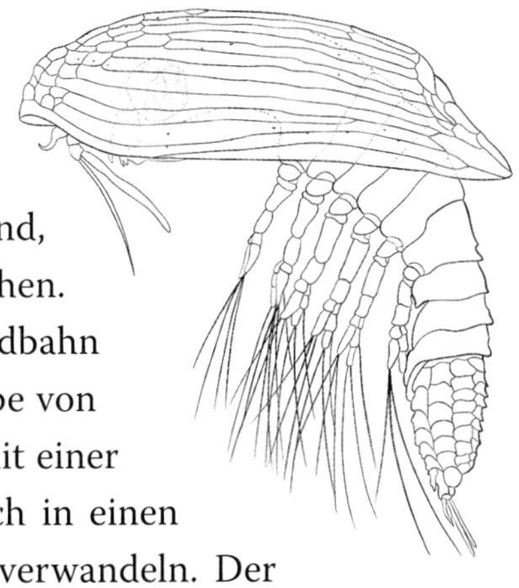

Es handelt sich unverkennbar um eine Krebstierlarve mit Kopfpanzer und einem Hinterleib, dessen Segmente die typischen gegabelten Anhänge eines Krebses tragen. Von 1899, als man die Larven erstmals entdeckte, bis 2008 wusste niemand, wie ausgewachsene Facetotecta aussehen. Noch heute hat man sie nie in freier Wildbahn beobachtet. Aber 2008 konnte eine Gruppe von Forschenden die Larven im Experiment mit einer Hormonbehandlung dazu veranlassen, sich in einen Vorläufer des ausgewachsenen Tieres zu verwandeln. Der Untertitel ihrer Veröffentlichung lautete: »Auf dem Weg zur Lösung eines hundert Jahre alten Rätsels«. Wie sich herausstellte, sind die ausgewachsenen Tiere weiche, ungepanzerte, schnecken- oder wurmähnliche Lebewesen ohne erkennbare Segmente oder Körperanhänge; vermutlich sind sie Parasiten, aber wer ihre Opfer sind, ist unbekannt.[14] Wenn man sie sieht, würde man sie überhaupt nicht für Krebstiere halten. Das Experiment erinnert an einen ähnlichen Versuch, den Julian Huxley 1920 mit dem Axolotl anstellte. Axolotl sind Wirbeltiere und gehören zu den Amphibien. Sie sehen aus wie Kaulquappen, und tatsächlich sind sie auch Kaulquappen, die allerdings geschlechtsreif sind und sich fortpflanzen. In der Evolution sind sie aus Larven entstanden, die sich früher einmal in Salamander verwandelt hätten. Das ausgewachsene Stadium ihrer Lebensgeschichte wurde im Laufe ihrer Evolution ausgelassen, und die Larven erlangten sexuelle Fähigkeiten. Julian Huxley behandelte sie mit dem Schilddrüsenhormon, und damit gelang es ihm, aus ihnen die Salamander zu machen, die ihre Vorfahren einst waren. Möglicherweise wurde das Experiment für seinen jüngeren Bruder Aldous Huxley zur Anregung für den Roman *Nach vielen Sommern*: Darin entdeckt ein Aristokrat im 18. Jahrhundert, wie er dem Tod ein Schnippchen schlagen kann, und entwickelt sich 200 Jahre später zu einem struppigen Menschenaffen mit langen Armen, der eine Mozartarie summt. Wir Menschen sind Menschenaffen-»Larven«!

Diese schneckenähnlichen Facetotecta sind eine weitere Erscheinungsform aus der Vielfalt der Krebstiere. Sie müssen von ausgewachsenen Tieren abstammen, die wie alle Krebse, die etwas auf sich halten, Segmente und Gliedmaßen besaßen. Aber die charakteristischen Krebs-Texte des Palimpsests wurden durch die darüber geschriebenen Parasitentexte nahezu vollständig unkenntlich gemacht, sind jedoch in der Larve noch erhalten. Eine evolutionäre Degeneration dieser Art kommt bei Parasiten aus vielen Teilen des Tierreiches häufig vor. Unter den Krebstieren zeigt sie sich in extremer Form auch bei bestimmten Angehörigen aus der Familie der Rankenfußkrebse, allerdings nicht bei den typischen »Seepocken«, die auf Felsen am Meer eine Kruste bilden und in die nackten Füße stechen, wenn man darüber geht.

Ich erinnere mich noch lebhaft, wie ich als kleiner Junge am Meer Urlaub machte und vollkommen perplex war, als mein Vater mir sagte, die Seepocken seien tatsächlich Krebse. Ich hielt sie für Weichtiere, weil sie – nun ja – wie Weichtiere aussehen. Oder jedenfalls nicht wie Krebse, es sei denn, man blickt sorgfältig in ihr Inneres. Die Seepocken, die an den Felsen kleben, sehen aus wie kleine Napfschnecken, und die Entenmuscheln sehen aus wie gestielte Muscheln. Woher wissen wir, dass sie in Wirklichkeit Krebse sind? Wir müssen nur hineinschauen. Oder wir betrachten Darwins eigene Zeichnung auf der folgenden Seite: Darin finden wir ein krebsähnliches Lebewesen, das auf dem Rücken liegt und das Wasser mit seinen kammähnlichen Gliedmaßen bewegt, um schwimmende Nah-

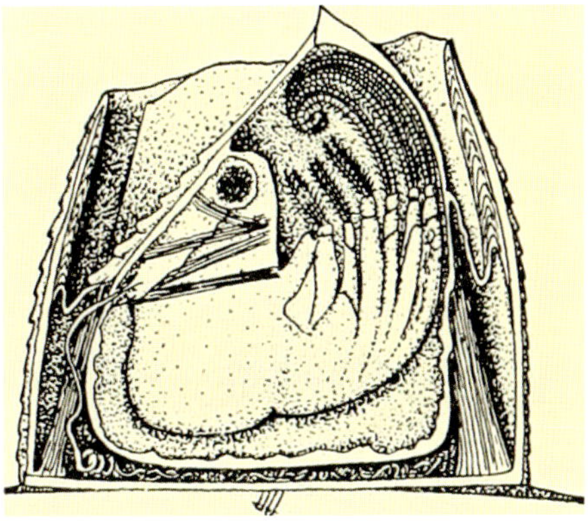

rungsbrocken herauszufiltern.[15] Wie wir es mittlerweile schon erwarten, sehen die Larven der Rankenfußkrebse mehr nach Krebsen aus als die ausgewachsenen Tiere. Bevor ein solcher ausgewachsener Krebs sesshaft wird, ist er eine frei schwimmende Larve und gehört zum Plankton. Die linke Abbildung unten zeigt die Naupliuslarve des kleinen, auf Felsen lebenden Rankenfußkrebses *Semibalanus* und zum Vergleich rechts die Naupliuslarve der Garnele *Sicyonia.*

Rankenfußkrebse bilden nicht nur Krusten auf Felsen. Für einen solchen Krebs sieht auch ein Wal wie ein riesiger, beweglicher Felsen aus. Und so lassen sich manche Rankenfußkrebse auf der Außenseite von Walen nieder, und manche Arten von ihnen leben nirgendwo sonst. Andere reiten auf Krebsen, und manche davon, insbesondere *Sacculina,* haben sich zu Extrembeispielen für die Abweichung von der normalen Krebsform entwickelt. Sie sind in evolutionären Zeit-

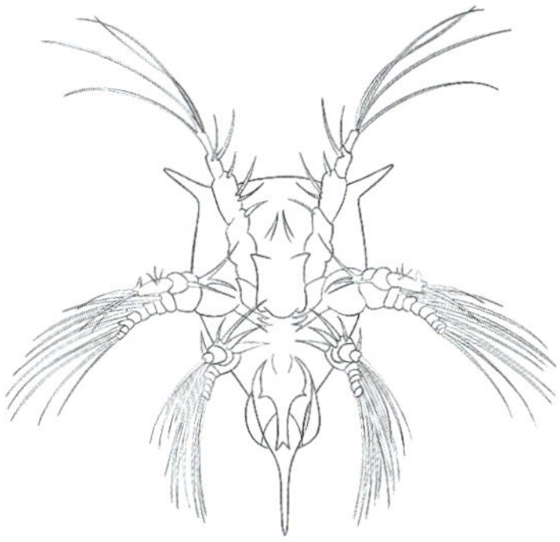

Rankenfußkrebslarve

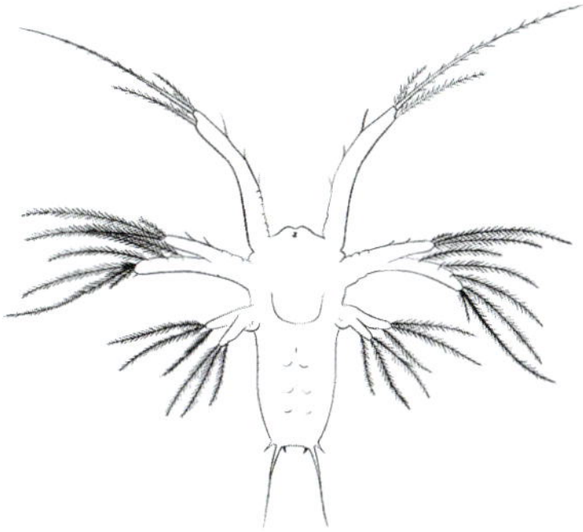

Garnelenlarve

räumen von der Außenseite der Krebse ins Innere gewandert und zu inneren Parasiten geworden, die keine erkennbare Ähnlichkeit mit einem Rankenfußkrebs (oder überhaupt mit irgendeinem Tier) mehr besitzen. Die Evolution von Parasiten verläuft deutlich in einer Richtung, die man mit Fug und Recht als Degeneration bezeichnen könnte, und *Sacculina* ist in dieser Hinsicht ein extremer Fall. Ich werde im letzten Kapitel darauf zurückkommen.

Ich hätte auch viele andere Tiergruppen auswählen können, um die evolutionäre Auseinanderentwicklung und die Variationen über ein Thema zu verdeutlichen. Fische und Krebse sind in dieser Hinsicht jedoch vielleicht spektakulärer als alle anderen Gruppen, und insbesondere für die Larven der Krebstiere habe ich mich unter anderem deshalb entschieden, weil die meisten von ihnen im Plankton leben und uns weniger vertraut sind als die ausgewachsenen Hummer, Krabben und Garnelen. Ich bedaure es, dass ich in diesem Buch nur wenige von ihnen vorstellen konnte. Das vollständige, atemberaubende Spektrum dieser faszinierenden kleinen Lebewesen findet sich in dem prächtigen, bei John Hopkins University Press erschienenen *Atlas of Crustacean Larvae*. Sir Thomas Browne (1605–1682) wusste nichts von ihnen, als er den folgenden Absatz über Bienen, Ameisen und Spinnen schrieb, aber die Krebslarven hätten ihn vielleicht zu noch größerer Wortgewalt veranlasst.

> Der primitive Verstand steht staunend vor so ungeheueren Erscheinungen der Natur wie Walfischen, Elefanten, Dromedaren und Kamelen, und sie sind auch wirklich die Kolossalstatuen und erhabenen Stücke ihrer Handwerkskunst; aber in jenen winzigen Konstruktionen steckt noch subtilere Mathematik und die Weltgewandtheit dieser kleinen Weltbürger verkündet auf feinere Art die Weisheit ihres Schöpfers.[16]

7

IN LEBENDIGER ERINNERUNG

DIE NEUESTEN TEXTE, die in der obersten Schicht des Palimpsests liegen, wurden im Laufe der Lebenszeit des Tieres verfasst. Ich habe gesagt, die aus der Vergangenheit ererbten Gene könne man so betrachten, als würden sie vorhersagen, in was für eine Welt das Tier hineingeboren wird. Gene können aber nur eine sehr allgemeine Voraussage treffen. Die Verhältnisse ändern sich in Zeiträumen, die viel kürzer sind als der Generationenwechsel, den die natürliche Selektion bewältigt. Viele Einzelheiten werden nützlicherweise während des Lebens eines einzelnen Tiers hinzugefügt, und zwar vorwiegend durch Erinnerungen, die im Gehirn gespeichert sind, während die »Erinnerungen« im genetischen Totenbuch in Form von DNA niedergeschrieben werden. Wie ein Genpool, so speichert auch ein Gehirn Informationen über die Umwelt des Tieres, und diese Informationen können genutzt werden, um die Zukunft vorherzusagen, womit sie dem Überleben in dieser Welt dienen. Aber Gehirne bewerkstelligen das in viel kürzeren Zeiträumen. Wenn es um das Lernen – und eigentlich auch um dieses ganze Kapitel – geht, sprechen wir streng genommen nicht über das genetische Totenbuch, sondern um ein nicht-genetisches Buch der Lebenden. Aber wie wir noch genauer erfahren werden, stellen natürlich selektionierte Gene aus der Vergangenheit das Gehirn darauf ein, bestimmte Dinge eher zu lernen als andere.

Der Genpool einer Spezies wird durch die Meißel der natürlichen Selektion geformt, und das hat zur Folge, dass ein Individuum, das nun einmal durch eine Stichprobe von Genen aus dem gut behauenen Genpool entnommen ist, in der Regel in der Umwelt, die für die Formung gesorgt hat, gut überlebt – das heißt, unter den durchschnittlichen Bedingungen einer ganzen Reihe früherer Umgebungen. In der Überlebensausrüstung des Körpers ist das Gehirn ein wichtiger Bestandteil. Das Gehirn – seine Lappen und Furchen, seine weiße und graue Substanz, seine verwirrenden Nebenwege der Nervenzellen und Hauptwege der Nervenstränge – wird seinerseits durch die natürliche Selektion alter Gene geformt. Später, während des Lebens eines Organismus, verändert es sich durch Lernen, und zwar so, dass sich die Überlebensaussichten weiter verbessern. »Formen« hört sich hier vielleicht nicht nach dem richtigen Wort an.[1] Aber die Analogie zwischen Lernen und natürlicher Selektion ist schon vielen Fachleuten aufgefallen, nicht zuletzt B. F. Skinner, einem der führenden – wenn auch umstrittenen – Experten für den Lernprozess.

Skinner hatte sich auf eine Form des Lernens spezialisiert, die er als *operante Konditionierung* bezeichnete und mit einer Trainingsapparatur, die später als Skinner-Box bekannt wurde, erforschte. Die »Box« ist ein Käfig mit einem elektrisch betriebenen Futterspender. Ein Tier – häufig eine Ratte oder eine Taube – gewöhnt sich an den Gedanken, dass in dem Ausgabeautomaten manchmal Futter auftaucht. In die Wand der Box ist ein Hebel zum Drücken oder eine

Taste zum Picken eingebaut. Durch Betätigen des Hebels oder der Taste wird Nahrung abgegeben, allerdings nicht jedes Mal, sondern nur in einem automatisch festgelegten Anteil der Fälle. Die Tiere lernen, das Gerät zu ihrem Vorteil zu nutzen. Skinner und seine Mitarbeiter entwickelten eine komplizierte Wissenschaft der operanten Konditionierung, auch Verstärkungslernen genannt. Skinner-Boxen wurden für eine Vielzahl von Tieren angepasst. Einmal sah ich in einem Film, wie ein Mastschwein in einer speziell verstärkten Skinner-Box lautstark seine rundliche rosa Schnauze zur Betätigung des Hebels einsetzte. Ich fand das ganz reizend und hoffe, das Schwein hatte an dem Schauspiel ebenso viel Spaß wie ich.

Durch operante Konditionierung kann man ein Tier so trainieren, dass es fast alles tut, was man möchte, und dazu muss man nicht einmal die automatisierte Skinner-Box benutzen. Angenommen, wir wollten unseren Hund darauf trainieren, »Pfötchen zu geben«, das heißt, er soll höflich die rechte Vorderpfote heben, als solle sie geschüttelt werden. Die folgende Methode bezeichnete Skinner als *shaping*: Man beobachtet das Tier, wartet, bis es spontan eine Bewegung macht, von der man meint, sie gehe geringfügig in die richtige Richtung: beispielsweise den Ansatz einer vorsichtigen Aufwärtsbewegung der rechten Vorderpfote. Diese belohnt man mit Futter. Vielleicht aber auch nicht mit Futter, sondern mit einem Signal, beispielsweise einem Fingerschnipsen, von dem der Hund zuvor gelernt hat, es mit einer Futterbelohnung in Verbindung zu bringen. Das Schnipsen wird als sekundäre Belohnung oder sekundäre Verstärkung bezeichnet, das Futter dagegen ist die primäre Belohnung (primäre Verstärkung). Dann wartet man, bis er die rechte Vorderpfote ein wenig weiter in der richtigen Richtung bewegt. Nach und nach »formt« man sein Verhalten in Richtung des beabsichtigten Ziels, in diesem Fall das »Pfötchengeben«. Mit der gleichen Shaping-

Methode kann man einem Hund alle möglichen netten Tricks beibringen, von denen manche sogar nützliche sind: Dann schließt er beispielsweise die Tür, wenn ein kalter Luftzug hereinweht und man zu faul ist, aus dem Sessel aufzustehen. Mit einer Weiterentwicklung der gleichen Shaping-Methode brachten Zirkusdompteure früher Bären und Löwen würdelose Kunststücke bei.

Ich nehme an, die Analogie zwischen dem »Shaping« von Verhalten und darwinistischer Selektion ist deutlich zu erkennen, eine Parallele, die Skinner und viele andere äußerst reizvoll fanden.[2] Verhalten durch Belohnung und Bestrafung zu formen, ist die Entsprechung zur Formung des Körperbaus von Rassehunden durch künstliche Selektion – durch Haustierzucht. Die Genpools von Rasserindern, Schafen und Katzen, von Rennpferden und Windhunden, Schweinen und Tauben wurden von menschlichen Züchtern über viele Generationen sorgfältig geformt, weil man Laufgeschwindigkeit, den Milchertrag oder die Wollmenge steigern wollte, oder im Fall von Hunden, Katzen und Tauben nach verschiedenen, mehr oder weniger bizarren Maßstäben den ästhetischen Reiz. Darwin selbst begeisterte sich für die Taubenzucht und widmete eines der ersten Kapitel in seinem Werk *Der Ursprung der Arten* den großen Möglichkeiten, Haustiere und Pflanzen mit künstlicher Selektion abzuwandeln.[3]

Aber zurück zum Shaping im Skinnerschen Sinn. Die Tiertrainerin hat ein ganz bestimmtes Ergebnis im Kopf, beispielsweise das Pfötchengeben beim Hund. Sie wartet auf spontane »Mutationen« (man beachte die Anführungszeichen) im Verhalten eines einzelnen Tiers und wählt aus oder *selektioniert,* welche davon sie belohnt. Aufgrund der Belohnung wird die spontane Variante dann vom Tier selbst in Form einer Wiederholung »fortgepflanzt«. Nun wartet die Trainerin auf eine neue »mutierte« (auch hier darf man die Anführungszeichen nicht außer Acht lassen) Ausweitung des erwünschten Verhaltens. Bewegt sich der Hund spontan ein wenig weiter in der erwünschten Richtung des Pfötchengebens, belohnt sie ihn erneut. Und so weiter. Durch sorgfältig eingesetzte, selektive Belohnungen formt die Trainerin das Verhalten des Hundes nach und nach in Richtung eines erwünschten Ziels.

Die Analogie zur genetischen Selektion liegt auf der Hand und wurde auch von Skinner selbst thematisiert. Aber bisher war es nur eine Analogie mit künstlicher Selektion. Wie steht es mit der natürlichen Selektion? Welche Rolle spielt das Verstärkungslernen in freier Wildbahn, wo es keine menschliche Trainerin gibt? Lässt sich die Analogie zum Belohnungslernen von der künstlichen auf die natürliche Selektion erweitern? Wie verbessert das Belohnungslernen die Überlebenschancen des Tieres?

Darwin überwand die Kluft von der Haustierzüchtung zur natürlichen Selektion mit der großartigen Erkenntnis, dass menschliche Züchter nicht notwendig sind. An die Stelle von Menschen, die selektiv kreuzen – bezeichnen wir sie einmal als Genpool-Bildhauer – treten natürliche Bildhauer: das Überleben des Geeignetsten, unterschiedlich gutes Überleben in einer wilden Umwelt, unterschiedlich großer Erfolg im Anlocken von Partnern und in der Beseitigung sexueller Konkurrenten, unterschiedlich gute Brutpflege, unterschiedlicher Erfolg in der Weitergabe der Gene. Und genau wie Darwin zeigte, dass wir einen menschlichen Züchter nicht brauchen, so kommt auch die Analogie mit dem Lernen ohne einen menschlichen Trainer aus. Ohne solche menschlichen Trainer lernen die Tiere in freier Wildbahn, was gut für sie ist, und ändern ihr Verhalten so, dass sich ihre Überlebenschancen verbessern.

Eine »Mutation« besteht aus spontanen Handlungsversuchen, die der »Selektion« – das heißt der Belohnung oder Bestrafung –

unterliegen können. Die Belohnungen und Bestrafungen werden von den eigenen Trainern der Natur verteilt. Wenn ein Huhn mit den Füßen am Boden kratzt, besteht eine gute Chance, mit dieser Handlung irgendetwas zu fressen auszugraben, vielleicht eine Made oder ein Korn. Also wird das Kratzen am Boden belohnt und wiederholt. Die Nuss, auf die ein Eichhörnchen beißt, ist schwer zu knacken, wenn sie nicht in einem bestimmten Winkel zwischen den Zähnen gehalten wird. Entdeckt das Eichhörnchen spontan den richtigen Ansatzwinkel, öffnet sich die Nuss, das Eichhörnchen wird belohnt, es erinnert sich an die richtige Haltung der Zähne zur Nuss und wiederholt sie – die nächste Nuss wird schon schneller geknackt.

Von den Belohnungen, die von der Natur verteilt werden, hängt viel ab. Nahrung ist in dieser Hinsicht selbst im Labor nicht das Einzige, was man nutzen kann. Einmal wollte ich im Rahmen eines Forschungsprojekts, auf das ich hier nicht näher eingehen muss, Hühnerküken darauf trainieren, in einer Skinner-Box auf unterschiedlich farbige Tasten zu picken. Dabei gab es gute Gründe, Futter nicht als Belohnung zu verwenden, also nutzte ich stattdessen Wärme. Die Belohnung bestand in einer zwei Sekunden langen Bestrahlung mit einer Heizlampe, was die Hühner angenehm fanden; also lernten sie bereitwillig, für die Wärmebelohnung mit dem Schnabel bestimmte Tasten zu drücken. Damit stehen wir nun vor einer allgemeinen Frage: Was meinen wir eigentlich mit »Belohnung«? Als Darwinisten müssen wir davon ausgehen, dass letztlich die natürliche Selektion der Gene darüber bestimmt, was ein Tier als Belohnung ansieht. Um was es sich dabei handelt, liegt nicht ohne Weiteres auf der Hand, auch wenn es uns naheliegend erscheint, weil wir selbst Tiere sind.

Eine Belohnung können wir folgendermaßen definieren: Wenn auf eine zufällige Handlung eines Tieres zuverlässig eine bestimmte

Empfindung folgt und das Tier infolgedessen die zufällige Handlung wiederholt, erkennen wir in dieser Empfindung (die Gegenwart von Futter, oder Wärme, oder was auch immer) definitionsgemäß eine *Belohnung*. Würde die Skinner-Box nicht Futter oder Wärme spenden, sondern einen attraktiven, aufgeschlossenen Angehörigen des anderen Geschlechts, habe ich keinen Zweifel, dass auch dies – zumindest unter bestimmten Umständen – der Definition einer Belohnung entspricht: Ein Tier in geeignetem hormonellem Zustand würde lernen, eine Taste zu betätigen, um eine solche Belohnung zu erhalten. Ein Muttertier, dem man grausamerweise sein Kind weggenommen hat, würde lernen, eine Taste zu drücken, um wieder Zugang zu ihm zu erhalten. Und das Kind würde lernen, eine Taste zu drücken, um Zugang zur verlorenen Mutter zu erlangen. Ich kenne für alle diese Vermutungen keine unmittelbaren Belege, ebenso wenig wie für meine Annahme, dass der Zugang zu Ästen, Steinen und Schlamm, die sich zum Dammbau eignen, für einen Biber nach der oben genannten Definition eine Belohnung wäre.[4] Und eine Krähe würde in der Nistsaison den Zugang zu Zweigen als Belohnung definieren. Als Darwinist kann ich die Vorhersage in allen diesen Fällen durchaus mit einem gewissen Selbstvertrauen treffen.

In der Gehirnforschung kann man Elektroden schmerzlos in das Gehirn von Tieren einpflanzen und damit das Gehirn elektrisch stimulieren. Normalerweise will man auf diese Weise herausfinden, welche Teile des Gehirns bestimmte Verhaltensmuster steuern. Die Forschenden verabreichen schwache elektrische Ströme und nehmen damit Einfluss auf das Verhalten des Tiers. Stimuliert man das Gehirn eines Huhns hier, zeigt der Vogel aggressive Verhaltensweisen. Stimuliert man das Gehirn einer Ratte dort, hebt der Nager die rechte Vorderpfote. Die Neurologen James Olds und Peter Milner dachten sich eine Abwandlung der Methode aus. Sie überließen den

Eine süchtige Ratte

Schalter der Ratte. Diese konnte einen Hebel betätigen und damit ihr eigenes Gehirn stimulieren. Wie Olds und Milner entdeckten, war die Stimulation bestimmter Gehirnareale für die Ratten eine große Belohnung: Es war, als wären sie süchtig danach, den Hebel zu betätigen.[5] Die elektrische Stimulation der fraglichen Areale erfüllte nicht nur die Definition einer Belohnung, sondern erfüllte sie sogar auf besonders umfassende Weise. Wurden die Elektroden in diese sogenannten Lustzentren eingeführt, betätigten die Ratten wie besessen den Schalter, wobei sie unglücklicherweise sogar andere lebenswichtige Tätigkeiten vernachlässigten. Manchmal drückten sie den Hebel bis zu 7000-mal pro Stunde; sie kümmerten sich weder um Nahrung noch um willige Angehörige des anderen Geschlechts und rannten stattdessen zu dem Hebel. Um ihn zu erreichen, liefen sie sogar über ein Gitternetz, das ihnen elektrische Schläge versetzte. Sie betätigten den Hebel 24 Stunden lang ständig, bis die Wissenschaftler sie aus Angst, sie könnten verhungern, aus dem Käfig nahmen. Zu ähnlichen Ergebnissen gelangte man, als man die Experimente mit Menschen wiederholte. Der Unterschied bestand nur darin, dass Menschen ihre Gefühle in Worte fassen konnten:

> Ein plötzliches Gefühl von großer, großer Ruhe ... Als wäre es Winter, und du hast genug von der Kälte, und du gehst nach draußen, findest die ersten kleinen Sprösslinge und weißt, dass endlich der Frühling kommt.

Eine andere Frau (und man muss sich fragen, ob das Experiment von einer Ethikkommission genehmigt wurde)

> entdeckte sehr schnell, dass die Stimulation etwas Erotisches hatte, und es stellte sich heraus, dass es wirklich gut war, wenn sie fast die volle Leistung einstellte und immer wieder ihren kleinen Knopf drückte ... Oft ignorierte sie persönliche Bedürfnisse und Hygiene zugunsten ganzer Tage, die sie mit der elektrischen Selbststimulation verbrachte.[6]

Es erscheint durchaus plausibel: Die natürliche Selektion hat das Gehirn von Tieren so verdrahtet, dass äußere Reize oder Situationen, die für das Tier gut sind (was von einer Spezies zur nächsten etwas Unterschiedliches bedeuten kann), mit den von Olds und Milner entdeckten »Lustzentren« verknüpft sind.

Das Gegenteil von Belohnung ist Bestrafung. Wenn auf eine Handlung regelmäßig ein Reiz X folgt und das Tier die Handlung in der Folge mit geringerer Wahrscheinlichkeit wiederholt, wird X als Bestrafung definiert. In psychologischen Labors werden manchmal elektrische Schläge als Bestrafung eingesetzt. Humaner ist es (nach meiner Vermutung), wenn man sich einer »Auszeit« bedient – eines Zeitraums, in dem das Tier keinen Zugang zu Belohnungen hat. Hundetrainer geben einem Tier manchmal zur Bestrafung einen Klaps (eine Praxis, über die viele Experten die Stirn runzeln – nach meiner Ansicht zu Recht). Als ich im Internat war, wurden meine Kameraden und ich hin und wieder vom Direktor mit dem Rohrstock verprügelt (und diese Praxis löst heute nicht nur Stirnrunzeln aus, sondern sie ist verboten); heute erscheint es erstaunlich, aber die Schläge waren stark und hinterließen Blutergüsse, deren Heilung Wochen dauerte (und die im Badezimmer wie Kriegsverletzungen bewundert wurden). Welcher Vergehen ich mich schuldig gemacht hatte, weiß ich heute nicht mehr, aber mit Sicherheit hatte ich sie noch im Gedächtnis, solange ich zur Schule ging und in der Reichweite von Slim Jim und Big Ben war, der beiden Rohrstöcke im Arsenal des Schulleiters. Die Wahrscheinlichkeit, dass ich ein solches Vergehen noch einmal beging, nahm zweifellos ab. Deshalb waren die Schläge definitionsgemäß eine Bestrafung, was auch den Absichten des Direktors entsprach.

In der Natur werden körperliche Verletzungen als schmerzhaft wahrgenommen. Folgen Schmerzen auf eine Handlung, sinkt die Wahrscheinlichkeit, dass diese Handlung wiederholt wird. Das ist nicht nur unsere Definition für Bestrafung, sondern es erklärt auch, wozu Schmerzen im darwinistischen Sinn da sind. Verletzungen sind oftmals Vorboten des Todes und damit des Scheiterns bei der Fortpflanzung. Deshalb definiert das Nervensystem körperliche Verletzungen als schmerzhaft.

Manchmal werden Schmerzen erduldet, wenn im Gegenzug eine Belohnung wartet. Wie wir bereits erfahren haben, nehmen Ratten einen schmerzhaften elektrischen Schlag in Kauf, um zu dem Hebel für die Selbststimulation zu gelangen. Die Bestrafung durch einen Bienenstich wird unter Umständen durch die Belohnung durch Honig ausgeglichen. Der Geschmack von Honig ist eine so intensive Belohnung, dass viele Tiere, darunter Bären, Honigdachse, Waschbären und jagende oder sammelnde Menschen bereit sind, deswegen die Schmerzen auszuhalten. Belohnung und Bestrafung unterliegen ebenso einer Abwägung wie gegensätzliche Kräfte der natürlichen Selektion.

Aus der darwinistischen Interpretation der Schmerzen als Warnung, die vorangegangene Handlung nicht zu wiederholen, ergeben sich ethische Folgerungen. In unserem Umgang mit nichtmenschlichen Tieren auf Bauernhöfen und in Jagdgebieten, in Schlachthöfen und Stierkampfarenen neigen wir zu der Annahme, sie hätten eine geringere Leidensfähigkeit als wir. Sind sie nicht auch weniger intelligent als wir? Das muss doch bedeuten, dass sie Schmerzen, wenn überhaupt, weniger intensiv spüren, oder nicht? Aber warum sollten wir so etwas annehmen? Schmerzen gehören nicht zu den Dingen, die man nur mit Intelligenz erleben kann.

Die Fähigkeit zur Schmerzempfindung wurde in unser Nervensystem als Warnung eingebaut, als Hilfe, damit wir lernen, Handlungen, die unseren Körper schädigen und das nächste Mal zum Tod führen können, nicht zu wiederholen. Wenn also eine Spezies weniger intelligent ist, müssten dann ihre Schmerzen nicht sogar noch quälender und nicht weniger quälend sein? Sollten wir Menschen, die wir klüger sind, nicht schon mit weniger heftigen Schmerzen lernen, eine selbstschädigende Handlung nicht zu wiederholen? Ein kluges Tier, so sollte man meinen, könnte doch mit einer schwachen Warnung davonkommen: »Hey, vermutlich ist es doch eine gute Idee, das nicht noch einmal zu tun, meinst du nicht?« Ein weniger intelligentes Tier würde vielleicht die eindringliche Warnung brauchen, die nur von quälenden Schmerzen ausgehen kann. Wie sollte sich das auf unsere Einstellung gegenüber Schlachthöfen und Nutztierhaltung auswirken? Sollten wir das Leiden der von uns gehaltenen Tiere nicht wenigstens annehmen? Das ist, um es gelinde auszudrücken, zumindest so ein Gedanke!

Belohnungen und Bestrafungen, Lust und Schmerz sind uns als menschliche Tiere so vertraut und altbekannt, dass manch einer sich vermutlich fragt, warum ich das Thema in diesem Kapitel so ausführlich behandle. Doch an einer Stelle werden die Dinge weniger offensichtlich und etwas interessanter. Die Entscheidung des Gehirns, was eine Belohnung und was eine Bestrafung darstellt, ist nicht in Stein gemeißelt. Letztlich bestimmt darüber die genetische natürliche Selektion. Tiere kommen mit genetisch vorgegebenen Definitionen von Belohnung und Bestrafung auf die Welt. Diese Definitionen wurden durch die natürliche Selektion der Gene ihrer Vorfahren formuliert. Jede Empfindung, die mit einer größeren Todeswahrscheinlichkeit in Verbindung steht, wird als schmerzhaft definiert. Eine verrenkte Extremität lässt die Todeswahrscheinlichkeit in freier Wildbahn drastisch ansteigen. Und sie ist ungeheuer schmerzhaft, wie ich kürzlich auf dem Weg ins Krankenhaus lautstark bezeugen konnte. Dies hat mich sicher veranlasst, vorsichtiger zu sein und keine Wiederholung zu riskieren. Kopulation steigert die Fortpflanzungswahrscheinlichkeit, und entsprechend hat die genetische Selektion die damit verbundenen Empfindungen lustvoll gemacht – das heißt, sie sind eine Belohnung. Auf der Basis von Experimenten mit Ratten und mit der oben erwähnten Frau, die sich selbst stimulierte, hat man die Vermutung geäußert, sexuelle Lust sei unmittelbar mit den »Lustzentren« verknüpft, die Olds und seine Kollegen entdeckt hatten. Vermutlich könnten auch andere Empfindungen von der natürlichen Selektion damit verknüpft worden sein.

Nach meiner Vermutung könnte man mit künstlicher Selektion eine Taubenrasse züchten, die gern Mozart hört, aber Strawinsky nicht mag. Und umgekehrt. Nach vielen Generationen der selektiven Züchtung, die sich vielleicht über die Lebensdauer mehrerer Menschen erstreckt, wären die Vögel genetisch mit einer Definition von Belohnung ausgestattet, mit der sie lernen, eine Taste zu betätigen, die eine Mozart-Aufnahme ablaufen lässt, und sie würden lernen, auf eine Taste zu picken, die eine Strawinsky-Aufnahme abschaltet. Und natürlich wäre das Experiment unvollständig, wenn wir nicht auch eine Abstammungslinie von Tauben züchten würden, für die Mozart eine Bestrafung und Strawinsky eine Belohnung ist. In der Frage, ob sie ausschließlich Mozart als Belohnung empfinden, wollen wir nicht pedantisch sein. Die erlernte Vorliebe würde vermutlich auch von Mozart auf Haydn übergehen! Ich will damit nur sagen, dass die einzelnen Definitionen davon, was als Belohnung und was als Bestrafung empfunden wird, nicht in Stein gemeißelt sind. Sie sind vielmehr in den Genpool gemeißelt und lassen sich deshalb potenziell durch Selektion verändern.

Entsprechend habe ich auch die Vermutung, dass man durch künstliche Selektion eine Tierrasse züchten könnte, die das, was vorher Schmerz war, als Belohnung empfindet (allerdings würde ich mir das nicht wünschen, und es könnte eine unzumutbar große Zahl von Generationen erfordern). Dann wären es definitionsgemäß keine Schmerzen mehr! Solche Tiere in die natürliche Umwelt ihrer Spezies zu entlassen, wäre grausam, denn natürlich wären sie nicht dazu ausgerüstet, dort zu überleben – genau darum geht es. Aber allein die Tatsache, dass sie etwas genießen, was normale Angehörige ihrer Spezies Schmerzen nennen würden, ist nicht grausam – denn auch wenn wir Schwierigkeiten haben, es uns auszumalen, haben sie zumindest in den Grenzen meines Gedankenexperiments Freude daran! Ohnehin lautet die interessantere Schlussfolgerung: Im Naturzustand bestimmt die natürliche Selektion darüber, was Belohnung und was Bestrafung ist. Mein Gedankenexperiment sollte dazu dienen, diese Schlussfolgerung eindringlicher zu machen.

In der experimentellen Psychologie weiß man schon seit Langem, dass man ein Tier darauf *trainieren* kann, etwas als Belohnung zu betrachten, das vorher für das Tier einen neutralen Wert hatte. Wie bereits erwähnt, bezeichnet man dies als *sekundäre Verstärkung*, und ein Beispiel ist das Fingerschnipsen, das von Hundetrainern benutzt wird. Aber von sekundärer Verstärkung rede ich hier nicht, darauf möchte ich noch einmal ausdrücklich hinweisen. Es geht mir nicht um sekundäre Verstärkung, sondern um eine genetische Veränderung der Definition dessen, was primäre Verstärkung ausmacht. Dies, so vermute ich, könnten wir durch Züchtung – im Gegensatz zu Training – erreichen. Ich bezeichne es als Vermutung, weil man das Experiment, soweit mir bekannt ist, bisher nicht angestellt hat. Ich rede hier über die selektive Züchtung von Tieren, für die sich ihre eigene, genetisch verankerte Definition dessen verändert, was beim Training eine primäre Belohnung ausmacht. Um meine Annahme noch einmal zu wiederholen: Ich sage voraus, dass man durch künstliche Selektion im Prinzip eine Rasse von Tieren züchten könnte, für die körperliche Verletzungen eine Belohnung sind.

Zu einer großartig komödiantischen *reductio ad absurdum* führte Douglas Adams das Thema in seinem Buch *Das Restaurant am Ende des Universums*. Dort kommt ein großes Rindvieh an den Tisch von Zaphod Beeblebrox und preist sich selbst als Tagesgericht an. Es erklärt, man habe das ethische Problem, Tiere zu essen, durch Zucht einer Spezies gelöst, die gegessen werden möchte und das auch sagen könne. »Vielleicht etwas aus meiner Schulter? In Weißweinsoße geschmort?«*

Vögel hören normalerweise nicht die Musik der Menschen, deshalb erscheint mein Mozart/Strawinsky-Hirngespinst vielleicht unplausibel. Aber haben sie eine eigene Musik? Der angesehene Ornithologe und Philosoph Charles Hartshorne äußerte den Vorschlag, wir sollten den Gesang der Vögel als Musik betrachten, die von den Vögeln selbst ästhetisch geschätzt wird.[7] Damit hatte er vielleicht, wie ich in Kürze darlegen werde, nicht unrecht.

Die Bedeutung von Lernen und Genen für die Entwicklung des Vogelgesanges wurde insbesondere von W. H. Thorpe, Peter Marler sowie ihren Kollegen eingehend untersucht.[8] Viele Vögel lernen, den Gesang ihres Vaters oder anderer Artgenossen zu imitieren. Ein Extrembeispiel sind die Nachahmungsleistungen von Staren, Leierschwänzen und ihresgleichen. Die Leierschwänze ahmen nicht nur andere Arten, beispielsweise die Jägerlieste nach, sondern wie David Attenborough mit Tonaufnahmen belegen konnte, liefern sie auch bemerkenswert überzeugende Imitationen von Autoalarmanlagen, Kameraverschlüssen (mit oder ohne Motorantrieb), den Kettensägen der Holzfäller und der Geräuschkulisse einer Baustelle. Ich habe sogar gehört, Leierschwänze könnten Nikon- und Canon-Kameraverschlüsse unterschiedlich nachahmen, nachprüfen konnte ich es

* Üb. v. B. Schwarz; Berlin: Ullstein 1996, S. 106.

allerdings nicht. Solche Imitationsvirtuosen nehmen eine verblüffende Vielfalt von Geräuschen in ihr umfangreiches Repertoire auf.

Daraus ergibt sich die Frage, warum viele Singvögel überhaupt ein so großes Repertoire besitzen. Ein einzelnes Nachtigallenmännchen kann mehr als 150 erkennbar unterschiedliche Lieder singen. Zugegeben: Das ist ein Extrembeispiel, aber das allgemeine Phänomen der Gesangsrepertoires verlangt nach einer Erklärung. Angenommen, der Gesang dient dazu, Konkurrenten abzuschrecken und Partnerinnen anzulocken: Warum bleibt man dann nicht bei einem Lied? Warum wechselt man zwischen Alternativen? Dazu wurden mehrere Hypothesen vorgeschlagen. Ich möchte hier nur meine liebste erwähnen, die Beau-Geste-Hypothese von John Krebs.[9]

In dem Abenteuerroman mit diesem Titel von P. C. Wren* wird eine zahlenmäßig unterlegene Einheit der französischen Fremdenlegion in einem Wüstenfort belagert, und der Kommandant wehrt die gegnerischen Streitkräfte mit einem spektakulären Bluff ab.

> Als Mann um Mann an jenem langen und entsetzlichen Tag fiel, hatte er jeden, verwundet oder tot, vor die Schießscharte gestellt, hatte die Gewehre in Anschlag gebracht, sie abgefeuert und dadurch den Arabern den Glauben beigebracht, daß jeder Wall und jede Schießscharte ständig besetzt sei. Er muß schließlich von einem zum anderen gerannt sein und Gewehr um Gewehr hinter den Verteidigern abgeschossen haben. Dann und wann muß er Alarm geblasen haben – den der Trompeter des Forts nun niemals mehr blasen würde –, in der Hoffnung, seine Hornsignale würden die Entsatztruppen zur Eile anspornen und die Araber glauben machen, die Rächer wären nahe.

* Auf Deutsch erschienen 1927 unter dem Titel *Drei Brüder* in der Übersetzung von Carl Ehrenstein (Anm. d. Übers.).

Nach Krebs' Hypothese tut ein Vogel mit großem Repertoire so, als sei sein Revier bereits vollständig besetzt. Er ahmt gewissermaßen die Geräusche nach, die von einem Gebiet ausgehen würden, das bereits von Angehörigen seiner Spezies übervölkert ist. Damit schreckt er Rivalen von dem Versuch ab, in dem gleichen Gebiet ein Revier einzurichten. Je dichter eine Region bevölkert ist, desto weniger nützt es einem Einzelnen, sich dort niederzulassen. Oberhalb einer gewissen kritischen Dichte zahlt es sich für ein Individuum aus, wegzufliegen und sich anderswo ein Revier zu suchen, selbst wenn es sich bei der Alternative um ein ansonsten minderwertiges Gelände handelt. Wenn also eine einzelne Nachtigall vortäuscht, sie sei viele Nachtigallen, will sie Artgenossen veranlassen, ihr Revier an anderen Orten aufzuschlagen. Was die Leierschwänze angeht, ist auch das Geräusch einer Kettensäge nur ein weiteres Element in dem Repertoire, und die Größe dieses Repertoires vermittelt die Botschaft: »Hau ab, du hast hier keine Zukunft, die Stelle ist schon voll besetzt.«

Virtuosen im Eindruckschinden wie Leierschwänze, Papageien und verschiedene Starenarten sind Exoten.[10] Vermutlich bringen sie in extremer Form zum Ausdruck, auf welchem normalen Weg Jungvögel den Gesang ihrer Spezies lernen: durch Nachahmung des Vaters oder anderer Artgenossen. Den spezieseigenen Gesang zu lernen ist wichtig, um Partner anzulocken und Rivalen einzuschüchtern. Damit kehren wir zu unserem Thema der Definition einer Belohnung zurück: Wie definiert die natürliche Selektion, was als Belohnung und was als Bestrafung angesehen wird?

In einem Experiment von J. A. Mulligan wurden drei amerikanische Singammern (*Melospiza melodia*) in einem schalldichten Raum von Kanarienvögeln großgezogen, sodass sie nie den Gesang einer Singammer zu hören bekamen.[11] Als sie heranwuchsen, ließen alle drei Gesänge hören, die von denen typischer wilder Singammern nicht zu unterscheiden waren. Das zeigt, dass der Gesang der Singammern in den Genen codiert ist. Er wird aber auch erlernt, und zwar in einem ganz bestimmten Sinn. Junge Singammern bringen sich das Singen selbst bei und greifen dabei auf eine eingebaute Matrize zurück, eine genetisch festgeschriebene Idee davon, wie ihr Gesang sich anhören sollte.

Welche Belege gibt es dafür? Man kann Vögel chirurgisch – unter Narkose und, davon gehe ich aus, schmerzlos – taub machen. Dies wurde sowohl mit Singammern als auch mit ihren Verwandten getan, einigen Dachsammern (*Zonitrichia leucophrys*).[12] Macht man ausgewachsene Vögel beider Arten taub, singen sie nahezu normal weiter: Sie müssen sich selbst nicht singen hören. Jedenfalls als Erwachsene. Nimmt man ihnen das Gehör jedoch im Alter von drei Monaten, wenn sie noch nicht singen können, sind ihre Lautäußerungen im ausgewachsenen Zustand ein Chaos, das wenig Ähnlichkeit mit dem richtigen Gesang hat. Nach der Matrizenhypothese liegt das daran, dass sie sich selbst das Singen beibringen müssen und ihre zufälligen Versuche dabei mit der Matrize für den richtigen Gesang ihrer Spezies in Einklang bringen müssen. Dabei gibt es zwischen den beiden Arten einen interessanten Unterschied. Während die Singammer nie einen anderen Vogel singen hören muss – ihre Matrize ist angeboren –, erstellt die Dachsammer schon in einem frühen Lebensstadium, lange bevor die Entwicklung ihres eigenen Gesanges beginnt, eine »Aufnahme« des Dachsammergesanges. Ist eine solche Matrize einmal vorhanden – ob angeboren wie bei der Singammer oder aufgezeichnet wie bei der Dachsammer –, wird sie von den Jungvögeln genutzt, wenn sie sich selbst das Singen beibringen.

Tauben und Hühner treiben das Prinzip ins Extrem: Sie müssen sich überhaupt nicht selbst zuhören. Junge Lachtauben, die man chirurgisch völlig taub gemacht hat, bringen später Lautäußerungen hervor, die denen unversehrter Tauben genau gleichen. Dass es sich um angeborenes Verhalten handelt, wird auch dadurch belegt, dass das Gurren von Hybridtauben ein Mittelding aus dem Gurren der unterschiedlichen Ausgangsspezies ist. Wie wir in Kapitel 9 genauer erfahren werden, kann man junge Grillen (Nymphen), die noch nicht durch die letzte Häutung zu ausgewachsenen Tieren geworden sind, künstlich dazu veranlassen, Muster von Nervenimpulsen abzugeben, die den Gesangsmustern ihrer Spezies gleichen, und das, obwohl die Nymphen niemals singen. Der Gesang von Hybridgrillen steht auch hier in der Mitte zwischen den beiden Ausgangsarten.

Aber zurück zu den Ammern. Wie wir erfahren haben, bringen sie sich selbst das Singen bei, indem sie sich ihr eigenes zufälliges Geplapper anhören und die Bruchstücke wiederholen, die durch eine Übereinstimmung mit einer Matrize belohnt werden – dabei kann diese Matrize entweder genetisch vorgegeben sein (Singammern), oder es kann sich wie bei den Dachsammern um eine »Aufzeichnung« handeln, an die sie sich aus ihrer Kindheit erinnern. Manch einem ist sicher schon aufgefallen, dass demnach ein Geräusch, das zu der Matrize passt, nach unserer Definition eine Belohnung ist. Damit haben wir neben Nahrung und Wärme eine weitere Form von Belohnungen identifiziert. Die Gesangsmatrize ist dabei weitaus stärker spezialisiert. Warum Nahrung (die Hungerattacken lindert) und Wärme (die unangenehme Kälte lindert) allgemeine, unspezifische Belohnungen sind, erkennt man leicht. Zu Beginn des 20. Jahrhunderts hatten Psychologen sogar Freude daran, alle Belohnungen auf eine einzige Formel zu reduzieren, die sie als »Triebreduktion« bezeichneten. Dabei betrachtete man Hunger und Durst als »Triebe« analog zu Kräften, die das Tier *antreiben*. Ein besonderes Geräuschmuster, das so kompliziert und charakteristisch ist, dass Ornithologen und Vögel darin gleichermaßen die Zugehörigkeit zu einer einzigen Spezies erkennen, ist eine ganz andere Belohnung als die allgemeine Triebreduktion. Ich persönlich würde auch hinzufügen: Sie ist viel interessanter. Als Student gab ich mir Mühe, mich in die Literatur über diese Rattenpsychologie einzulesen, aber zu meinem Bedauern muss ich gestehen, dass ich sie im Vergleich zur zoologischen Literatur über Wildtiere ziemlich langweilig fand.[13]

Der Verhaltensforscher Keith Nelson hielt bei einer Tagung einmal einen Vortrag mit dem Titel »Ist der Vogelgesang Musik? Oder ist er eine Sprache? Nun, was zum Teufel ist er?« Eine Sprache ist er nicht: Dazu enthält er nicht genügend Informationen, und anscheinend ist er auch nicht grammatikalisch in dem Sinn, dass es eine hierarchische Anordnung von »Sätzen« und eingebetteten »Nebensätzen« gibt. Hartshorne hielt ihn, wie ich bereits erwähnt habe, für Musik, und nach meiner Überzeugung hatte er in einem gewissen Sinn recht. Ich glaube, wir können zu Recht behaupten, dass Vögel ein ästhetisches Gespür haben und damit auf Gesang ansprechen. Außerdem glaube ich, dass es auch ein Gespür gibt, auf das er wie eine Droge wirkt. Im Folgenden greife ich auf zwei Artikel über allgemeine Signale von Tieren zurück, die ich vor einigen Jahren zusammen mit John Krebs verfasst habe.[14] Darin setzten wir uns kritisch mit der damals vorherrschenden Idee auseinander, Signale von Tieren hätten die Funktion, zum gegenseitigen Vorteil nützliche *Informationen* vom Absender zum Empfänger zu übermitteln. Beispielsweise: »Ich bin ein Männchen der Spezies *Luscinia megarhynchos*, ich bin paarungsbereit, und ich habe hier drüben ein Revier.« Die Vorstellung einer genzentrierten Sichtweise auf die Evolution, die damals noch ganz neu war, passte nicht gut zum »gegenseitigen Vorteil«. Krebs und ich gelangten aus Sicht der Gene zu einem eher zynischen Blick auf die Signale der Tiere und vertraten den Gedanken, dass der Absender den Empfänger *manipuliert.* »Du bist ein Weibchen der Spezies *Luscinia megarhynchos.* KOMM HIERHER! KOMM HIERHER! KOMM HIERHER!«

> Wenn ein Tier bestrebt ist, einen unbelebten Gegenstand zu manipulieren, bleibt ihm nur eine Möglichkeit: die Körperkraft ... Handelt es sich aber bei dem Objekt, das es manipulieren will, um ein anderes lebendes Tier, gibt es eine Alternative. Es kann die Sinne und Muskeln des Tieres ausnutzen, das es unter seine Kontrolle bringen will ... Ein Grillenmännchen rollt das Weibchen nicht physisch über den Boden in seinen Bau. Es setzt sich vielmehr hin und singt, und das Weibchen kommt aus eigener Kraft zu ihm.[15]

Nun könnte man einwenden: Das Weibchen reagiert doch sicher nur dann so auf den Gesang des Männchens, wenn es ihm selbst nützt. Aber wir betrachteten die Beziehung zwischen Absender und Empfänger als Rüstungswettlauf, der in evolutionären Zeiträumen abläuft. Vielleicht hat sie eine gewisse Kaufabneigung aufgebaut. Dies veranlasst das Männchen auf der anderen Seite des Rüstungswettlaufs, noch einen draufzusetzen: Es steigert die Eindringlichkeit seines Signals. Damit sind wir bei einem weiteren Argumentationsstrang, den Krebs und ich in unserem zweiten Artikel darlegten. Er betrifft das »Gedankenlesen«, wie wir es nannten.[16] In einer sozialen Begegnung kann jedes Tier einen Nutzen daraus ziehen, wenn es das Verhalten eines anderen vorhersieht (sich verhält, als würde es dies vorhersehen). Dafür gibt es alle möglichen offenkundigen Anhaltspunkte. Wenn sich bei einem Hund die Nackenhaare sträuben, ist dies ein unwillkürliches Anzeichen für aggressive Stimmung. Die angemessene Reaktion auf solche Anhaltspunkte bezeichneten wir als »Gedankenlesen«. Menschen können in diesem Sinn zu sehr geschickten Gedankenlesern werden und Indizien wie einen verschlagenen Blick oder nervöse Finger ausnutzen. Jetzt schließen wir den argumentativen Kreis: Ein Tier, das zum Opfer eines Gedankenlesers wird, kann die Tatsache, dass seine Gedanken gelesen werden, so ausnutzen, dass schon das Wort »Opfer« nicht mehr zutrifft. Ein Männchen kann beispielsweise ein Weibchen manipulieren, indem es dessen Gedankenleseapparat – vielleicht mit vorgetäuschten Anhaltspunkten – »füttert«. Damit soll nur gesagt werden, dass Manipulation, was die Opferrolle betrifft, keine Einbahnstraße ist. Das Gedankenlesen dreht den Spieß um. Anschließend dreht Manipulation ihn unter Umständen erneut gegen den Gedankenleser.

Um es noch einmal zu wiederholen: Nach dieser Sichtweise entstehen die Signale von Tieren in der Evolution im Rahmen eines Rüstungswettlaufs zwischen Gedankenlesen und Manipulation, eines Rüstungswettlaufs zwischen Verkaufstalent und Kaufunlust. In Fällen, in denen der Absender davon profitiert, wenn seine Gedanken gelesen werden, und der Empfänger davon profitiert, manipuliert zu werden, sollte das Signal nach unserer Vermutung auf ein »verschwörerisches Flüstern« schrumpfen. Warum soll man ein Signal eskalieren, wenn es keine Zurückweisung gibt? Umgekehrt – als Gegenteil des verschwörerischen Flüsterns – entstehen laute, offensichtliche, eindringliche Signale, wenn der Empfänger nicht manipuliert werden »will«. In solchen Fällen eskaliert der Rüstungswettlauf in evolutionären Zeiträumen in Richtung einer Übertreibung aufseiten des Absenders, mit der dieser die »Kaufunlust« aufseiten des Empfängers bekämpft.

Nun kann man fragen: Warum gibt es überhaupt eine »Kaufunlust«? Am leichtesten erkennt man das im Fall des Rüstungswettlaufs zwischen den Geschlechtern. Man könnte meinen, es sei immer gut, wenn Männchen und Weibchen zusammenfinden und sich koordinieren. Aber das stimmt nicht, und zwar aus einem interessanten Grund. Da Samenzellen kleiner und zahlreicher (»billiger«) sind als Eizellen, müssen die Weibchen wählerischer sein als die Männchen.[17] Ein Männchen »will« sich mit größerer Wahrscheinlichkeit mit einem Weibchen paaren als das Weibchen mit einem Männchen. Wenn Weibchen sich mit dem falschen Männchen paaren, zahlen sie einen höheren Preis als Männchen, die sich mit dem falschen Weibchen paaren. Deshalb werden die Männchen ihre Verkaufsbemühungen stärker eskalieren, wenn sie versuchen, Weibchen zu überzeugen. Und Weibchen werden mit größerer Wahrscheinlichkeit zur Kaufunlust neigen. Wenn wir Signale mit großer Amplitude – leuchtende Farben, laute Geräusche – beobachten, heißt das: Wahrscheinlich liegt Kaufunlust vor. Wo keine Kaufunlust vorhanden ist, reduzieren sich die Signale wahrscheinlich auf ein verschwörerisches Flüstern. Auffällige Signale sind kostspielig – wenn nicht im Hinblick auf die Energie, dann doch was das Risiko angeht, Fressfeinde anzulocken oder Beutetiere zu vertreiben.

Ich habe hier ein wenig kurz angebunden zwei vollständige wissenschaftliche Aufsätze in vier Absätzen zusammengefasst.[18] Vielleicht werden meine Aussagen klarer, wenn ich sie jetzt auf den Gesang der Vögel anwende. Der Vogelgesang ist zu laut und auffällig, als dass es sich um ein »verschwörerisches Flüstern« handeln könnte. Also wenden wir uns dem anderen Extrem zu: verstärkte Kaufunlust facht übertriebene Bemühungen zur Manipulation an. Ist der Gesang der Vögel ein Versuch, das Verhalten der Weibchen und anderer Männchen zu manipulieren? Soll es deren Verhalten zum Vorteil des Sängers verändern?

Was kann man in der Biologie tun, wenn man das Verhalten eines Vogels manipulieren will? In diesem Kapitel war bereits von einer Möglichkeit die Rede, deren sich die Vögel selbst zu ihrem Pech nicht bedienen können: von der elektrischen Stimulation des Gehirns mit eingepflanzten Elektroden. Der kanadische Chirurg Wilder Penfield leistete Pionierarbeit für eine Methode an menschlichen Patienten, die aus anderen Gründen am Gehirn operiert wurden. Er untersuchte verschiedene Teile der Großhirnrinde und konnte bestimmte Muskeln zucken lassen wie ein Puppenspieler, der an seinen Fäden zieht. Der sogenannte »motorische Homunculus« – das Diagramm, in das er einzeichnete, welche Teile des Gehirns welche Muskeln bewegten – sah aus wie die Karikatur eines menschlichen Körpers (es gibt auch einen »sensorischen Homunculus« auf der linken Seite des Bildes, der ziemlich ähnlich aussieht). Dass die Hand des Homunculus so grotesk überbetont ist, erklärt bis zu einem gewissen Grad beispielsweise die beeindruckenden Fähigkeiten eines Konzertpianisten. Und das große Gehirnareal, das den Lippen und der Zunge gewidmet ist, hat zweifellos mit der Sprache zu tun.

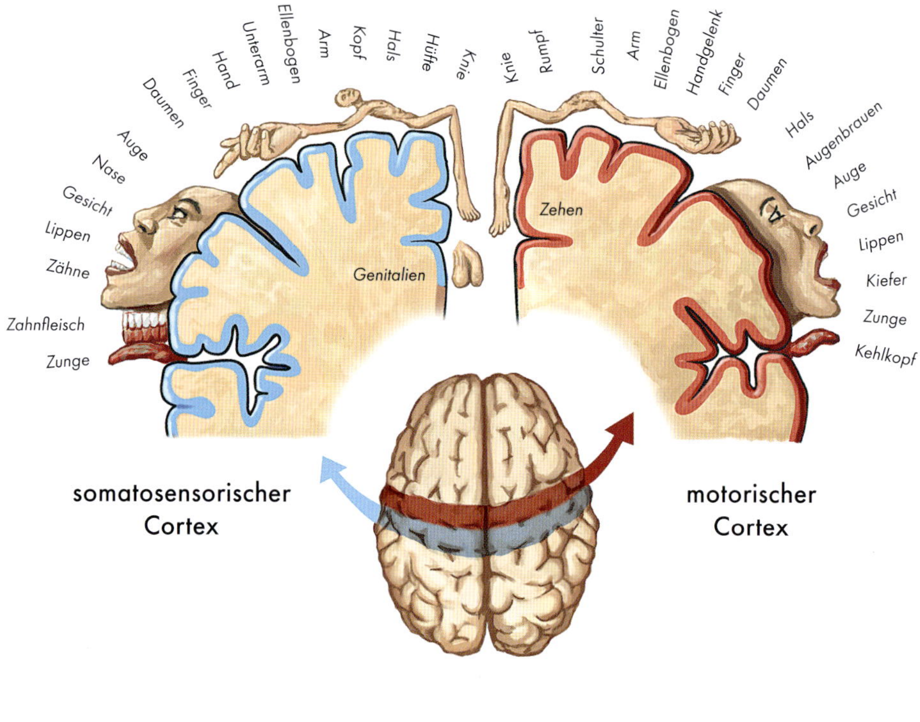

Der deutsche Biologe Erich von Holst arbeitete mit einer tieferen Gehirnregion – dem Hirnstamm – von Hühnern und konnte die »Stimmung« oder »Motivation« der Vögel steuern, was zu Veränderungen im beobachteten Verhalten führte, zum Beispiel wenn »die Henne zum Nest geführt wurde« oder »Warnrufe für Fressfeinde ausgestoßen wurden«. Nebenbei bemerkt, wiederhole ich noch einmal: Es handelte sich um schmerzlose Operationen. Im Gehirn gibt es keine Schmerzrezeptornerven.

Nun könnte ein Nachtigallenmännchen sich durchaus »wünschen«, es könnte einem Weibchen Elektroden ins Gehirn einpflanzen und ihr Verhalten steuern wie bei einer Marionette. Das kann er nicht, er ist kein von Holst, und er hat keine Elektroden. Aber er kann singen. Könnte der Gesang einen ähnlichen Manipulationseffekt haben? Zweifellos würde er davon profitieren, wenn er ihr Hormone ins Blut spritzen könnte. Auch dazu ist er im Wortsinn nicht in der Lage. Aber Befunde an Lachtauben und Kanarienvögeln lassen darauf schließen, dass Vögel etwas tun können, was dem sehr nahekommt. Die Männchen machen den Weibchen mit einem Verhalten, das man als Beugegurren bezeichnet, nachdrücklich den Hof. Das Beugen ist eine charakteristische Bewegung, die an eine außergewöhnlich unterwürfige Verbeugung von Menschen erinnert, und begleitet ist sie von einem ebenso charakteristischen Gurren – dieses besteht aus einem Stakkato, gefolgt von einem säuselnden Glissando. Bei einem Weibchen, das eine Woche lang dem Beugegurren eines Männchens ausgesetzt ist, setzt zuverlässig eine starke Größenzunahme der Eierstöcke und Eileiter ein, begleitet von Veränderungen im Sexual-, Nestbau- und Brutverhalten.[19] Nachgewiesen wurde das alles von dem amerikanischen Tierpsychologen Daniel S. Lehrman. Im weiteren Verlauf zeigte er, dass das Verhalten der männlichen Lachtauben unmittelbare Auswirkungen auf die

Hormone im Blut der Weibchen hat. Parallel dazu konnten Robert Hinde und Elizabeth Steel in Cambridge das Gleiche auch am Nestbauverhalten weiblicher Kanarienvögel nachweisen.[20]

An Nachtigallen wurden ähnliche Experimente wie an Lachtauben und Kanarienvögel noch nicht angestellt, aber vermutlich ist es ganz allgemein so, dass der Gesang von Vogelmännchen den hormonellen Zustand der Weibchen beeinflusst. Der männliche Gesang manipuliert das weibliche Verhalten, als hätte das Männchen die Macht, ihr chemische Substanzen zu injizieren; das gilt vermutlich für Nachtigallen nicht weniger als für andere Arten.

Mein Herz brennt mir, und Schlafsucht dumpf beschwert
Die Sinne wie nach einem Schierlingstrank,
Als hätt ich trübes Opiat geleert
*Zur Neige, bis ich lethewärts versank.**

John Keats war kein Vogel, aber er hatte ebenso ein Wirbeltiergehirn wie ein Nachtigallenweibchen. Das Lied der männlichen Nachtigall betäubte ihn – in seiner poetischen Phantasie fast bis zum Tod. Wenn sich das Säugetier Keats daran so berauschen kann, könnte der Gesang dann nicht einen noch kraftvolleren Effekt auf das Wirbeltiergehirn haben, das er betören soll – das Gehirn einer anderen Nachtigall? Die Antwort lautet ja, und die Bestätigung durch die Experimente mit Tauben und Kanarienvögeln brauchen wir kaum. Nach meiner Überzeugung hat die natürliche Selektion den Gesang der männlichen Nachtigall gestaltet und seine narkotisierende Kraft, das Verhalten eines Weibchens zu manipulieren – vermutlich weil sie veranlasst wird, Hormone auszuschütten –, vervollkommnet.

* John Keats: »Ode an eine Nachtigall«. Üb. v. Werner v. Koppenfels; in: *Englische und amerikanische Dichtung*, Bd. 2; München: dtv 2001, S. 311.

Aber kehren wir jetzt zum Lernen und den Experimenten mit den tauben Vögeln zurück. Die Befunde zeigen, dass sowohl junge Dachsammern als auch Singammern sich selbst beibringen, entsprechend einer Matrize zu singen. Junge Dachsammern müssen den Gesang hören, um ihre Matrize »aufzuzeichnen«. Aber diesen Zweck erfüllt nicht jeder Gesang. Sie müssen vielmehr den Gesang ihrer eigenen Spezies hören. Selbst wenn also die Matrize aufgezeichnet wird, hat sie demnach eine angeborene, in den Genen festgeschriebene Komponente. Und im Fall der Singammern muss sie nicht einmal aufgezeichnet werden.

Ich habe zuvor die Vermutung geäußert, dass man den Gesang der Vögel als Musik einstufen kann, der den Vögeln selbst ästhetischen Genuss bereitet. Jetzt sind wir so weit, dass wir die Argumentation formulieren können. Das Männchen bringt sich das Singen bei, indem es sein »zufälliges« Gurgeln mit einer Matrize vergleicht. Die Matrize dient als Belohnung und sorgt für eine positive Verstärkung der Versuche, die zufällig zu ihr passen. Jetzt müssen wir bedenken, dass der angehende männliche Sänger ein ganz ähnliches Gehirn hat wie das Weibchen, das er später manipulieren will. Wenn er sich das Singen beibringt, findet er heraus, welche Gesangsfragmente für einen Vogel seiner eigenen Spezies reizvoll sind (für ihn selbst ... und später auch für ein Weibchen). Was ist das anderes als die Anwendung eines ästhetischen Urteils?

> Gurgel. Das gefällt mir (es entspricht meiner Matrize). Noch mal.
> Gurgel zwitscher. Oh, das ist noch besser. Das gefällt mir sehr.
> Das macht mich an. Auch das noch mal. JA!

Was ihn anmacht, macht vermutlich auch das Weibchen an, denn schließlich gehören beide zur gleichen Spezies und haben das typische Gehirn dieser Spezies. Am Ende der Entwicklungsphase, wenn der endgültige Gesang des ausgewachsenen Vogels vervollkommnet wurde, ist er für den Sänger selbst ebenso betörend wie für das Weibchen, für das er bestimmt ist. Das Männchen lernt, alle Phrasen zu singen, die es anmachen. Anscheinend gibt es keinen stichhaltigen Grund, zu leugnen, dass beide ein ästhetisches Erlebnis genießen – wie auch John Keats, als er die Nachtigall hörte.

Damit haben wir von der Idee, Belohnung sei eine allgemeine »Triebreduktion«, einen langen Weg zurückgelegt. Und nach meiner Überzeugung sind wir damit an eine viel interessantere Stelle gelangt. Aus den Experimenten mit dem Gesang der Vögel kann man die Lehre ziehen, dass Belohnung unter Umständen ein ganz gezielter Reiz oder Reizkomplex ist, der letztlich in den Genen angelegt wurde: Er ist das, was Konrad Lorenz, einer der Väter der Verhaltensforschung, als »angeborenen Schulmeister« bezeichnete.[21]

Wenn das stimmt, können wir für die Skinner-Box folgendes Ergebnis vorhersagen: Eine junge Singammer, die nie einen Gesang gehört hat, sollte lernen, eine Taste zu betätigen, die den Ton einer Singammer liefert, aber sie sollte auf den Gesang keiner anderen Art ansprechen. Dieses Experiment wurde noch nicht angestellt, aber verschiedene ähnliche Versuche hat man gemacht. Nach den Feststellungen von Joan Stevenson setzen sich Finken bevorzugt auf eine Stange, die mit einem Schalter zum Einschalten von Finkengesang verbunden ist.[22] Als Kontrolle wurde zum Vergleich allerdings nicht der Gesang einer anderen Spezies eingespielt, sondern nur weißes Rauschen. Außerdem waren die Finken nicht unvoreingenommen, sondern sie wurden in freier Wildbahn gefangen. Braaten und Reynolds wandelten die Methode ab und verwendeten von Hand aufgezogene, ahnungslose Zebrafinken; außerdem diente als Vergleich nicht weißes Rauschen, sondern der Gesang von Staren.[23] Damit konnten sie eine eindeutige Vorliebe für Sitzstangen nachweisen, die nicht den Gesang von Staren, sondern den von Zebrafinken einschalteten. Schön wäre ein großes Experiment beispielsweise mit unbedarften jungen Singvögeln, die zu sechs verschiedenen Arten gehören, und mit sechs Sitzstangen, wobei jede einen der sechs Gesänge abspielt. Dabei würden wir vorhersagen, dass jede Spezies lernt, sich auf die Stange zu setzen, die den Gesang ihrer eigenen Artgenossen einschaltet. Einfach wäre das Experiment nicht. Junge Singvögel mit der Hand großzuziehen ist harte Arbeit. In einem besonders schön angelegten Experiment würde man jedes Baby an Ersatzeltern geben, die zu einer der sechs anderen Arten gehören.

Die Matrize der Singammern ist angeboren. Die »aufgezeichnete« Matrize der jungen Dachsammern wird früh im Leben angelegt, bevor sie zu singen beginnen, und wirkt wie die Form des Lernens, die man als »Prägung« bezeichnet und die vor allem mit Konrad Lorenz und seinen ihm folgenden Gänsen in Verbindung gebracht wird. Zum ersten Mal erkannte man diese Prägung bei *nestflüchtenden* Jungvögeln.

Nestflüchter, wie man solche Vögel nennt, sind schon beim Schlüpfen mit warmen, schützenden Daunenfedern und einer guten Koordination der Gliedmaßen ausgestattet. Das gilt zum Beispiel für junge Enten, junge Gänse, junge Moorhühner, Hühnerküken und allgemein für Arten, die am Boden nisten. Wenige Stunden nach dem Schlüpfen, sobald die Federn trocken sind, machen sich Nestflüchter davon: Sie gehen geschickt, sehen sich aufmerksam um, picken, wo Nahrung in Aussicht steht, und treten in die Fußstapfen der Eltern. Das Gegenteil von Nestflüchtern sind die *Nesthocker.* Alle Singvögel sind Nesthocker. Solche Arten haben ihre Nester in der Regel auf Bäumen. Die Jungvögel sind hilflos, nackt und nicht zum Gehen fähig (schließlich befinden sie sich in einem Nest, das hoch oben auf einem Baum balanciert – wohin sollten sie also gehen?); ebenso wenig können sie sich selbst ernähren, sondern sie sperren ihren riesigen Schnabel auf, ein Bettelorgan, in das die Eltern unermüdlich Nahrung stopfen. Möwen und viele andere Seevögel sind Nestflüchter: Sie kommen mit Daunenfedern zur Welt und betteln nicht um Futter. Dennoch sind sie darauf angewiesen, dass die Eltern ihnen etwas zu fressen bringen und es für die Jungvögel hochwürgen.

Auch unter Säugetieren gibt es eine Entsprechung zu Nestflüchtern (man denke nur an herumhüpfende Lämmer, und junge Gnus müssen schon am Tag ihrer Geburt der Herde folgen) und Nesthockern (junge Mäuse sind haar- und hilflos). Menschen sind eine Spezies von Nesthockern.[24] Unsere Babys sind nahezu völlig hilflos. Hier hat ein evolutionärer Tauschhandel stattgefunden: Der Trend zu einem größeren Gehirn stand im Konflikt mit der Schwierigkeit, die sich aus der Geburt eines Nachkommen mit großem Kopf ergibt. Dies hatte zur Folge, dass für unsere Babys ein Druck bestand, früher geboren zu werden, nämlich bevor der Kopf so groß wurde, dass es (für die Mutter) unerträglich wurde, ihn austreten zu lassen. Die Folge war, dass wir zu noch hilfloseren Nesthockern wurden als andere Menschenaffenarten.

Nestflüchter geraten in Gefahr, wenn sie von den Eltern getrennt werden; an dieser Stelle kommt die Prägung ins Spiel. Sobald junge Nestflüchter geschlüpft sind, machen sie so etwas wie ein mentales Foto des ersten großen, beweglichen Gegenstandes, den sie sehen. Ihm folgen sie zunächst sehr eng, und dann, wenn sie älter werden, wagen sie sich allmählich weiter weg. Das erste bewegliche Objekt, das solche Vögel sehen, ist in der Regel ein Elternteil, und deshalb funktioniert das System in der Natur gut. Junge Gänse, die in einem Brutschrank geboren werden, neigen in der Regel zur Prägung auf einen menschlichen Betreuer, beispielsweise auf Konrad Lorenz.

Auf Konrad Lorenz geprägte Gänse. Diese besondere Art des Lernens liefert Aufschlüsse über den Geist von Vögeln.

Der Gedanke der Prägung bei Säugetieren wird Kindern oft durch das Lied »Mary had a little Lamb« eingeprägt (»Überall, wohin Mary ging/Da geht das Lamm mit hin.«) Geprägte Tiere, ob Vögel oder Säugetiere, behalten das mentale Foto oftmals bis ins Erwachsenenalter bei und sind bestrebt, sich mit Lebewesen (beispielsweise Menschen) zusammenzutun, die ihm ähneln. Dass Zoos so große Schwierigkeiten mit der Nachzucht haben, liegt unter anderem daran, dass die frustrierten Tiere sich nach ihren Betreuern sehnen.

Die Prägung könnte eine besondere Form des Lernens sein – oder auch nicht. Manche Fachleute behaupten, sie sei nur ein Sonderfall des normalen Lernens. Das ist umstritten. Jedenfalls ist es aber ein schönes Beispiel für einen neuen Text in der »obersten Schicht« des Palimpsests. Die Gene hätten dem Tier mit einem inneren Bild oder einer Beschreibung vorgeben können, wem sie folgen sollen, mit wem sie sich paaren sollen, welches Lied sie singen sollen. Stattdessen statten sie das Tier mit Regeln aus, nach denen die Einzelheiten eingefügt werden.

Verstärkungslernen und Prägung sind nicht die einzigen Formen des Lernens, durch die ein Tier während seines eigenen Lebens die ererbte Weisheit seiner Vorfahren ergänzt. Elefanten ziehen wichtigen Nutzen aus traditionellem Wissen. Das Gehirn der alten Matriarchinnen enthält eine Fülle von Kenntnissen über lebenswichtige Fragen wie die, wo Wasser zu finden ist. Junge Schimpansen lernen von älteren Artgenossen unter anderem, wie man einen Stein als Hammer verwendet und damit Nüsse aufknackt, oder wie man einen Zweig vorbereitet, um damit in einem Termitennest zu stochern. Die Weitergabe vom Meister zum Lehrling ist eine Art Vererbung, die allerdings nicht genetischer, sondern memetischer Natur ist. Das ist der Grund, warum solche Fähigkeiten in bestimmten Regionen lokal praktiziert werden, in anderen aber nicht. Ein weiteres Beispiel ist die Fähigkeit der japanischen Makaken, Süßkartoffeln zu waschen. Und britische Meisen lernten in einer Zeit, in denen die Milch noch täglich an die Haustür geliefert wurde, den Folien- oder Pappdeckel der Milchflaschen aufzuhacken. In diesem Fall konnte man beobachten, wie die Fähigkeit sich geographisch von bestimmten Ausgangspunkten aus wie eine Epidemie in alle Richtungen verbreitete.

Welche Faktoren außer dem Lernen versetzen Tiere in die Lage, sich über ihre genetische Ausstattung hinaus zu verbessern? Vielleicht das wichtigste Beispiel für ein »Gedächtnis«, das nicht vom Gehirn vermittelt wird, ist das Immunsystem. Ohne dieses System hätte keiner von uns seine erste Infektion überlebt. Immunologie ist ein gewaltiges Fachgebiet und viel zu groß, als dass ich ihm in diesem Buch gerecht werden könnte. Ich möchte dazu nur wenige Worte sagen, gerade genug, um deutlich zu machen, dass Gene sich nicht an die unmögliche Aufgabe machen, den Organismus mit Informationen über alle Bakterien, Viren und andere Krankheitserreger auszustatten, denen er jemals begegnen könnte. Stattdessen stellen die Gene Hilfsmittel bereit, mit denen wir uns an frühere Infektionen »erinnern« und uns gegen zukünftige Ansteckungen wappnen können. Wir tragen nicht nur das genetische Totenbuch (über die Vergangenheit unserer Vorfahren) in uns, sondern auch ein besonderes molekulares Buch, in dem eine ständig aktualisierte Krankenakte über unsere Infektionen und unseren Umgang mit ihnen aufgezeichnet ist.

Auch Bakterien leiden an Infektionen, und zwar durch Viren, die man Bakteriophagen oder kurz Phagen nennt; ebenso haben sie ein eigenes Immunsystem, das sich aber stark von unserem unterscheidet. Wird ein Bakterium infiziert, speichert es eine Kopie eines

Teils der Virus-DNA in seinem eigenen ringförmigen Chromosom. Diese Kopien wurden auch als »Fahndungsfotos« der kriminellen Viren bezeichnet. Jedes Bakterium reserviert einen Teil seines ringförmigen Chromosoms für eine Art Bibliothek solcher Fahndungsfotos. Die »Fotos« werden später dazu genutzt, um Verbrecher in Form des gleichen Virus oder ähnlicher Erreger festzunehmen, wenn sie erneut auftauchen. Das Bakterium stellt RNA-Kopien der Fahndungsfotos her. Diese RNA-Bilder der »Verbrecher-DNA« werden im Inneren der Bakterienzelle verbreitet. Dringt ein Virus eines bekannten Typs ein, bindet die zugehörige Verbrecherfoto-RNA daran, und besondere Proteinenzyme schneiden die verbundenen Moleküle in Stücke, womit das Virus unschädlich gemacht wird.

Das Bakterium braucht eine Methode, um die Fahndungsfotos zu kennzeichnen, damit es sie nicht mit seiner eigenen DNA verwechselt. Diese Kennzeichnung erfolgt durch benachbarte, sinnlose DNA-Sequenzen, Palindrome, die man als CRISPR bezeichnet: *Clustered Regularly Interspaced Short Palindromic Repeats* (»gehäufte kurze Palindromwiederholungen mit regelmäßigen Abständen«).[25] Jedes Mal, wenn ein Bakterium von einem neuartigen Virus angegriffen wird, kommt zur CRISPR-Region des Chromosoms ein neues CRISPR-flankiertes Fahndungsfoto hinzu. Berühmt wurde CRISPR, weil man eine Methode entdeckt hat, die Fähigkeiten der Bakterien für den menschlichen Zweck, Genome zu redigieren, zu übernehmen – aber das ist eine andere Geschichte.[26]

Das Immunsystem der Wirbeltiere funktioniert ganz anders. Es ist komplizierter, aber auch wir haben ein »Gedächtnis« für frühere Krankheitserreger. Sollte es einer dieser alten Feinde wagen wiederzukommen, kann unser Immunsystem dann eine schnelle Reaktion in Gang setzen. Deshalb können Menschen, die Mumps oder Masern hinter sich haben, gefahrlos Umgang mit Erkrankten pflegen und darauf vertrauen, dass sie die Krankheit kein zweites Mal bekommen. Der ungeheure Segen der Impfungen beruht darauf, dass man das Immunsystem veranlasst, eine falsche Erinnerung aufzubauen; dazu spritzt man normalerweise entweder einen abgetöteten oder abgeschwächten Stamm des Krankheitserregers.

Die Covid-19-Pandemie wurde vor allem durch Impfstoffe eines großartigen neuen Typs, die mRNA-Impfstoffe, zum Stillstand gebracht, womit Tausende von Menschenleben gerettet wurden. Die mRNA (Messenger-RNA) hat die Aufgabe, codierte Nachrichten von der DNA im Zellkern an die Stellen zu übertragen, an denen die Proteine nach den Angaben im genetischen Material produziert werden. Die mRNA-Impfstoffe funktionieren so: Man injiziert keinen abgetöteten oder abgeschwächten Stamm des gefährlichen Virus, sondern sequenziert zunächst ein ungefährliches Protein in der Hülle des Erregers. Die zu diesem Protein gehörende genetische Information wird dann in mRNA geschrieben. Diese erfüllt ihre Aufgabe: Sie sorgt für die Synthese des Proteins – in diesem Fall eines harmlosen Hüllproteins des Covid-Virus. Anschließend tritt das Immunsystem in Aktion: Es greift den Erreger an, sobald er in den Körper eindringt, weil es das Protein in seiner Hülle erkennt.

Wenn wir unsere Analogie zwischen Lernen und Evolution weiterverfolgen wollen, ist hier besonders interessant, dass das »Gedächtnis« des Immunsystems von Wirbeltieren (im Gegensatz zu dem der Bakterien) in gewisser Weise darwinistisch funktioniert: Im Organismus findet eine innere Version der natürlichen Selektion statt. Aber das ist eine andere Geschichte, die hier nicht zum Thema gehört.

Das Immunsystem und das Gehirn sind zwei reichhaltige Datenbanken, in denen Einträge aus der Lebenszeit des Tieres festgehalten werden und die das genetische Totenbuch aktualisieren können –

sie »kolorieren die Details«. Der Vollständigkeit halber möchte ich noch weitere, untergeordnete Beispiele erwähnen. Die Bräunung der Haut ist eine Art Erinnerung daran, dass man in der Sonne gelegen hat. Sie bietet einen nützlichen Schutz gegen den Schaden, den Sonnenstrahlung und insbesondere die Ultraviolettstrahlung anrichten kann, beispielsweise weil sie Hautkrebs verursacht. In diesem Fall leisten sowohl genetische als auch post-genetische Texte einen Beitrag. Menschen, deren Vorfahren über viele Generationen unter der sengenden tropischen Sonne gelebt haben, werden häufig mit dunkler Haut geboren – das gilt unter anderem für indigene Australier, viele Afrikaner und Menschen aus dem Süden des indischen Subkontinents. Dagegen sind jene, die über viele Generationen in hohen Breiten gelebt haben, durch zu wenig Sonne gefährdet. Häufig fehlt ihnen Vitamin D, sodass sie anfällig für Rachitis sind. Deshalb hat die genetische natürliche Selektion in hohen Breiten eine hellere Haut begünstigt. Das alles ist im genetischen Totenbuch niedergeschrieben. In diesem Kapitel geht es aber um Texte, die nach der Geburt ins Palimpsest geschrieben wurden, und da kommt die Sonnenbräunung ins Spiel. Die Bräunung in der Sonne, eine nach der Geburt eintretende »Kolorierung«, bewerkstelligt bei hellhäutigen Menschen aus hohen Breiten eine vorübergehende Annäherung an das, was im Genom von Menschen aus den Tropen festgeschrieben ist. Man kann sich beides als Kurzzeit- und Langzeiterinnerung an das Sonnenlicht vorstellen.

Ein weiteres Beispiel ist die Gewöhnung an Höhenlagen. Je höher man kommt, desto dünner wird die Atmosphäre, bis der Sauerstoffmangel schließlich die »Höhenkrankheit« verursacht: Symptome sind unter anderem Kopfschmerzen, Schwindel, Übelkeit und Schwangerschaftskomplikationen. Bei Menschen, deren Vorfahren lange in großer Höhe gelebt haben, hat sich eine genetische Anpassung entwickelt, beispielsweise ein erhöhter Hämoglobinspiegel im Blut. Solche »Erinnerungen« an die natürliche Selektion der Vorfahren sind im genetischen Totenbuch festgeschrieben. Interessanterweise sind die Einzelheiten bei den Bewohnern von Anden und Himalaya unterschiedlich; verwunderlich ist das aber nicht: Beide Gruppen haben sich unabhängig voneinander über mehr als 10 000 Jahre an den Sauerstoffmangel in ihren weit voneinander entfernten Gebirgsregionen angepasst.[27] Für diese Anpassung gibt es mehrere Möglichkeiten, und so ist es keine Überraschung, dass Bewohner unterschiedlicher Gebirgsregionen auch unterschiedliche Evolutionswege eingeschlagen haben.

Auch hier können alte Texte während des Lebens eines Tieres überschrieben werden. Flachlandbewohner, die in hochgelegene Regionen umziehen, akklimatisieren sich. Als die Olympischen Spiele 1968 in Mexiko City stattfanden, reisten die Nationalmannschaften gezielt früher an, um in der großen Höhe (2200 Meter) der Anahuac-Hochebene zu trainieren. Veränderungen, die sich bei einem Leben in großer Höhe innerhalb einiger Wochen entwickeln, werden in die nachgeburtliche Schicht des Palimpsests geschrieben. Und wie die Hautfarbe ahmen sie die älteren, von Genen verfassten Texte nach.

Wo wir gerade bei der Hautfarbe sind: Alle »Gemälde« aus Kapitel 2 wurden von uralten Genen ausgeführt, die damit uralte Welten nachzeichneten. Manche Tiere können ihre Haut aber auch im Handumdrehen neu bemalen, um sich damit an den wechselnden Hintergrund anzupassen, vor dem sie zu einem gegebenen Zeitpunkt sitzen. Auch das ist ein Beispiel für das nichtgenetische Buch der Lebenden. Chamäleons sind geradezu der Inbegriff dieser Fähigkeit, aber sie sind nicht die größten Virtuosen, wenn es darum geht, Hautkunst spontan zu gestalten. Schollen und andere Plattfische können nicht nur die Farbe, sondern auch das Muster ändern.

Der Fisch auf dem Bild passt sich mit seiner Farbe an den gelben Hintergrund an, auf dem er gerade liegt. Man muss aber nur einen Blick darauf werfen und kann ablesen, dass er eine detaillierte Beschreibung des helleren Untergrundes ist, von dem er gerade kommt, mitsamt des Fleckenmusters, das durch das Licht der gekräuselten Wasseroberfläche entsteht.

In den Schatten gestellt werden aber selbst die Plattfische noch durch Tintenfische und andere Weichtiere aus der Gruppe der Kopffüßer: Diese haben die Kunst des dynamischen Crossdressing in einem erstaunlichen Maß perfektioniert.[28] Als einzige im Tierreich vollziehen sie die Veränderung sehr schnell. Als Roger Hanlon vor Grand Cayman tauchte, konnte er zusehen, wie ein brauner Seetangklumpen plötzlich gespenstisch weiß wurde und in einer Wolke von Tintenrauch schnell davonschwamm. Es war ein Tintenfisch, der auf seiner gesamten Haut ein perfektes Gemälde von braunem Seetang trug. Als Hanlon sich genähert hatte, hatte ein Notfallbefehl

Thaumoctopus mimicus

aus dem Gehirn des Tintenfisches die Muskeln zucken lassen, die für die Steuerung der winzigen, über die Haut verstreuten Pigmentbeutel zuständig sind. Daraufhin hatte sich augenblicklich überall auf der Haut die Farbe der perfekten Tarnung (die von Fressfeinden nicht bemerkt werden sollte) zu einem beängstigenden Weiß (das potenzielle Fressfeinde verblüffen sollte) verändert. Schließlich lenkte die Wolke aus dunkelbrauner Tinte die Aufmerksamkeit potenzieller Fressfeinde von dem flüchtenden Tintenfisch ab.

In den Gewässern vor Indonesien sah Hanlon einen Tintenfisch der Spezies *Thaumoctopus mimicus* (rechts oben), der eine Flunder (rechts unten) nicht nur im Aussehen nachahmte, sondern auch im Verhalten: Mit zuckenden, gleitenden Bewegungen hielt er auf der Sandfläche immer wieder an und schwamm dann weiter. Welchen

Seeschlange

Flunder

Sinn hat das? Hanlon ist sich nicht sicher, aber er hat den Verdacht, dass der Tintenfisch damit Fressfeinde täuscht, die gern einen Fangarm abbeißen würden, es aber nicht mit einem handfesten Plattfisch aufnehmen können. Auch mit seinen Fangarmen kann dieser Tintenfisch eine Show veranstalten (links oben): Er lässt jeden davon wie eine giftige Seeschlange (links unten) aussehen, die in tropischen Gewässern häufig vorkommt. Kopffüßer können sogar die Oberflächenstruktur ihrer Haut verändern und sie kräuseln oder zu ungewöhnlichen Formen falten. Einmal verdeutlichte ein Kollege, wie außerirdisch und fremdartig sie sind, indem er einen Vortrag über Kopffüßer mit den Worten einleitete: »Das sind die Marsianer.«

Die Hauptthese des vorliegenden Buches lautet: Man kann ein Tier als Beschreibung viel älterer, urtümlicher Umgebungen lesen. In diesem Kapitel wurde gezeigt, wie zusätzlich zu den alten Texten des Palimpsests weitere Einzelheiten hinzukommen können. In früheren Kapiteln haben wir die WDZ bemüht, eine Wissenschaftlerin der Zukunft, die es mit einem Tier zu tun bekommt und vor der Aufgabe steht, durch Auslesen seines Körpers die Umgebungen zu rekonstruieren, die es geprägt haben. Dabei haben wir nur von den Umgebungen früherer Zeiten gesprochen, die in der Datenbank des Genoms und ihren phänotypischen Ausdrucksformen beschrieben werden. In diesem Kapitel haben wir erfahren, wie die WDF ihre Lektüre der früheren Umgebungen ergänzen kann, indem sie zusätzlich die jüngere Vergangenheit ausliest, einschließlich der beiden anderen großen Datenbanken, welche die Gene ergänzen: Gehirn und Immunsystem. Heute können Ärzte in der Datenbank des Immunsystems lesen und eine einigermaßen vollständige Geschichte der Infektionen rekonstruieren, an denen wir einmal gelitten haben – oder gegen die wir geimpft sind. Und wenn die WDZ lesen könnte, was im Gehirn geschrieben steht (ein großes Wenn –

dazu müsste sie wirklich eine Wissenschaftlerin der Zukunft sein), könnte sie auch in allen Einzelheiten die früheren Umgebungen des Tieres während seines eigenen Lebens rekonstruieren.

Durch seine Erfahrung – sei es Erfahrung im wörtlichen Sinn, die im Gehirn als Erinnerung gespeichert ist, oder auch im Sinne von Krankheitserfahrungen und genetischen »Erfahrungen«, die durch natürliche Selektion ins Genom eingebracht wurden – kann ein Tier vorhersehen (sich verhalten, als würde es vorhersehen), was als Nächstes geschieht. Das Gehirn kann aber noch auf einen weiteren Kniff zurückgreifen, um die Zukunft vorherzusagen: die Simulation oder Phantasie. Die Phantasie des Menschen geht noch weit darüber hinaus, aber hinsichtlich der Überlebenschancen eines Tieres und aufgrund unserer Analogie zwischen natürlicher Selektion und Lernen können wir sie als eine Art »stellvertretendes Ausprobieren« betrachten. Leider wurde diese Formulierung (englisch *vicarious trial and error*) bereits von den Rattenpsychologen mit Beschlag belegt. Eine Ratte in einem »Labyrinth« (in dem sie meist nur die Wahl hat, sich nach rechts oder nach links zu wenden) wird manchmal erkennbar schwanken: Sie blickt nach links, nach rechts, nach links, nach rechts und trifft dann erst ihre Entscheidung. Dieses »VTE« mag ein Sonderfall im Ausmalen unterschiedlicher zukünftiger Ereignisse sein, aber vermutlich ist es am sichersten, wenn ich die Formulierung den Rattenexperten überlasse und hier nicht verwende. Lieber ist mir die Analogie mit einer Computersimulation: Das Gehirn des Tieres simuliert voraussichtliche Folgen verschiedener Handlungsalternativen und erspart sich damit die Gefahr, sie in der Wirklichkeit auszuprobieren.

Wie ich schon gesagt habe, ist die Phantasie der Menschen eine viel großartigere Angelegenheit. Sie findet ihren Ausdruck in Kunst und Literatur. Worte, die von einem Menschen niedergeschrieben wurden, können im Gehirn eines anderen eine imaginäre Szene entstehen lassen. Gertrudes Klage um Ophelia kann die Lesenden noch 400 Jahre nach dem Tod des Dichters zu Tränen rühren. Ein etwas weniger erhabenes Beispiel: Stellen wir uns einen Pavian oben auf einer steilen Klippe vor. Jemand hat ein Brett auf dem Klippenrand ausbalanciert. Am äußersten Ende der Planke, über dem Abgrund, liegen ein paar Bananen. Stellen wir sie uns vor: gelb und verlockend. Tatsächlich ist der Pavian geneigt, sich auf das Brett zu begeben. Sein Gehirn simuliert aber innerlich die Folgen, erkennt, dass sein zusätzliches Gewicht die Planke kippen lassen würde – und stellt sich vor, dass er selbst in den Tod stürzen würde. Also verzichtet er.

Stellen wir uns jetzt einmal eine Reihe verschiedener Gehirne vor, die mit der Banane auf der Planke konfrontiert werden. Erstens kann das genetische Totenbuch eine angeborene Höhenangst einbauen. Ich selbst erlebe ein Kribbeln im Rücken, das mich – beispielsweise auf den Klippen von Moher im Westen Irlands – daran hindert, mich dem Rand des Abgrundes auf weniger als einen Meter zu nähern. Und das selbst dann, wenn kein Wind weht und kein Grund zu der Annahme besteht, ich könnte abstürzen.

Die visuelle Klippe

Um die Höhenangst genauer zu erforschen, hat man ein ganzes Genre von Experimenten mit sogenannten »visuellen Klippen« entwickelt. Dem Baby in dem Bild kann nichts passieren: Über der »Klippe« liegt eine stabile Glasplatte. Kürzlich besichtigte ich eines der höchsten Gebäude der Welt, und dort konnte man sich auf eine Panzerglasplatte stellen und weit nach unten auf die Straße blicken. Alles war vollkommen ungefährlich, und ich sah zu, wie andere auf das Glas traten, aber ich selbst verzichtete darauf. Irrational, aber angeborene Ängste zu überwinden ist schwierig. Vielleicht haben wir die angeborene Höhenangst von unseren Vorfahren geerbt, die auf Bäume kletterten und überlebten, weil sie sie besaßen. Natürlich leiden nicht alle daran. Diese New Yorker Bauarbeiter genießen mit offenkundiger (und für mich unbegreiflicher) Unbekümmertheit eine entspannte Mittagspause.

Der Tod durch Abstürzen ist der derbste Weg, auf dem die Höhenangst vielleicht in Tiere eingeprägt wurde. Ein anderer Weg ist das durch Schmerzen verstärkte Lernen. Wenn junge Paviane von einer niedrigeren Klippe stürzen, sterben sie nicht, aber sie haben Schmerzen. Und die sind, wie wir bereits erfahren haben, ein Warnzeichen: »Mach das nicht noch einmal. Beim nächsten Mal ist die Klippe vielleicht höher, und dann bist du tot.« Schmerzen sind also eine Art relativ ungefährlicher Todesersatz. In der Analogie zwischen Lernen und natürlicher Selektion stehen sie anstelle des Todes.

Da wir Menschen sind und über die Vorstellungskraft von Menschen verfügen, simulieren wir jetzt im Gehirn vermutlich einen ungewöhnlich klugen Pavian. In seiner Phantasie sieht er sich selbst, wie er das Brett vorsichtig und mitsamt den Bananen zu sich hinzieht.

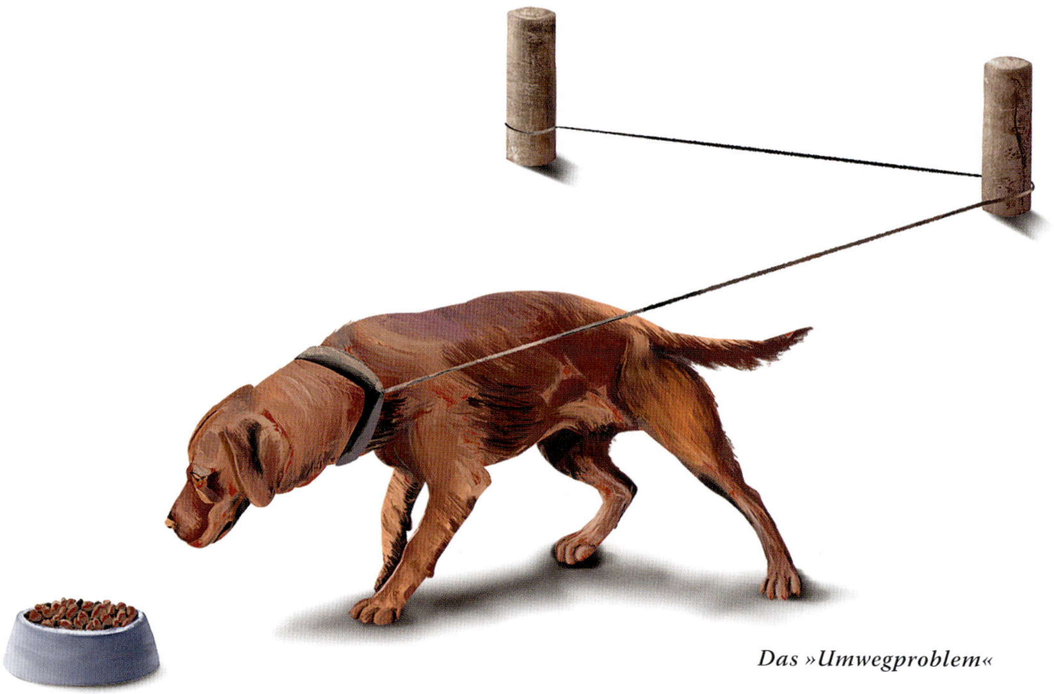

Das »Umwegproblem«

Oder er streckt einen Stock aus und schiebt sie in seine Richtung. Zu solchen Simulationen ist vermutlich nur ein Gehirn auf einem hohen Evolutionsstand in der Lage. Selbst Hunde schneiden beim sogenannten »Umwegproblem« erstaunlich schlecht ab. Wenn der imaginäre Pavian aber Erfolg hat, läuft er nicht Gefahr, Schmerzen zu erleiden oder in den Tod zu stürzen. In seiner Phantasie simuliert er den Sturz, und infolgedessen verzichtet er darauf, sich auf das Brett zu wagen. Anschließend simuliert er die ungefährliche Lösung für das Problem und bekommt die Bananen.

Dass die innere Simulation einer Gefahr gegenüber der tatsächlichen Handlung zu bevorzugen ist, brauche ich nicht ausdrücklich zu erwähnen. Vorausgesetzt natürlich, die Simulation führt zu einer zutreffenden Vorhersage. Für Flugzeugingenieure ist es billiger und ungefährlicher, Tragflächenmodelle im Windtunnel zu testen, statt echter Tragflächen an echten Flugzeugen. Und selbst Modelle im Windtunnel sind noch teurer als Computersimulationen oder analytische Berechnungen, sofern diese möglich sind. Simulation lässt stets einen gewissen Spielraum für Unsicherheiten. Deshalb ist der Jungfernflug eines neuen Flugzeuges immer noch ein aufschlussreiches Ereignis, ganz gleich, welch strengen Prüfungen seine Teile im Windtunnel oder in Computersimulationen unterworfen wurden.

Wenn in einem Gehirn ein ausreichend hoch entwickelter Simulationsapparat angesiedelt ist, ergeben sich emergente Eigenschaften. Das Gehirn, das sich ausmalen kann, wie unterschiedliche Handlungsalternativen sich auf das Überleben auswirken, kann sich im Kopf eines Dante oder Hieronymus Bosch auch die Qualen der Hölle vorstellen. Die Neuronen eines Dalí oder Escher simulieren beunruhigende Bilder, die man in der Realität niemals sehen wird. Im Kopf einer großen Schriftstellerin wie auch in den Köpfen ihrer Lesenden werden nicht existierende Gestalten lebendig. Albert Einstein ritt in seiner Phantasie auf einem Sonnenstrahl an seinen Platz unter den Unsterblichen neben Newton und Galilei. Philosophen malen sich unmögliche Experimente aus – das Gehirn in einem Gefäß (»Wo bin ich?«), ein Mensch, der Atom für Atom verdoppelt wurde (welcher »Zwilling« kann dann für sich das »Personsein« beanspruchen?).[29] Beethoven stellte sich Herrlichkeiten vor, die er tragischerweise nie hören konnte, und schrieb sie nieder. Der Dichter Swinburne stieß zufällig auf einen verlassenen Garten an einer Meeresklippe, und seine Phantasie erweckte zwei längst verstorbene Liebende zum Leben, die »den Blick seewärts vor hundert versteinten Jahren gelenkt«. Keats rekonstruierte, wie »ahnungsvoll« der stolze Cortez und seine Leute »schweigend, auf einem Berg in Darien« auf den Pazifik starrten.*

Die Fähigkeit, solche Meisterleistungen der Phantasie zu vollbringen, erwuchs emergent aus dem darwinistischen Geschenk, in dem sicheren Schädelinneren stellvertretend für die unsichere Realität dort draußen Simulationen voraussichtlicher Handlungsalternativen zu vollbringen. Die Fähigkeit, zu imaginieren, wird letztlich wie auch die Fähigkeit, durch Ausprobieren zu lernen, von den Genen gesteuert, von der natürlich selektionierten Information in der DNA, vom genetischen Totenbuch.

* Swinburne üb. v. R. Borchard; in: *Englische und amerikanische Dichtung*, Bd. 3; München: dtv 2001, S. 41. Keats üb. v. W. v. Koppenfels; in: Ebd., Bd. 2; S. 303.

8

DAS UNSTERBLICHE GEN

DER ZENTRALE GEDANKE des vorliegenden Buches erwächst aus einer Sicht für das Leben, die man als genzentriert bezeichnen kann. Sie ist zur Grundannahme der meisten Freilandzoologen geworden, die das Verhalten von Tieren und die Verhaltensökologie in freier Wildbahn studieren.[1] Sie ist aber auch nicht von Kritik und Missverständnissen verschont geblieben, und so muss ich sie hier noch einmal zusammenfassen, denn sie ist für das Buch von zentraler Bedeutung.

Manchmal ist es hilfreich, eine Argumentation durch Gegenüberstellung mit ihrem Gegenteil zu formulieren. Eine abweichende Meinung, die klar ausgedrückt wird, verdient eine klare Antwort.[2] Hypothetisch könnte ich das Gegenteil der genzentrierten Sichtweise erfinden, aber glücklicherweise ist das nicht notwendig: Das diametrale Gegenteil wurde wortgewandt und klar von meinem Oxforder Kollegen formuliert, Professor Denis Noble (der übrigens vor langer Zeit und in einem ganz anderen Fach mein Prüfer in der Doktorprüfung war). Er hat eine reizvolle Vorstellung von Biologie, und diese wird auch von anderen geteilt, die sie allerdings weniger klar zum Ausdruck bringen. Noble ist klar. Er trifft einen Nagel laut schallend auf den Kopf, aber es ist der falsche Nagel. Seine eindringliche, eindeutige Aussage steht gleich am Beginn seines Buches *Dance to the Tune of Life*:

> Dieses Buch wird zeigen, dass es keine Gene »für« irgendetwas gibt. Lebewesen haben Funktionen, die sich der Gene bedienen, um die Moleküle herzustellen, die sie brauchen. Gene werden benutzt. Sie sind keine aktiven Ursachen.[3]

Genau das ist rundheraus falsch; nachzuweisen, warum es falsch ist, wird in diesem Kapitel meine Aufgabe sein.

Wenn Gene in der Evolution keine aktiven Ursachen sind, befinden sich nahezu alle Forschenden, die heute in Fachgebieten wie Verhaltensökologie, Verhaltensforschung, Soziobiologie und Evolutionspsychologie arbeiten, seit einem halben Jahrhundert auf einer ganzen Flotte von falschen Dampfern.[4] Aber nein! »Aktive Ursachen« – genau das müssen Gene sein, und zwar zwangsläufig, wenn Evolution durch natürliche Selektion stattfinden soll. Und Gene werden keineswegs von den Lebewesen genutzt, sondern Gene nutzen die Lebewesen. Sie bedienen sich der Organismen als vorübergehende Vehikel und nutzen sie im Dienste ihrer Reise in zukünftige Generationen. Das ist keine triviale Meinungsverschiedenheit, kein bloßes Wortspiel. Es ist etwas Grundsätzliches. Es ist wichtig.

Als angesehener Physiologe ist Denis Noble gefesselt von der überwältigenden Komplexität der Lebewesen und jeder einzelnen ihrer Billionen Zellen. Er macht sich auf, um seine Leserinnen und Leser mit der verwickelten gegenseitigen Abhängigkeit aller Aspekte der Lebewesen zu beeindrucken. Was mich als Leser betrifft, gelingt es ihm. In seinen Augen arbeitet jeder Teil untrennbar mit jedem anderen im Dienste des Ganzen zusammen. In diesem Dienst – und an dieser Stelle geht er in die Irre – betrachtet er die DNA im Zellkern als nützliche Bibliothek, in der man nachsehen kann, wenn die Zelle ein bestimmtes Protein herstellen muss. Geh in den Zellkern, schlage dort in der DNA-Bibliothek nach, nimm das Handbuch zur Herstellung des benötigten Proteins heraus, und mache es nutzbar. Diese Beschreibung von Nobles Haltung habe ich während einer Podiumsdiskussion mit ihm in Hay-on-Wyre formuliert, und er quittierte sie mit nachdrücklichem, zustimmendem Nicken. In Nobles Vorstellung ist die DNA der Diener des Lebewesens, genau wie das Herz, die Leber oder jede einzelne seiner Zellen. DNA ist nützlich, um ein bestimmtes Enzym zu produzieren, wenn man es braucht, genau wie das Enzym nützlich ist, um eine chemische Reaktion zu beschleunigen … und so weiter.

Dance to the Tune of Life trägt den Untertitel »Biological Relativity« (»biologische Relativität«). Nobles Gebrauch des Wortes »Relativität« steht nur in einem sehr fadenscheinigen, konstruierten Zusammenhang mit Einstein, passt aber genau zu dem des Historikers Charles Singer in *A Short History of Biology*:

> Die Doktrin der Relativität von Funktionen gilt für das Gen ebenso wie für jedes Organ des Organismus. Sie existieren und funktionieren nur im Verhältnis zu anderen Organen.[5]

Jetzt, etwa 90 Jahre später, kommt Noble. Gegenüber Singer hat er einen Vorteil: Heute wissen wir, dass Gene aus DNA bestehen. Aber seine Geisteshaltung gegenüber der biologischen Relativität knüpft im Zusammenhang mit dem oben genannten Zitat genau an Singer an:

> Das Prinzip der biologischen Relativität besteht einfach darin, dass es in der Biologie keine bevorzugte Kausalitätsebene gibt.[6]

Meine Argumentation dagegen lautet: Ganz gleich, wie kompliziert und voneinander abhängig die Teile eines Lebewesens sind, wenn wir über Physiologie sprechen: Sobald es um das besondere Thema der Evolution durch darwinistische natürliche Selektion geht, gibt es eine bevorzugte Kausalitätsebene. Das ist die Ebene des Gens. Diese Aussage zu rechtfertigen ist mein Hauptanliegen in dem vorliegenden Kapitel.

Hier ist Singers ganzer vitalistischer Absatz, aus dem ich das obige Zitat entnommen habe. Er bildet das Schlusswort seines Buches und ist die ideale Ankündigung von Nobles »Relativität«:

> Weiterhin ist die Theorie des Gens trotz aller gegenteiligen Interpretationen keine »mechanistische« Theorie. Das Gen ist als chemisches oder physikalisches Gebilde nicht besser begreiflich als die Zelle oder übrigens auch das ganze Lebewesen. Außerdem spricht die Theorie zwar über Gene unter den gleichen Gesichtspunkten wie die Atomtheorie über Atome, man muss aber daran denken, dass zwischen den beiden Theorien ein grundlegender Unterschied besteht. Atome existieren unabhängig, und ihre Eigenschaften kann man als solche untersuchen. Man kann sie sogar isolieren. Auch wenn wir sie nicht sehen, können wir sie unter unterschiedlichen Bedingungen und in verschiedenen Kombinationen handhaben. Wir können individuell mit ihnen umgehen. Für das Gen gilt das nicht. Es existiert nur als Teil des Chromosoms und das Chromosom nur als Teil einer Zelle. Wenn ich nach einem lebenden Chromosom frage, das heißt, nach der einzig wirksamen Form eines Chromosoms, kann es mir niemand

> geben, außer in seiner lebenden Umgebung, genau wie niemand mir einen lebenden Arm oder ein lebendes Bein geben kann. Die Doktrin der Relativität der Funktionen gilt für das Gen ebenso wie für jedes Organ des Organismus. Sie existieren und funktionieren nur in Relation zu anderen Organen. Damit lässt uns die neueste der biologischen Theorien da zurück, wo die erste angefangen hat: bei der Gegenwart einer Kraft, die man Leben oder Psyche nennt und die nicht nur die einzige ihrer Art, sondern auch in allen ihren Ausdrucksformen einzigartig ist.

Solche Vorstellungen fegten Watson und Crick 1953 hinweg. Das von ihnen begründete Fachgebiet der digitalen Genomforschung widerlegt jeden einzelnen Satz von Singer über das Gen. Dass ein Gen außerhalb seines natürlichen Umfeldes der Zellchemie nichts bewirken kann, ist trivial. Hier noch einmal Noble, der Singer aktualisiert, aber mit ihm grundsätzlich übereinstimmt:

> Am DNA-Molekül als solchem ist nichts lebendig. Könnte ich ein ganzes Genom vollständig isolieren und mit beliebig vielen Nährstoffen in eine Petrischale legen, könnte ich es 10 000 Jahre lang behalten, und es würde absolut nichts tun, außer langsam zu zerfallen.

Dass ein Gen in einer Petrischale nichts tun kann, liegt auf der Hand, und als physisches Molekül würde es innerhalb weniger Monate zerfallen, von 10 000 Jahren ganz zu schweigen. Aber die *Information* in der DNA ist potenziell unsterblich und als Ursache wirksam. Nur darum geht es. Das physische Molekül und die Petrischale sind gleichgültig. Die Sequenz der Triplettcodons aus A, T, G und C im Genom eines Lebewesens kann man auch auf einen langen

Papierstreifen schreiben. Ach nein, Papier ist allzu vergänglich. Damit die Buchstaben 10 000 Jahre überdauern, meißeln wir sie besser tief in den härtesten Granit. Natürlich wären dafür selbst weltumspannende Gebirgsmassive noch zu klein, aber das ist eine vordergründige Schwierigkeit. Sollten in 10 000 Jahren noch Forschende über die Erde wandeln, können sie die Sequenz lesen und in eine DNA-Synthesemaschine eintippen, wie wir sie in einer rudimentären Form schon heute besitzen. Sie werden das embryologische Know-how besitzen, um einen Klon dessen zu schaffen, der das Genom ursprünglich gespendet hat (das ist nur eine andere Version der Methode, mit der das Schaf Dolly erzeugt wurde). Natürlich würde die Information aus der DNA die biochemische Infrastruktur einer Eizelle in einem Mutterleib brauchen, aber die könnte jede Frau liefern, die dazu bereit wäre. Das Baby, das sie austragen würde, ein eineiiger Zwilling seines seit 10 000 Jahren toten Vorgängers, wäre die lebende Widerlegung von Singer und Noble.

Dass man die zur Schaffung des Zwillings notwendige Information in leblosen Granit hauen und 10 000 Jahre ruhen lassen könnte, ist eine Erkenntnis, die mich noch heute, 70 Jahre nachdem Watson und Crick uns darauf vorbereitet haben, mit Erstaunen erfüllt. Charles Singer wäre gezwungen, seinen Vitalismus zu widerrufen, und Charles Darwin, so meine Vermutung, würde jubeln.

Das Entscheidende dabei: Die *physischen* DNA-Moleküle mögen vergänglich sein, aber die in ihrer Nucleotidsequenz festgeschriebene *Information* bleibt potenziell ewig erhalten. Der sie umgebende Apparat – Messenger-RNA, Ribosomen, Enzyme, Gebärmutter und so weiter – ist zwar notwendig, er kann aber von jeder Frau neu bereitgestellt werden. Die Information in der DNA eines Individuums ist dagegen einzigartig, unersetzlich und potenziell unsterblich. Sie in Granit zu hauen ist eine besonders dramatische Form, dies zu verdeutlichen. Praktisch ist sie aber nicht. Im normalen Ablauf erlangt die Information in der DNA ihre Unsterblichkeit, indem sie kopiert wird. Und kopiert wird. Und kopiert wird. Sie wird unbegrenzt und potenziell ewig durch die Generationen kopiert. Natürlich kann DNA sich nicht von allein kopieren. Wie eine Computerfestplatte, die sich ohne unterstützende Hardware nicht selbst kopieren kann, so braucht auch die DNA eine komplizierte Infrastruktur der Zellchemie. Aber unter allen Molekülen, die an diesem Prozess beteiligt sind, so unentbehrlich sie für den Kopiervorgang auch sein mögen, wird nur die DNA tatsächlich kopiert. Nichts anderes im Körper erfährt diese Ehre. Nur die Information, die in der DNA festgeschrieben ist.

Nun könnte man meinen, jeder Körperteil würde verdoppelt. Hat nicht jeder Mensch Arme und Nieren, und werden diese nicht in jeder Generation erneuert? Ja, aber es wäre völlig falsch, von Verdoppelung in dem gleichen Sinn zu sprechen, in dem Gene verdoppelt werden. Arme und Nieren verdoppeln sich nicht, um neue Arme und Nieren hervorzubringen. Der entscheidende Test dafür ist wirklich von Bedeutung: Nehmen wir an einem Arm eine *Veränderung* vor, beispielsweise durch einen Knochenbruch oder indem wir ins Fitnessstudio gehen, wird diese Veränderung *nicht* an die nächste Generation weitergegeben. Verändern wir dagegen ein Gen in der Keimbahn, kann die Mutation durchaus 10 000 Jahre überdauern, weil sie immer und immer wieder von Generation zu Generation verdoppelt wird.

Vor der Erfindung des Buchdrucks wurden biblische Schriften von Schreibern mühsam in regelmäßigen Zeitabständen abgeschrieben, weil man ihren Verfall verhindern wollte.[7] Der Papyrus mochte zerkrümeln, aber die Information lebte weiter. Schriftrollen verdoppeln sich nicht von selbst. Sie brauchen Schreiber, und Schreiber sind etwas Kompliziertes, genau wie die Enzyme, die an der DNA-Verdoppelung mitwirken. Durch die Vermittlung von Schreibern/Enzymen wird die Information in Schriftrollen/DNA mit hoher Originaltreue kopiert. In Wirklichkeit kopierten die Schreiber mit geringerer Genauigkeit, als die DNA-Verdoppelung es erreichen kann. Auch mit allem guten Willen unterlaufen menschlichen Kopisten Fehler, und manche eifrigen Schreiber waren sich auch nicht zu schade für kleinere, gut gemeinte Verbesserungen. In älteren Manuskripten von *Markus 9, 29* wird Jesus mit der Aussage zitiert, eine bestimmte Form der Dämonenbesessenheit könne nur durch Gebete geheilt werden. Spätere Versionen des Textes waren mit den bloßen Gebeten nicht zufrieden und erwähnen »Gebete und Fasten«. Es scheint, als habe ein eifriger Schreiber, vielleicht ein Mitglied eines Mönchsordens, der das Fasten besonders schätzte, bei sich gedacht, Jesus müsse doch sicher auch das Fasten *gemeint* haben, wie könnte es anders sein? Da musste man sich nicht einmal eine besondere Freiheit herausnehmen, um ihm die Worte in den Mund zu legen. Die DNA ist zwar zu einer höheren Verdoppelungsgenauigkeit in der Lage, aber auch sie ist nicht perfekt. Ihr unterlaufen Fehler – Mutationen. Und in einer wichtigen Hinsicht ist DNA anders als der übereifrige Schreiber: Mutationen zielen nicht an sich auf Verbesserung ab.[8] Die Mutation kann nicht beurteilen, in welcher Richtung die Verbesserung liegt.[9] Veränderungen werden nur im Rückblick beurteilt, und zwar von der natürlichen Selektion.

Die Information in der DNA existiert also potenziell ewig, auch wenn ihr physisches Medium eine endliche Lebensdauer hat. Ich möchte noch einmal wiederholen, warum das von so großer Bedeutung ist. Nur die in der DNA enthaltene Information ist dazu bestimmt, den Körper zu überleben. Lange zu überleben. Die meisten Tiere sterben innerhalb weniger Jahre, wenn nicht sogar innerhalb von Monaten oder Wochen.[10] Nur wenige überleben die Wirren von Jahrzehnten, und fast keines überlebt Jahrhunderte. Und ihre physischen DNA-Moleküle sterben mit ihnen. Aber die Information in der DNA kann unbegrenzt erhalten bleiben. In Amerika nahm ich einmal an einer Tagung über Evolution teil, und beim Abschiedsessen wurde uns allen die Aufgabe gestellt, ein passendes Gedicht zu schreiben. Mein Limerick lautete folgendermaßen:

Ein wanderndes egoistisches Gen
Sagte »Körper hab' ich schon viele geseh'n.
Du hältst dich nicht für dümmer,
Doch ich lebe immer:
Du Überlebensmaschine wirst untergeh'n.

Für die Antwort des Körpers bediente ich mich bei Rudyard Kipling:

Was ist ein Körper, dass du von ihm kannst gehn
Lässt ihn wachsen und dann lässt du ihn stehn
Um den alten Blinden Uhrmacher zu sehn?

Ich habe betont, dass das Gen in Form von Kopien unsterblich ist. Aber wie groß ist das Element, das sich dieser Unsterblichkeit erfreut? Das ganze Chromosom ist es nicht: Das ist bei Weitem nicht unsterblich. Mit kleineren Ausnahmen wie dem Y-Chromosom wandern unsere Chromosomen nicht unversehrt durch die Jahrhunderte.[11] Vielmehr werden sie in jeder Generation durch den Prozess des *crossing over* zerlegt.[12] Die Länge des Chromosomenabschnitts, den man auf lange Sicht als relevant ansehen sollte, hängt im Rahmen unserer Argumentation davon ab, über wie viele Generationen er angesichts des *crossing over* intakt bleiben kann, wenn man den einschlägigen Selektionsdruck in Rechnung stellt. Ein wenig scherzhaft habe ich dies in meinem ersten Buch *Das egoistische Gen* zum Ausdruck gebracht: Dort habe ich gesagt, der Titel müsse streng genommen *Das etwas egoistische große Stückchen Chromosom und das sogar noch egoistischere kleine Stückchen Chromosom* lauten.* Ein kleines Chromosomenbruchstück, beispielsweise das Gen, das für die Programmierung einer Proteinkette verantwortlich ist, kann 10 000 Jahre überdauern. In Form von Kopien. Aber das tun Fragmente nur, wenn sie erfolgreich den Hindernislauf der natürlichen Selektion bewältigen. Man könnte argumentieren, *Das unsterbliche Gen* sei ein besserer Buchtitel gewesen, und so habe ich ihn für dieses Kapitel übernommen. Wie wir in Kapitel 12 noch genauer erfahren werden, ist es auch kein Widerspruch, dass *Das kooperative Gen* ebenfalls zutreffend gewesen wäre.[13]

Wie erlangt ein Gen die »Unsterblichkeit«? In Form seiner Kopien hat es Einfluss auf eine lange Reihe von Körpern, die mit ihm überleben und sich fortpflanzen, womit das erfolgreiche Gen an die nächste Generation und potenziell in eine ferne Zukunft weitergegeben wird. Erfolglose Gene verschwinden eher aus der Population, weil die Organismen, in denen sie nacheinander zu Hause sind, nicht bis zur nächsten Generation überleben und sich nicht fortpflanzen. Erfolgreich sind Gene mit einer statistischen Neigung, Körper zu bewohnen, die das Überleben und die Fortpflanzung gut beherrschen. Und dieser positiven oder negativen statistischen Tendenz erfreuen sie sich durch den *kausalen* Einfluss, den sie auf die Körper ausüben. Damit sind wir bei dem Grund, warum die Behauptung, Gene seien keine aktive Ursache, zutiefst falsch ist. Aktive Ursachen – genau das müssen sie notwendigerweise sein. Wären sie es nicht, könnte

* *Das egoistische Gen*. Üb. v. K. Sousa de Ferreira; Heidelberg: Spektrum Akademischer Verlag 1994, S. 70.

es weder eine natürliche Selektion noch eine anpassungsorientierte Evolution geben.

Das Wort »Ursache« hat eine nachprüfbare Bedeutung. Wie können wir überhaupt in der Praxis ein kausales Agens nachweisen? Das tun wir durch experimentelle Eingriffe. Sie sind notwendig, denn Korrelation ist nicht gleichbedeutend mit Kausalität. Wir beseitigen die mutmaßliche Ursache oder nehmen auf andere Weise Einfluss auf sie, und das müssen wir streng nach dem Zufallsprinzip viele Male tun. Dann überprüfen wir, ob bei der mutmaßlichen Wirkung eine statistisch signifikante Veränderung eintritt. Um ein absurdes Beispiel zu nennen: Angenommen, wir stellen fest, dass die Kirchturmuhr in dem Dorf Kleinkleckersdorf regelmäßig unmittelbar nach der von Großkleckersdorf läutet. Wenn wir naiv sind, ziehen wir sofort den Schluss, das frühere Läuten würde das spätere verursachen. Aber natürlich reicht es nicht, eine Korrelation zu beobachten. Ein Kausalzusammenhang lässt sich nur dann nachweisen, wenn wir in Großkleckersdorf auf den Kirchturm steigen und die Uhr manipulieren. Im Idealfall sorgen wir dafür, dass sie zu zufälligen Zeitpunkten läutet, und dieses Experiment wiederholen wir viele Male. Bleibt die Korrelation mit Kleinkleckersdorf bestehen, haben wir einen Kausalzusammenhang beobachtet. Was dabei wichtig ist: Ein solcher ursächlicher Zusammenhang ist nur dann nachgewiesen, wenn wir die mutmaßliche Ursache wiederholt und nach dem Zufallsprinzip *manipulieren*. Natürlich wäre niemand so töricht, ausgerechnet ein solches Experiment mit Kirchenglocken anzustellen. Das Ergebnis ist zu naheliegend. Ich benutze es nur, um die Bedeutung des Begriffs »Ursache« klarzumachen.

Nun zurück zu Denis Nobles Behauptung, »Gene werden genutzt. Sie sind keine aktiven Ursachen.« Nach unserer »Kirchenglockendefinition« sind Gene eindeutig eine aktive Ursache, denn wenn ein Gen mutiert (eine zufällige Veränderung durchmacht), beobachten wir regelmäßig eine Veränderung im Körper der nächsten Generation – und in den nachfolgenden Generationen. Mutation ist gleichbedeutend mit der Kletterpartie auf dem Kirchturm von Großkleckersdorf und dem Eingriff in die Uhr. Findet dagegen im Körper eine nichtgenetische Veränderung statt (eine Narbe, ein verlorenes Bein, eine Beschneidung, ein durch Training übertrieben muskulöser Arm, Sonnenbräune, erworbene fließende Beherrschung von Esperanto oder Virtuosität auf dem Fagott), beobachten wir in der nächsten Generation *nicht* das Gleiche. Hier besteht kein Kausalzusammenhang.

Genetische Information ist also potenziell unsterblich, sie ist kausal, und es besteht ein aufschlussreicher Unterschied zwischen potenziell unsterblichen Genen, denen es gelingt, tatsächlich unsterblich zu werden, und potenziell unsterblichen Genen, die darin versagen. Dass manche von ihnen Erfolg haben und andere nicht, liegt genau daran, dass sie eine – wenn auch statistische – kausale Wirkung auf das Überleben und die Fortpflanzungsaussichten der vielen Organismen ausüben, in denen sie durch aufeinanderfolgende Generationen zu Hause sind. Wichtig ist, das Wort »statistisch« zu betonen. Eine einzelne Kopie eines guten Gens überlebt unter Umständen nicht bis in die nächste Generation, weil der Körper, den es bewohnt, vom Blitz getroffen wird oder auf andere Weise Pech hat. Und was noch wichtiger ist: Eine Kopie eines guten Gens bewohnt unter Umständen durch Zufall einen Körper zusammen mit schlechten Genen und wird von ihnen in den Abgrund gezogen. Statistik kommt ins Spiel, weil die sexuelle Rekombination dafür sorgt, dass gute Gene nicht regelmäßig einen Körper mit schlechten Genen teilen. Befindet sich ein Gen immer wieder in Organismen, die schlecht überleben, können wir den statistischen Schluss ziehen, dass es sich um ein schlechtes Gen handelt. Ein Gen, das nach 10 000 Jahren der Rekombination, Vermischung und erneuten Rekombination im Genpool verbleibt, kann Organismen gut aufbauen: Das tut es in Zusammenarbeit mit den anderen Genen, mit denen es sich die Körper in der Regel teilt, und damit sind die anderen Gene im Genpool der Spezies gemeint (erinnern wir uns an Kapitel 1: Die Spezies kann man als mittelwertbildenden Computer betrachten).

In *Das egoistische Gen* habe ich das Bild der Ruderregatta Oxford gegen Cambridge verwendet, die Parabel der Ruderer. Acht Ruderer und ein Steuermann müssen ihre Funktion erfüllen, und der Erfolg des ganzen Bootes hängt von ihrer Zusammenarbeit ab. Die Ruderer müssen nicht nur stark sein, sondern auch gut kooperieren, gut mit der übrigen Mannschaft verschmelzen. Die Sportler stehen natürlich stellvertretend für Gene und sind auf die Länge des Bootes verteilt wie Gene auf einem Chromosom. Die Funktion der einzelnen Ruderer herauszugreifen ist schwierig, so eng kooperieren sie und so entscheidend ist das gemeinsame Rudern für den Erfolg des ganzen Bootes. Der Trainer tauscht innerhalb seiner vorläufigen Mannschaften einzelne Ruderer aus. Ihre individuelle Leistung durch Beobachten zu beurteilen ist zwar schwierig, aber er stellt fest, dass bestimmte Personen offensichtlich immer wieder zu den schnellsten vorläufigen Mannschaften gehören. Andere sind offensichtlich immer wieder in den langsameren Mannschaften vertreten. Auch wenn ein Einzelner nie allein rudert, zeigen die besten Ruderer auf lange Sicht immer wieder ihren positiven Anteil an der Leistung der Boote, in denen sie nacheinander sitzen.

Dass die natürliche Selektion die guten Gene von den schlechten trennt, liegt gerade am *kausalen* Einfluss der Gene auf den Körper. Die konkreten Details sind von Spezies zu Spezies unterschiedlich. Gene, die einen guten Schwimmer ausmachen, sind im Genpool von Delfinen »gute Gene«, nicht aber im Genpool von Maulwürfen. Gene, die gutes Graben ermöglichen, sind »gute Gene« im Genpool von Maulwürfen, Wombats und Erdferkeln, aber nicht im Genpool von Delfinen oder Lachsen. Gene für geschicktes Klettern gedeihen im Genpool von Affen, Eichhörnchen oder Chamäleons, aber nicht im Genpool von Schwertfischen, Nashörnern oder Regenwürmern. Gene für aerodynamische Leistungen gedeihen im Genpool von Schwalben oder Fledermäusen, aber nicht im Genpool von Flusspferden oder Alligatoren.

Aber so vielgestaltig »gut« und »schlecht« in den Einzelheiten von Spezies zu Spezies auch sein mögen, die zentrale Aussage bleibt die gleiche. Je nach ihrer kausalen Wirkung auf den Körper bleiben Gene entweder am Leben oder sie überleben nicht bis zur nächsten Generation, und zur nächsten, und zur nächsten … *ad infinitum*. Ich möchte es noch nachdrücklicher formulieren: Jeder darwinistische Prozess, der irgendwo im Universum abläuft – und wenn es Leben anderswo im Universum gibt, wird es darwinistisches Leben sein, da bin ich ziemlich sicher –, hängt von Informationen ab, die sich generationenübergreifend verdoppeln, und diese Informationen müssen einen kausalen Einfluss auf die Wahrscheinlichkeit haben, dass sie von einer Generation zur nächsten verdoppelt werden.[14] Auf unserem Planeten handelt es sich bei der verdoppelten Information, bei dem kausalen Agens im darwinistischen Prozess, zufällig um DNA.[15] Ihre grundlegende Funktion als *Ursache* im Evolutionsprozess zu leugnen ist falsch – völlig, krass, platt, rundheraus falsch.

Habe ich die Aussage übermäßig ausgewalzt? Wäre das doch nur übertrieben – aber leider besteht Grund zu der Annahme, dass Ansichten, wie ich sie hier kritisiert habe, großen Einfluss hatten. Stephen Jay Gould (dessen Irrtümer immer wieder von der Wortgewandtheit, mit der er sie zum Ausdruck brachte, verschleiert wurden) ging so weit, die Rolle der Gene in der Evolution auf reine »Buchhaltung« zu reduzieren. Die Metapher des Buchhalters hat einen derart verführerischen Reiz, dass auch Gould selbst ihm offensichtlich erlag.[16] Aber er liegt damit so weit daneben, wie es überhaupt möglich ist. Ein Buchhalter hat die Aufgabe, passiv Aufzeichnungen über Transaktionen zu führen, nachdem sie stattgefunden haben. Wenn der Buchhalter in seinen Akten etwas einträgt, verursacht dieser Eintrag keine weitere finanzielle Transaktion. Es ist genau andersherum.[17]

Auf den vorangegangenen Seiten habe ich hoffentlich überzeugend dargelegt, dass »Buchhaltung« für die zentrale, kausale Rolle der Gene in der Evolution noch nicht einmal ein hohles Zerrbild ist. Es ist das genaue Gegenteil der Wahrheit, eine Metapher, die so zutiefst falsch wie oberflächlich überzeugend ist. Gould war auch ein Vertreter der »Mehrebenenselektion«, und auch in dieser Hinsicht gilt er als Gegner der genzentrierten Sichtweise auf die Evolution (siehe dazu zum Beispiel das aufschlussreiche Buch *Dawkins vs. Gould: Survival of the Fittest* des Philosophen Kim Sterelny). Gould und andere beharrten darauf, natürliche Selektion spiele sich in der Hierarchie des Lebendigen auf vielen Ebenen ab: Spezies, Gruppe, Individuum, Gen. Dazu ist zunächst zu sagen, dass es zwar tatsächlich eine überzeugende Hierarchie und eine echte Leiter gibt, das Gen gehört aber nicht dazu. Es steht keineswegs auf der untersten Stufe einer Leiter: Vielmehr steht es überhaupt nicht auf der Leiter, sondern seitlich daneben. Das liegt gerade an seiner herausgehobenen Rolle als kausales Agens der Evolution. Das Gen ist ein Replikator. Alle anderen Stufen der Leiter sind *Vehikel* – ein Begriff, den ich später in diesem Kapitel noch erklären werde.

Was die höheren Ebenen der Selektion angeht, so stimmt es sicher, dass manche Arten in einem gewissen Sinn auf Kosten anderer überleben. Das kann ein wenig wie natürliche Selektion auf Ebene der Spezies aussehen. Das einheimische Eichhörnchen in Großbritannien stirbt nach und nach aus, und das ist die unmittelbare Folge einer beklagenswerten Laune des 11. Duke of Bedford, der im 19. Jahrhundert amerikanische Grauhörnchen einführte. Die Grauhörnchen sind den kleineren Eichhörnchen in unmittelbarer Konkurrenz überlegen und stecken sie außerdem mit dem Pockenvirus der Hörnchen (*Squirrelpox virus*, SPPV) an, gegen das sich bei ihnen selbst in Amerika im Laufe vieler Generationen eine Resistenz entwickelt hat. Wenn eine Spezies ökologisch durch eine Konkurrenzart verdrängt wird, sieht das oberflächlich betrachtet nach natürlicher Selektion aus. Es ist aber eine irreführende Ähnlichkeit. Eine solche »Selektion« begünstigt keine evolutionäre Anpassung. Es ist keine natürliche Selektion im darwinistischen Sinn. Man könnte nicht behaupten, dass irgendein Aspekt in Körperbau oder Verhalten der Grauhörnchen das Hilfsmittel war, um die Eichhörnchen aussterben zu lassen; dagegen könnte man fröhlich über die darwinistische Funktion des buschigen Schwanzes sprechen und damit jene Aspekte des Schwanzes meinen, die den Eichhörnchenvorfahren dabei geholfen haben, rivalisierende Eichhörnchen der gleichen Spezies mit einem geringfügig anderen Schwanz in der Konkurrenz zu übertrumpfen.

Im Jahr 1988 veröffentlichte ich einen Aufsatz mit dem Titel »The Evolution of Evolvability« (»Die Evolution der Evolvierbarkeit«). Darin kam ich einer Unterstützung von so etwas Ähnlichem wie der »Mehrebenenselektion« am nächsten. Meine These lautete: Bestimmte Körperbaupläne, zum Beispiel der segmentierte Bauplan der Gliederfüßer, Ringelwürmer und Wirbeltiere, sind besser »evolvierbar« als andere. Ich zitiere aus diesem Aufsatz:

> Ich habe den Verdacht, dass das erste segmentierte Tier kein ungeheuer erfolgreiches Individuum war. Es war ein Sonderling mit einem doppelten (oder mehrfachen) Körper, während seine Eltern nur einen einzigen Körper hatten. Der Bauplan des Einzelkörpers seiner Eltern war zumindest einigermaßen gut an die Lebensweise der Spezies angepasst, ansonsten wären sie nicht zu Eltern geworden. Auf den ersten Blick ist es unwahrscheinlich, dass ein doppelter Körper besser angepasst war ... Wichtig ist an dem ersten segmentierten Tier, dass die von ihm ausgehenden Abstammungslinien hervorragende *Evolutionskünstler* waren. Sie entwickelten sich auseinander, brachten Arten hervor, ließen ganz neue Tierstämme entstehen. Ob die Segmentierung nun während der individuellen Lebenszeit des ersten segmentierten Tiers eine nützliche Anpassung war oder nicht: Sie stellte in der Embryonalentwicklung eine Veränderung dar, die ein Evolutionspotenzial in sich trug.

In meiner Vorstellung sollte man mein Konzept der »Evolvierbarkeit« als Eigenschaft der Embryologie betrachten. Danach hat eine Embryologie der Segmentierung ein hohes Evolvierbarkeitspotenzial, das heißt, die Embryonalentwicklung macht eine reichhaltige evolutionäre Auseinanderentwicklung möglich. In der Tendenz wird die Welt von Klades mit hohem Evolvierbarkeitspotenzial bevölkert. Eine Klade ist ein Zweig im Stammbaum des Lebens, das heißt eine Gruppe einschließlich ihres gemeinsamen Vorfahren. »Vögel« sind eine Klade, denn alle Vögel haben einen einzigen gemeinsamen Vorfahren, den sie nicht mit irgendwelchen Nicht-Vögeln teilen. »Fische« dagegen ist keine Klade, denn sämtliche Fische haben ihren gemeinsamen Vorfahren mit allen landlebenden Wirbeltieren gemeinsam, die keine Fische sind, so auch mit uns.

»Säugetiere« ist eine Klade, allerdings nur dann, wenn man auch die sogenannten »säugetierähnlichen Reptilien« hinzunimmt. Die Evolution der Evolvierbarkeit als Gruppenselektion zu bezeichnen wäre nicht hilfreich und verwirrend. Der von George C. Williams geprägte Begriff »Kladesselektion« dagegen passt.[18]

Welche Kritik an der genzentrierten Sichtweise sollten wir sonst noch betrachten? Viele Möchtegernkritiker haben darauf hingewiesen, dass es keine 1-zu-1-Übereinstimmung zwischen einem Gen und einem »Stückchen« des Körpers gibt. Das stimmt zwar, es ist aber keine stichhaltige Kritik; dennoch muss ich es erklären, denn viele Menschen halten es dafür. Man kennt diese gruseligen Metzgerdiagramme, auf denen der Körper einer Kuh durch Linien entstellt ist, die einzelne »Schnitte« für das Fleisch darstellen: »Hüftdeckel«, »Bruststück«, »Lende« und so weiter. Nun, ein solches Diagramm kann man für Genabschnitte nicht zeichnen.[19] Man kann am Körper nicht mit einer »Grenze« markieren, wo das »Territorium« eines Gens endet und das eines anderen beginnt. Gene lassen sich nicht auf Körperteilen markieren; sie gehören vielmehr zu zeitlich festgelegten embryologischen *Prozessen*. Gene beeinflussen die Embryonalentwicklung, und eine *Veränderung* in einem Gen (eine Mutation) steht in Verbindung mit einer *Veränderung* im Körper. Wenn Genetiker von den Wirkungen eines Gens sprechen, sehen sie ausschließlich einen *Unterschied* zwischen Individuen, die eine Version (ein »Allel«) des Gens besitzen, und anderen, die dies nicht besitzen. Die Einheiten im Phänotyp, die von Genetikern gezählt oder in Stammbäumen verfolgt werden, Merkmale wie der Habsburger Unterkiefer, Albinismus, Hämophilie oder die Fähigkeit, Freesien zu riechen oder die Zunge einzurollen, werden als *Unterschiede* zwischen Individuen nachgewiesen. Denn natürlich sind unzählige Gene an der Entwicklung eines Kiefers, ob Habsburger

Gleichgewicht der Spannungen

oder nicht, beteiligt; ebenso an jeder Zunge, ob eingerollt oder nicht. Das Gen für den Habsburger Unterkiefer ist nichts anderes als ein Gen für einen *Unterschied* zwischen manchen Individuen und anderen. Nichts anderes bedeutet es in Wirklichkeit, wenn man von einem Gen »für« irgendetwas spricht. Es sind Gene »für« individuelle Unterschiede. Und nicht nur der Blick des Genetikers richtet sich auf individuelle Unterschiede im Phänotyp, sondern das Gleiche tut auch sehr präzise und scharfsichtig der Blick der natürlichen Selektion: Er richtet sich auf die Unterschiede zwischen denen, die alles Notwendige zum Überleben besitzen, und denen, die es nicht besitzen.

Was die überragende Bedeutung der *Wechselwirkungen* zwischen Genen für die Beeinflussung des Phänotyps angeht, gibt es eine bessere Metapher als das Diagramm des Metzgers. Von der Decke hängt ein großes Tuch, das an Haken mit Hunderten von

Schnüren befestigt ist, die überall an dem Tuch ansetzen.[20] Für die Analogie ist es hilfreich, wenn man sich dabei elastische Schnüre vorstellt. Die Schnüre hängen nicht senkrecht und unabhängig voneinander herab, sondern sie können auch diagonal oder in jeder beliebigen anderen Richtung verlaufen, und sie ziehen sich dann nicht zwangsläufig geradewegs zu dem Tuch, sondern sind mit anderen Schnüren durch Querverbindungen verknüpft. Das Tuch ist wegen der wechselseitigen Spannungen in dem Fadenspiel mit Hunderten von Schnüren unregelmäßig geformt. Wie man schon vermuten konnte, repräsentiert die Form des Tuches den Phänotyp, den Körper des Tieres. Die Gene entsprechen den Spannungen in den Schnüren an den Haken an der Decke. Eine Mutation ist entweder ein Zug in Richtung des Hakens oder eine Entspannung, vielleicht sogar ein am Haken durchgeschnittener Faden. Und die Kernaussage der Parabel lautet natürlich: Eine Mutation an einem beliebigen Haken wirkt sich auf das *ganze Gleichgewicht der Spannungen* in dem Fadengewirr aus. Ändert sich die Spannung an einem Haken, wandelt sich die Form des ganzen Tuches. Wie es dem Modell des Tuches entspricht, haben viele oder sogar die meisten Gene »pleiotrope« (mehrfache) Wirkungen, wie sie in Kapitel 4 definiert wurden.

In der Genetik erforscht man aus praktischen Gründen am liebsten die Minderheit der Gene, die tatsächlich genau definierbare, scheinbar einzigartige Effekte haben wie die für Gregor Mendels glatte und gerunzelte Erbsen. Aber selbst solche »wichtigen Gene« haben oft eine erstaunlich bunte Sammlung anderer pleiotroper Wirkungen, die sich scheinbar willkürlich über den Körper verteilen. Dass das so ist, sollte uns nicht überraschen: Gene üben ihre Wirkungen in vielen Stadien der Embryonalentwicklung aus. Deshalb steht es zu erwarten, dass sie auch an entgegengesetzten Enden des Körpers pleiotrope Folgen haben. Eine Veränderung der Spannung an einem Haken führt zu einer umfassenden Formveränderung des gesamten Tuches.

Eine 1-zu-1-Entsprechung von einzelnen Genen zu einzelnen »Stückchen« des Körpers gibt es also nicht. Wir haben es nicht mit einem Metzgerdiagramm zu tun. Aber diese Tatsache bedroht um kein Jota und keinen Deut die genzentrierte Sichtweise für die Evolution. So pleiotrop, so kompliziert und interaktiv die Auswirkungen eines Gens auch sein mögen, man kann immer alle zusammenzählen und gelangt unter dem Strich zu einem positiven oder negativen Effekt, den eine *Veränderung* (Mutation) im Körper bewirkt: einen Gesamteffekt auf seine Chancen, bis zur nächsten Generation zu überleben. Solche kausalen Einflüsse auf das Überleben eines Gens im Genpool existieren ungeachtet aller Komplikationen und trotz zahlreicher Wechselbeziehungen zu anderen Genen – den anderen Genen, mit denen es gemeinsam über die Spannung aller Fäden bestimmt. Wenn das fragliche Gen mutiert, wandelt sich unter Umständen die Form des gesamten Tuches, und vielleicht spielen sich überall im Körper zahlreiche pleiotrope Veränderungen ab. Der Gesamteffekt all dieser Veränderungen in verschiedenen Körperteilen und im Wechselspiel mit vielen anderen Genen muss im Hinblick auf Überleben und Fortpflanzung entweder positiv oder negativ (oder neutral) sein. Das ist natürliche Selektion.

Auch Einflüsse aus der Umwelt wirken sich auf die Spannungen der genetischen Fäden aus. Diese kann man sich als weitere Fäden vorstellen, die nicht von Haken an der Decke ziehen, sondern von der Seite. Das Tier wird während seiner Entwicklung natürlich nicht nur von den Genen, sondern auch von seiner Umwelt beeinflusst, die immer mit den Genen in Wechselbeziehung steht. Aber auch das spielt für den genzentrierten Blick auf die Evolution nicht die geringste Rolle. Sobald eine *Veränderung* in einem Gen unter den jeweiligen Umweltverhältnissen für eine (positive oder negative) *Veränderung* der Chancen dieses Gens sorgt, sich durch die Generationen fortzupflanzen, findet natürliche Selektion statt. Und nur um natürliche Selektion geht es bei der genzentrierten Sichtweise.

So viel zu dieser Kritik am Blick aus der Perspektive des Gens. Was haben wir sonst noch? Während Gene in der Evolution die aktiven Ursachen sind, beobachten wir den ganzen einzelnen Körper, der sich als aktiver Akteur verhält. Auch diese Tatsache wird oft zu Unrecht für eine Schwäche der genzentrierten Sichtweise gehalten. Ja, natürlich besitzt das ganze Tier die ausführenden Instrumente, durch die es mit der Welt interagiert – Beine, Hände, Sinnesorgane. Das ganze Tier sucht unermüdlich nach Nahrung, verfolgt zuerst diese hoffnungsvolle Fährte, wechselt dann zu jener anderen, zeigt alle Symptome eines quälenden Appetits, bis die Befriedigung erreicht ist. Das einzelne Tier zeigt Angst vor Fressfeinden, sieht sich immer wieder wachsam um, springt auf, wenn es gestört wird, und läuft in offenkundigem Entsetzen davon, wenn ihm ein anderes auf den Fersen ist. Das einzelne Tier verhält sich als einheitlicher Akteur, wenn es dem anderen Geschlecht den Hof macht. Das einzelne Tier baut voller Sorgfalt ein Nest und arbeitet sich fast in den Tod, um für seine Jungen zu sorgen.

Tatsächlich ist das Tier, das einzelne Tier, das ganze Tier ein Akteur, der ein Ziel oder eine Reihe von Zielen anstrebt. Manchmal scheint dieses Ziel das individuelle Überleben zu sein. Oft ist es die Fortpflanzung und das Überleben der Nachkommen des Individuums. Manchmal, insbesondere bei sozialen Insekten, ist es das Überleben und die Fortpflanzung von Verwandten, die keine Kinder sind – Schwestern und Nichten, Neffen und Brüder. Mein verstorbener Kollege W. F. Hamilton (der mit der Palimpsest-Postkarte aus Kapitel 1) formulierte eine allgemeine Definition für die exakte mathematische Größe, von der man erwartet, dass ein Individuum sie unter dem Einfluss der natürlichen Selektion mit seinem zweckgerichteten Streben maximieren wird. Sie schließt das individuelle Überleben ein, und sie schließt die Fortpflanzung ein. Sie umfasst aber auch noch mehr, denn Gene hat man auch mit weiter entfernten Verwandten gemeinsam, und das Überleben der Gene kann man deshalb auch unterstützen, wenn man eine Schwester oder einen Neffen in die Lage versetzt, zu überleben und sich fortzupflanzen. Der exakten Größe, nach deren Maximierung ein einzelner Organismus streben sollte, gab er einen Namen: *inclusive fitness* (»Gesamtfitness«). Seine schwierigen mathematischen Überlegungen fasste er in einer langen, ebenfalls recht komplizierten Definition zusammen:

> Gesamtfitness kann man sich als die persönliche Fitness vorstellen, die ein Individuum tatsächlich in seiner Produktion erwachsener Nachkommen zum Ausdruck bringt, nachdem sie zunächst frei gemacht und dann auf bestimmte Weise ergänzt wurde. Frei gemacht wird sie von allen Bestandteilen, die man auf das soziale Umfeld des Individuums zurückführen kann, sodass die Fitness bleibt, die es zum Ausdruck bringen würde, wenn es nicht den schädlichen oder nützlichen Einwirkungen dieser Umwelt ausgesetzt wäre. Diese Größe wird dann durch bestimmte Bruchteile der Mengen an Schaden und Nutzen ergänzt, die das Individuum selbst zur Fitness seiner Nachbarn beiträgt. Die fraglichen Bruchteile sind einfach die Verwandtschaftskoeffizienten, die auf die betroffenen Nachbarn zutreffen: ein Ganzes für klonale Individuen, die Hälfte für Geschwister, ein Viertel für Halbgeschwister, ein Achtel für Cousins und Cousinen, und schließlich null für alle Nachbarn, deren Verwandtschaft man als vernachlässigbar gering betrachten kann.[21]

Ziemlich verwickelt? Ein wenig schwer lesbar? Nun, es muss verwickelt sein, denn die Gesamtfitness ist ein schwieriger Begriff. Nach meiner Überzeugung ist er zwangsläufig kompliziert, denn ihn aus der Perspektive des Individuums zu betrachten ist eine unnötig komplizierte Herangehensweise an den Darwinismus. Alles wird glücklicherweise sehr einfach, wenn man den einzelnen Organismus ganz weglässt und sich sofort auf die Ebene des Gens begibt. In der Praxis tat das auch Bill Hamilton. Er schrieb:

> Machen wir die Argumentation einmal anschaulicher, indem wir den Genen vorübergehend Intelligenz und eine gewisse Entscheidungsfreiheit zugestehen. Stellen wir uns vor, ein Gen würde über die Aufgabe nachdenken, die Zahl seiner Kopien zu steigern, und stellen wir uns außerdem vor, es könne sich entscheiden, bei seinem Träger entweder ein Verhalten zu verursachen, das ausschließlich dem Eigeninteresse dient … oder ein »desinteressiertes« Verhalten zu verursachen, das in irgendeiner Weise einem Verwandten nützt.[22]

Das ist doch sehr klar und leicht verständlich, wenn man es mit dem vorherigen Zitat über die Gesamtfitness vergleicht. Der Unterschied liegt darin, dass der verständliche Absatz sich die genzentrierte Sichtweise für die natürliche Selektion zu eigen macht. Zu der schwierigen Passage gelangt man, wenn man den gleichen Gedanken aus der Sicht des einzelnen Organismus formuliert. Meiner halb humorvollen, formlosen Definition gab Hamilton seinen Segen: »Gesamtfitness ist die Größe, die ein Individuum scheinbar maximiert, wenn in Wirklichkeit das Überleben des Gens maximiert wird.«

In meiner Terminologie ist der einzelne Organismus ein »Vehikel« für das Überleben von Kopien der »Replikatoren«, die in ihm reisen.

	Funktion	maximiert
Gen	Replikator	Überleben
Organismus	Vehikel	Gesamtfitness

Bill Hamilton

Der Philosoph David Hull begriff nach einer umfangreichen Korrespondenz mit meinem damaligen Studenten Mark Ridley den springenden Punkt, ersetzte aber das Wort »Vehikel« durch »Interaktor«.[23] Warum, habe ich nie verstanden. Je nach den eigenen Vorlieben kann man entweder das Vehikel oder den Replikator als den Akteur betrachten, der eine Größe maximiert. Wenn es das Vehikel ist, handelt es sich bei der maximierten Größe um die Gesamtfitness, und das ist relativ kompliziert. Ist es der Replikator – was das Gleiche bedeutet –, wird eine einfache Größe maximiert: das Überleben.

Ich möchte die Bedeutung der Vehikel als handelnde Einheiten nicht herunterspielen. Der einzelne Organismus besitzt ein Gehirn, mit dem er auf der Grundlage der von den Sinnen gelieferten Informationen seine Entscheidungen trifft, die von Muskeln ausgeführt werden. Der Organismus (das »Vehikel«) ist die handelnde Einheit. Aber das Gen (der »Replikator«) ist die Einheit, die überlebt. Nach der genzentrierten Sichtweise sollte man schon die Existenz von Vehikeln nicht als gegeben voraussetzen, sondern sie erfordert eine eigene Erklärung.[24] An einer solchen Erklärung habe ich mich in »Die Wiederentdeckung des Organismus« versucht, dem letzten Kapitel meines Buches *Der erweiterte Phänotyp*.

Replikatoren (auf unserem Planeten DNA-Abschnitte) und Vehikel (auf unserem Planeten einzelne Körper) sind gleichermaßen wichtige Gebilde; sie sind gleichermaßen wichtig, haben aber unterschiedliche, einander ergänzende Funktionen.[25] Replikatoren mögen einst ungehindert im Meer geschwommen sein, aber, um *Das egoistische Gen* zu zitieren, »dieses ungebundene Leben haben sie seit Langem aufgegeben. Heute drängen sie sich in riesigen Kolonien, sicher im Innern gigantischer, schwerfälliger Roboter.«* Der genzen-

* *Das egoistische Gen*. Üb. v. K. Sousa de Ferreira, Heidelberg: Spektrum Akad. Verlag 1994, S. 51.

Alternativcover für Das egoistische Gen*; alle geben den Inhalt richtig wieder*

trierte Blick auf die Evolution spielt die Rolle des einzelnen Körpers nicht herunter. Er besteht nur darauf, dass diese Rolle (»Vehikel«) eine andere ist als die des Gens (»Replikator«).

Erfolgreiche Gene überleben also über Generationen hinweg in den Körpern und *verursachen* (in einem statistischen Sinn) durch ihre »phänotypischen« Auswirkungen auf die Organismen, in denen sie wohnen, ihr eigenes Überleben. Im weiteren Verlauf habe ich aber die genzentrierte Sichtweise noch gestärkt, indem ich den Begriff des *erweiterten* Phänotyps eingeführt habe. Die Kausalität endet nicht an der Körperwand. Jeden kausalen Effekt auf die Welt als Ganzes – jeden kausalen Effekt, den man auf die Gegenwart eines Gens im Gegensatz zu seinem Fehlen zurückführen kann und der die Überlebenschancen dieses Gens beeinflusst, kann man als phänotypischen Effekt von darwinistischer Bedeutung betrachten. Er muss nur irgendeinen statistischen Einfluss auf die positiven oder negativen Überlebenschancen des Gens im Genpool ausüben. Damit muss ich jetzt noch einmal auf den erweiterten Phänotyp zurückkommen, denn er ist für mich ein wichtiger Teil des genzentrierten Blicks auf die Evolution.

9

DRAUSSEN VOR DER KÖRPERWAND

STELLEN WIR UNS EINMAL VOR, Jane Goodall hätte berichtet, sie habe zugesehen, wie Schimpansen auf einer Waldlichtung einen gewaltigen steinernen Turm errichteten. Sorgfältig hätten sie Steine mit der richtigen Form ausgesucht und jeden so lange hin und her gedreht, bis er genau zu den Nachbarsteinen passte. Dann hätten die Schimpansen ihn an seinem Platz befestigt und anschließend den nächsten Stein ausgesucht. Offensichtlich hätten sie gern zwei ganz unterschiedliche Steingrößen verwendet: kleinere zum Bau der eigentlichen Mauern und größere als äußere Befestigung und zur Verstärkung der wichtigen Stützmauern. Die Entdeckung wäre eine Sensation gewesen: Sie hätte Schlagzeilen gemacht und wäre zum Thema hektischer Fernsehdiskussionen geworden. Philosophen wären auf den Zug aufgesprungen, man hätte leidenschaftlich über Persönlichkeit, moralische Rechte und andere Themen von philosophischer Tragweite debattiert. Der Turm eignet sich schlecht als Wohnung für seine Erbauer. Wenn er also keine Funktion hat, ist er dann eine Art Denkmal? Hat er rituelle oder zeremonielle Bedeutung wie Stonehenge? Zeigt der Turm, dass die Religion älter ist als die Menschheit? Bedroht er die Sonderstellung des Menschen?

Das hier abgebildete Bauwerk ist tatsächlich eine Konstruktion von Tieren, von Schimpansen wurde es allerdings nicht errichtet. In Wirklichkeit ist es viel kleiner, und es steht auch nicht aufrecht wie ein Denkmal, sondern liegt flach am Boden eines Baches. Es ist die Behausung eines kleinen Insekts, nämlich der Larve einer Köcherfliege namens *Silo pallipes*. Ausgewachsene Köcherfliegen suchen im Flug nach Partnern und leben nur wenige Wochen, aber ihre Larven wachsen bis zu zwei Jahre unter Wasser heran; ihre beweglichen Behausungen bauen sie selbst aus Material, das sie ihrer Umwelt entnehmen und mit Seide aus Drüsen im Kopf befestigen. Im Fall von *Silo pallipes* (siehe Seite 268, Abbildung oben rechts)

Wären Schimpansen doch so geschickt wie eine Köcherfliegenlarve!

handelt es sich bei dem Baumaterial um Steine aus der Umgebung. Entdeckt wurden ihre erstaunlichen Baukünste von Michael Hansell, der heute ganz allgemein unser führender Experte für die Architektur von Tieren ist.[1]

Diese Larven sind meisterhafte Maurer.[2] Man braucht sich nur anzusehen, wie gekonnt sie die kleinen Steine zwischen den sorgfältig ausgewählten größeren Brocken anbringen, die als seitliche Stütze dienen. Wie Hansell nachweisen konnte, suchen sie die Steine nach Form und Größe aus, aber nicht nach dem Gewicht. In ausgeklügelten Experimenten entfernte er Teile der Behausung und konnte zeigen, wie die Larven andere geeignete Steine in die Lücken einfügten und dort einzementierten. Ebenso beeindruckend ist das Holzhaus rechts oben im Bild. Es wurde nicht von einer Köcherfliegenlarve erbaut, sondern von der Raupe eines Schmetterlings aus der Gruppe der Sackträger. Bei den Köcherfliegen im Wasser und den Sackträgern an Land hat sich unabhängig voneinander konvergent die Gewohnheit entwickelt, Behausungen aus Material zu bauen, das in der Umgebung gesammelt wird. Das Bild zeigt eine Auswahl von Köcherfliegenlarven- und Sackträger-Behausungen.

Als »Phänotyp« bezeichnet man die körperlichen Ausdrucksformen von Genen. Beine und Antennen, Auge und Darm gehören zum Phänotyp der Köcherfliegenlarven. In der genzentrierten Sichtweise auf die Evolution ist der phänotypische Ausdruck eines Gens ein Hilfsmittel, mit dem das Gen sich selbst in die nächste Generation befördert – und letztlich auch in eine unbegrenzte Zahl zukünftiger Generationen. In diesem Kapitel kommt der Begriff des *erweiterten* Phänotyps hinzu. Wie das Schneckenhaus Teil des Phänotyps einer Schnecke ist, dessen Form, Größe, Dicke und so weiter von Genen der Schnecke beeinflusst werden, so sind auch Form, Größe und so weiter einer steinernen Köcherfliegenlarven-Behausung oder das

Köcherfliegenlarve

Sackträgerraupe

aus Zweigen gebaute Gehäuse einer Sackträgerraupe verschiedene Ausdrucksformen von Genen. Da diese Phänotypen aber nicht zum eigentlichen Körper des Tieres gehören, bezeichne ich sie als *erweiterte* Phänotypen.

Derart elegante Konstruktionen sind sicher nicht weniger die Produkte darwinistischer Evolution als die gepanzerte Körperwand eines Hummers, einer Schildkröte oder eines Gürteltiers. Und nicht weniger als unsere Nase oder unser großer Zeh. Demnach müssen sie durch die natürliche Selektion von Genen zusammengestellt worden sein. Das ist die darwinistische Rechtfertigung dafür, von einem erweiterten Phänotyp zu sprechen. Es muss Gene »für« die verschiedenen Details einer Köcherfliegenlarven- oder Sackträgerraupen-Behausung geben. Demnach müssen in den Zellen der Insekten Gene liegen oder gelegen haben, deren Varianten für Abwandlungen in Form oder Bauweise der Behausungen gesorgt haben. Um zu diesem Schluss zu gelangen, müssen wir nur davon ausgehen, dass die Behausungen sich durch darwinistische natürliche Selektion entwickelt haben, eine Annahme, die kein ernst zu nehmender Biologe angesichts ihrer eleganten Zweckmäßigkeit infrage stellen würde. Das Gleiche gilt für die Nester der Falten- und Grabwespen oder der Pieperwaldsänger. Sie sind nicht aus lebenden Zellen, sondern aus Schlamm gebaut und damit erweiterte Phänotypen der Gene im Körper ihrer Erbauer.

Während ihre Vettern, die Grashüpfer, mit gezackten Beinen singen, erzeugen männliche Laubheuschrecken ihren Gesang mit den Flügeln: Sie kratzen mit der Oberseite eines Vorderflügels an einer gezackten »Feile« auf der Unterseite des anderen Vorderflügels. Unter ihren Lautäußerungen ist der »Rufgesang« so laut, dass er Weibchen in einem gewissen Umkreis anlockt und männliche Konkurrenten abschreckt. Aber wie wäre es, wenn man ihn

Aus Schlamm erbaute erweiterte Phänotypen

Faltenwespe

Grabwespe

Pieperwaldsänger

verstärken könnte, sodass sich der Einzugsbereich zum Anlocken von Weibchen erweitert? Vielleicht eine Art Sprachrohr? Wir benutzen das Sprachrohr als einfachen Richtungsverstärker, der mit »Impedanzanpassung« arbeitet. Was das bedeutet, brauchen wir hier nicht näher zu erläutern; es sei nur gesagt, dass anders als bei einem elektronischen Verstärker keine zusätzliche Energie aufgewendet wird. Stattdessen wird die verfügbare Energie in eine ganz bestimmte Richtung gelenkt. Könnte einer Heuschrecke aus ihrer harten Außenhülle ein Sprachrohr wachsen – ein Phänotyp im herkömmlichen Sinn? Etwas Ähnliches wie der bemerkenswerte, nach hinten gerichtete Trompetentrichter des Dinosauriers *Parasaurolophus*, der vermutlich als Resonanzraum für sein Gebrüll diente?[3] So etwas hätte sich auch bei den Heuschrecken entwickeln können. Aber dann stand ein einfacheres Material zur Verfügung, und das nutzten die Maulwurfsgrillen aus.

Parasaurolophus

Maulwurfsgrillen sind, wie der Name schon vermuten lässt, auf das Graben spezialisiert. Ihre abgewandelten Vorderbeine bilden kräftige Schaufeln, die stark denen der Maulwürfe ähneln, aber viel kleiner sind. Die Ähnlichkeit ist natürlich konvergent. Manche Arten von Maulwurfsgrillen haben sich so stark dem Leben unter der Erde verpflichtet, dass sie überhaupt nicht fliegen können. Gehen wir also davon aus, dass eine Maulwurfsgrille von einem Sprachrohr profitieren könnte und sie einen unterirdischen Bau gräbt: Was wäre da natürlicher, als dem Bau die Form eines Sprachrohrs zu geben? Im Fall von *Gryllotalpa vineae* ist es sogar ein doppeltes Sprachrohr, ähnlich einem altmo-

Maulwurfsgrille

Maulwurf

dischen Grammophon mit Uhrwerk und zwei Schalltrichtern. Wie Henry Bennet-Clark zeigen konnte, konzentriert der doppelte Trichter das Geräusch in einem scheibenförmigen Raum, statt ihn in alle Richtungen halbkugelförmig abzustrahlen.[4] Bennet-Clark konnte ein einzelnes Exemplar von *Gryllotalpa vineae* (die Spezies hatte er

Eine Maulwurfsgrille mit ihrem Bau in Form eines doppelten Sprachrohrs

selbst entdeckt) noch aus 600 Metern Entfernung hören. An eine solche Reichweite kommt eine gewöhnliche Grille nicht annähernd heran.

Wenn man davon ausgeht, dass das Sprachrohr der Maulwurfsgrille so wunderschön zweckmäßig ist, wie es den Anschein hat, muss es sich ebenso durch natürliche Selektion und schrittweise Verbesserung entwickelt haben wie die Hände zum Graben oder alle anderen Körperteile der Grille. Es muss also Gene geben, die über die Form des Sprachrohrs bestimmen, genau wie Gene die Form der Flügel oder Antennen festlegen. Und es muss Gene geben, die das Gesangsmuster der Grille steuern. Gäbe es keine Gene für die Form des Sprachrohrs, hätte die natürliche Selektion nichts, woraus sie auswählen könnte. Erinnern wir uns erneut daran, dass ein Gen »für« irgendetwas immer ein Gen ist, dessen unterschiedliche Allele einen Unterschied zwischen den Individuen codieren.

Wenn wir das doppelte Sprachrohr (oder übrigens auch die Behausungen von Köcherfliegen und Sackträgerraupen) betrachten, sind wir vielleicht versucht, ungefähr Folgendes zu sagen: Der Bau einer Grille gleicht nicht Flügeln oder Antennen. Er ist das Produkt des *Verhaltens* einer Grille, Flügel und Antennen dagegen sind anatomische Strukturen. An den Gedanken, dass anatomische Strukturen von Genen festgelegt werden, sind wir gewöhnt. Kann man das Gleiche auch über das Verhalten sagen, beispielsweise das Grabverhalten der Grille oder das komplizierte Maurerverhalten der Köcherfliegenlarven? Ja, natürlich kann man das. Und nichts spricht dagegen, das auch über die Produkte zu sagen, die durch das Verhalten entstehen. Die Produkte sind nur ein weiterer Schritt in der Kausalkette vom Gen zum Protein zu … einer langen Reihe von Prozessen im Embryo, die im ausgewachsenen Organismus ihren Abschluss finden.

Über die Genetik des Verhaltens gibt es zahlreiche Studien, darunter übrigens auch solche über die Genetik des Grillengesanges. Ich möchte diese Arbeiten hier erörtern, denn seltsamerweise weckt die Verhaltensgenetik eine Skepsis, unter der die anatomische Genetik nie zu leiden hatte.[5] Der Gesang von Grillen (allerdings nicht gezielt von Maulwurfsgrillen) war der Gegenstand eingehender genetischer Untersuchungen von David Bentley, Ronald Hoy und ihren Kollegen in Amerika.[6] Sie studierten zwei Grillenarten: *Teleogryllus commodus* aus Australien und *Teleogryllus oceanicus*, die ebenfalls in Australien zu Hause ist, aber auch auf den Pazifikinseln vorkommt. Ausgewachsene Grillen, die isoliert von anderen Grillen aufgewachsen sind, singen normal. Nymphen, die noch nicht durch die letzte Häutung zu ausgewachsenen Tieren geworden sind, singen nie, aber im Labor kann man ihre Brustganglien dazu veranlassen, Impulse mit der gleichen zeitlichen Verteilung abzugeben wie beim Gesang der Spezies. Diese Tatsachen lassen stark darauf schließen, dass die Anweisungen für den Gesang der Spezies in den Genen codiert sind. Und diese Gene müssen bei den beiden Arten deutlich unterschiedlich sein, denn ihre Gesangsmuster sind ebenfalls unterschiedlich. Das lässt sich durch Kreuzungsexperimente wunderschön bestätigen.

In der Natur kreuzen sich die beiden Arten von *Teogryllus* nicht, aber im Labor kann man sie dazu veranlassen. Das Diagramm aus der Arbeit von Bentley und Hoy zeigt die Lieder der beiden Arten und von verschiedenen Hybriden zwischen ihnen. Grillengesänge bestehen immer aus Pulsen, die durch Pausen getrennt sind. Das »Zirpen« von *T. oceanicus* (A im Bild) besteht aus ungefähr fünf Pulsen, auf die eine Reihe von rund zehn »Trillern« folgt; dabei besteht jeder Triller aus zwei Pulsen, die schneller aufeinander folgen als die Impulse des Zirpens. Wir hören eine rhythmische Wiederholung

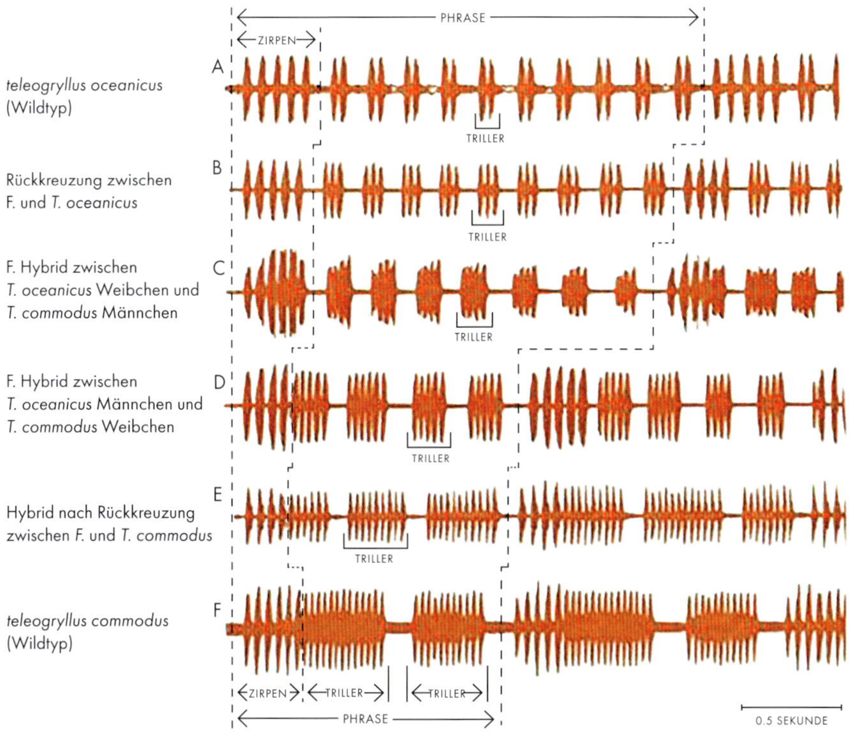

Gesänge reinrassiger Grillen und ihrer Hybride

der Triller. Für meine Ohren klingen die Triller ein wenig leiser als das Zirpen. Nach ungefähr zehn dieser Zwei-Puls-Triller folgt ein erneutes Zirpen. Der Zyklus wiederholt sich unbegrenzt oft. Im Muster von *T. commodus* (F) wechseln sich Zirpen und Triller auf ähnliche Weise ab, aber statt einer Reihe von rund zehn Doppelpuls-Trillern ist zwischen den Zirpgeräuschen nur ein langer Triller oder vielleicht zwei zu hören.

Jetzt kommt die interessante Frage: Wie steht es mit den Hybriden? Die Gesänge der Mischlinge (C und D) sind ein Mittelding zwischen denen der beiden Ausgangsarten (A und F). Dabei spielt es eine Rolle, zu welcher Spezies das Männchen gehört (man vergleiche C mit D); das ist ebenfalls interessant, weil es etwas über die Geschlechtschromosomen aussagt, aber wir brauchen das Thema hier nicht zu vertiefen. Jedenfalls ist der Gesang der Hybride eine wunderschöne Bestätigung für die genetische Steuerung eines Verhaltensmusters. Weitere Belege (B und E) liefert die Kreuzung von Hybriden mit jeder der beiden wilden Arten (in der Genetik spricht man von einer Rückkreuzung). Vergleicht man alle fünf Lieder, so fällt eine überzeugende Verallgemeinerung auf: Die Gesänge der Hybride ähneln denen der beiden Ausgangsarten im Verhältnis zu der Zahl der Gene, die das Hybridindividuum von jeder der beiden Arten geerbt hat. Je mehr *oceanicus*-Gene ein Individuum besitzt, desto stärker ähnelt sein Gesang dem wilden *oceanicus* im Verhältnis zu *commodus*. Und umgekehrt. Je weiter unser Blick auf der Seite von *oceanicus* abwärts in Richtung *commodus* wandert, desto mehr Ähnlichkeiten mit dem Gesang von *commodus* bemerken wir. Dies legt die Vermutung nahe, dass sich die Effekte mehrerer Gene mit geringer Wirkung (»Polygene«) summieren. Dass die artspezifischen Gesangsmuster, durch die sich diese beiden Grillenarten unterscheiden, in den Genen codiert sind, steht außer Zweifel: Es ist ein schönes Beispiel dafür, dass Verhalten ebenso der genetischen Steuerung unterliegt wie anatomische Strukturen. Warum um alles in der Welt sollte es auch anders sein? Die Logik der kausalen Wirkung von Genen ist in beiden Fällen die gleiche. Beide Phänomene sind die Produkte von Kausalketten, wobei die Kette für das Verhalten nur ein weiteres Glied umfasst.

Mit einer ähnlichen Studie könnte man die Genetik des Sprachrohr-Bauverhaltens erforschen. Ebenso gut könnte man aber auch den nächsten Schritt in der Kausalkette betrachten: das Sprachrohr selbst. Untersuchen wir in einer genetischen Studie die Unterschiede zwischen den Sprachrohren. Sie sind erweiterte Phänotypen von Genen der Maulwurfsgrille. Die Untersuchung wurde bisher nicht durchgeführt, aber es steht ihr nichts im Weg. Ebenso hat niemand bisher die Genetik der Köcherfliegenbehausungen untersucht, aber auch hier gibt es keinen Grund, es nicht zu tun, auch wenn sich mit der Kreuzung der Fliegen im Labor praktische Schwierigkeiten auftun könnten. Einmal hielt Michael Hansell in Oxford einen Vortrag über das Bauverhalten von Köcherfliegenlarven. Nebenbei klagte er über seine gescheiterten Versuche, Köcherfliegen im Labor zu kreuzen, denn er hätte gern ihre Genetik studiert. Daraufhin knurrte der Professor für Insektenforschung in der ersten Reihe: »Haben Sie nicht versucht, ihnen die Köpfe abzuschneiden?« Anscheinend übt das Insektengehirn hemmende Einflüsse aus, sodass man von der Enthauptung eine befreiende Wirkung erwarten könnte.

Würde es gelingen, Köcherfliegen in Gefangenschaft zu kreuzen, könnte man systematisch über mehrere Generationen hinweg Veränderungen ihrer Behausungen selektionieren. Oder man könnte künstlich Generation für Generation auf Größe oder Form von Maulwurfsgrillen-Sprachrohren selektionieren und Individuen kreuzen, deren Sprachröhre zufällig breiter, tiefer oder anders geformt sind. Man könnte riesige Sprachrohre ebenso heranzüchten wie riesige Antennen oder Mundwerkzeuge.

Damit würde man künstliche Selektion betreiben, aber etwas Ähnliches muss sich auch durch natürliche Selektion abgespielt haben.[7] Ob künstliche oder natürliche Selektion, die Evolution größerer Sprachrohre konnte nur durch Gene für die Sprachrohrgröße verursacht werden, die unterschiedlich gut überlebt haben. Damit sich das Sprachrohr überhaupt als darwinistische Anpassung entwickeln konnte, musste es Gene für seine Form geben. Die Vorstellung vom erweiterten Phänotyp ist ein unverzichtbarer Teil der genzentrierten Sichtweise auf die Evolution. Er sollte eine unumstrittene Ergänzung der darwinistischen Theorie darstellen.

Aber sind die »Gene für die Sprachrohrform« nicht in Wirklichkeit Gene für ein verändertes Grabverhalten, das zum »normalen« Phänotyp der Grille gehört? Sind die Gene für die Gehäuseform der Köcherfliegen nicht »in Wirklichkeit« Gene für das Bauverhalten, das heißt, »normale« Ausdrucksformen des Phänotyps innerhalb des Körpers? Warum redet man überhaupt über »erweiterte« Phänotypen außerhalb des Organismus? Nun, ebenso gut könnte man sagen: Die Gene für verändertes Grabverhalten sind »in Wirklichkeit« Gene für eine veränderte Verdrahtung in den Ganglien des Brustkorbs. Und Gene für Veränderungen in den Ganglien des Brustkorbs sind ihrerseits »in Wirklichkeit« Gene für Veränderungen in den Zell-Zell-Wechselwirkungen während der Embryonalentwicklung. Und die wiederum sind »in Wirklichkeit« ... und so immer weiter, bis wir auf die letzte »Wirklichkeit« stoßen. Gene sind in wirklicher, wirklicher Wirklichkeit Gene für veränderte Proteine, die nach den Regeln für die Translation der 64 möglichen DNA-Triplettcodons in 24 Aminosäuren plus Satzzeichen zusammengesetzt werden. Ich wiederhole es noch einmal, denn es ist wichtig: Wir haben es mit einer Kausalkette zu tun, deren erste Schritte (DNA-Codons, die Aminosäuren festlegen) man nachweisen kann, deren letzten Schritt (Sprachrohrform) man beobachten und messen kann, und deren Zwischenschritte in den Einzelheiten von Embryologie und Nervenverknüpfungen verborgen sind – vielleicht undurchschaubar, aber zwangsläufig vorhanden. Entscheidend ist, dass man jeden dieser vielen Zwischenschritte in der Kausalkette als »Phänotyp« betrachten kann und dass er demnach das Ziel von künstlicher oder natürlicher Selektion ist. Wir haben keinen logischen Grund, die Kette an der Körperwand des Tieres enden zu lassen. Das

Sprachrohr ist in jeder Hinsicht ebenso ein »Phänotyp« wie die Verdrahtung der Nerven. Jeden dieser Schritte, ob im Organismus der Grille oder außerhalb davon, kann man als eine von Genunterschieden verursachte Wirkung betrachten. Das Gleiche gilt für die Kausalkette, die von den Genen zum Gehäuse der Köcherfliege führt, auch wenn der Schritt, der aus Verhalten besteht – der eigentliche Bauvorgang –, ein kompliziertes Ausprobieren erfordert, wenn es darum geht, geeignete Steine auszuwählen und so zu drehen, dass sie an ihre Position in dem vorhandenen Bauwerk passen. Jetzt können wir die Argumentation noch einen Schritt weiter treiben. Der erweiterte Phänotyp eines Gens kann bis in den Körper eines anderen Individuums reichen.

Die natürliche Selektion sieht nicht unmittelbar die Gene für Grabverhalten, und ebenso wenig sieht sie unmittelbar die Neuronenschaltkreise oder auch die Form des Sprachrohrs. Sie sieht die Lautstärke von Liedern – oder hört sie vielmehr. Entscheidend ist letztlich die Selektion von Genen, aber die Lautstärke des Gesanges ist der Stellvertreter, der über eine lange Reihe von Zwischenstufen die Genselektion vermittelt. Aber auch die Lautstärke des Liedes ist nicht das Ende der Kausalkette. Was die natürliche Selektion betrifft, spielt sie nur deshalb eine Rolle, weil sie Weibchen anlockt (und Männchen abschreckt, aber machen wir die Argumentation nicht unnötig kompliziert). Die Kausalkette erstreckt sich auf einen Radius, in dem sie einen Einfluss auf Grillenweibchen ausübt. Das muss bedeuten, dass auch die Verhaltensänderung beim Weibchen zum erweiterten Phänotyp der Gene im Grillenmännchen gehört. Der erweiterte Phänotyp eines Gens kann also auch in einem anderen Individuum liegen. Damit will ich auf einen allgemeinen Punkt hinaus: Der phänotypische Ausdruck eines Gens kann sich sogar auf lebende Organismen außerhalb des Körpers erstrecken, in dem die Gene liegen. Wir können über ein Gen »für« eine Habsburgerlippe oder ein Gen »für« blaue Augen diskutieren, aber genauso ist es richtig, von einem Gen (in einem Grillenmännchen) »für« die Verhaltensänderung eines anderen Individuums (in diesem Fall des Grillenweibchens) zu sprechen.

Wie wir in Kapitel 7 erfahren haben, hat der Gesang männlicher Kanarienvögel und Lachtauben drastische Auswirkungen auf die Eierstöcke der Weibchen. Sie schwellen gewaltig an, und entsprechend kommt es zu einem Hormonschub mit allem, was dazugehört. Die so entstehenden Veränderungen von Verhalten und Physiologie der Weibchen sind eigentlich der phänotypische Ausdruck männlicher Gene. Ein Ausdruck des erweiterten Phänotyps. Das kann man nur leugnen, wenn man auch die darwinistische Selektion leugnet.

Die Ohren sind im Gehirn der Taubenweibchen nicht das einzige Einfallstor, durch das die männlichen Gene den Einfluss ihres erweiterten Phänotyps ausüben. Vogelmännchen vieler Arten glänzen auch mit auffälligen Farben. Für das individuelle Überleben können sie nicht von Nutzen sein, aber sie sind dennoch von Nutzen für das Überleben der Gene, von denen sie gestaltet wurden. Auch diesen Nutzen erreichen sie, weil sie die individuelle Fortpflanzung auf Kosten des individuellen Überlebens unterstützen. Mit wenigen Ausnahmen sind es die Männchen, die ihre persönliche Lebensdauer durch eine sexuell attraktive Färbung auf dem Altar des Überlebens der Gene opfern. Bei Arten wie Fasanen oder Paradiesvögeln, deren Männchen uns geradezu blenden, sind die Weibchen in der Regel trister gefärbt und oft sogar gut getarnt. Die auffällige Färbung der Männchen wird begünstigt, weil sie entweder Weibchen anlockt oder rivalisierende Männchen aussticht.[8] In beiden Fällen finden die natürlich selektionierten Gene für leuchtende Farben ihren erweiterten phänotypischen Ausdruck im veränderten Verhalten anderer

Individuen. Ich weiß nicht, ob die Einwirkung des Rades eines Pfauenmännchens zu einer Veränderung in den Eierstöcken des Pfauenweibchens führt, wie es das Beugegurren der männlichen Tauben in den Eierstöcken der Weibchen bewirkt. Es würde mich aber nicht wundern. Eher wäre ich verwundert, wenn dies nicht der Fall wäre.

Leider haben Fressfeinde in der Regel ebenso Augen wie die Weibchen, die das Männchen beeindrucken möchte. Was für die eine auffällig ist, wird wahrscheinlich für alle auffällig sein. Für das Männchen, oder vielmehr für die Gene, die ihm die Farbe gegeben haben, lohnt es sich dennoch. Selbst wenn die Pracht ein Männchen das Leben kostet, hat sie sich unter Umständen bereits zuvor

in Form des Erfolges bei den Weibchen ausgezahlt. Aber kann ein männlicher Vogel die Weibchen auch über die Augen manipulieren, ohne selbst die Aufmerksamkeit auf sich zu lenken? Könnte es seinen gefährlich auffälligen persönlichen Phänotyp ablegen und auf einen erweiterten Phänotyp abschieben, der sich in sicherer Entfernung von ihm selbst befindet? »Ablegen« und »abschieben« muss man natürlich in evolutionären Zeiträumen verstehen. Wir reden nicht davon, dass ein Vogel bei der jährlichen Mauser seine Federn ablegt, obwohl auch das – vielleicht aus dem gleichen Grund – geschieht. Lachmöwen beispielsweise verlieren ihre auffällig kontrastbetonte Gesichtsmaske, sobald die Paarungssaison vorüber ist.

Vögel aus der Familie der Laubenvögel sind in den Wäldern Neuguineas und Australiens heimisch.[9] Ihren Namen verdanken sie einer bemerkenswerten, einzigartigen Gewohnheit: Um die Weibchen zu verführen, bauen sie »Lauben«. Die dazu notwendigen Fähigkeiten kann man als entfernte Abwandlung der Fähigkeit zum Nestbau betrachten, und letztlich ist sie vielleicht aus ihr hervorgegangen. Die Laube ist aber ganz eindeutig kein Nest. In ihr werden keine Eier abgelegt und keine Jungvögel großgezogen. Laubenvogelweibchen bauen wie andere Vögel Nester, in die dann die Eier gelegt werden, und diese Nester haben keine Ähnlichkeit mit den Lauben der Männchen.

Die Laube hat ausschließlich den Zweck, Weibchen anzulocken, und die Männchen geben sich mit ihrem Bau ungeheure Mühe. Zunächst entfernen sie herumliegende Blätter und anderen Müll von der Fläche, auf der die Laube erbaut werden soll. Dann wird die Laube selbst aus Zweigen und Gras zusammengesetzt. Die Details sind dabei von Spezies zu Spezies unterschiedlich. Manchmal ähnelt die Laube einem Robinson-Crusoe-Hut, manchmal einem prächtigen Torbogen oder einem Turm. Am bemerkenswertesten ist nach meiner Überzeugung das letzte Stadium des Laubenbaus. Der Boden vor und unter der Laube wird farbenprächtig und – ich kann nicht widerstehen, es zu sagen – geschmackvoll dekoriert. Das Männchen sammelt Schmuckgegenstände – farbige Beeren, Blüten, sogar Flaschenverschlüsse. Filmaufnahmen von arbeitenden Laubenvogelmännchen erinnern mich unwiderstehlich an einen Künstler, der die letzten Pinselstriche an ein Gemälde ansetzt, einen Schritt zurücktritt, prüfend den Kopf schief legt und dann wieder nach vorn eilt, um eine kleine Verbesserung vorzunehmen, bevor er erneut zurücktritt, die Wirkung mit schief gelegtem Kopf beurteilt und wiederum vorwärtsschießt. Aus diesem Grund habe ich die Kühnheit besessen, ein Wort wie »geschmackvoll« zu verwenden. Man kann sich kaum des Eindrucks erwehren, dass der Vogel sein ästhetisches Urteil abgibt und ein Kunstwerk vervollkommnet. Selbst wenn die dekorierte Laube nicht nach dem Geschmack jedes Menschen oder auch jedes weiblichen Laubenvogels ist, zwingt das »Nachbesserungsverhalten« des Männchens fast zu der Schlussfolgerung, dass der Vogel selbst einen Geschmack hat und seine Laube so herrichtet, dass sie ihm gefällt.

Erinnern wir uns noch einmal an Kapitel 7: Dort habe ich die Vermutung geäußert, dass männliche Singvögel ihr eigenes ästhetisches Urteil fällen, wenn sie singen lernen. Wie ich erwähnt habe, zeigen die Belege, dass Jungvögel zunächst nach dem Zufallsprinzip plappern und dann durch Überprüfung an einer Matrize entscheiden, welche Zufallsbruchstücke sie in ihren ausgereiften Gesang aufnehmen. Das Männchen, so habe ich erklärt, hat ein ähnliches Gehirn wie ein Weibchen derselben Spezies. Deshalb ist es nicht verwunderlich, dass alles, was ihm gefällt, voraussichtlich auch ihr gefallen wird. Die Entwicklung des Gesangs beim Jungvogel kann man als kreative Kompositionsarbeit betrachten. Dabei geht das

Männchen nach dem Prinzip vor: »Was mich anmacht, wird vermutlich auch den Weibchen gefallen«. Ich sehe keinen Grund, beim Laubenbau auf eine ähnliche ästhetische Interpretation zu verzichten. »Der Anblick eines Haufens Blaubeeren dort drüben gefällt mir. Es besteht also eine gute Chance, dass er einem Weibchen meiner eigenen Spezies ebenfalls gefällt ... Und vielleicht dort drüben noch eine einzelne rote Blüte ... Ach nein, hier sieht sie besser aus ... Und ein wenig weiter links noch besser, und warum soll man sie nicht mit ein paar roten Beeren hervorheben?« Natürlich gehe ich nicht davon aus, dass das Männchen buchstäblich in so vielen Worten denkt.

Die einzelnen Laubenvogelarten unterscheiden sich durch ihre bevorzugten Dekorationsfarben und auch durch die Form der Lauben. Der Seidenlaubenvogel mag Blau, was möglicherweise mit der blauschwarzen Tönung seines Gefieders oder den leuchtend blauen Augen der Spezies zu tun hat. Das Männchen, das diese Laube gebaut hat, hatte zuvor blaue Trinkhalme und Flaschenverschlüsse entdeckt und mit einer reichhaltigen blauen Farbenpracht das weibliche Auge erfreut. Nüchterner ist der Graulaubenvogel *Chlamydera nuchalis*: Er sagt es mit Muschelschalen und Kieseln.

Die Laube ist ein erweiterter Phänotyp der Gene im Körper des männlichen Laubenvogels. Ein solcher äußerer Phänotyp hat vermutlich den Vorteil, dass seine Pracht nicht am Körper getragen wird und deshalb die Aufmerksamkeit von Fressfeinden nicht auf das Männchen selbst lenkt. Ob der Anblick einer ungewöhnlich prachtvollen Laube die Hormonwelle im Blut der Weibchen ansteigen lässt, weiß ich nicht, aber auch hier würde ich aufgrund der Forschung an Lachtauben und Kanarienvögeln damit rechnen.

Wir sind an den Gedanken gewöhnt, dass Gene sich physisch in der Nähe ihrer phänotypischen Zielpunkte befinden. Ein erweiterter Phänotyp ist aber unter Umständen weit von den Genen entfernt, die ihn verursachen. Der See, der durch den Damm eines Bibers entsteht, ist ein erweiterter Phänotyp der Bibergene und erstreckt sich in manchen Fällen über mehrere Hektar. Die Gesänge von Gibbons sind im Wald einen Kilometer weit zu hören, bei Brüllaffen sind es sogar bis zu fünf Kilometer: eine echte genetische »Fernwirkung«. Solche Lautäußerungen wurden von der natürlichen Selektion wegen ihrer erweiterten phänotypischen Wirkung auf andere Individuen begünstigt. Bei Motten haben chemische Signale unter Umständen eine große Reichweite. Visuelle Signale erfordern eine ununterbrochene Blickachse, aber das Prinzip der genetischen Fernwirkung bleibt bestehen. Die genzentrierte Sichtweise auf die Evolu-

tion muss die Vorstellung vom erweiterten Phänotyp zwangsläufig einbeziehen. Natürliche Selektion begünstigt Gene wegen ihrer phänotypischen Auswirkungen, ganz gleich, ob diese phänotypischen Wirkungen sich auf den Körper des Individuums mit seinen Zellen beschränken oder nicht.

Kim Sterelny, Redakteur der Fachzeitschrift *Biology and Philosophy*, würdigte den 20. Jahrestag des Erscheinens der Originalausgabe von *Der erweiterte Phänotyp*, indem er drei kritische Einschätzungen dazu und eine Antwort von mir in Auftrag gab. Die Sonderausgabe der Zeitschrift erschien 2004.[10] Die Kritik war durchdacht und interessant, und ich gab mir Mühe, in meiner Antwort darauf einzugehen, aber das alles würde uns hier zu weit vom Thema wegführen. Am Ende meines Artikels formulierte ich eine humorvoll-prachtvolle Phantasie über den Bau eines zukünftigen Instituts für erweiterte Phänotypen. Dieses Luftschloss sollte drei Flügel haben: ein Museum für zoologische Artefakte (*Zoological Artifacts Museum*, ZAM), ein Labor für die erweiterte Genetik von Parasiten (*Parasite Extended Genetics*, PEG) und ein Zentrum für Fernwirkungen (*Centre for Action at Distance*, CAD). Die Arbeitsgebiete von ZAM und CAD waren die Hauptthemen dieses Kapitels. Die PEG muss bis zum letzten Kapitel warten. Parasiten üben auf ihre Wirte häufig dramatische erweiterte phänotypische Wirkungen aus, manipulieren deren Verhalten zum eigenen Vorteil, und das oft auf bizarr-makabre Weise. Der Parasit muss dafür nicht im Körper des Wirtes angesiedelt sein, also besteht eine Überschneidung mit CAD, dem Gebäudetrakt für Fernwirkungen. Kuckucksjunge sind äußere Parasiten, die einen erweiterten phänotypischen Einfluss auf das Verhalten ihrer Pflegeeltern ausüben. Und Kuckucke sind so faszinierend, dass sie ein eigenes Kapitel verdient haben. Allerdings aus einem anderen Grund, und den möchte ich jetzt erklären.

10

DER GENZENTRIERTE BLICK ZURÜCK

IN DEN VORANGEGANGENEN BEIDEN KAPITELN habe ich kurz noch einmal die genzentrierte Sichtweise auf die Evolution zusammengefasst, wie ich sie in *Das egoistische Gen* und *Der erweiterte Phänotyp* entwickelt habe. Hier und im nächsten Kapitel möchte ich die genzentrierte Sichtweise anders darstellen, und zwar so, wie es für ein genetisches Totenbuch besonders geeignet ist. Ich möchte mir ausmalen, welche Sichtweise ein Gen einnimmt, wenn es auf die Geschichte seiner Vorfahren »zurückblickt«. Ein besonders anschauliches Beispiel liefert dabei der Kuckuck. Diesem beklagenswerten Vogel wenden wir uns jetzt zu.

»Beklagenswerter Vogel«? Natürlich meine ich es in Wirklichkeit nicht so. Die Formulierung belustigte mich in einem Vogelbuch aus viktorianischer Zeit, das meinen Großeltern in Cornwall gehörte, und bezog sich dort auf den Kormoran. In dem Buch war jede Seite einer Spezies gewidmet. Wenn man zum Kormoran kam, wurde man zuallererst mit dem Satz begrüßt: »Über diesen beklagenswerten Vogel gibt es nichts zu sagen.« Welchen Groll der Autor gegen den Kormoran hegte, weiß ich nicht mehr. Einen stichhaltigeren Grund hätte er sicher beim Kuckuck gehabt, denn der ist aus der Sicht seiner Pflegeeltern sicher bedauernswert; als darwinistischer Biologe dagegen halte ich ihn für ein überragendes Weltwunder. »Wunder«, ja, aber das Schauspiel mit einem winzigen Zaunkönig, der hingebungsvoll ein riesengroßes Küken füttert, das ihn im Ganzen verschlucken könnte, hat auch etwas Makabres.

Dass Kuckucke Brutparasiten sind, weiß jeder: Sie führen Vögel anderer Arten hinters Licht, damit sie ihre Jungen großziehen. Das »Kuckucksnest« ist geradezu sprichwörtlich. Der Roman *Kuckuckskinder* von John Wyndham* ist eines von mehreren belletristischen Werken, in deren Titel das Kuckucksmotiv vorkommt. Dann gibt es Kuckucksbienen, Kuckuckswespen und Kuckucksameisen, die sich auf ihre eigene, sechsbeinige Weise die Brutpflegeinstinkte anderer Insektenarten nutzbar machen. Der Kuckucksfisch, eine Welsart aus dem Tanganjikasee, lässt seine Eier zwischen die Eier anderer Fische fallen. Die Wirte sind in diesem Fall »Maulbrüter«, Fische aus der Familie der Buntbarsche, die ihre Eier und auch die Jungen zum Schutz in den Mund nehmen. Die Eier und auch später die Jungen des Kuckucksfisches sind im Mund des arglosen Wirtes willkommen und werden ebenso liebevoll versorgt wie dessen eigener Nachwuchs.

Auch bei zahlreichen Vogelarten haben sich unabhängig voneinander eigene Versionen des Kuckucksverhaltens entwickelt. Das gilt beispielsweise für die Kuhstärlinge der Neuen Welt und die afrikanische Kuckuckswitwe. Innerhalb der Kuckucksfamilie selbst, der Cuculidae, nutzen 59 von 141 … Arten als Parasiten die Nester anderer Arten; die Gewohnheit hat sich bei ihnen dreimal unabhängig ent-

* Auf Deutsch in einer anderen Übersetzung auch erschienen unter dem Titel *Es geschah am Tage X* (Anm. d. Übers.).

wickelt. In diesem Kapitel meine ich, wenn nicht ausdrücklich etwas anderes angegeben ist, mit »Kuckuck« die Spezies *Cuculus canorus*. Leider ist er in England nicht mehr weitverbreitet. Im Frühjahr vermisse ich seinen Ruf, auch wenn er seinen Opfern nicht fehlt; zu meiner Begeisterung hörte ich ihn kürzlich bei einem Besuch in einer wunderschönen, abgelegenen Ecke im Westen Schottlands, wo er »den ganzen Tag wegen nichts ruft«.[1] Mein wichtigster Experte – und heute einer der wichtigsten Experten weltweit – ist Professor Nick Davies von der Universität Cambridge.[2] Sein Buch *Cuckoo* ist eine köstliche Mischung aus Naturgeschichte und Memoiren über seine Freilandforschung im Naturschutzgebiet Wicken Fen nicht weit von Cambridge entfernt. Davies, nach den Worten von David Attenborough einer der größten Freilandnaturforscher Großbritanniens, schwingt sich in Höhen einer lyrischen Wortmalerei auf, die in der modernen naturgeschichtlichen Literatur nicht ihresgleichen haben:

> Nach Norden am Horizont erhebt sich die Kathedrale von Ely aus dem elften Jahrhundert. Sie liegt auf dem erhöhten Land der Insel Ely, von der Hereward seine Überfälle gegen die Normannen anführte. Am frühen Morgen, wenn der Nebel noch tief hängt, wirkt die Kathedrale wie ein großes Schiff, das über die Fens segelt.

Die Rücksichtslosigkeit des Kuckucks beginnt, sobald er aus dem Ei geschlüpft ist. Der Jungvogel hat auf dem Rücken eine Vertiefung. Daran ist nichts Schlimmes, so könnte man meinen – aber nur, bis man hört, welchem einzigen Zweck sie dient. Der junge Kuckuck braucht die ungeteilte Aufmerksamkeit der Pflegeeltern. Konkurrenten um die kostbare Nahrung müssen ohne Umschweife beseitigt werden. Teilt er das Nest mit Eiern oder Küken der Pflegeeltern, befördert der frisch geschlüpfte Kuckuck sie feinsäuberlich in die Vertiefung auf seinem Rücken. Dann krabbelt er rückwärts an der Nestwand hoch und wirft die Konkurrenz – Ei oder Jungvogel – hinaus. Natürlich nehme ich nicht an, dass er weiß, was er tut oder warum er es tut – er empfindet dabei keine Gefühle von Schuld, Reue oder Triumph.[3] Das Verhalten läuft einfach ab wie ein Uhrwerk. Die natürliche Selektion hat in den Generationen seiner Vorfahren diejenigen Gene bevorzugt, die das Nervensystem so gestaltet haben, dass es die instinktive Handlung des (Pflege-)Brudermordes vollzieht. Mehr können wir darüber nicht sagen.

Ebenso wenig haben wir Grund zu der Annahme, die Pflegeeltern wüssten, was sie tun, wenn sie auf den Trick des Kuckucks hereinfallen. Vögel sind keine kleinen gefiederten Menschen und sehen die Welt nicht durch die Brille einer intelligenten Kognition. Mindestens ebenso sinnvoll ist es, den Vogel als unbewussten Automaten zu betrachten. Damit verstehen wir besser das ansonsten erstaunliche Verhalten der Pflegeeltern. Als einer der Ersten hielt Edgar Chance, ein begeisterter Ornithologe zu Beginn des 20. Jahrhunderts, die düsteren Machenschaften des Kuckucks auf Film fest. Wie Nick Davies über seinen Film berichtete, tauchte eine Wiesenpiepermutter auf und sah vollkommen unbeteiligt zu, wie ihr eigener kostbarer Sprössling in ihrem Nest von dem jungen Kuckuck ermordet wurde. Anschließend flog die Mutter zur Nahrungssuche davon, als sei nichts Bedauerliches geschehen. Als sie zurückkehrte, fütterte sie sinnloserweise ihr Junges, das sterbend auf der Erde lag. Aus unserer kognitiven menschlichen Sicht war ihr Verhalten sinnlos, die teilnahmslose Beobachtung des anfänglichen Mordens ebenso wie das spätere, nutzlose Füttern des zum Tode verurteilten Jungen. Die gleiche Erkenntnis wird uns in diesem Kapitel immer und immer wieder begegnen.

Der Name »Kuckuck« leitet sich von dem einfachen, aus zwei Tönen bestehenden Gesang der Vogelmännchen ab; er ist so einfach, dass manche Ornithologen ihn von einem »Gesang« zum »Ruf« herabstufen (aus ähnlichen Gründen wie bei der unbeliebten Herabstufung des Pluto zum Zwergplaneten).[4] Der Gesang (oder Ruf) des Kuckucks wird allgemein als absteigende kleine Terz bezeichnet, zu meiner Freude kann ich aber keine geringere Autorität als Beethoven zur Unterstützung meiner Wahrnehmung dessen als große Terz anführen.[5] Der berühmte Kuckucksruf in der Symphonie »Pastorale« geht abwärts von D zu B. Ob groß oder klein, ob Gesang oder Ruf, in jedem Fall ist er einfach – und vielleicht muss er auch einfach sein, denn das Männchen hat nicht die Chance, ihn durch Nachahmung zu lernen. Ein Kuckuck lernt seine biologischen Eltern niemals kennen. Er kennt nur die Pflegeeltern, und die können zu verschiedenen Arten gehören, deren jeweils eigene Gesänge der junge Kuckuck nicht lernen darf. Also muss der Gesang des Kuckucksmännchen genetisch fest verankert sein, und mit einem gewissen gesunden Menschenverstand kommt man zu dem vorsichtigen Schluss, dass er deshalb einfach sein muss.

Damit nähern wir uns der bemerkenswerten Geschichte, die dem Kuckuck seinen Platz in einem Kapitel über den »zeitlichen Rückblick von Genen« verschafft. Kuckuckseier ahmen Färbung und Muster der anderen Eier in dem fremden Nest nach, in dem sie liegen. Und diese Nachahmung findet statt, obwohl viele verschiedene Arten von Pflegeeltern beteiligt sind, die ganz unterschiedliche Eier legen. Das Bild zeigt

ein Gelege von sechs Finkeneiern und einem Kuckucksei. Wir erkennen das Kuckucksei nur, weil es geringfügig größer ist.

Auf den ersten Blick erscheint eine solche Eier-Mimikry vielleicht nicht bemerkenswerter als die »Gemälde« aus Kapitel 2. Eigentlich wäre schon das bemerkenswert genug! Aber jetzt betrachten wir das nächste Bild: ein Nest mit Eiern von Wiesenpiepern und einem Parasiten.

Auch hier erkennt man das Kuckucksei an seiner verräterischen Größe. Wirklich bemerkenswert ist aber, dass es in dem zweiten Bild dunkel ist und schwarze Flecken hat wie die Eier von Wiesenpiepern, während das Kuckucksei im ersten Bild eine helle Farbe und rotbraune Flecken hat wie ein Finkenei. Die Kuckuckseier zeigen also in beiden Nestern eine nahezu vollständige farbliche Übereinstimmung.

Auch hier scheint es sich um eine typische Mimikry zu handeln, ganz im Einklang mit den »Gemälden« bei Eidechse, Frosch, Spinne

oder Schneehuhn aus Kapitel 2. Sie wäre in der Tat wenig bemerkenswert, wenn es sich bei den Kuckucken, die bei Wiesenpiepern und Finken schmarotzen, um unterschiedliche Arten handeln würde. Aber das ist nicht der Fall. Sie gehören zu derselben Spezies. Männchen paaren sich wahllos mit Weibchen, die von beliebigen Pflegeeltern großgezogen wurden; die Gene vermischen sich also im Laufe der Generationen in der gesamten Spezies. Genau diese Mischung definiert sie als Angehörige derselben Art. Einzelne Weibchen, die alle zu derselben Spezies gehören und sich mit denselben Männchen paaren, werden zu Parasiten bei Rostschwänzen, Rotkehlchen, Heckenbraunellen, Zaunkönigen, Rohrsängern, Bachstelzen und anderen. Allerdings bedient sich jedes Weibchen nur bei einer solchen Art von Wirtsvögeln. Bemerkenswert ist dabei, dass die Eier jedes Kuckucksweibchens (mit wenigen aufschlussreichen Ausnahmen) originalgetreu die Eier des Wirtes nachahmen, in dessen Nest sie abgelegt werden. Verräterisch ist aber in allen Fällen, dass Kuckuckseier geringfügig größer sind als die Eier des Wirtes, die sie nachahmen. Dennoch sind sie kleiner, als sie angesichts der Größe des Kuckucks eigentlich sein »sollten«. Hätte der Druck der Nachahmung dazu geführt, dass sie noch kleiner wurden, wären die Jungvögel vermutlich in irgendeiner Form bestraft worden. Die tatsächliche Größe ist ein Kompromiss zwischen dem Druck, die Eier des Wirtes mit kleinen Eiern nachzuahmen, und einem entgegengesetzten Druck in Richtung einer größeren optimalen Größe für den Kuckuck selbst.[6]

Vermutlich fragt sich kaum jemand, warum die Eier-Mimikry den Kuckucken nützt. Pflegeeltern gelingt es in den meisten Fällen gut, Kuckuckseier zu erkennen, und oft werden sie aus dem Nest geworfen. Ein Kuckucksei mit der falschen Farbe würde auffallen wie ein bunter Hund. Eigentlich ist das eine ungewöhnlich schlechte Redensart. Wer hat schon einmal einen bunten Hund gesehen? Überlegen wir uns einen neuen Vergleich. Fällt auf wie ein Baseball im Fußballstadion? Wie ein Golden Delicious in einem Korb mit wirklich delikaten Äpfeln? Wir brauchen uns nur das Kuckucksei im Finkennest anzusehen und uns vorzustellen, es würde in das Nest eines Wiesenpiepers versetzt. Oder umgekehrt. Die ansässigen Vögel würden es ohne Zögern hinauswerfen. Oder, wenn das Hinauswerfen zu schwierig ist, das Nest völlig aufgeben. Dass sie so gut unterscheiden können, ist nicht verwunderlich, wenn man bedenkt, dass Vogelaugen scharf genug sind, um für die Vervollkommnung höchst detaillierter Gemälde zu sorgen, beispielsweise auf Motten, die Flechten nachahmen, oder auf Raupen, die Stäbchen nachahmen.

Ganz gleich, ob die Pflegeeltern als Automaten oder kognitiv handeln: Man kann damit rechnen, dass sie den Selektionsdruck aufbringen, der erklärt, warum es den Kuckuckseiern nützt, eine so wunderschöne Eier-Mimikry zu betreiben. Sie werfen Eier aus dem Nest, die nicht wie die eigenen aussehen. Überraschend – und zwar ungeheuer überraschend – ist aber, dass es den Kuckucken gelingt, die Eier vieler verschiedener Arten von Pflegeeltern nachzuahmen, obwohl sie alle zu einer Spezies gehören und sich untereinander kreuzen. Um es noch einmal zu verdeutlichen, hier ein weiteres Beispiel: Ein Rohrsängernest und wieder einmal eine wunderschöne Eier-Mimikry durch das eine, geringfügig größere Kuckucksei.

Solche hübschen Beispiele führen uns wieder zurück zu unserer zentralen Frage: Wie können Kuckucksweibchen, die alle zu derselben Spezies gehören und alle wahllos von Männchen befruchtet werden, passende Eier für ein so breites Spektrum verschiedener Wirte hervorbringen? Müssen wir glauben, dass die Kuckucksweibchen einen Blick auf die Eier im Nest werfen und dann entscheiden, welcher Eifärbemechanismus in ihrer Eileiterschleimhaut tätig wird?

Das ist, gelinde gesagt, unwahrscheinlich. Manche Frauen würden vielleicht gern mit schierer Willenskraft und aus unterschiedlichen Gründen das Verhalten ihrer eigenen Eileiter steuern. Aber zu so etwas ist Willenskraft nicht in der Lage. Und man kann sich beim besten Willen nicht vorstellen, wie der Wille es bewirken soll.

Wie lässt sich also die offenkundige Vielseitigkeit der Kuckucksweibchen in Wirklichkeit erklären? Genau weiß es niemand, aber die plausibelsten Vermutungen greifen auf eine Besonderheit in der Genetik der Vögel zurück. Wie ich bereits erwähnt habe, wird das Geschlecht bei uns Säugetieren durch das System der XX/XY-Chromosomen festgelegt. Jede Frau besitzt in allen ihren Körperzellen zwei X-Chromosomen, das heißt, jede ihrer Eizellen enthält ein X-Chromosom. Ein Mann trägt in jeder Körperzelle ein X- und ein Y-Chromosom. Seine Samenzellen sind also zur Hälfte Y-Zellen (und würden einen Sohn zeugen, wenn sie sich mit der erforderlichen X-Eizelle verbinden), die andere Hälfte sind X-Samenzellen (und würden in Verbindung mit der notwendigen X-Eizelle eine Tochter hervorbringen). Weniger bekannt ist, dass es bei Vögeln ein ähnliches System gibt, das sich aber offensichtlich unabhängig entwickelt hat, denn es funktioniert umgekehrt. Die Chromosomen heißen hier nicht X und Y, sondern Z und W, aber das ist unwichtig. Entscheidend ist, dass Vogelweibchen die Kombination ZW und Männchen die Kombination ZZ tragen. Die Verhältnisse sind also im Vergleich zu den Säugetieren umgekehrt, ansonsten ist das Prinzip aber das gleiche. Während das Y-Chromosom bei Säugetieren nur in der männlichen Linie weitervererbt wird, geht das W-Chromosomen bei Vögeln nur in der weiblichen Linie auf die nächste Generation über. Das W stammt von der Mutter, von der Großmutter mütterlicherseits, von der Urgroßmutter mütterlicher-großmütterlicherseits und so weiter über eine unbegrenzte Zahl von Weibchengenerationen in der Vergangenheit.

Erinnern wir uns jetzt noch einmal an den Titel dieses Kapitels: »Der genzentrierte Blick zurück«. Es geht um Gene, die auf ihre eigene Vergangenheit blicken. Stellen wir uns einmal vor, wir wären ein Gen auf dem W-Chromosom eines Kuckucks und würden auf unsere Vorfahren zurückblicken. Wir befinden uns nicht nur heute in einem Vogelweibchen, sondern waren auch früher nie in einem männlichen Vogel. Im Gegensatz zu den anderen Genen auf gewöhnlichen Chromosomen (den Autosomen), die im Laufe der Zeitalter mit gleicher Häufigkeit in männlichen und weiblichen Organismen angesiedelt waren, beschränkte sich die frühere Umwelt des W-Chromosoms ausschließlich auf weibliche Körper. Könnten Gene sich daran erinnern, in welchen Körpern sie gelegen haben, hätten die W-Chromosomen ausschließlich Weibchen, aber keine

Männchen in Erinnerung. Die Z-Chromosomen dagegen hätten Erinnerungen an weibliche und männliche Organismen.

Diesen Gedanken sollten wir im Kopf behalten, wenn wir uns eine vertrautere Form von Erinnerungen ansehen: die Erinnerungen des Gehirns, die individuellen Erfahrungen. Tatsächlich erinnern sich Kuckucksweibchen daran, in was für einem Nest sie großgezogen wurden, und wählen für die Ablage ihrer eigenen Eier die Nester der gleichen Spezies von Pflegeeltern. Im Gegensatz zu der unmöglichen Leistung, die eigenen Eierstöcke zu steuern, ist die Erinnerung an frühere Erfahrungen genau das, wozu ein Vogelgehirn bekanntermaßen in der Lage ist. Wenn es um die Partnerwahl geht, greifen Vögel vieler Arten, wie wir in Kapitel 7 erfahren haben, auf eine Art mentales Foto ihrer Eltern zurück, das sie in der Erinnerung an die erste Begegnung nach dem Schlüpfen abgespeichert haben (»Prägung«): Das gilt selbst dann, wenn sie – beispielsweise weil sie im Brutschrank zur Welt gekommen sind – später Konrad Lorenz attraktiv finden. Ob sie sich an Lorenz, das Gefieder der Eltern, den Gesang des Vaters oder das Nest der Pflegeeltern erinnern: Die Aufgabe ist immer die gleiche. Der gleiche Prägungsmechanismus des Gehirns funktioniert in der Natur selbst dann, wenn er in Gefangenschaft in die Irre geht.

Jetzt ist vermutlich zu erkennen, worauf meine Argumentation hinausläuft. Jedes Weibchen ist mental auf das gleiche Pflegeelternnest geprägt wie seine Mutter; und wie seine Großmutter mütterlicherseits; und wie seine Urgroßmutter mütterlicher-großmütterlicherseits. Und so weiter. Ihre kindliche Prägung führt dazu, dass sie den gleichen Nesttyp auswählt wie ihre weiblichen Vorfahren. Sie steht also in einer *kulturellen* Tradition, die ausschließlich entlang der weiblichen Linie verläuft. Unter den Weibchen gibt es Rotkehlchen-Kuckucke, Rohrsänger-Kuckucke, Heckenbraunellen-Kuckucke, Wiesenpieper-Kuckucke und so weiter, jeweils mit einer eigenen weiblichen Tradition. Aber in diese kulturelle Tradition gehören nur Weibchen. Eine solche kulturelle weibliche Abstammungslinie nennt man Gens (Plural Gentes). Ein Weibchen kann zur Wiesenpieper-Gens, zur Rotkehlchen-Gens oder zur Rohrsänger-Gens gehören und so weiter. Die Männchen gehören zu keiner Gens. Sie – und der Vater – stammen wahllos von Weibchen aller Gentes ab.

Jetzt führen wir die beiden Gedankengänge – wiederum im Licht der Kapitelüberschrift – zusammen. Mit Ausnahme der Gene auf dem W-Chromosom blicken alle Gene eines Kuckucksweibchens auf eine Linie von Vorfahren zurück, die zu allen gängigen Gentes gehört haben.[7] Von den W-Chromosomen abgesehen, sind Gentes nicht genetisch getrennt wie echte Rassen, denn durch die Männchen vermischen sie sich. Nur die Gene auf dem W-Chromosom sind spezifisch für eine Gens. Nur W-Chromosomen blicken auf eine Vorfahrenlinie einer bestimmten Gens zurück, und alle anderen bleiben ausgeschlossen. Wir reden hier also über zweierlei Erinnerungen: die genetische Erinnerung und die Erinnerung im Gehirn. Sehen wir uns an, wie beide zusammentreffen, wenn es um die Gene auf dem W-Chromosom geht!

Im Hinblick auf das W-Chromosom – und nur das W-Chromosom – sind die Gentes verschiedene genetische Rassen. Wenn also demnach – und ich vermute, jeder hat die Argumentation bereits selbst zu Ende geführt – die Gene, die über Farbe und Fleckenmuster der Eier bestimmen, auf dem W-Chromosom liegen, wäre das Rätsel vom Anfang gelöst – die Frage, wie Weibchen einer einzigen Kuckucksspezies die Eier ganz verschiedener Arten von Wirtsvögeln nachahmen können. Nicht Willenskraft bestimmt über die Farbe der Eier, sondern die W-Chromosomen.

Nun kann man vermuten, dass die Sache nicht ganz so einfach

ist. In der Biologie sind die Dinge selten einfach. Zwar haben Kuckucksweibchen, wenn es um die Eiablage geht, eine starke Vorliebe für den Nesttyp, in dem sie selbst zur Welt gekommen sind, aber hin und wieder unterläuft ihnen ein Fehler, und sie legen ihre Eier im »falschen« Nest ab, das sich von dem Nest ihrer Herkunft unterscheidet. Vermutlich entstehen so neue Gentes. Außerdem erzielen nicht alle Gentes eine gute Eier-Mimikry. Die Eier von Heckenbraunellen sind wunderschön blau. Kuckuckseier in Heckenbraunellennestern sind aber nicht blau (links). Man könnte sagen: Sie »geben sich nicht einmal Mühe«, blau zu sein. Das Kuckucksei in dem Bild sticht heraus wie ... ein bunter Hund in einem Rudel Dackel. Sind Kuckucke vielleicht manchmal von ihrer Anlage her nicht in der Lage, blaue Eier zu produzieren? Nein. In Finnland produziert *Cuculus canorus* ein wunderschönes Blau, das die Eier von Rotschwänzen wunderbar nachahmt (rechts). Warum also sehen Kuckuckseier den Eiern von Heckenbraunellen nicht ähnlich? Und wie kommen sie damit durch? Die Antwort ist einfach, bleibt aber rätselhaft. Heckenbraunellen sind eine von mehreren Arten, die nicht unterscheiden und Kuckuckseier nicht aus dem Nest werfen. Es ist, als wären sie blind gegenüber einem Unterschied, der uns sofort ins

Auge fällt. Wie ist das möglich, wo andere kleine Singvögel doch über eine derart genaue Unterscheidungsfähigkeit verfügen, dass sie den letzten Schliff der Eier-Mimikry möglich machen, den die zugehörigen Gentes weiblicher Kuckucke erzielen? Und wie erklärt es sich angesichts der Tatsache, dass Vogelaugen auch die detaillierte Mimikry von stabförmigen Raupen, flechtenähnlichen Motten und Ähnlichem vervollkommnen?

Kuckucke und ihre Wirte stehen wie stabförmige Raupen und ihre Fressfeinde untereinander in einem »evolutionären Rüstungswettlauf«. Wie in Kapitel 4 erwähnt, laufen solche Rüstungswettläufe in den Zeiträumen der Evolution ab. Sie bilden eine überzeugende Parallele zu den Rüstungswettläufen der Menschen, die sich in »technologischen Zeiträumen« und damit viel schneller abspielen. Die Jagden der Spitfire- und Messerschmitt-Flugzeuge mit Ausweichen und Verfolgen wurden in Echtzeit abgewickelt, die sich in Sekundenbruchteilen bemaß.[8] Aber im Hintergrund, in den Fabriken und Konstruktionsbüros in Großbritannien und Deutschland, spielte sich ein viel langsamerer Wettlauf ab: Hier ging es um Verbesserung von Motoren, Propellern, Tragflächen, Leitwerk, Bewaffnung und so weiter, und oft reagierte man damit auf Verbesserungen der anderen Seite. Ein solcher technologischer Rüstungswettlauf spielt sich im Zeitmaßstab von Monaten oder Jahren ab. Der Wettlauf zwischen Kuckucken und ihren verschiedenen Wirtsspezies zieht sich über Jahrtausende, und auch hier ziehen Verbesserungen der einen Seite jeweils die Vergeltung in Form einer Verbesserung auf der anderen nach sich.

Nick Davies und sein Kollege Michael Brooke gehen davon aus, dass manche Gentes schon einen längeren Rüstungswettlauf hinter sich haben als andere. Gegen Wiesenpieper und Rohrsänger führen sie einen sehr alten Wettlauf, und deshalb sind beide Seiten mittlerweile hervorragend in der Lage, die andere zu übertrumpfen – und deshalb sind die Kuckuckseier so gute Nachahmungen. Dagegen hat der Rüstungswettlauf gegen Heckenbraunellen nach ihrer Vermutung gerade erst begonnen. In der Evolution dieser Vögel war noch nicht genügend Zeit, damit sich Unterscheidungsfähigkeit und Abwehrverhalten entwickeln konnten. Ebenso reichte die Zeit für die Heckenbraunellen-Gens der Kuckucke bisher nicht, damit sich die richtige blaue Farbe entwickeln konnte.

Wenn es stimmt, dass die Kuckucke erst kürzlich in die Nester der Heckenbraunellen »eingezogen« sind, müssen wir annehmen, dass diese »Pioniere« von einer anderen Wirtsspezies »umgezogen« sind, einer Spezies, deren Eier vermutlich grau waren und rotbraune Flecken hatten, denn diese Farbe haben die Eier der »Neuankömmlinge«, der Heckenbraunellen-Gens der Kuckucke. Ich gehe davon aus, dass alle neuen Gentes so entstehen. Man sollte sich aber durch die Begriffe »Pionier« und »umgezogen« nicht täuschen lassen. Es war keine kühne Entscheidung, sich zu frischen Nestern und neuen Weidegründen aufzumachen, sondern ein Fehler. Wie wir erfahren haben, legen Kuckucke tatsächlich hin und wieder ein Ei in das falsche Nest, das eigentlich für eine andere Gens geeignet wäre. Dort fällt ihr Ei dann wirklich auf wie ein – hier kann jeder seinen eigenen Ersatz für das abgedroschene Klischee mit dem bunten Hund finden. Normalerweise können wir davon ausgehen, dass die natürliche Selektion solche Fehltritte umgehend bestraft. Aber wie sieht es aus, wenn eine neue Wirtsspezies noch nicht von Kuckucken »besetzt« wurde? Eine solche neue Spezies ist arglos. Die Vögel hatten bisher keinen Grund, unpassende Eier aus dem Nest zu werfen. Hier müssen wir uns noch einmal daran erinnern, dass Vögel keine kleinen gefiederten Menschen mit menschlichem Urteilsvermögen sind. Der Rüstungswettlauf ist noch nicht richtig in Gang gekommen.

Und man kann damit rechnen, dass die Wirtsspezies arglos bleibt, wenn der Rüstungswettlauf noch neu ist. Aber wie neu ist neu? Seltsamerweise, darauf weist Nick Davies hin, haben wir in dieser Frage durchaus Anhaltspunkte.

Rufen wir als Zeugen Geoffrey Chaucer auf. In seinem 1382 verfassten Gedicht »Das Parlament der Vögel« wird der Kuckuck gescholten: »Du Mörder von der Sperlingsbrut im Strauche/Der dich gebar«.* Die »Sperlingsbrut« heißt im mittelenglischen Original *heysugge*, das ist ein anderes Wort für die Heckenbraunelle. Anscheinend kann man also vermuten, dass Kuckucke auch im 14. Jahrhundert, als Chaucer das Gedicht schrieb, bereits bei Heckenbraunellen schmarotzten. Sind 650 Jahre lange genug, damit ein Rüstungswettlauf zu einer gewissen Vervollkommnung der Mimikry führen kann? Vielleicht nicht, wenn man bedenkt – was Davies betont –, dass nur zwei Prozent der Heckenbraunellennester von Kuckucken heimgesucht werden. Vielleicht ist also der Selektionsdruck so schwach, dass 600 Jahre für einen Rüstungswettlauf tatsächlich eine sehr kurze Zeit sind.

Ich würde gern zwei weitere Vermutungen anfügen. Die erste betrifft die Namensgebung. Meinte Chaucer wirklich Heckenbraunellen, als er *heysugge* schrieb? Wenn wir »Sperling« (engl. *sparrow*) sagen, meinen wir normalerweise den Haussperling *Passer domesticus* und nicht die Heckenbraunelle *Prunella modularis*, die auf Englisch auch *hedge sparrow* oder *dunnock* heißt. Im Englischen wird also für beide das Wort *sparrow* verwendet. Für viele Menschen, die nicht zufällig eifrige Vogelbeobachter sind, sehen die kleinen braunen Vögel mehr oder weniger gleich aus, und wir können sogar so weit sinken, dass wir alle als »Spatzen« bezeichnen. Ich muss mich

* Üb. v. Adolf v. Düring; Straßburg: Karl J. Trübner 1883, S. 315.

immer wieder fragen, ob Chaucer mit *heysugge* nicht einfach einen kleinen braunen Vogel meinte und nicht gezielt *Prunella modularis*.[9]

Meine zweite Vermutung ist aus biologischer Sicht interessanter. Bei genauem Nachdenken finden wir eigentlich keinen Grund zu der Annahme, es gebe für jede Spezies von Wirtsvögeln nur eine Kuckucks-Gens. Vielleicht ist Chaucers Gens von Heckenbraunellen-Kuckucken ausgestorben, und eine neue Gens von Heckenbraunellen-Kuckucken hat den Rüstungswettlauf gerade erst aufgenommen. Vielleicht haben andere Gentes von Heckenbraunellen-Kuckucken es heute zu hervorragender Eier-Mimikry gebracht, sind aber den Ornithologen bisher nicht aufgefallen. Einen nennenswerten Genfluss zwischen ihnen gibt es nicht, denn die Männchen besitzen keine W-Chromosomen.

Eine parallele Studie betreiben Claire Spottiswoode und ihre Kollegen an den nicht mit Kuckucken verwandten, in Südafrika heimischen Kuckuckswitwen, bei denen sich konvergent das gleiche Verhalten entwickelt hat. Die Kuckuckswitwe *Anomalospiza imberbis* legt ihre Eier in den Nestern von Zistensängern ab. Einzelne Gentes von Kuckuckswitwen ahmen dabei die Eier unterschiedlicher Arten von Zistensängern nach. Genetischen Befunden zufolge unterscheiden sich die Gentes tatsächlich in ihren W-Chromosomen, was den Gedanken unterstreicht, dass auch bei Kuckucken das gleiche Prinzip gilt. Wie Dr. Spottiswoode betont, muss das nicht bedeuten, dass alle Details der Eierfarben auf dem W-Chromosom codiert sind. Sowohl bei Kuckucken als auch bei Kuckuckswitwen haben sich die Gene für die Produktion der verschiedenen Eierfarben höchstwahrscheinlich im Laufe vieler Generationen auf anderen Chromosomen (»Autosomen«) angesammelt, liegen in allen Gentes vor und werden sowohl von Männchen als auch von Weibchen weitergegeben. Das W-Chromosom braucht nur die Umschaltgene zu tragen – Gene, die ganze Serien von Genen auf den Autosomen ein- oder ausschalten. Die fraglichen Gene auf den Autosomen sind dann sowohl bei Männchen als auch bei Weibchen vorhanden.

Auf die gleiche Weise wird auch das Geschlecht als solches bestimmt. Mit einem Y-Chromosom entsteht ein Penis. Ohne Y-Chromosom entwickelt sich stattdessen eine Klitoris. Es besteht aber kein Grund zu der Annahme, dass die Gene, die über Form und Größe des Penis bestimmen, sich auf das Y-Chromosomen beschränken. Bei Weitem nicht. Es ist vielmehr durchaus plausibel, dass sie sich über viele Autosomen verteilen. Und es besteht auch kein Grund, daran zu zweifeln, dass ein Mann Gene für die Penisgröße sowohl von der Mutter als auch vom Vater erbt. Das Y-Chromosom oder sein Fehlen bestimmt nur darüber, welche Gruppe von Genen auf den Autosomen eingeschaltet wird. In vielen Zusammenhängen kann man sich das gesamte Y-Chromosom als ein einziges Gen vorstellen, das Genausstattungen auf den Autosomen anderswo im Genom einschaltet. Ein Wort zur Terminologie: Solche Gruppen von autosomalen Genen bezeichnet man als »geschlechtsbeschränkt« im Unterschied zu »geschlechtsgekoppelt«. Geschlechtsgekoppelte Gene liegen tatsächlich auf den Geschlechtschromosomen.[10]

Nach der vermutlich besten Annahme zur Lösung des Rätsels der Kuckuckseier-Mimikry bestimmen Gengruppen auf zahlreichen Chromosomen über Vererbung und Fleckenmuster der Eier. Sie sind die Entsprechung zu »geschlechtsbeschränkten« Genen, und wir können sie als »gensbeschränkt« bezeichnen. Ein- oder ausgeschaltet werden sie durch ein oder mehrere vorhandene oder nicht vorhandene Gene auf dem W-Chromosom, die wir analog »gensgekoppelt« nennen können. Auf allen Autosomen eines Kuckucks können Gengruppen zur Nachahmung eines breiten Repertoires an Wirtsvogeleiern liegen. Die W-Chromosomen enthalten dann

Umschaltgene, die darüber bestimmen, welche Gengruppe aktiviert wird. Und die W-Chromosomen sind für jede Gens von Weibchen charakteristisch, blicken auf ihre Vergangenheit zurück und sehen eine lange Reihe von Nestern einer einzigen Wirtsspezies.

Diese Interpretation der Eier-Mimikry bei Kuckucken dient mir als Einleitung für das Thema des genzentrierten Blicks zurück, der Gene, die über die Schulter auf ihre eigenen Vorfahren blicken. In einem ähnlichen, aber komplizierteren Beispiel geht es um Fische und das Y-Chromosom. Bei verschiedenen Fischarten findet man verwirrend vielfältige Systeme der Geschlechtsbestimmung. Manche haben überhaupt keine Geschlechtschromosomen, sondern das Geschlecht wird durch äußere Faktoren bestimmt. Manche Fische gleichen in dieser Hinsicht den Vögeln: Die Weibchen haben die Chromosomenkombination XY, bei Männchen lautet sie XX. Bei anderen sind die Männchen wie bei Säugetieren XY und die Weibchen XX. Zu dieser Kategorie gehören kleine Fische der Gattung *Poecilia*, die Kärpflinge, Guppys und andere beliebte Aquarienfische umfasst. Eine Spezies namens *Poecilia parae* fällt durch einen bemerkenswerten Farb-*Polymorphismus* auf, der aber nur bei Männchen auftritt. Polymorphismus bedeutet, dass es verschiedene genetisch festgelegte Farbtypen (in diesem Fall fünf Farbmuster) gibt, die in der Population nebeneinander existieren, wobei ihr Anteil in der Population über längere Zeit stabil bleibt. In südamerikanischen Wasserläufen kann man sehen, wie alle fünf männlichen Formen nebeneinander schwimmen. Bei den Weibchen gibt es nur eine Form: Sie sehen alle gleich aus.

Da nur ein Geschlecht von dem Polymorphismus betroffen ist, können wir analog zu den Kuckucken von fünf Gentes sprechen, nur mit dem Unterschied, dass sich in diesem Fall die Männchen je nach der Gens unterscheiden. Das Bild zeigt die fünf Männchentypen und ganz unten ein Weibchen. Drei der fünf männlichen Typen tragen lange Streifen, die an Straßenbahnschienen erinnern. Zwischen den »Schienen« liegt eine Farbe, deshalb werde ich sie als Rote, Gelbe und Blaue bezeichnen. Diese drei »Straßenbahnlinien« kann man für viele Zwecke in einen Topf werfen. Der vierte Typ trägt senkrechte Streifen. Offiziell werden sie als »parae« bezeichnet, verwirrend ist aber, dass auch die ganze Spezies diesen Namen trägt. Ich werde sie daher »Tiger« nennen. Der fünfte Typ, »immaculata« genannt, ist wie die Weibchen relativ einheitlich grau, aber kleiner; ich nennen sie »die Grauen«.

Am größten sind die Tiger. Sie verhalten sich aggressiv, verscheuchen männliche Konkurrenten und kopulieren gewaltsam mit den Weibchen. Die Grauen sind am kleinsten, und ihnen gelingt die Kopulation nur, wenn sie sich hin und wieder opportunistisch an die Weibchen anschleichen. Wenn sie es schaffen, dann anscheinend deshalb, weil die ansonsten aggressiven Männchen sie fälschlich für Weibchen halten, denen sie tatsächlich ähneln. Die Grauen haben die größten Hoden und können vermutlich die meisten Samenzellen produzieren, vielleicht um aus den seltenen Gelegenheiten, sie zu nutzen, einen Vorteil schlagen zu können. Die Roten, Gelben und Blauen mit ihren Straßenbahnschienen liegen in der Größe dazwischen. Sie vergewaltigen nicht und schleichen sich nicht an, sondern machen den Weibchen auf kultivierte Weise den Hof und zeigen dabei ihre gefärbten Flanken vor.

Hier beginnt die Parallele zu den Kuckucken. Den Befunden zufolge werden die verschiedenen Färbungen ausschließlich in der männlichen Linie vererbt. In allen untersuchten Fällen gehörten Söhne zum gleichen Typ wie ihr Vater und damit ihr Großvater väterlicherseits, der Urgroßvater väterlicher-väterlicherseits und so weiter. Die Mutter hat in der Angelegenheit nichts zu sagen, ebenso wenig der Großvater mütterlicherseits und so weiter, obwohl auch er jeweils zu dieser oder jener Farb-Gens gehört. Demnach liegt die Hypothese nahe, dass die fünf Typen der Männchen sich im Hinblick auf ihre Y-Chromosomen unterscheiden – genau wie bei den Kuckucksweibchen, wo die Gens über das W-Chromosom vererbt wird. Die Einzelheiten von Farbmuster und Verhalten der Fischmännchen dürften dann in (Gens-beschränkten) Gengruppen auf den Autosomen codiert sein. Aber die Gene, die darüber bestimmen, zu welcher Gens ein Individuum gehört (und vermutlich auch, welche Gruppe von Farb- und Mustergenen auf anderen Chromosomen aktiviert wird), sind anscheinend Gens- gekoppelt, das heißt, sie liegen auf dem Y-Chromosom.

In der Wissenschaft laufen derzeit faszinierende Arbeiten zur Partnerwahl bei diesen Fischen, und dabei kommt man der Frage, wie der Polymorphismus aufrechterhalten wird, immer näher. Anscheinend gibt es für jeden der fünf männlichen Typen ein Häufigkeitsgleichgewicht, das zur Definition eines echten Polymorphismus passt. Sinkt die Häufigkeit unter das Gleichgewicht, wird die Gens begünstigt und in der Population wieder häufiger. Steigt die Häufigkeit zu stark an, wird sie bestraft, und sie nimmt ab. Diese sogenannte »frequenzabhängige Selektion« ist bekanntermaßen ein Weg, auf dem Polymorphismen in Populationen aufrechterhalten werden. Wie könnte das in der Praxis funktionieren? Die Einzelheiten sind noch nicht geklärt, aber möglicherweise sehen sie folgendermaßen aus: Die Grauen Heimlichtuer profitieren davon, dass sie fälschlich für Weibchen gehalten werden. Werden sie zu häufig, kommen ihnen die echten Weibchen oder die aggressiven Tiger vielleicht »auf die Schliche«. Wie steht es mit den Tigern selbst? Werden sie zu häufig, vergeuden sie ihre Zeit damit, gegeneinander zu kämpfen, anstatt sich zu paaren. Das könnte den Grauen weitere Gelegenheiten für heimliche Paarungen verschaffen. Und was die drei »Straßenbahner« angeht, die den Weibchen kavalierhaft den Hof machen, indem sie ihre lebhaft gefärbten Flanken vorzeigen, so spricht einiges dafür, dass die Weibchen seltenere Typen bevorzugen. Das würde zum Gedanken des »Häufigkeitsgleichgewichts« passen, aber warum die Weibchen eine solche Vorliebe haben sollten, ist nicht klar. Ich danke Dr. Ben Sandkam, der an der Cornell University tätig ist, dass er mir seine Gedanken über diese Themen mitteilte.

Wenden wir nun das Prinzip des Rückblicks, das wir bisher kennengelernt haben, noch ein weiteres Mal an. Jedes Männchen von

Poecilia parae kann auf eine lange Reihe männlicher Vorfahren zurückblicken, die alle zu der gleichen Gens gehörten wie es selbst und die alle das gleiche Y-Chromosom besaßen. Deshalb war es möglich, dass Gengruppen für Farbmuster und das zugehörige Verhalten in verschiedenen Gentes von Männchen aktiviert wurden, obwohl sie in der weiblichen Linie die gleichen Vorfahren hatten. Damit kommt der genzentrierte Blick auf die Vergangenheit wie bei den Kuckucken wieder zu seinem Recht. Autosomale Gene, die nicht über die Gens-spezifische Färbung bestimmen, sondern über andere Eigenschaften, blicken auf Vorfahren aller Gentes zurück.

Kommen wir noch einmal auf die Kuckucke zu sprechen: Der Trick mit dem »Rückblick« kann uns auch bei der Lösung eines weiteren, noch schwierigeren Rätsels helfen. Die meisten Wirtsspezies können zwar Kuckuckseier sehr gut von ihren eigenen unterscheiden (wie hätte die natürliche Selektion sonst die Eier-Mimikry der Kuckucke perfektionieren können?), aber wie sich herausstellt, schaffen sie es später beklagenswert schlecht: Sie merken nicht, dass der heranwachsende junge Kuckuck ein Eindringling ist. Und das, obwohl sie neben ihm – in den meisten Fällen auf groteske Weise – wie Zwerge wirken. Man könnte meinen, der winzige Sperling laufe Gefahr, von seinem riesigen Pflegekind im Ganzen verschluckt zu werden. Pflegeeltern aller Arten wirken am Ende winzig gegenüber dem jungen Kuckuck, in den sie unermüdlich Futter hineinstopfen, und dieser Tätigkeit widmen sie jede Tageslichtstunde. Wie kommt der junge Kuckuck mit einer so leicht durchschaubaren, übertriebenen Täuschung davon? Auch hier müssen wir ungewöhnlich gut auf der Hut vor unserem eigenen Anthropomorphismus sein. Wir dürfen nicht fragen, ob das Verhalten des Vogels aus der kognitiven Sicht eines Menschen sinnvoll ist. Das ist es natürlich nicht. Fragen wir uns lieber, welcher Selektionsdruck auf die Gene der Vorfahren gewirkt hat, die über die Entwicklung automatischer Verhaltensweisen bestimmen.

Aber auch angesichts dieser Vorrede muss ich zugeben, dass es für das Rätsel, das durch das Bild auf der gegenüberliegenden Seite versinnbildlicht wird, im Vergleich zu den Erklärungen, die ich gewöhnlich in meinen Büchern anbiete, keine befriedigende Lösung gibt. Auch nicht im Vergleich mit der Erklärung über die Eier-Mimikry. Dennoch möchte ich die beste Erklärung – oder eine Reihe von Teilerklärungen – abgeben, die ich gefunden habe. Kommen wir noch einmal auf die Vorstellung vom Rüstungswettlauf zurück. In unserem 1979 erschienenen Artikel gingen John Krebs und ich der Frage nach, auf welchen Wegen ein Rüstungswettlauf mit einem »Sieg« einer Seite enden kann (auch hier weise ich ausdrücklich auf die Anführungszeichen hin). Wir nannten zwei Prinzipien: das Prinzip des »lebendigen Abendessens« und das Prinzip des »seltenen Feindes«. Beide sind eng verwandt und vielleicht nur verschiedene Aspekte der gleichen Sache.

In einer Fabel von Äsop verfolgt ein Hund einen Hasen, wird aber irgendwann müde und gibt auf. Als der Hund wegen seiner mangelnden Ausdauer getadelt wird, erwidert er: »Du hast gut lachen, aber für uns stand nicht das Gleiche auf dem Spiel. Er ist um sein Leben gelaufen, ich nur für mein Abendessen.«

Wie in einem militärischen Rüstungswettlauf müssen Räuber und Beute konstruktive Verbesserungen und Ressourcen gegen die wirtschaftlichen Kosten abwägen. Je mehr sie in den Rüstungswettlauf stecken – in Muskeln, Lunge, Herz, den Apparat für Geschwindigkeit und Ausdauer –, desto weniger steht für andere Lebensaspekte zur Verfügung, beispielsweise für die Produktion von Eiern oder Milch, den Aufbau von Fettreserven für den Winter und so weiter. In der Sprache des Darwinismus sind Äsops Hasen einem

Ein Sperling füttert einen Kuckuck

stärkeren Selektionsdruck ausgesetzt, Ressourcen in den Rüstungswettlauf zu investieren, als die Hunde. Im Preis des Versagens besteht eine Asymmetrie – Verlust des Lebens gegen den bloßen Verlust eines Abendessens. Der gescheiterte Fressfeind lebt weiter und kann ein anderes Beutetier verfolgen. Die gescheiterte Beute ist zum letzten Mal vor einem Verfolger geflohen. Jetzt aber stellen wir fest, dass wir das Gleiche noch treffender in der Sprache des genetischen Totenbuches sagen können. Die Gene des Beutegreifers können auf eine lange Reihe von Vorfahren zurückblicken, denen die Beute in vielen Fällen davongelaufen ist. Aber für keinen Vorfahren der Beute gab es einen Verfolger, der schneller war. Zumindest nicht, bevor das Beutetier seine Gene weitergegeben hatte. Viele Verfolgergene können auf Vorfahren zurückblicken, die im Wettlauf mit der Beute versagt haben. Aber kein einziges Gen der Beute kann auf Vorfahren zurückblicken, die einen Wettlauf gegen einen Fressfeind verloren haben.

Wenden wir nun das Prinzip des lebenden Abendessens einmal auf den jungen Kuckuck und seinen Wirt an. Der Kuckuck kann auf eine ununterbrochene Reihe von Vorfahren zurückblicken, von denen buchstäblich kein einziger von einem unterscheidungsfähigen Wirt durchschaut wurde. Wäre es so gewesen, er wäre nicht zum Vorfahren geworden. Die Kuckucksgene für eine fehlgeschlagene Täuschung der Wirte werden niemals weitergegeben. Aber wie steht es mit Genen, die Pflegeeltern veranlassen, einen Kuckuck nicht zu bemerken? Viele Wirte, die von Kuckucken getäuscht wurden, leben weiter und können sich erneut paaren. Die genetische Neigung von Wirten, sich von Kuckucken täuschen zu lassen, kann weitergegeben werden. Die genetische Neigung von Kuckucken, bei der Täuschung von Wirten zu versagen, wird niemals weitergegeben. Hier ist wieder das Prinzip des lebendigen Abendessens wirksam.

Darüber hinaus kann der Wirt auch auf viele Vorfahren zurückblicken, die vielleicht nie in ihrem Leben einen Kuckuck zu Gesicht bekommen haben. In der Langzeitstudie von Nick Davies und Michael Brooke in Wicken Fen schmarotzten Kuckucke nur in 5 bis 10 Prozent der Rohrsängernester. Damit sind wir beim Effekt des seltenen Feindes. Kuckucke sind vergleichsweise selten. Die meisten Rohrsänger, Stelzen, Wiesenpieper, Heckenbraunellen und so weiter begegnen vermutlich in ihrem gesamten Leben niemals einem Kuckuck und pflanzen sich erfolgreich fort. Sie können auf viele Vorfahren zurückblicken, die nie in ihrem Leben einen Kuckuck gesehen haben. Dagegen blickt jeder einzelne Kuckuck auf eine ununterbrochene Reihe von Vorfahren zurück, denen es gelungen ist, einen Wirt zu täuschen und sich von ihm füttern zu lassen. Eine solche Asymmetrie könnte den »Sieg« begünstigen, sodass selbst ein riesiger junger Kuckuck damit davonkommt, seine winzigen Pflegeeltern zu täuschen. Der Selektionsdruck, klüger als Kuckucke zu sein, ist schwach im Vergleich mit dem Selektionsdruck auf den Kuckuck, die Pflegeeltern zu überlisten.

Eine weitere Parabel mit Anklängen an Äsop ist die Fabel vom gekochten Frosch. Lässt man einen Frosch in sehr heißes Wasser fallen, wird er alles in seiner Macht Stehende tun, um hinauszuspringen. Befindet er sich dagegen in kaltem Wasser, das langsam erhitzt wird, bemerkt er nichts, bis es zu spät ist. Wenn ein Kuckucksbaby schlüpft, ist die Täuschung anfangs nicht von der Wahrheit zu unterscheiden. Dann wächst es heran, aber es gibt nicht den einen Tag, an dem plötzlich klar wird, dass es ein Betrüger ist. Genauso wenig gibt es einen einzelnen Tag, an dem ein Baby zum Kind, ein Kind zum Teenager oder ein Mann mittleren Alters zum Greis wird. An jedem Tag sieht das Kuckucksküken im Wesentlichen genauso aus wie am Vortag. Vielleicht hilft das beim Überlisten. Zu bemerken ist dabei, dass der Gekochte-Frosch-Effekt nicht für Eier gilt. Das Kuckucksei taucht plötzlich im Nest auf. Im Gegensatz zum jungen Kuckuck sieht es nicht allmählich immer stärker nach einem Eindringling aus.

In zwei anderen bereits erwähnten Artikeln äußerten Krebs und ich die Annahme, dass man die Kommunikation unter Tieren ganz allgemein als *Manipulation* betrachten kann. Diese These habe ich in Kapitel 7 im Zusammenhang mit dem Nachtigallengesang erörtert, von dem John Keats so bezaubert war. Der Gesang von Vögeln lässt bekanntermaßen die Keimdrüsen der Weibchen anschwellen – ein Beispiel für Manipulation, wie wir sie nannten. Nicht immer wird es für das Weibchen von Vorteil sein, ihr nachzugeben. Zwischen Verkaufstalent und Kaufabneigung findet ein Rüstungswettlauf statt, wobei jede Seite als Reaktion auf die andere eskaliert. Welche verkäuferischen Tricks kann der junge Kuckuck als Reaktion auf die Kaufabneigung des Wirtes anwenden? Sie müssen recht nachdrücklich sein, damit sie gegenüber dem krassen Größen-Missverhältnis zwischen Pflegeeltern und jungem Kuckuck überwiegen. Aber das ist kein Argument dagegen, dass es sie gibt.

Alle Jungvögel im Nest reißen den Schnabel weit auf und tun lautstark ihre Forderung nach Nahrung kund. Je lauter beispielsweise ein Rohrsängerbaby schreit, desto größer ist die Wahrscheinlichkeit, dass es die Eltern dazu veranlassen kann, Nahrung in seinen aufgerissenen Rachen und nicht in den eines Geschwistervogels fallen zu lassen (und es gibt tatsächlich stichhaltige darwinistische Gründe für die Konkurrenz unter Geschwistern, selbst wenn sie tatsächlich Gene teilen). Andererseits kostet lautes Geschrei aber auch lebenswichtige Energie. Das gilt für Vogelbabys genauso wie für ausgewachsene Vögel. In einer Studie an Zaunkönigen erlaubte sich ein Wissenschaftler aus Oxford die Spekulation, ein Männchen habe sich buchstäblich zu Tode gesungen. Bei Rohrsängerbabys werden Geschwindigkeit und Lautstärke normalerweise auf ein optimales Niveau eingestellt: Es reicht aus, um mit den Geschwistern zu konkurrieren, ist aber nicht so hoch, dass die Jungvögel sich überanstrengen oder Fressfeinde anlocken würden.[11] Das übergroße Kuckucksbaby braucht so viel Nahrung wie vier junge Rohrsänger. Es bedrängt die Pflegeeltern, indem es sich nicht nur wie ein sehr lauter junger Rohrsänger anhört, sondern wie eine Gruppe von vier Rohrsängerküken.

In einem ihrer vielen scharfsinnigen Freilandexperimente setzten Nick Davies und seine Kollegin Rebecca Kilner eine frisch geschlüpfte Amsel in ein Nest von Rohrsängern. Die junge Amsel hatte ungefähr die gleiche Größe wie ein Kuckucksbaby. Die Rohrsänger fütterten sie, aber weniger intensiv, als sie normalerweise ein Kuckucksbaby füttern würden. Dann vollzogen die Forschenden ihren Geniestreich: Aus einem kleinen Lautsprecher neben dem Nest ertönte jedes Mal das Pfeifen eines Kuckucksbabys, wenn zu sehen war, dass das Amselbaby bettelte. Jetzt fütterten die ausgewachsenen Rohrsänger das Amselküken so schnell, wie es sich für ein Kuckucksbaby gehörte – die Geschwindigkeit war so groß wie bei einem Gelege von jungen Rohrsängern. Tatsächlich hatte auch die Aufnahme von vier schreienden Rohrsängerbabys die gleiche Wirkung. Anscheinend ist das Kreischen eines kleinen Kuckucks in der Evolution zu einem übermäßigen Reiz oder Superstimulus geworden. Superstimuli sind in Experimenten zum Vogelverhalten gut belegt. Wie mein Altmeister Niko Tinbergen berichtete, bebrüten Austernfischer, denen man die Wahl lässt, bevorzugt eine Ei-Attrappe, die das achtfache Volumen ihres eigenen Eies hat.[12] So etwas nennt man *supernormalen* Reiz. Etwas Ähnliches erwarten wir als Höhepunkt eines evolutionären Rüstungswettlaufs, in dem das eskalierende Verkaufstalent aufseiten des Kuckucks mit einer eskalierenden Kaufabneigung aufseiten der Pflegeeltern Schritt hält.

Wie sieht es mit der visuellen Entsprechung zu einem solchen supernormalen Reiz aus? Der aufgesperrte Schnabel ist bei allen Jungvögeln sehr auffällig und oftmals leuchtend gelb, orange oder rot. Zweifellos veranlasst eine solche leuchtende Färbung die Eltern, Nahrung hineinfallen zu lassen – je auffälliger der aufgesperrte Schnabel, desto größer die Chance, dass sie diesen Schnabel gegenüber denen der Geschwister bevorzugen.

Der aufgesperrte Schnabel junger Rohrsänger ist gelb. Wie Davies und seine Kollegen feststellten, bemessen Rohrsängereltern ihre Anstrengungen bei der Nahrungssuche je nach der gesamten gelben Fläche, die ihnen im Nest entgegengehalten wird, und auch nach der Geschwindigkeit der Bettelschreie. Der aufgesperrte Schnabel von Kuckucksjungen ist rot.

Ist er damit vielleicht ein stärkerer Reiz als die gelbe Farbe? In einem Experiment mit bemalten Schnäbeln konnte man die Hypothese nicht bestätigen. Ist der aufgesperrte Schnabel des Kuckucks größer als der eines jungen Rohrsängers? Ja, junge Kuckucke haben einen größeren Schnabel als jeder einzelne junge Rohrsänger. Aber die Fläche ist nicht so groß wie die Summe von vier aufgesperrten Schnäbeln junger Rohrsänger – sie liegt eher bei zweien. Einen Ausgleich schaffen die Kuckucksjungen mit Geräuschen, und im Alter von zwei Wochen hört sich ein junger Kuckuck an wie ein Gelege von vier jungen Rohrsängern. Die Kombination aus einem etwas größeren aufgesperrten Schnabel und supernormalen Bettelschreien reicht aus, damit die ausgewachsenen Rohrsänger so viel Nahrung in das Kuckucksjunge hineinstopfen, wie sie normalerweise einem ganzen Gelege ihrer eigenen Jungen bringen würden. Auch den supernormalen Bettelruf können wir als Endprodukt ei-

Kardinal füttert einen Goldfisch

nes eskalierenden Rüstungswettlaufs zwischen Verkaufstalent und Kaufabneigung betrachten.

Dass Vögel auf große, aufgesperrte Münder ansprechen – sogar auf den fremdartigen Mund eines Fisches –, zeigt sich an der gut belegten Beobachtung, dass Kardinale (ein amerikanischer Vogel) immer wieder Nahrung in den offenen Mund von Goldfischen fallen lassen. Wir betrachten die Szene durch unsere menschliche Brille und denken: Wie absurd – wie kann ein Vogel so dumm sein? Aber das Beispiel des Austernfischers, der auf dem riesigen Ei sitzt, sollte uns eine Warnung sein: Gerade unserem menschlichen Blick sollten wir nicht trauen. Wir haben kein Recht, sarkastisch zu sein. Vögel sind keine kleinen Menschen, die sich kognitiv bewusst wären, was sie tun und warum sie es tun. Und schließlich lässt sich auch ein Mann durch eine supernormale Karikatur einer Frau sexuell erregen, obwohl er ganz genau weiß, dass es sich um eine Zeichnung auf zweidimensionalem Papier mit unnatürlich übertriebenen Merkmalen handelt. Das Kuckucksbaby hat keine Ahnung, was es tut, wenn es Eier aus dem Nest wirft. Man kann es sich als programmierten Automaten vorstellen. Der Austernfischer weiß nicht, warum er auf einem riesigen Ei sitzt. Ihn kann man als vorprogrammierte Brutmaschine betrachten. Und nach dem gleichen Prinzip können wir uns auch einen Elternvogel als Robotermutter vorstellen, die darauf programmiert ist, Nahrung in weit aufgerissene Öffnungen fallen zu lassen, so lächerlich es uns auch erscheinen mag, wenn die Öffnung zu einem Fisch gehört. Oder zu dem riesigen Eindringling, einem jungen Kuckuck.

Wenn junge Kuckucke schon einen übernormal großen aufgesperrten Schnabel haben, der zwei gewöhnliche Jungvögel nachahmt, setzt der asiatische Fluchtkuckuck *Cuculus fugax* noch einen drauf. Er besitzt die visuelle Entsprechung zu den Schnäbeln eines

Ein Weißnackenkuckuck mit einem falschen aufgesperrten Schnabel auf dem Flügel

ganzen Geleges. Neben der gelben Färbung verfügt er über zwei Attrappen aufgesperrter Schnäbel: ein Stück nackte Haut an jedem Flügel, das die gleiche Farbe hat wie der tatsächliche Schnabel.[13] Die Pflegeeltern (in der japanischen Studie von Dr. Keita Tanaka waren es Nachtigallen) lassen sich durch den Doppelschlag aus aufgesperrtem Schnabel und Flügelhaut stimulieren. Dr. Tanaka hat mir freundlicherweise mehrere Fotos und einige verblüffende Filmaufnahmen geschickt. Sobald einer der Pflegeeltern ins Nest kommt, hebt der junge Kuckuck dramatisch seinen rechten Flügel und winkt damit. Die Geste erinnert mich an einen Schwertkämpfer, der seinen Schild hebt, um einen Angriff abzuwehren. Aber diese Analogie ist vollkommen falsch. Es geht nicht darum, abzuwehren, sondern anzulocken. Eine Filmaufnahme zeigt sogar, wie die Nachtigall energisch Nahrung zu dem gelben Abschnitt auf dem erhobenen rechten Flügel befördert, bevor sie sich umdreht und das Futter in den weit aufgerissenen Schnabel stopft. Als die japanischen Forschenden auf die Idee kamen, den Abschnitt auf dem Flügel schwarz einzufärben, verringerte sich die Fütterungsgeschwindigkeit bei den Nachtigallen. Eine ähnliche Geschichte gibt es über einen weiteren Brutparasiten, den chinesischen Pfeifkuckuck *Hierococcyx nisicolor*.[14] Seine Jungvögel tragen wie die des Fluchtkuckucks auf den Flügeln gelbe Flecken, die sie auf die gleiche Weise zur Schau stellen und mit denen sie ebenfalls die Pflegeeltern täuschen.

So viel über Kuckucke – die nicht beklagenswert sind, sondern ein wahres Wunder der Natur und der natürlichen Selektion. Als Nächstes wollen wir uns ansehen, was wir mit der Vorstellung von Genen, die über die eigene Schulter blicken, sonst noch anfangen können.

11

NOCH MEHR BLICKE IN DEN RÜCKSPIEGEL

WÄHREND MAN FRÜHER über das Wohl der Spezies sprach, haben heute praktisch alle, die ernsthaft das Tierverhalten in freier Wildbahn erforschen, die genzentrierte Sichtweise übernommen. Was ein Tier auch tut, die Frage lautet in dieser modernen Lesart: Wie nützt das Verhalten den egoistischen Genen, die es programmiert haben? Zu denen, die eine solche Denkweise bis an ihre Grenzen trieben, gehört David Haig, der heute an der Harvard University arbeitet.[1] Er brachte Licht in zahlreiche Fragestellungen, darunter manche, denen auch Ärzte Beachtung schenken sollten, wie beispielsweise Probleme mit der Schwangerschaft.

Unter anderem beschrieb Haig ein liebenswürdiges Beispiel dafür, wie Gene zurückblicken – und zwar auf die unmittelbar vorausgegangene Generation. Es gibt ein Phänomen, das man als genomische Prägung bezeichnet. Ein Gen kann (durch eine chemische Markierung) »wissen«, ob es vom Vater oder von der Mutter des Individuums kommt. Wie man sich leicht vorstellen kann, bedeutet das eine radikale Veränderung für die »strategischen Berechnungen«, mit denen ein Gen im eigenen Interesse tätig wird. Wie Haig zeigen konnte, führt die genomische Prägung zu einer veränderten Sicht eines Gens auf seine Verwandtschaft. Normalerweise sollte ein Gen für Verwandtschaftsaltruismus ein Halbgeschwister ebenso einschätzen wie einen Neffen oder eine Nichte – mit der Hälfte des Wertes eines echten Bruders, einer Schwester oder eines Nachkommen. Wenn das altruistische Gen aber »weiß«, dass es von der Mutter und nicht vom Vater stammt, sollte es ein Halbgeschwister mütterlicherseits als gleichbedeutend mit seinen eigenen Nachkommen oder einem normalen echten Geschwister einstufen. Wenn es andersherum »weiß«, dass es vom Vater kommt, sind die Verhältnisse umgekehrt. Dann sollte das Halbgeschwister mütterlicherseits gleichwertig mit einem nicht verwandten Individuum sein. Die genomische Prägung eröffnet eine Fülle von Möglichkeiten, wie Gene innerhalb eines Individuums untereinander in Konflikt geraten können – dies ist das Thema des Buches *Genes in Conflict* von Burt und Trivers.[2] Haig geht sogar noch weiter und macht den Krieg der Gene für die bekannte psychologische Empfindung verantwortlich, in zwei Richtungen gleichzeitig zu tendieren, nämlich zu kurzfristiger Befriedigung und langfristigem Nutzen. Genomische Prägung ist ein krasses Beispiel dafür, wie ein Gen in den »Rückspiegel« blicken kann. Weiteren Beispielen widmen wir uns nun in diesem Kapitel.

Ein Gen auf dem Y-Chromosom eines Säugetiers »sieht im Rückblick« eine ungeheuer lange Reihe von Körpern männlicher Vorfahren und keinen einzigen weiblichen; die Kette reicht vermutlich bis zu den Anfängen der Säugetiere oder sogar noch weiter zurück. Unser Säugetier-Y-Chromosom schwimmt seit vielleicht 200 Millionen Jahren in Testosteron. Y-Chromosomen blicken nur auf männliche Körper zurück, aber wie steht es mit den X-Chromosomen? Ein Gen auf einem X-Chromosom könnte vom Vater des Tieres stammen, aber die Wahrscheinlichkeit, dass es von der Mutter kommt, ist doppelt so groß. Zwei Drittel der Geschichte seiner Vorfahren haben sich in weiblichen Körpern abgespielt, ein Drittel in männlichen.[3] Für ein Gen auf einem Chromosom, das kein Geschlechtschromosom ist (einem Autosom), hat sich die Vergangenheit der Vorfahren zur Hälfte in weiblichen und zur Hälfte in männlichen Körpern abgespielt. Wir sollten damit rechnen, dass viele Gene auf den Autosomen geschlechtsbeschränkte Auswirkungen haben, die mit einer Wenn-Aussage programmiert sind: Sie haben die eine Wirkung, wenn sie sich in einem männlichen Körper befinden, und eine andere, wenn sie in einem weiblichen Körper liegen.

Wenn aber ein beliebiges Gen auf die männlichen Körper zurückblickt, in denen es angesiedelt war, sieht es keine Zufallsstichprobe männlicher Organismen, sondern eine eingeschränkte Untergruppe. Das liegt daran, dass dem durchschnittlichen Männchen das darwinistische Privileg der Fortpflanzung häufig versagt bleibt. Eine Minderheit der Männchen sichert sich das Monopol auf die Paarungsgelegenheiten. Andererseits erfreuen sich die meisten Weibchen nahezu des durchschnittlichen Fortpflanzungserfolges. Männliche Rothirsche mit großem Geweih behalten in Kämpfen um den Zugang zu den Weibchen die Oberhand. Wenn also ein Rothirschgen auf seine männlichen Vorfahren zurückblickt, sieht es die Minderheit der männlichen Körper, die mit einem anormal großen Geweih gekrönt waren.

Eine noch extremere Asymmetrie finden wir bei Robben, insbesondere bei dem See-Elefanten *Mirounga*. Zu dieser Gattung gehören zwei Arten: der Südliche See-Elefant, dem ich auf der abgelegenen Insel Südgeorgien so nahe kam, dass ich ihn hätte anfassen können (was ich aber nicht getan habe), und der Nördliche See-Elefant, den Burney Le Boeuf an den Pazifikstränden Kaliforniens gründlich erforscht hat. Wie viele Säugetiere, so leben auch die See-Elefanten in einer Haremsgesellschaft, die sie aber ins Extrem treiben. Die erfolgreichen männlichen »Strandmeister« sind riesengroß: Bei einer Länge von bis zu vier Metern wiegen sie zwei Tonnen. Die Weibchen sind relativ klein und sammeln sich in einem Harem, der typischerweise bis zu 50 von ihnen umfasst und die von dem einzelnen, dominanten Männchen, dem sie »gehören«, energisch verteidigt werden. Die meisten Männchen der Population haben keinen Harem und pflanzen sich entweder überhaupt nicht fort oder warten auf den richtigen Augenblick, um hin und wieder heimlich zu kopulieren; außerdem sind sie bestrebt, irgendwann so groß und stark zu werden, dass sie den Strandmeister verdrängen können. In einem Bericht aus Le Boeufs Langzeitstudie an Nördlichen See-Elefanten in Kalifornien besamten nur acht Männchen erstaunliche 348 Weibchen.[4] Ein Männchen kopulierte dabei mit 121 Weibchen, die große Mehrzahl der Männchen hatte dagegen überhaupt keinen Fortpflanzungserfolg. Ein Gen auf dem Y-Chromosom eines See-Elefanten blickt also nicht nur auf eine lange Abfolge männlicher Körper zurück, sondern insbesondere auf die übergroßen, fettgepolsterten, rülpsenden, aufgeblasenen Körper einer winzigen Minderheit dominanter Haremsbesitzer und Strandmeister: auf höchst aggressive Männchen, die mit übermäßig viel Testosteron ausgestattet waren und ihren herabhängenden Rüssel als lebendige Posaune einsetzten, um mit tönendem Gebrüll andere Männchen einzuschüchtern. Andererseits blickt ein See-Elefantengen auf eine Abfolge weiblicher Körper zurück, die nahezu dem Durchschnitt entsprechen.

Manch einer findet es vielleicht rätselhaft, dass nur wenige Männchen nahezu für die gesamte Zeugung verantwortlich sind. Ist das nicht entsetzliche Verschwendung? Man denke nur an die ganzen männlichen Junggesellen, die ein dickes Stück vom Kuchen der

Sexuelle Ungleichheit am Strand

verfügbaren Nahrungsressourcen verbrauchen und sich dennoch nie fortpflanzen. Wer ökonomisch »von oben nach unten« plant und dabei das Wohlergehen der Spezies im Auge hat, würde protestieren und behaupten, die meisten Männchen solle es überhaupt nicht geben. Warum entwickelt sich in der Evolution der Spezies nicht ein ungleiches Geschlechterverhältnis, sodass überhaupt nur wenige Männchen geboren werden – gerade genug, um die Weibchen zu bedienen? Warum gibt es nicht nur die Zahl von Männchen, die normalerweise einen Harem besitzen? Sie müssten dann nicht gegeneinander kämpfen, sondern hätten einen Harem aufgrund einer automatischen Berechtigung, einfach weil sie Männchen sind. Würde eine Spezies mit einer solchen ökonomisch sinnvollen Planwirtschaft nicht gegenüber der tatsächlichen, höchst unwirtschaftlichen, von ständigen Kämpfen geplagten Spezies die Oberhand behalten? Würde die Spezies mit der Planwirtschaft nicht in der natürlichen Selektion den Sieg davontragen?

Ja, wenn die natürliche Selektion zwischen den Arten wählen würde. Aber im Gegensatz zu einem verbreiteten Missverständnis ist das nicht der Fall. Die natürliche Selektion wählt zwischen Genen, und zwar auf der Grundlage ihres Einflusses auf die Individuen. Das ist entscheidend. Würde die sinnvolle geplante Wirtschaft durch darwinistische Mittel zustande kommen, müsste sie über die natürliche Selektion von Genen entstehen, die über das Geschlechterverhältnis bestimmen. Unmöglich ist das nicht. Ein Gen könnte ein Ungleichgewicht zwischen der Zahl der X- und der Y-Samenzellen herstellen, die von den Männchen produziert werden. Oder es könnte selektiv für die Fehlgeburt einer gewissen Zahl männlicher Feten sorgen. Es könnte auch manche kleinen Söhne verhungern lassen, während nur wenige begünstigte überleben. Ganz gleich, auf welchem Weg es seine Wirkung entfaltet würde: Wir bezeichnen dieses hypothetische Gen einfach als Planwirtschaftsgen, das an den von oben nach unten gerichteten gesunden Menschenverstand gebunden ist.

Stellen wir uns eine planwirtschaftliche Population vor, in der die meisten Individuen weiblich sind und beispielsweise ein Männchen auf zehn Weibchen kommt. Mit einer solchen Population würde unser vernünftiger Wirtschaftswissenschaftler rechnen. Sie ist ökonomisch sinnvoll, denn in ihr wird keine Nahrung auf Männchen verschwendet, die sich niemals fortpflanzen werden. Jetzt stellen wir uns vor, dass ein mutiertes Gen auftaucht, eine Mutation, durch die Individuen bevorzugt Söhne bekommen. Wird dieses Männchenbegünstigende Gen sich in der Population ausbreiten? Pech für die Planwirtschaft: Das wird mit Sicherheit geschehen. In der Planwirtschaft, in der die Weibchen gegenüber den Männchen zahlenmäßig zehnfach überlegen sind, kann ein typisches Männchen mit zehnmal so vielen Nachkommen rechnen wie ein typisches Weibchen. Für Männchen ist das eine Goldgrube. Das mutierte Gen, das Söhne bevorzugt, wird sich in der Population schnell verbreiten. Und die Männchen werden gute Gründe haben, zu kämpfen. Es ist die Kehrseite unserer Beobachtung, dass unser hypothetisches Gen auf eine erfolgreiche Minderheit männlicher Körper und nicht auf eine Zufallsstichprobe zurückblickt.

Wird das Geschlechterverhältnis in der Population jetzt also ins andere Extrem ausschlagen und zu einem männlichen Überschuss führen? Nein: Die natürliche Selektion wird das Geschlechterverhältnis stabilisieren, das wir tatsächlich sehen: Es beträgt 50 zu 50 (mit einem wichtigen Vorbehalt, von dem noch die Rede sein wird) mit einer Minderheit männlicher Haremsbesitzer und einer Mehrheit frustrierter Junggesellen. Das hat folgenden Grund: Für die Eltern jedes Sohnes besteht eine große Wahrscheinlichkeit, dass er als unbefriedigter Junggeselle enden und ihnen niemals Enkel schenkt wird. Wird der Sohn jedoch zum Haremsbesitzer, haben seine Eltern, was Enkel angeht, das große Los gezogen. Der voraussichtliche Fortpflanzungserfolg eines Sohnes als Durchschnitt aus der geringen Chance, das große Los zu ziehen, und der viel größeren Chance des Junggesellenelends ist genauso groß wie der voraussichtliche durchschnittliche Fortpflanzungserfolg einer Tochter. Gene für ein ausgeglichenes Geschlechterverhältnis behalten die Oberhand, obwohl die von ihnen geschaffene Gesellschaft so entsetzlich unwirtschaftlich ist. Die »Planwirtschaft« mag sinnvoll erscheinen, sie kann aber von der natürlichen Selektion nicht begünstigt werden. Zumindest in dieser Hinsicht ist natürliche Selektion kein »vernünftiger« Haushälter.

Ich habe gesagt, die Selektion werde das Geschlechterverhältnis bei 50 zu 50 stabilisieren, habe aber dabei einen Vorbehalt hinzugefügt. Für diese Vorsicht gibt es verschiedene Gründe, und diese sind wichtig. Ich möchte einen davon nennen. Angenommen, die Aufzucht eines Sohnes erfordert doppelt so großen Aufwand wie die Aufzucht einer Tochter. Damit ein Sohn Rivalen abwehren und sich einen Harem zulegen kann, muss er groß sein. Die Größe gibt es aber nicht umsonst. Sie kostet Nahrung. Wenn eine Robbenmutter ihren Sohn länger säugen muss als eine Tochter, und wenn es im Vergleich zur Tochter doppelt so viel kostet, einen Sohn großzuziehen, steht die Mutter nicht vor der »Wahl«, ob sie einen Sohn oder eine Tochter haben soll, sondern ob sie einen Sohn oder zwei Töchter haben soll. Der Erste, der das allgemeine Prinzip eindeutig begriff, war R.A. Fisher: Das Geschlechterverhältnis, das von der natürlichen Selektion stabilisiert wird, ist 50 zu 50, *gemessen am wirtschaftlichen Aufwand* für Töchter oder Söhne. Dies summiert sich nur dann in einem Zahlenverhältnis von 50 zu 50, wenn es den gleichen Aufwand erfordert, Söhne oder Töchter hervorzubringen. Fishers Prinzip bringt den *elterlichen Aufwand* für Söhne oder Töchter, wie er ihn nannte, ins Gleichgewicht. Dies kann sich in Form einer gleichen Zahl von Männchen und Weibchen in der Population ausdrücken, aber das gilt nur dann, wenn die Aufzucht von Söhnen und Töchtern gleichermaßen aufwendig ist. Auf einige weitere Komplikationen hat W. D. Hamilton hingewiesen, aber ich möchte mich damit hier nicht weiter aufhalten.[5]

See-Elefanten sind ein Extremfall, aber das Prinzip ist typisch für viele Säugetierarten. Die Weibchen haben alle nahezu den gleichen Fortpflanzungserfolg und liegen damit nahe beim Durchschnitt der Population; dagegen erfreut sich eine Minderheit der Männchen eines unverhältnismäßig großen Monopols auf die Fortpflanzung. Statistisch betrachtet, ist der *mittlere* Fortpflanzungserfolg von Männchen und Weibchen gleich, aber bei den Männchen ist die *Varianz* im Fortpflanzungserfolg größer. Und um noch einmal auf den Titel dieses Kapitels zurückzukommen: Die weiblichen Vorfahren, auf die Gene »zurückblicken«, liegen nahe beim Durchschnitt. Die Gene blicken aber auch auf eine Vergangenheit zurück, in der eine Minderheit von Männchen dominiert – eine Minderheit, die das besaß, was in der jeweiligen Spezies notwendig war: ein großes Geweih, furchteinflößende Reißzähne, schiere Körpermasse, Mut oder was auch immer.

Was »Mut« bedeutet, kann man auch genauer formulieren. Jedes Tier muss ein Gleichgewicht zwischen dem kurzfristigen Wert einer sofortigen Fortpflanzung und dem langfristigen Überleben mit zukünftiger Fortpflanzung schaffen. Ein brutaler Kampf gegen einen Konkurrenten kann mit einem Sieg und einem Harem enden. Er kann aber auch zum Tod führen oder zu ernsthaften Verletzungen, die den Tod nach sich ziehen. Mut kostet einen Aufpreis. Den Tod zu riskieren lohnt sich, weil es für das Männchen um so viel geht:

Ihm winkt eine Riesenzahl von Jungen mit seinem Namen, wenn es gewinnt, aber es erhält nichts außer möglicherweise dem Tod, wenn es verliert. Ein Robbenweibchen räumt dem Überleben eine höhere Priorität ein, damit es sich im nächsten Jahr fortpflanzen kann. Das Weibchen bringt ohnehin jedes Jahr nur ein Junges zur Welt, also maximiert es seinen Fortpflanzungserfolg, wenn es selbst überlebt.[6] Die natürliche Selektion begünstigt also Weibchen, die risikoscheuer sind als Männchen; und sie begünstigt Männchen, die mutiger oder sogar tollkühn sind. Männchen neigen stärker zu einer Hochrisikostrategie mit hohem Einsatz. Das ist wahrscheinlich der Grund, warum Männchen in der Regel in jüngeren Jahren sterben. Selbst wenn sie nicht im Kampf getötet werden, ist ihre ganze Physiologie darauf ausgerichtet, in vollen Zügen zu leben, während sie jung sind, und das selbst um den Preis, im höheren Alter nicht mehr weiter zu existieren.

Bei manchen Arten, auch bei See-Elefanten, ergibt sich jedoch eine Komplikation: Rangniedere Männchen verschaffen sich immer wieder heimliche Paarungsgelegenheiten auch auf die Gefahr hin, durch die dominierenden Männchen bestraft zu werden. Sie bedienen sich einer besonderen Strategie der »hinterlistigen Männchen« (*sneaky males*).[7] Wenn also ein Y-Chromosom auf seine Vergangenheit zurückblickt, sieht es vor allem einen Fluss aus dominierenden Haremsbesitzern, aber auch ein kleines Seitenflüsschen mit hinterlistigen Männchen. Jetzt aber Themenwechsel.

Wie mittlerweile deutlich geworden sein sollte, besaß mein verstorbener Kollege W.D. Hamilton eine unermüdliche, höchst originelle Neugier, und die veranlasste ihn dazu, viele außergewöhnliche Rätsel der Evolutionstheorie zu lösen, in denen ein geringerer Intellekt nicht einmal ein Problem erkannt hätte. Er war seit seiner Jugend Naturforscher und bemerkte, dass man bei vielen Insektenarten zwei Typen unterscheiden kann, die er als *dispersers* (»Wegläufer«) und *stay-at-homes* (»Zuhausebleiber«) bezeichnete. Die Wegläufer haben in der Regel Flügel, bei den Zuhausebleibern ist das oft nicht der Fall. Es ist erstaunlich, bei wie vielen Insektenarten es sowohl geflügelte als auch flügellose Individuen gibt, die scheinbar in einem ausgewogenen Zahlenverhältnis stehen. Wer Parallelen zu Menschen mag, kann sich Familien vorstellen, in denen ein Bruder mit Vergnügen den Bauernhof erbt, während der zweite an das andere Ende der Welt auswandert und ein unwahrscheinliches Vermögen anstrebt. Unter den Pflanzen sind die Löwenzahnsamen mit ihren flauschigen Fallschirmen »geflügelte« Wegläufer, andere Mitglieder aus der Familie der Gänseblümchen haben, um Hamilton zu zitieren, »innerhalb einer einzigen Blüte eine Mischung aus geflügelten und flügellosen Samen«.

Eines scheint für den behäbigen gesunden Menschenverstand intuitiv klar zu sein: Wenn Eltern an einer guten Stelle leben (und vermutlich leben sie an einer guten Stelle, denn sonst wäre es ihnen nicht gelungen, Eltern zu werden), muss die beste Strategie für die Nachkommen darin bestehen, an derselben guten Stelle zu bleiben. »Bleib zu Hause und kümmere dich um den Familienhof«, wäre das Schlagwort, und vor Bill Hamilton war dies auch unter den meisten Evolutionstheoretikern die hergebrachte Weisheit. Bill dagegen hatte den Verdacht, dass die Selektion ein Gleichgewicht zwischen Zuhausebleibern und Wegläufern begünstigte, wobei der Punkt des Gleichgewichts von Art zu Art unterschiedlich ist. Er nahm die Hilfe seines Mathematikerkollegen Robert May in Anspruch, und gemeinsam entwickelten die beiden mathematische Modelle, die seine Intuition stützten.

Ich selbst drücke Bills Intuition auf weniger mathematische Weise in den Begriffen der genzentrierten Sichtweise auf die Vergangenheit aus. Ganz gleich, wie vorteilhaft der »Familienhof« – die Umwelt, in der die Eltern gediehen sind – ist, früher oder später wird er von einer Katastrophe heimgesucht, vielleicht von einem Waldbrand, einer katastrophalen Überschwemmung oder einer Dürre. Wenn ein Gen auf die Geschichte des »Familienhofes« zurückblickt, ist es den Generationen der Eltern, Großeltern und Urgroßeltern dort vielleicht tatsächlich gut gegangen. Die Erfolgsgeschichte kann sich ununterbrochen über zehn oder auch 20 Generationen in die Vergangenheit erstrecken. Aber wenn das Zuhausebleiber-Gen weit genug in die Vergangenheit blickt, wird es irgendwann auf eine derartige Katastrophe stoßen. Das Wegläufer-Gen sieht im Rückblick unter Umständen eine jüngere Vergangenheit mit vergleichsweise vielen Fehlschlägen: Das Leben auf dem Familienhof war dagegen Milch und Honig. Wenn wir aber weit genug zurückblicken, gelangen wir zu einer Generation, in der nur das Wegläufer-Gen, das Gen für die wilde Wanderlust, es geschafft hat. Hinzu kommt die anthropomorphe Erkenntnis, dass die Wanderlust einen gelegentlich auf eine Goldader stoßen lässt.

Ein Nacktmull

Als ich 1989 eine Spekulation über Nacktmulle veröffentlicht habe, bin ich vielleicht zu weit gegangen, aber sie kann meine Aussage verdeutlichen.[8] Nacktmulle sind kleine, nach menschlichen ästhetischen Maßstäben außergewöhnlich hässliche afrikanische Säugetiere und leben unter der Erde. Unter Biologen sind sie berühmt, weil sie den sozialen Insekten – Ameisen und Termiten – unter allen Säugetieren am nächsten kommen. Sie leben in großen Kolonien von bis zu 100 Individuen, von denen sich normalerweise nur ein Weibchen – die »Königin« – fortpflanzt. Sie ist so fruchtbar, dass sie einen Ausgleich für die nahezu vollständige Unfruchtbarkeit aller anderen Weibchen, die als »Arbeiterinnen« dienen, schaffen kann. Eine Kolonie umfasst unter Umständen ein gewaltiges Netz mit Tunneln, die sich über drei bis fünf Kilometer erstrecken können; als Nahrung dienen unterirdisch gesammelte Knollen.

So weit die überlieferte Weisheit unter Biologen, die von der offenkundigen Ähnlichkeit mit sozialen Insekten fasziniert sind. Mich allerdings hat eine Diskrepanz immer beunruhigt. Die Ameisen und Termiten, die wir normalerweise sehen, sind flügellose, unfruchtbare Arbeiterinnen, aber aus ihren unterirdischen Nestern bricht in gewissen Abständen eine wirbelnde Masse geflügelter, fortpflanzungsfähiger Individuen beiderlei Geschlechts hervor. Sie fliegen davon und paaren sich, und anschließend lassen die frisch befruchteten jungen Königinnen sich nieder, verlieren ihre Flügel (in vielen Fällen beißen sie sie sogar ab), graben ein Loch und versuchen, mithilfe ihrer unfruchtbaren, flügellosen Arbeiterinnen-Töchter (und bei Termiten auch den Söhnen) ein neues unterirdisches Nest anzulegen. Die geflügelten Kasten sind Hamiltons Wegläufer und ein unentbehrlicher – sogar *der* unentbehrliche – Bestandteil der biologischen Eigenschaften sozialer Insekten. Man könnte sagen: In den gesamten Bestrebungen sozialer Insekten geht es um sie. Warum finden wir also bei Nacktmullen keine Entsprechung? Dass bei ihnen eine Wegläuferphase fehlt, ist beinahe ein Skandal!

Ich meine damit keine geflügelten Wegläufer! Nicht einmal ich wäre so töricht, Nagetiere mit Flügeln zu prophezeien.[9] Aber ich habe gefragt und frage mich noch heute: Gibt es vielleicht eine Wegläuferphase, die noch niemand beobachtet hat? Im Jahr 1989 schrieb ich: »Ist es vorstellbar, dass irgendein bereits bekanntes, behaartes Nagetier, das energisch über der Erde herumläuft und deshalb als andere Spezies eingestuft wird, sich in Wirklichkeit als die verlorene Kaste der Nacktmulle erweist?«[10] Meine Idee einer bisher unerkannten Wegläuferkaste hatte vielleicht nicht viel für sich, aber sie lässt sich zumindest überprüfen, ein Vorteil, der in der Wissenschaft hoch geschätzt wird. Das Genom des Nacktmulls wurde sequenziert. Sollte man meine hypothetische Wegläuferphase jemals entdecken, würde sich herausstellen, dass irgendwelche behaarten Mulle die gleichen Gene besitzen.

Dass meine Vermutung nicht plausibel ist, habe ich eingeräumt. Wie hätte man in der Biologie ein solches hypothetisches Lebewesen übersehen können? Im weiteren Verlauf stellte ich aber einen Vergleich mit den Wanderheuschrecken an. Wanderheuschrecken sind die Furcht einflößende »Wanderlust«-Phase der harmlosen »Zuhausebleiber«-Heuschrecken. Sie sehen anders aus und verhalten sich völlig anders. Es sind genau die gleichen Heuschrecken, aber sie können sich (*ach, in einem Augenblick*) von jetzt auf gleich verändern. Die Gene einer harmlosen Heuschrecke sind in der Lage, sich unter den richtigen Voraussetzungen zu wandeln (*alles wandelte sich ganz und gar: Eine Schönheit kam schrecklich zur Welt*).[11] Die verheerenden Folgen sind nur allzu gut bekannt. Mir geht es darum, dass Heuschreckenplagen nur gelegentlich auftreten. Es müssen die richtigen Bedingungen herrschen. Vielleicht ist die Wegläuferphase der Nacktmulle einfach in den Jahrzehnten, seit man sich in der Biologie mit der Spezies befasst, noch nicht aufgetreten? Dann wäre es kein Wunder, dass noch niemand sie gesehen hat. Vielleicht wäre dazu nur eine beherzte Hormonspritze nötig – und ein Nacktmull würde in seiner behaarten, lauffreudigen (allerdings nach meiner Vermutung nicht geflügelten) Wegläuferphase auftauchen.

Wechseln wir noch einmal das Thema, bevor wir den genzentrierten Rückblick verlassen. Auf einen Familienstammbaum kann man auf zweierlei Weise blicken. Herkömmliche Stammbäume verfolgen die Abstammung auf dem Weg über einzelne Personen. Wer hat wen geheiratet? Wer wurde von welcher Mutter zur Welt gebracht? Die jüngste einzelne Vorfahrin, welche die verstorbene Königin Elizabeth II. und ihr Ehemann Prinz Philip gemeinsam hatten, war die Königin Victoria. Man kann aber auch die Abstammung eines bestimmten Gens zurückverfolgen, und wie man wohl schon erraten konnte, möchte ich hier eine Geschichte in dieser anderen Form erzählen. Gene haben wie einzelne Menschen Elterngene und Nachkommengene. Wie einzelne Personen haben sie einen Stammbaum. Aber zwischen einem »Menschenstammbaum« und einem »Genstammbaum« besteht ein wichtiger Unterschied. Ein einzelner Mensch hat zwei Eltern, vier Großeltern, acht Urgroßeltern und so weiter. Wenn man in die Vergangenheit blickt, ist ein solcher Menschenstammbaum also ungeheuer weitverzweigt. Jeder Versuch, ihn vollständig aufzuzeichnen, ufert sehr schnell aus. Am besten stellt man ihn nicht auf Papier dar, sondern man mustert ihn auf einem Computerbildschirm.[12] Für einen Genstammbaum gilt das nicht. Ein Gen hat nur einen Elternteil, einen Großelternteil, einen Urgroßelternteil, und so weiter. Der Genstammbaum ist also eine einfache lineare Anordnung, die sich in die Vergangenheit erstreckt, während der Menschenstammbaum sich immer weiter verzweigt und nicht mehr zu handhaben ist. Wenn man in die Zukunft blickt, ist das übrigens nicht so. Ein Gen kann viele Nachkommen haben, hat aber immer nur ein Elternteil. Blicken wir vorwärts, verzweigen Genstammbäume sich immer weiter. Aber in diesem Kapitel geht es um den Rückblick.

Die europäischen Königsfamilien werden seit dem 19. Jahrhundert immer wieder von einem ganz bestimmten, beinahe tödlichen Gen heimgesucht. Der Genstammbaum der königlichen Bluterkrankheit oder Hämophilie ist einfach und passt bequem auf eine Seite. Damit der entsprechende Menschenstammbaum lesbar wäre, müsste er mehrere Quadratmeter Papier einnehmen. Das königliche Hämophilie-Gen kann man auf eine ganz bestimmte, einzelne Vorfahrin zurückführen: die Königin Victoria; eines ihrer X-Chromosomen trug das Gen.[13] Die Mutation ereignete sich, um Steve Jones' scharfsinnige Formulierung zu verwenden, »in den erlauchten Hoden« ihres Vaters Edward, des Herzogs von Kent. Prinz Leopold, einer von Victorias vier Söhnen, litt an Hämophilie. Die anderen, darunter Edward VII. und seine Nachkommen – einer von ihnen ist unser derzeitiger Herrscher König Charles III. – trotzten dem Schicksal und kamen ungeschoren davon. Leopold überlebte bis zum Alter von 30 Jahren – lange genug, um eine Tochter zu haben, die Prinzessin Alice von Albany, die zwangsläufig auf einem ihrer X-Chromosomen das Gen trug. Bei ihrem Sohn Prinz Rupert von Teck kam die 50-prozentige Wahrscheinlichkeit, betroffen zu sein, zum Tragen: Er starb in jungen Jahren.

Von Victorias fünf Töchtern erbten (mindestens) drei das Gen. Die Prinzessin Alice von Hessen gab es an ihren Sohn Prinz Friedrich weiter, der als Säugling starb, und an zwei ihrer Töchter, nämlich Irene und Alexandra, die es ihrerseits an drei bluterkranke Enkel von Alice vererbten, darunter der Zarewitsch Alexej von Russ-

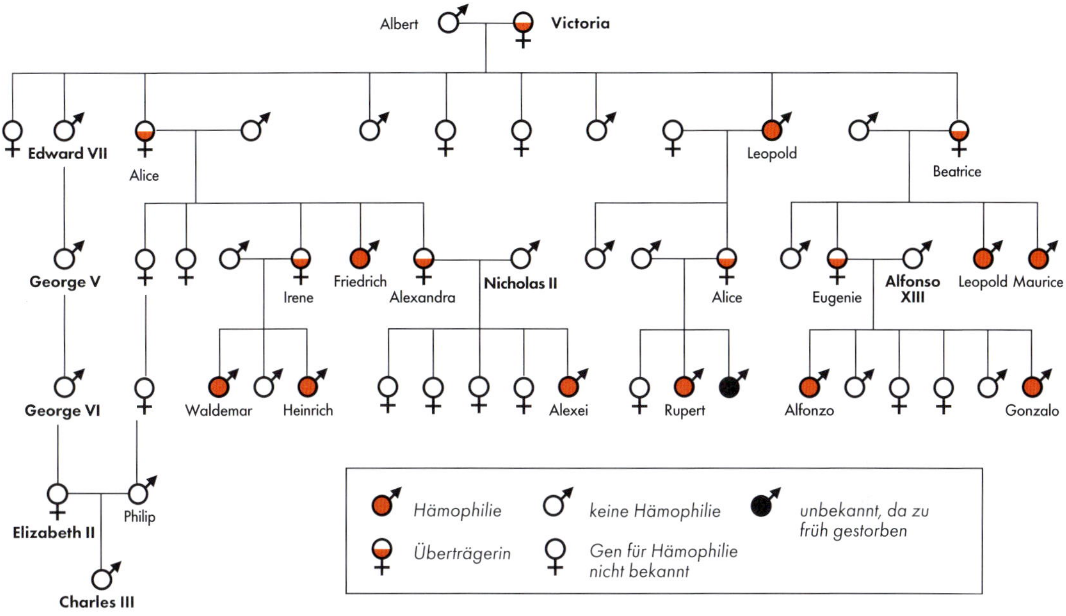

Hämophilie in europäischen Fürstenhäusern

land. Irene heiratete ihren Cousin ersten Grades Henry, was unter Royals eine verbreitete Praxis war und ganz allgemein wegen der Inzuchtdepression nicht gut ist.[14] Inzuchtdepression war aber nicht der Grund dafür, dass zwei ihrer Söhne, nämlich Waldemar und Heinrich, an Hämophilie litten: Sie erbten die Krankheit mit dem X-Chromosom von ihrer Mutter, und die hätte es mit der gleichen Wahrscheinlichkeit weitergegeben, ganz gleich, wen sie geheiratet hätte, Cousin oder nicht (es sei denn, der Cousin wäre selbst bluterkrank gewesen: In diesem Fall hätten sogar 50 Prozent ihrer Töchter an der Krankheit gelitten). Prinzessin Beatrice, eine andere Tochter von Victoria, vererbte das Gen an ihre Tochter, die Königin von Spanien, und damit an die spanische Königsfamilie, und das, so folgere ich, zum Verdruss der Spanier.

Verfolgt man den Stammbaum des königlichen Hämophilie-Gens zurück, so laufen alle Abstammungslinien bei Victoria zusammen. In der mathematischen Genetik gibt es sogar ein blühendes Fachgebiet namens Koaleszenztheorie: Man blickt auf die Geschichte einer genetischen Variante in einer Population zurück und macht den jüngsten gemeinsamen Vorfahren dieses Gens ausfindig – das Gen, bei dem im Rückblick alle Linien zusammenlaufen. Wenn man die Individuen außer Acht lässt und durch die Haut auf die Gene in ihrem Inneren blickt, so kann man zwei Kopien eines bestimmten Gens in der Zeit zurückverfolgen, bis man auf den Vorfahren trifft, bei dem sie zusammenlaufen. Dieser Koaleszenzpunkt ist der einzelne Vorfahre, in dem das Gen sich in zwei Kopien aufspaltete, die dann in zwei Geschwistern ihre eigenen Wege gingen und schließlich zu zwei Linien von Nachkommen wurden. Nimmt man vereinfachende Annahmen hinzu, beispielsweise dass Paarungen zufällig stattfinden, keine natürliche Selektion stattfindet und jeder zwei Kinder hat, erwartet man für den Koaleszenzstammbaum eine Form, die Mathematiker in der Theorie errechnen können. In der Wirklichkeit werden diese Annahmen natürlich verletzt, und da wird es interessant. In Königsfamilien trifft beispielsweise die Voraussetzung der zufälligen Paarungen im typischen Fall nicht zu. Protokoll und politische Zweckmäßigkeit schränken sie ein, sodass man untereinander heiratet.

Die Koaleszenztheorie ist ein wichtiger Teil der modernen Populationsgenetik und für dieses Kapitel über den genzentrierten Rückblick von großer Bedeutung, aber die mathematische Seite gehört hier nicht zu meinem Thema. Ich möchte ein faszinierendes Beispiel erörtern: eine ganz bestimmte Studie am Genom eines Menschen – zufällig war es mein Genom, aber das ist nicht der Grund, warum ich es faszinierend finde. Bemerkenswerterweise kann man aus dem

Genom eines einzigen Menschen stichhaltige Schlüsse über die demographische Vergangenheit einer ganzen Bevölkerungsgruppe ziehen. Aus einem recht seltsamen Grund gehörte ich in Großbritannien zu den Ersten, deren gesamtes Genom (und nicht nur eine relativ kleine Stichprobe wie bei »23-and-Me« und ihresgleichen) sequenziert wurde.[15] Ich gab die Daten meinem Kollegen Dr. Yan Wong, und er nahm eine kluge Analyse dieser Daten in das 2016 erschienene Buch *The Ancestor's Tale* auf, das wir gemeinsam verfassten. Sie zu erklären ist ein wenig verwickelt, aber ich werde mir alle Mühe geben.

In jeder Zelle meines Körpers schwimmen 23 Chromosomen, die ich unversehrt von meinem Vater geerbt habe, und 23 weitere von meiner Mutter. Zu jedem (autosomalen) väterlichen Gen gibt es eine genaue Entsprechung (ein Allel) auf dem zugehörigen mütterlichen Chromosom, aber die Chromosomen meines Vaters John und meiner Mutter Jean schwimmen vollständig und losgelöst voneinander in allen meinen Zellen. An dieser Stelle wird es schwierig. Nehmen wir ein bestimmtes Gen auf einem John-Chromosom und lassen wir es auf die Vergangenheit seiner Vorfahren zurückblicken. Jetzt nehmen wir sein Gegenüber (»Allel«) auf dem entsprechenden Jean-Chromosom und ermöglichen ihm den gleichen Rückblick. Es ist das gleiche Prinzip, als würden wir das königliche Hämophilie-Gen zu Victoria zurückverfolgen. In diesem Fall geht es aber nicht um Hämophilie, sondern wir blicken viel weiter zurück in die Vergangenheit und können nicht darauf hoffen, eine Person mit einem Namen wie Victoria zu identifizieren. Das Gleiche können wir mit jedem Allelpaar machen, wobei jeweils ein Allel auf einem John- und eines auf einem Jean-Chromosom liegt. Und nicht nur mit einem Paar, sondern mit einer Stichprobe der vielen.

Früher oder später werden die Gene jedes Paares im Rückblick zwangsläufig bei einer bestimmten Person zusammenlaufen, in der ein Gen sich einst aufgeteilt hat und sowohl den Vorfahren des John-Gens als auch den Vorfahren des Jean-Gens bildete. Ich meine damit tatsächlich einen ganz bestimmten einzelnen Vorfahren, der zu einer bestimmten Zeit an einem bestimmten Ort lebte. Diese Person hatte zwei Kinder; eines davon war der Vorfahre von John, das andere der Vorfahre von Jean. Dabei reden wir aber für jedes John/Jean-Genpaar von einer anderen früheren Person – von einer anderen Zeit und einem anderen Ort. Für jedes Genpaar muss es zwei Geschwister gegeben haben, von denen eines den Vorfahren des Jean-Gens und das andere den Vorfahren des John-Gens getragen hat.

In den *Menschen*stammbäumen gibt es viele einander überschneidende Wege, die meinen Vater und meine Mutter mit unterschiedlichen gemeinsamen Vorfahren verbinden. Aber jedes meiner John-*Gene* ist nur über einen Weg mit dem gemeinsamen Vorfahren meines entsprechenden Jean-Gens verbunden. Genstammbäume sind nicht das Gleiche wie Menschenstammbäume. Jedes Genpaar läuft bei einem bestimmten Vorfahren und zu einem bestimmten Zeitpunkt in der Vergangenheit zusammen. Wir können jedes Paar

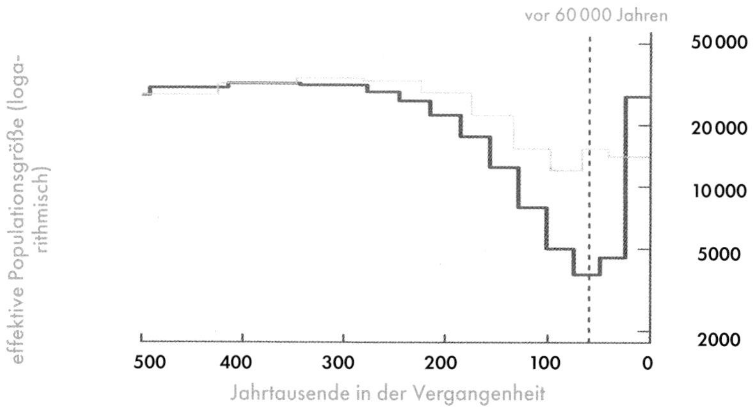

meiner Gene zurückblicken lassen und werden jedes Mal einen anderen Koaleszenzpunkt finden. Diesen Punkt können wir nicht für jedes Genpaar buchstäblich identifizieren. Mit den mathematischen Methoden der Koaleszenztheorie ist es aber möglich, abzuschätzen, *wann* er sich ereignete. Dr. Wong nahm mit meinem Genom eine solche Analyse vor und stellte fest, dass eine große Mehrheit meiner Gene irgendwann vor ungefähr 60 000 Jahren zusammenfloss, oder sagen wir zwischen 50 000 und 70 000 Jahren.[16]

Und wie ist diese Übereinstimmung zu deuten? Sie bedeutet, dass meine Vorfahren ungefähr um jene Zeit einen Bevölkerungsengpass durchlebt haben. Sehr wahrscheinlich gilt das auch für die meisten anderen heutigen Menschen. Wenn meine John- und Jean-Gene auf ihre Vergangenheit zurückblicken, sehen sie während der meisten Jahrtausende ein Bild der Paarung mit Außenstehenden. Ungefähr vor 60 000 Jahren jedoch verengte sich die effektive Populationsgröße zu einem Flaschenhals. In einer kleineren Population befinden sich die Jean- und John-Abstammungslinien schlicht durch Zufall mit größerer Wahrscheinlichkeit in einem gemeinsamen Vorfahren. Deshalb fließen meine Genpaare ungefähr zu jener Zeit zusammen. Man kann sogar die Koaleszenzdaten aus meinem Genom allein und ohne Nutzung anderer Daten in die oben gezeigte Graphik des zeitlichen Verlaufs der effektiven Populationsgröße übersetzen. Vermutlich ist er für Europäer typisch. Die hellgraue Linie zeigt die Entsprechung für einen einzelnen Nigerianer, dessen Vorfahren anscheinend nicht dem gleichen Engpass ausgesetzt waren. Ich bekenne mich zu einer zweifelhaften Zufriedenheit, dass einer der beiden Autoren eines Buches das Genom des anderen nutzen konnte, um eine quantitative Schätzung der prähistorischen demographischen Entwicklung vorzunehmen, von der nicht nur eine Person betroffen war, sondern Millionen.[17]

Was können Gene uns sonst noch erzählen, wenn sie auf ihre Vergangenheit zurückblicken? In der Zoologie ist man es gewohnt, Stammbäume von Tieren zu zeichnen und zu berechnen, welche Arten enge Vettern oder entfernte Verwandte anderer Arten sind. Unter den Menschenaffen sind beispielsweise die Schimpansen und Bonobos unsere engsten noch lebenden Verwandten, und beide Arten stehen uns genau gleich nahe. Sie haben nämlich untereinander einen gemeinsamen Vorfahren, der vor rund 3 Millionen Jahren lebte, und dieser Urahn hatte vor etwa 6 Millionen Jahren einen Vorfahren mit uns gemeinsam (siehe unten). Die Gorillas sind dabei die *outgroup*, die mit uns, den anderen afrikanischen Menschenaffen, entfernter verwandt ist. Unser gemeinsamer Vorfahre mit den Gorillas lebte vor längerer Zeit, nämlich vielleicht vor 8 oder 9 Millionen Jahren.

Die vorangegangene Abbildung zeigt die übliche Darstellung eines Familienstammbaumes auf der Grundlage der Organismen. Wir können aber auch einen Stammbaum aus Sicht eines Gens zeichnen, das auf seine eigene Vergangenheit zurückblickt. Der Stammbaum der Organismen ist eindeutig. Schimpansen und Bonobos sind enge Verwandte, und abgesehen davon, sind wir ihre nächsten Vettern. Das ist aus Sicht des ganzen Organismus eine Tatsache, es muss aber nicht zwangsläufig stimmen, wenn die Gene in den Rückspiegel blicken. Zwar stimmt es, dass eine Mehrheit der Gene sich untereinander und mit dem »Menschenstammbaum« der traditionellen Zoologie »einig« wären. Dennoch ist es durchaus möglich, dass der Stammbaum aus Sicht bestimmter Gene ganz anders aussieht. Vielleicht so wie in der nächsten Abbildung. Die Mehrzahl unserer Gene entspricht dem »Menschenstammbaum«. Aber als 2012 die

Genomsequenz des Gorillas veröffentlicht wurde, stellte sich heraus, dass »Menschen und Schimpansen genetisch im größten Teil des Genoms am engsten verwandt sind, aber die Arbeitsgruppe fand auch viele Stellen, an denen dies nicht der Fall ist. 15 Prozent des menschlichen Genoms stehen dem Genom der Gorillas näher als dem der Schimpansen, und 15 Prozent des Schimpansengenoms stehen dem Gorilla näher als dem Menschen.«[18] Ich hoffe, wir sind uns einig, dass solche Schlussfolgerungen ein interessantes Produkt des »genzentrierten Blicks zurück« sind.

Eine solche Anomalie kann sogar in einer kleinen Familie auftreten. Zwei Brüder namens John und Bill haben dieselben Eltern Enid und Tony sowie dieselben vier Großeltern: Arthur und Gertrude sind die Eltern von Enid, Francis und Alice die Eltern von Tony. Jeder Bruder hat (abgesehen von den Geschlechtschromosomen) *genau* die Hälfte seiner Gene von jedem der beiden Eltern geerbt. Jeder der beiden ist nämlich das Produkt genau einer Eizelle von Enid und einer Samenzelle von Tony. Jeder Bruder hat auch ein Viertel seiner Gene von jedem der beiden gemeinsamen Großeltern übernommen, aber in diesem Fall stimmt die Zahl nur *annähernd*. Es ist nicht *genau* ein Viertel. Durch die Unwägbarkeiten des Crossingover von Chromosomen könnte die Samenzelle von Tony, mit der er John gezeugt hat, zufällig vorwiegend Gene von Alice und weniger von Francis erhalten haben. Die Samenzelle, mit der Bill gezeugt wurde, könnte aber auch ein Übergewicht von Francis' Genen anstelle derer von Alice enthalten haben. Die Eizelle von Enid, aus der John entstanden ist, könnte vorwiegend Gene von Arthur enthalten haben, und diejenige, aus der Bill entstanden ist, hat womöglich eine Überzahl an Genen von Gertrude enthalten. Theoretisch ist es sogar möglich (allerdings mit verschwindend geringer Wahrscheinlichkeit), dass John alle seine Gene von zwei seiner Großeltern und keine von den beiden anderen erhalten hat.[19] Aus Sicht des Gens sieht eine enge Verwandtschaft also unter Umständen anders aus als aus Sicht des Individuums. Aus der Perspektive des Individuums haben alle vier Großeltern den gleichen Beitrag geleistet.

Das Gleiche gilt für alle Generationen vor der unmittelbaren Elterngeneration. Zwar stammt vermutlich jeder von uns in England von William dem Eroberer ab, ebenso ist es aber auch wahrscheinlich, dass wir kein einziges Gen von ihm geerbt haben.[20] In der Biologie folgt man meist dem historischen Vorbild und geht der Abstammung auf der Ebene ganzer Organismen nach: Jedes einzelne Individuum hat einen Vater und eine Mutter, und so immer weiter in die Vergangenheit. Aber der Vergleich mit John/Bill und Gorilla/Schimpanse aus den vorangegangenen Absätzen wird sich nach meiner Überzeugung nur als Spitze eines Eisbergs erweisen. Immer öfter werden wir erleben, dass Stammbäume nicht aus Sicht der einzelnen Organismen, sondern aus dem Blickwinkel der Gene gezeichnet werden. Ein Beispiel dafür ist das in Kapitel 5 erwähnte Prestin-Gen. Ein solcher Trend ist natürlich ganz im Sinne des vorliegenden Buches, das immer wieder die genzentrierte Sichtweise betont.

Ein letztes Thema, das ich in diesem Kapitel über den genzentrierten Blick zurück behandeln möchte, ist der *Selective Sweep*, auf Deutsch auch selektive Verdrängung genannt. Unter den Stimmen aus der Vergangenheit, die uns aus den Genen eines heutigen Tieres etwas zuflüstern (wenn wir sie denn hören können), erzählen viele von dem natürlichen Selektionsdruck früherer Zeiten. Genau das meine ich mit dem genetischen Totenbuch, aber hier geht es mir um eine besondere Form von Signalen aus der Vergangenheit, die man in der Genetik zu lesen gelernt hat. Heutige Gene übermitteln statistische »Signale« über den Druck der natürlichen Selektion. Ein Genpool, der vor Kurzem eine starke Selektion durchgemacht hat, lässt bestimmte charakteristische Merkmale erkennen. Natürliche Selektion hinterlässt ihre Spuren. Eine darwinistische Signatur. Und das geht so:

Zwei Gene, die auf einem Chromosom dicht nebeneinanderliegen, reisen in der Regel gemeinsam durch die Generationen. Durch das Crossing-over der Chromosomen werden sie nur selten getrennt – das ist einfach eine Folge ihrer engen Nachbarschaft. Wird ein Gen von der natürlichen Selektion stark bevorzugt, nimmt seine Häufigkeit zu. Ja, natürlich, aber man muss an die Folgen denken. Die Häufigkeit von Genen, die auf dem Chromosom in der Nähe eines positiv selektionierten Gens liegen, nimmt ebenfalls zu: Sie reisen gewissermaßen »huckepack«. Das fällt insbesondere auf, wenn die gekoppelten Gene neutral sind – also weder gut noch schlecht für das Überleben. Enthält ein bestimmter Chromosomenabschnitt ein Gen, das einer starken günstigen Selektion ausgesetzt ist, bemerkt man eine Verringerung der Variationsbreite in der Population, und zwar insbesondere in der »Huckepack-Zone« des betreffenden Chromosoms. Wegen dieses Mitreiseeffekts »verdrängt« die natürliche Selektion eines begünstigten Gens die Variation unter benachbarten neutralen Genen. Diese »selektive Verdrängung« zeigt sich dann als »Signatur« der Selektion.

Ich finde den »Rückblick« auf die Geschichte der Vorfahren sehr aufschlussreich. Aber das wichtigste »Erlebnis«, auf das ein Gen »zurückblicken« kann, wird leicht übersehen, weil es direkt vor unserer Nase liegt. Es ist die *Gesellschaft* anderer Gene der Spezies, anderer Gene, mit denen es aufeinanderfolgende Körper teilen muss. Damit meine ich nicht Gene, die auf demselben Chromosom eng gekoppelt sind. Es geht mir vielmehr um die gemeinsame Zugehörigkeit zu demselben Genpool und damit zu vielen einzelnen Körpern. Diese Gesellschaft ist das Thema des nun folgenden Kapitels.

12

GUTE GEFÄHRTEN, SCHLECHTE GEFÄHRTEN

DAS VORANGEGANGENE KAPITEL hätte ich noch um eine unbegrenzte Zahl weiterer Beispiele für den genzentrierten Rückblick erweitern können. Gene blicken auf eine Reihe von Umgebungen zurück, die unterschiedliche Charakteristika hatten: Bäume, Böden, natürliche Feinde, Beutetiere, Parasiten, Nahrungspflanzen, Wasserstellen und so weiter. Aber die äußere Umwelt ist nur ein Teil der Geschichte. Sie lässt den wichtigsten Typ von »Erfahrungen« eines Gens außen vor. Weitaus größere Bedeutung hat nämlich die Erfahrung, dicht an dicht mit allen anderen Genen in einer langen Reihe von Körpern zu liegen: mit Partnern über Epochen hinweg gemeinsam an der erhabenen Kunst der Körperformung zu arbeiten. Um diesen zentralen Punkt geht es in dem nun folgenden Kapitel.

Die Gene in einem Genpool sind Reisegruppen von guten Gefährten: Sie sind gemeinsam durch die Generationen unterwegs und kooperieren miteinander.[1] Gene in anderen Genpools, die zu anderen Arten gehören, sind parallele Gruppen von Reisegefährten. Diese Gene anderer Arten gehören nicht zu der jeweiligen Gruppe.

Genau das ist in der Biologie die Definition einer Spezies (auch wenn die Definition in der Praxis manchmal unscharf bleibt, insbesondere wenn neue Arten geboren werden).

Die sexuelle Fortpflanzung unterstreicht den Artbegriff oder genauer gesagt den Begriff des Genpools: Er ist ein See voller Gene wie ein See aus Wasser, der umgerührt wird. Der Genpool wird durch die sexuelle Fortpflanzung in jeder Generation gründlich durchmischt, vermischt sich aber nicht mit irgendeinem anderen Pool – andere Pools gehören zu anderen Arten. Kinder sehen ihren Eltern ähnlich, aber da der Genpool umgerührt wird, ist die Ähnlichkeit nur geringfügig größer als mit allen anderen Mitgliedern der Spezies – diesen ähneln sie weitaus stärker als zufällig ausgewählten Angehörigen anderer Arten. Der Genpool jeder Spezies schwappt in einem eigenen, wasserdichten Behälter und ist von allen anderen isoliert.

Wie ich schon erwähnt habe, ist dies Teil der Definition einer »Spezies«, oder zumindest der am weitesten verbreiteten Definition, die von Ernst Mayr (1904–2005), dem erhabenen Altmeister der Evolutionsforschung, festgeschrieben wurde:

> Arten sind Gruppen natürlicher Populationen, die sich tatsächlich oder potenziell kreuzen und reproduktiv von anderen derartigen Gruppen isoliert sind.

Den Rückzug auf Mayrs »potenziell« erzwingen die Fossilien, denn für sie ist die Möglichkeit, sich untereinander – oder überhaupt – zu kreuzen, nicht mehr gegeben. Wenn wir den *Homo erectus* als eigene Spezies im Gegensatz zum modernen *Homo sapiens* bezeichnen, würden wir die Definition von Mayr so interpretieren: »Wenn eine Zeitmaschine uns in die Lage versetzen würde, einem *Homo erectus* zu begegnen, wären wir unfähig, uns mit ihm zu kreuzen.« Im

Zusammenhang mit dem Wort »unfähig« ergibt sich eine kleinliche Schwierigkeit. Manche Arten kann man veranlassen, sich in Gefangenschaft mit anderen zu kreuzen, aber in freier Wildbahn würden sie es nicht tun. Eines von mehreren Beispielen sind *Theogryllus oceanicus* und *commodus*, die beiden Grillenarten aus Kapitel 9. Selbst wenn wir in der Lage wären, uns mit *Homo erectus* beispielsweise durch künstliche Befruchtung zu kreuzen, stellt sich die Frage: Würden wir – oder er – uns entschließen, es auch auf dem normalen, natürlichen Weg zu tun? Aber halb so wild: Ein solches Detail kümmert vielleicht einen pedantischen biologischen Systematiker oder einen Philosophen, aber wir können darüber hinwegsehen.

Wenn die Ansicht der meisten Anthropologen stimmt, dass wir vom *Homo erectus* abstammen, muss es in der Übergangsphase auch Zwischenstufen gegeben haben, die sich einer Klassifikation entziehen. Bei genauem Nachdenken würde man niemals annehmen, dass stolze *erectus*-Eltern plötzlich ein *sapiens*-Baby bekamen. Jedes Tier, das im Verlauf der Evolution jemals geboren wurde, wäre der gleichen Spezies zugeordnet worden wie der seiner Eltern, und das nicht nur nach dem Kriterium der Kreuzung, sondern nach allen sinnvollen Kriterien.[2] Diese Tatsache schafft zwar in manchen Köpfen Unruhe, sie steht aber völlig im Einklang mit der Erkenntnis, dass der *Homo sapiens* vom *Homo erectus* abstammt und dass beide unterschiedliche Arten waren, die – so nehmen wir an – sich nicht untereinander kreuzen konnten. Sie verträgt sich auch mit der Tatsache, dass wir alle von Quastenflossern abstammen, wobei jede Zwischenform auf dem Weg zu derselben Spezies gehörte wie ihre Eltern und ihre Kinder.

Und wenn eine Spezies sich durch einen Prozess namens *Artbildung* in zwei Tochterarten aufspaltet, muss es eine Zwischenphase geben, in der beide noch in der Lage sind, sich untereinander zu kreuzen. Die Aufspaltung ergibt sich zufällig, erzwungen vielleicht durch eine geographische Barriere – ein Gebirge, einen Fluss oder einen Meeresarm.[3] Schimpansen und Bonobos gingen wahrscheinlich erstmals getrennte Evolutionswege, als zwei Populationsgruppen auf den entgegengesetzten Seiten des Kongoflusses festsaßen. Die beiden Populationen waren physisch daran gehindert, sich untereinander zu kreuzen – der Fluss der Gene zwischen ihnen wurde durch einen Fluss aus Wasser aufgehalten. Eine Zeit lang hätten sie sich noch *potenziell* untereinander kreuzen können, und vielleicht geschah das auch hin und wieder, wenn ein Individuum unabsichtlich auf einem schwimmenden Baumstamm den Fluss überquerte. Aber die geographisch erzwungene Schranke für den Genfluss verschaffte ihnen die Freiheit, sich in unterschiedlichen Richtungen weiterzuentwickeln. Diese Richtungen wurden möglicherweise von der natürlichen Selektion gelenkt, oder sie ergaben sich ohne Lenkung durch einen Prozess namens zufällige Gendrift. Das spielt allerdings keine Rolle, es geht nur darum, dass die Gene sich untereinander im Laufe der Zeit immer weniger vertrugen, bis schließlich ein Stadium erreicht war, in dem die Affen sich selbst dann nicht mehr untereinander kreuzen konnten, wenn sie zufällig aufeinandertrafen. Die anfängliche geographische Schranke musste nicht unbedingt durch eine Umweltveränderung entstehen, beispielsweise durch ein Erdbeben, das einen Fluss umleitete. Die Geographie kann auch gleich bleiben, während zum Beispiel ein schwangeres Weibchen zufällig auf einer verlassenen Insel angetrieben wird. Oder auf der anderen Seite eines Flusses.

Aber warum werden die Gene zweier getrennter Populationen überhaupt als Gefährten unverträglich, sodass sie eine Kreuzung verhindern? Unter anderem liegt es daran, dass zwei Chromosomensätze sich während der Meiose – des Prozesses, in dem die Keimzellen entstehen – paarweise anordnen müssen. Werden sie – beispielsweise auf den beiden Seiten einer Barriere – immer unterschiedlicher, können die Hybride selbst dann, wenn es sie gibt, keine Gameten mehr produzieren. Sie leben vielleicht noch, pflanzen sich aber nicht mehr fort. Ein zweiter Grund führt uns wieder zurück zu der zentralen Aussage dieses Kapitels: Gene werden auf den beiden Seiten der Barriere von der natürlichen Selektion so ausgewählt, dass sie mit weiteren Genen auf der gleichen Seite kooperieren, aber nicht mit denen auf der anderen. Wenn die physisch erzwungene Trennung lange genug angehalten hat, vertragen sich die beiden Genpools so wenig, dass eine gegenseitige Kreuzung selbst dann nicht mehr möglich ist, wenn die Barriere verschwindet. Dieses Stadium haben Schimpansen und Bonobos noch nicht ganz erreicht. In Gefangenschaft können Hybride zur Welt kommen.

Damit eine geographisch bedingte Artbildung stattfindet, muss es noch nicht einmal eine ausgesprochene Barriere geben. Eine Maus aus Madrid trifft nie mit einer Maus aus Wladiwostok zusammen, und doch könnte es über die 12 000 Kilometer, die zwischen ihnen liegen, einen ununterbrochenen lokalen Genfluss geben. Wenn genug Zeit zur Verfügung steht, könnten ihre Nachkommen sich genetisch auseinanderentwickeln, bis sie sich selbst dann nicht mehr untereinander kreuzen könnten, wenn es ihnen irgendwie gelänge zusammenzutreffen. Dann hätte eine Artbildung stattgefunden, wobei die Barriere kein unüberwindlicher Fluss, kein Meer, keine unpassierbare Wüste und kein Gebirgszug gewesen wäre, sondern nur die schiere Distanz – und das, obwohl in dem gesamten Bereich ständig ein lokaler Genfluss möglich war. Wir haben es hier mit der räumlichen Entsprechung zu dem zeitlichen Kontinuum zwischen *Homo erectus* und *Homo sapiens* zu tun. In beiden Fällen gibt es eine ununterbrochene Kette von Zwischenformen, die sich auf dem ganzen Weg quer durch das Gebiet fröhlich kreuzen – in dem räumlichen Gebiet im Fall der Mäuse, im zeitlichen Gebiet bei *erectus* und *sapiens*.

Hin und wieder schließt sich die Kette der Zwischenformen zum Kreis, beißt sich selbst in den Schwanz und bildet eine sogenannte »Ringspezies«. Salamander der Gattung *Ensatina* leben an allen vier Rändern des Central Valley in Kalifornien, durchqueren die Talmitte aber nie. Wenn man Exemplare am Südende des Tales fängt und sich dann auf der Westseite nach Norden vorarbeitet, am Nordende des Tals nach Osten wandert und dann an der Ostseite entlang zurück zum Ausgangspunkt, stellt man etwas Faszinierendes fest. Alle Salamander auf dem Weg am Rand des Tales können sich mit ihren Nachbarn kreuzen. Unterwegs verändern sie sich aber allmählich, und wenn man wieder am Ausgangspunkt angelangt ist, kann die »letzte« Spezies des Ringes sich nicht mit der »ersten« kreuzen. An dem seltenen Fall einer Ringspezies erkennt man in der räumlichen Dimension den evolutionären Wandel, den man in der zeitlichen Dimension beobachten könnte, wenn man lange genug leben würde.

Durch solche Überlegungen werden alle hitzigen Diskussionen um die Frage, ob eng verwandte Tiere, ob lebend oder Fossilien, zu derselben Spezies gehören, sinnlos. Evolution hat die zwangsläufige Folge, dass es Zwischenstufen geben muss oder gegeben haben muss, die man nicht mit Gewalt einer der beiden Arten zuordnen kann. Wäre es anders, müsste man beunruhigt sein. Aber natürlich unterscheiden sich die meisten existierenden Arten nach allen beliebigen Kriterien von den meisten anderen Arten, denn seit ihre Vorfahren sich auseinander entwickelt haben, ist eine lange Zeit vergangen. Die Grauzonen, in denen potenzielle gegenseitige Kreuzung ein Thema ist und die Artdefinition Probleme aufwirft, werde ich in diesem Kapitel nicht weiter behandeln.

Was die äußere Umwelt angeht, erzählen die Gene eines Maulwurfs von stickigen, dunklen, feuchten Tunneln, von Erdgeruch, Regenwürmern und Käferlarven, die zwischen einem Gewirr aus kleinen Wurzeln, Pilzmycel-Fäden und Mykorrhiza herumkrabbeln. Die Gene eines Eichhörnchens haben eine ganz andere historische Autobiographie, eine Geschichte von luftigem Grünzeug, wedelnden Zweigen, Eicheln, Nüssen und sonnenbeschienenen Lichtungen, die zwischen den Bäumen überquert werden mussten. Eine ähnliche Liste könnten wir für jede Art zurechtspinnen. Andererseits geht es in diesem Kapitel aber darum, dass die äußeren »Erfahrungen« der Gene mit stickigem, dunklem Boden, Baumkronen, grasbewachsenen Ebenen, Korallenriffen, mit der Tiefsee, oder was es auch sein mag, durch die unmittelbareren, hervorstechenden inneren Erlebnisse mit anderen Genen in dem durchgemischten Genpool überflutet werden. Dieses Kapitel handelt von den »guten Gefährten«, mit denen die Gene seit früheren Zeiten in einem Körper nach dem anderen gereist sind und zusammengearbeitet haben: Sie haben sich getrennt und wieder vereint, sind immer wieder vertrauten Gruppen von Genkameraden begegnet, haben sich gemeinsam in der schwierigen Kunst geübt, Leber und Herz, Knochen und Haut, Blutkörperchen und Gehirnzellen aufzubauen. Die Details werden durch »äußeren« Druck verändert: Das beste Herz, die beste Niere oder der beste Darm eines grabenden Würmerfressers sehen zweifellos anders aus als das beste Herz, die besten Niere oder der beste Darm eines bäumekletternden Nussliebhabers. Eine zentral wichtige Eigenschaft eines erfolgreichen Gens ist aber die Fähigkeit, mit den anderen Genen des gemeinsamen Genpools zu kollaborieren, sei es der Genpool eines Maulwurfs, eines Eichhörnchens, eines Igels, eines Wals oder eines Menschen.

In jedem biochemischen Labor hängt an der Wand ein riesiges

Diagramm mit Stoffwechselwegen, einem verwirrenden, spaghettiartigen Geflecht aus chemischen Formeln, die durch Pfeile verbunden sind. Das Bild unten zeigt eine vereinfachte Version, in der die Formeln der chemischen Substanzen nicht eingezeichnet, sondern nur durch dunkle Punkte dargestellt sind. Die Linien entsprechen den chemischen Reaktionswegen zwischen den Punkten. Das hier dargestellte Diagramm gilt für das Darmbakterium *Escherichia coli*, aber etwas Ähnliches und ebenso Verwirrendes läuft auch in unseren Zellen ab.

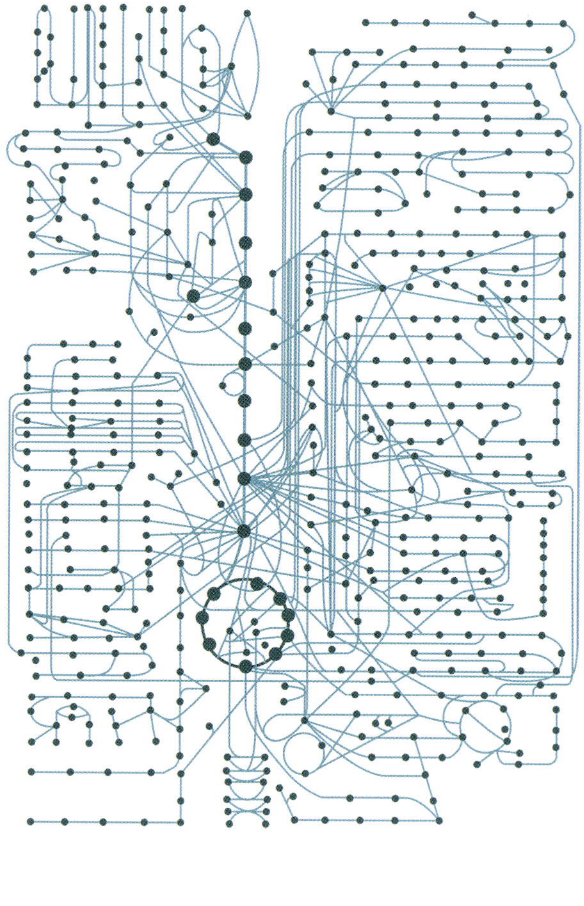

Jede der vielen Hundert Linien ist eine chemische Reaktion, die in einer lebenden Zelle abläuft, und jede dieser Reaktionen wird von einem Enzym katalysiert. Jedes Enzym wird unter dem Einfluss eines bestimmten Gens zusammengesetzt (oft sind auch zwei oder drei Gene beteiligt, denn das Enzymmolekül hat unter Umständen mehrere umeinander gewundene »Domänen«, die jeweils aus einer Proteinkette bestehen). Die Gene, die diese Enzyme entstehen lassen, müssen kooperieren und im Sinne dieses Kapitels gute Genkameraden sein.

Alle Säugetiere besitzen nahezu das gleiche Gerüst aus über 200 namentlich benannten Knochen, die in der gleichen Reihenfolge verbunden sind, sich aber in Größe und Form unterscheiden. Das Prinzip haben wir bereits bei den Krebstieren in Kapitel 6 kennengelernt. Gleiches gilt auch für die Stoffwechselwege in dem Diagramm links. Sie sind bei allen Tieren nahezu gleich, unterscheiden sich aber in den Einzelheiten. Und auch wenn solche Kartelle aus untereinander verträglichen Genen an ähnlichen Gemeinschaftsunternehmen mitwirken, sind sie nicht mit parallelen Kartellen verträglich, die in der Evolution anderer Abstammungslinien entstanden sind: Antilopenkartelle vertragen sich beispielsweise nicht mit Löwenkartellen. Sowohl Antilopen als auch Löwen brauchen in allen ihren Zellen Stoffwechselwege, und beide Tiere brauchen auch Herz, Nieren und Lunge, aber die Einzelheiten sind unterschiedlich und eignen sich entweder für Pflanzen- oder für Fleischfresser. Noch offensichtlicher wird das aus den bereits erwähnten Gründen bei Zähnen, Darm und Füßen. Würden solche Gene irgendwie in demselben Körper aufeinandertreffen, sie könnten nicht gut zusammenarbeiten.

Ich würde sagen: Zwei getrennte Genpools, zum Beispiel der einer Impala-Antilope und der eines Leoparden, stellen zwei getrennte »Syndikate« aus »kooperierenden« Genen dar. Der Aufbau eines Körpers ist ein embryologischer Vorgang von ungeheurer Komplexität und erfordert Kooperationsleistungen zwischen allen Genen in dem aktiven Genom. Unterschiedliche Körper erfordern unterschiedliche embryologische »Fähigkeiten«, die in den Zeiträumen der Evolution durch eine unterschiedliche Ausstattung mit gegenseitig verträglichen Genen perfektioniert wurden: Sie vertragen sich mit Angehörigen ihres eigenen Syndikats, nicht aber mit Genen anderer Syndikate, die zur gleichen Zeit in anderen Genpools aufgebaut werden. Solche kooperierenden Kartelle werden über Generationen von der natürlichen Selektion zusammengestellt. Das funktioniert so, dass jedes Gen aufgrund seiner Verträglichkeit mit anderen Genen im Genpool selektioniert wird und umgekehrt. So entstehen Kartelle aus gegenseitig verträglichen, kooperierenden Genen. Davon zu sprechen, dass verschiedene Kartelle als ganze Einheiten gegenüber anderen Kartellen selektioniert werden, ist verlockend, aber irreführend. Sie finden sich zusammen, weil jedes zugehörige Gen einzeln aufgrund seiner Verträglichkeit mit anderen Genen in dem Kartell selektioniert wird, während diese gleichzeitig ebenfalls selektioniert werden.

Innerhalb einer Spezies arbeiten die Gene in einer harmonischen Embryonalentwicklung zusammen und bringen Körper nach dem Typus der jeweiligen Spezies hervor. In den Genpools anderer Arten finden sich andere Kartelle zusammen und erzeugen andere Körper. Es gibt Fleischfresser-Kartelle, Pflanzenfresser-Kartelle, Kartelle für grabende Insektenfresser, Kartelle für das Fischen in Flüssen, das Klettern auf Bäumen, die Liebe zu Nüssen und so weiter. In diesem Kapitel über die »guten Gefährten« lautet meine Hauptaussage: Die mit Abstand wichtigste Umwelt, die ein Gen beherrschen muss, ist der Bestand anderer Gene in seinem eigenen Genpool, eine Ansammlung von Genen, die wahrscheinlich im Laufe der Generationen in den aufeinanderfolgenden Körpern zusammentreffen werden. Ja, für das Überleben eines Gens in seinem Genpool ist auch das äußere Ökosystem von Bedeutung, das mit Fressfeinden und Beutetieren, Parasiten und Wirten, Boden und Wetter ausgestattet ist. Einen viel drängenderen Impuls liefert aber das Ökosystem der anderen Gene im Genpool, jener Gene, mit denen ein einzelnes Gen zur Zusammenarbeit aufgerufen ist, um eine fortlaufende Abfolge von Körpern aufzubauen und instand zu halten. Dass mein erstes Buch *Das egoistische Gen* ebenso gut *Das kooperative Gen* hätte heißen können, ist ein leicht aufzulösender Widerspruch. Tatsächlich hat mein Freund und früherer Student Mark Ridley ein schönes Buch mit genau diesem Titel geschrieben.[4] Seine Worte hätte ich auch mit Vergnügen selbst schreiben können:

> Die Kooperation zwischen den Genen eines Körpers hat sich nicht einfach ohne Weiteres abgespielt. Ihre Evolution erforderte besondere Mechanismen, welche die Angelegenheiten so ordnen, dass jedes Gen so weit wie möglich egoistisch ist, indem es so weit wie möglich mit den anderen Genen in seinem Körper kooperiert.

Als Bewohner der heutigen hochtechnisierten Welt sind wir uns bewusst, welchen Wert die Kooperation einer großen Zahl spezialisierter Experten hat. Bei SpaceX sind etwa 10 000 Menschen beschäftigt und diese arbeiten an dem gemeinsamen Ziel, gewaltige Raketen in den Weltraum zu schießen und – noch schwieriger – sie wieder zurückzuholen und so sanft landen zu lassen, dass man sie wiederverwenden kann. Dabei sind viele verschiedene spezialisierte Arbeitskräfte in enger Kooperation vereint: Ingenieurinnen, Mathematiker, Designerinnen, Schweißer, Nieterinnen, Monteure, Drechslerinnen, Computerprogrammierer, Lagerverwalterinnen, Berater, Anwältinnen, Büroangestellte, persönliche Assistenten, Angehörige des mittleren Managements und viele andere. Die meisten, die sich auf einem Gebiet auskennen, verstehen wenig davon, was die Fachleute in anderen Teilen des Unternehmens tun oder wie sie es tun. Und doch können wir Menschen atemberaubende Leistungen vollbringen, wenn Tausende von uns ihre einander ergänzenden Fähigkeiten in einer gut geschmierten Zusammenarbeit anwenden, selbst wenn sie über die Funktion der jeweils anderen kaum etwas wissen.

Das Human-Genomprojekt, das James-Webb-Teleskop, der Bau eines Wolkenkratzers oder eines absurd überdimensionierten Kreuzfahrtschiffes sind erstaunliche Kooperationsleistungen. Der Große Hadronenbeschleuniger bei CERN führt rund 10 000 Physikerinnen und Ingenieure aus mehr als 100 Ländern zusammen; sie sprechen Dutzende von Sprachen und bringen doch in reibungsloser Zusammenarbeit ihre vielfältigen Fachkenntnisse ein. Aber solchen gewaltigen Leistungen der massenhaften Kooperation kommt ein anderes Unternehmen der Kooperation mehr als gleich: der in neun Monaten ablaufende Aufbau jedes Einzelnen von uns im Bauch unserer Mutter – eine Kooperationsleistung von Milliarden Zellen, die zu Hunderten von Zelltypen (verschiedenen »Berufen«) gehören und von rund 30 000 eng kooperierenden Genen koordiniert werden, womit ihre Personalstärke die von großen Unternehmen wie SpaceX noch übertrifft. Kooperation ist der Schlüssel – das gilt für den Aufbau eines Körpers ebenso wie für den Bau einer Rakete.

Die Gene, die einen Körper aufbauen, müssen mit allen Gefährten zusammenarbeiten, die ihnen in der sexuellen Lotterie im Verlauf der Generationen zugelost wurden. Sie haben die Aufgabe nicht nur mit ihren derzeitigen Gefährten in ihrem heutigen Körper kooperieren. In der nächsten Generation werden sie mit einer anderen

Stichprobe von Gefährten aus dem gemeinsamen Genpool zusammenwirken müssen. Sie müssen bereit sein, mit allen verschiedenen Genen zu kooperieren, die mit ihnen in diesem Genpool durch die Generationen wandern – und mit keinem anderen Genpool. Der Grund: Darwinistischer Erfolg bedeutet für ein Gen langfristigen Erfolg, weil es im Laufe vieler Generationen in vielen aufeinanderfolgenden Körpern durch die Zeit reist. Gene müssen gute Reisegefährten für alle anderen Gene im ständig durchmischten Genpool der Spezies sein.

In der 1957 erschienenen Verfilmung des Romans *The Good Companions* (dt. *Die guten Gefährten*) von J. B. Priestley gibt es einen Song mit einer durchaus eingängigen Melodie; der Refrain lautet:

Be a good companion
Really good companion,
And you'll have good companions too.

Das Gegenseitigkeitsverhältnis, von dem der Song spricht, passt auch auf die Reisegesellschaft der Gene, die den aktiven Genpool einer Spezies wie der unseren ausmachen. Die sexuelle Rekombination der Gene verschafft dem Dasein der »Spezies« als Gebilde, das es wert ist, mit einem eigenen Namen belegt zu werden, überhaupt erst einen Sinn. Ohne sie gäbe es wie bei den Bakterien keine abgegrenzte »Spezies«, keine eindeutige Methode, um die Population mit Sicherheit in unterschiedliche, mit Namen versehende Gruppen zu unterteilen. Erst die sexuelle Fortpflanzung verleiht der Spezies eine Identität. Manche Bakterientypen sind nicht weit von einem großen Durcheinander entfernt, und während sie promiskuitiv ihre Gene teilen, gehen sie ineinander über. Der Versuch, solchen Bakterien eigene Artnamen zuzuordnen, ist ein Kampf auf verlorenem

Posten, aber für Tiere wie uns, bei denen sich der sexuelle Austausch auf Begegnungen zwischen einem Männchen und einem Weibchen derselben Spezies beschränkt – und an dem definitionsgemäß keine andere Spezies beteiligt ist –, gilt das nicht. Wenn es um Fossilien geht, müssen wir, wie bereits erläutert, auf der Grundlage ihrer anatomischen Ähnlichkeit Vermutungen darüber anstellen, ob sie zur Kreuzung in der Lage waren, als sie noch lebten. Das erfordert subjektive Beurteilungen, und deshalb ist die Benennung von Fossilien wie *Homo rhodesiensis* oder *Homo heidelbergensis* der Gegenstand schwerwiegender Kontroversen zwischen »Lumpern« und »Splittern«. Aber trotz aller – manchmal verbittert ausgetragener – Meinungsverschiedenheiten über die Namensgebung können wir mit Sicherheit davon ausgehen, dass der Genpool rund um jedes dieser Fossilien ein von anderen Genpools isolierter Trupp von Reisegefährten war – auch wenn die Isolation in Phasen der Artbildung unvollkommen blieb. Bakterien verweigern uns diese Sicherheit. Sogenannte Bakterien-»Arten« sind nicht klar abgegrenzt.

Jedes funktionierende Gen, das »fachkundig« seinen eigenen Beitrag zum gemeinsamen Aufbau eines Embryos leistet, ist auf seinen eigenen Genpool beschränkt. Durch wiederholte Kooperation innerhalb aufeinanderfolgender Stichproben aus demselben Trupp von Reisegefährten wurden Gene selektioniert, die mehr oder weniger unfähig sind, gewinnbringend mit Angehörigen anderer Trupps zusammenzuarbeiten. Dass das nicht vollständig gilt, erkennen wir an schlagzeilenträchtigen Beispielen wie den Quallen-Genen, die in Katzen verpflanzt wurden und diese im Dunkeln leuchten ließen. Solchen Prüfungen werden Gene normalerweise nicht ausgesetzt. Maultiere und Maulesel, Liger und Töwen sind fast immer unfruchtbar. Ihre Reisegruppen vertragen sich noch so gut, dass sie beim Aufbau eines starken Körpers zusammenarbeiten können. Die Kompatibilität versagt aber, wenn es um die Chromosomenpaarung in der Meiose geht, dem Zellteilungsprozess, durch den die Keimzellen entstehen. Ein Maultier kann einen Karren ziehen, aber fruchtbare Samen- oder Eizellen produziert es nicht.

Die Natur verpflanzt keine Antilopengene in Leoparden. Täte sie es, würden ein paar von ihnen normal funktionieren. In der Embryonalentwicklung aller Säugetiere gibt es entfernte Ähnlichkeiten, und alle Säugetiere haben zweifellos Gene zur Herstellung der meisten Schichten des Säugetier-Palimpsests gemeinsam. Aber das widerspricht diesem Kapitel nicht. Gene, die sich darum kümmern, aus einem Leoparden einen Beutegreifer und aus einer Antilope seine pflanzenfressende Beute zu machen, würden nicht harmonisch zusammenwirken. Um es auf kindlich einfache Weise auszudrücken: Leopardenzähne würden nicht gut zum Darm und den Fressgewohnheiten einer Antilope passen. Und umgekehrt. In der Sprache dieses Kapitels heißt das: Gefährten, die in einem Genpool gut zusammen auf die Reise gehen, wären im anderen keine guten Gefährten. Die Zusammenarbeit würde scheitern.

Sehr deutlich wird das Prinzip in einem alten Experiment von E. B. Ford, dem exzentrisch-pingeligen Ästheten, bei dem ich als Studienanfänger die Genetik lernte.[5] Wenn Genetiker praktisch arbeiten, dann meist mit Versuchstieren oder Pflanzen – sie kreuzen im Labor Taufliegen oder Mäuse. Ford dagegen ging den Weg einer Minderheit. Zusammen mit seinen Mitarbeitenden verfolgte er den evolutionären Wandel in freier Wildbahn an Genpools. Während seines ganzen Lebens war er ein führender Experte für Schmetterlinge und Motten, und so ging er in die Wälder und auf die Felder, die Weideflächen und Marschen Großbritanniens, schwenkte sein Schmetterlingsnetz und sammelte Stichproben wilder Populationen.[6] Außerdem wurde er zur Anregung für andere, die das Gleiche mit wilden Taufliegen, wilden Schnecken und Blumen, aber auch mit anderen Schmetterlings- und Mottenarten taten. Damit begründete er ein ganzes Fachgebiet namens *Ökologische Genetik* und schrieb ein Buch mit diesem Titel. Seine Arbeit, über die ich hier reden möchte, war eine Freilandstudie an wilden Populationen Breitflügeliger Bandeulen, einer in Schottland und auf manchen schottischen Inseln heimischen Schmetterlingsart. Ford kannte sie unter dem Namen *Triphaena comes,* heute wird sie aber entsprechend den strengen Prioritätsregeln der zoologischen Nomenklatur als *Noctua comes* bezeichnet.

Die Spezies ist polymorph, das heißt, es gibt mindestens zwei genetisch unterschiedliche Typen, die in nennenswerten Anteilen in freier Wildbahn nebeneinander existieren. Allerdings nicht in England und im größten Teil des schottischen Festlandes: Dort sehen alle Breitflügeligen Bandeulen aus wie der helle Schmetterling im Bild. Auf manchen schottischen Inseln gibt es jedoch in nennenswerter Zahl eine zweite, dunkler gefärbte Form namens *curtisii,* die offensichtlich nach dem Insektenforscher und Künstler John Curtis (1791–1862) benannt ist.[7] Ich hielt es für passend, Curtis' eigenes Gemälde mit der *curtisii*-Form und der Schlüsselblume zu verwenden, und so bat ich Jana Lenzová, die helle Form hinzuzumalen und damit das Bild zu vervollständigen.

Der Unterschied zwischen den beiden Formen wird von einem einzigen Gen gesteuert, das wir als *curtisii*-Gen bezeichnen können. *Curtisi* ist nahezu dominant; das heißt: Wenn ein Individuum entweder ein *curtisii*-Gen besitzt (»heterozygot«) oder zwei *curtisii*-Gene trägt (und damit »homozygot« für *curtisii* ist), sieht es dunkel aus. Wäre die Dominanz vollständig, würden heterozygote Individuen mit einem *curtisii*-Gen genauso aussehen wie homozygote Schmetterlinge mit zweien. Da *curtisii* aber nur nahezu dominant

Die helle und die dunkle Form der Breitflügeligen Bandeule

ist, gleichen heterozygote Individuen fast vollständig den homozygoten, sind aber geringfügig heller. Heterozygote sind stets dunkler als Individuen, die für das normale *comes*-Gen homozygot sind; deshalb wird dieses Gen als rezessiv bezeichnet.

Wie sein Mentor Ronald Fisher, den wir bereits kennengelernt haben, so sprach auch Ford gern von »Modifikatoren«; damit meinte er Gene, deren Wirkung darin besteht, die Wirkungen anderer Gene zu modifizieren. Nach Fishers Dominanztheorie, der auch Ford sich anschloss, ist ein Gen, das durch Mutation neu ins Dasein tritt, in der Regel anfangs weder dominant noch rezessiv. Erst später treibt die natürliche Selektion es in Richtung der Dominanz oder Rezessivität, weil sich im Laufe der Generationen Modifikatoren ansammeln. Dominanz ist keine Eigenschaft eines Gens als solches, sondern die Eigenschaft seiner Wechselbeziehungen zu seinen begleitenden Modifikatoren.

Modifikatoren verändern nicht das Hauptgen als solches. Sie wirken sich nur auf seine Ausdrucksform aus, in diesem Fall auf das Ausmaß seiner Dominanz. In der Sprache dieses Kapitels würde man sagen: Unter den »guten Gefährten« eines Hauptgens wie *curtisii* sind Modifikatoren, die seine Dominanz beeinflussen, das heißt seine Neigung, eine Wirkung zu entfalten, wenn es heterozygot ist. Aus Gründen, auf die wir hier nicht näher eingehen müssen, hat die natürliche Selektion auf bestimmten schottischen Inseln einen beträchtlichen Anteil an dunklen *curtisii*-Formen begünstigt. Und diese Begünstigung war nach der Theorie von Fisher und Ford auf die Selektion zugunsten von Modifikatoren zurückzuführen, die seine Dominanz verstärkten.

Barra ist eine Insel der Äußeren Hebriden westlich von Schottland. Die Gruppe der Orkneyinseln liegt nördlich von Schottland rund 340 Kilometer Luftlinie von Barra entfernt, zu weit, als dass ein

Schmetterling dorthin fliegen könnte. Ford sammelte und studierte Schmetterlinge an beiden Stellen. An beiden gibt es gemischte Populationen der Breitflügeligen Bandeulen: Die normale, helle Form lebt mit einer beträchtlichen Zahl dunkler *curtisii*-Formen zusammen. In getrennten Kreuzungsexperimenten mit Schmetterlingen von Barra und den Orkneyinseln bestätigte sich, dass *curtisii* auf beiden Inseln dominant ist. Als Ford aber Schmetterlinge von Barra mit solchen von den Orkneyinseln kreuzte, erhielt er ein bemerkenswertes Ergebnis. Die Dominanz brach zusammen. Sie verschwand. Er beobachtete nicht mehr die saubere Mendelsche Segregation von dunklen und hellen Formen. Stattdessen ergab sich ein chaotisches Spektrum von Zwischenformen. Die Dominanz war weg.

Offensichtlich war Folgendes geschehen: Auf Barra hatte sich die Dominanz durch Ansammlung gegenseitig verträglicher Modifikatoren entwickelt, durch die guten Barra-Gefährten. Auf den Orkneyinseln war sie unabhängig davon konvergent durch eine andere Ansammlung von Modifikatorgenen entstanden, den guten Orkney-Gefährten. Als Ford inselübergreifend kreuzte, konnten die beiden Modifikatorengruppen nicht zusammenarbeiten. Es war, als sprächen sie verschiedene Sprachen. Um ordnungsgemäß zu funktionieren, brauchte jeder Modifikator sein normales Umfeld aus guten Gefährten, das heißt die Gruppe, die sich auf den verschiedenen Inseln über viele Generationen der Selektion zusammengefunden hatte. Genau darum geht es bei den guten Gefährten, und Fords Experiment zeigte eindringlich ein Prinzip, das nach meiner Überzeugung allgemeingültig ist. Das »Hauptgen« *curtisii* ist auf Barra und den Orkneyinseln das gleiche. Dennoch kann sich die Dominanz dieses einen Hauptgens durch unterschiedliche Gruppen von Modifikatoren auf mehreren Wegen aufbauen. Genau das hatte sich offenbar bei *curtisii* auf den verschiedenen Inseln abgespielt.

Hier lauert allerdings ein potenzieller Fallstrick. Man ist leicht versucht anzunehmen, die guten Barra-Gefährten würden dicht nebeneinander auf einem Chromosom liegen und deshalb als Einheit segregieren. Ebenso die Orkney-Gruppe der guten Gefährten. So etwas kann es geben, und Ford entdeckte es zusammen mit seinen Kollegen bei anderen Arten. Die natürliche Selektion kann die Inversion und Translokation von Chromosomenabschnitten begünstigen und damit gute Gefährten näher zusammenbringen. Manchmal liegen sie am Ende so dicht nebeneinander, dass man von einem »Supergen« spricht, in dem sie kaum einmal durch Crossing-over getrennt werden. Das ist ein Vorteil, das heißt, die Translokationen und Inversionen, die zum Aufbau eines Supergens beitragen, werden von der natürlichen Selektion begünstigt. Hätten aber Fords Modifikatoren auch bei seinen Breitflügeligen Bandeulen eine Ansammlung als Supergen gebildet, er wäre nicht zu diesen Ergebnissen gelangt.

Im Labor kann man Supergene nachweisen, wenn man eine große Zahl von Individuen über viele Generationen kreuzt, bis plötzlich ein Supergen durch eine Laune des Chromosomen-Crossing-over aufgeteilt wird. Das Phänomen der Supergene ist aber für die Eigenschaft als guter Gefährte nicht erforderlich, und es besteht kein Grund zu der Annahme, dass es im Fall der Breitflügeligen Bandeulen gilt. Die Gruppen der kooperierenden Modifikatoren könnten auch auf verschiedenen Chromosomen liegen und sich auf das ganze Genom verteilen. Dann wurden sie im Genpool der jeweiligen Insel von der natürlichen Selektion getrennt zusammengestellt, weil sie jeweils in Gegenwart der anderen gute Teamarbeiter sind. In diesem Fall arbeiten sie gut zusammen und steigern die Dominanz des *curtisii*-Gens. Das Prinzip hat aber allgemeinere Gültigkeit. Wir müssen dazu nicht gezielt der Dominanztheorie von Fisher und Ford beipflichten.

Die natürliche Selektion begünstigt Gene, die in ihrem eigenen Genpool zusammenwirken, dem Genpool ihrer Spezies. Gene, die zum Dasein als Fleischfresser passen (beispielsweise solche für Fleischfresserzähne), werden in Gegenwart des gleichen Genpools anderer »Fleischfressergene« selektioniert (beispielsweise in Gegenwart von Genen für einen kurzen Fleischfresserdarm, dessen Zellen Enzyme zur Verdauung von Fleisch ausscheiden). Gleichzeitig gedeihen auf der Seite der Pflanzenfresser die Gene für flache Zähne, die Pflanzen zermalmen können, in Gegenwart der Gene für einen langen, komplizierten Darm, der geeignete Orte für Pflanzen-verdauende Mikroorganismen bereitstellt. Auch hier können sich die unterschiedlichen Gen-Ausstattungen über das gesamte Genom verteilen. Wir müssen nicht annehmen, dass sie sich auf einem bestimmten Chromosom zusammendrängen.

Leider bricht die gute Kameradschaft manchmal zusammen. Das kann sogar durch Sabotage geschehen. Es war bereits davon die Rede, wie Gene in einem Körper untereinander in Konflikt geraten können. Der unbehagliche Hexentanz der Gene innerhalb des Genoms, die manchmal kooperieren und manchmal streiten, wird in »Parliament of Genes« von Egbert Leigh beschrieben.[8] Jedes Gen handelt »in seinem eigenen Interesse, aber wenn sein Handeln den anderen wehtut, tun sie sich zusammen und unterdrücken es«.

Die Zellteilung im Körper ist anfällig für gelegentliche »somatische« Mutationen. Natürlich – wie könnte es anders sein? Die Vorstellung, dass zufällige Kopierfehler – Mutationen – den Rohstoff für die natürliche Selektion zwischen Individuen liefern, ist uns vertraut. Solche »Keimbahnmutationen« ereignen sich bei der Entstehung von Samen- und Eizellen, und dann werden sie durch die Kinder des Individuums weiter vererbt. Das sind die Mutationen, die in der Evolution eine so wichtige Rolle spielen. Die meisten Zellteilungs-

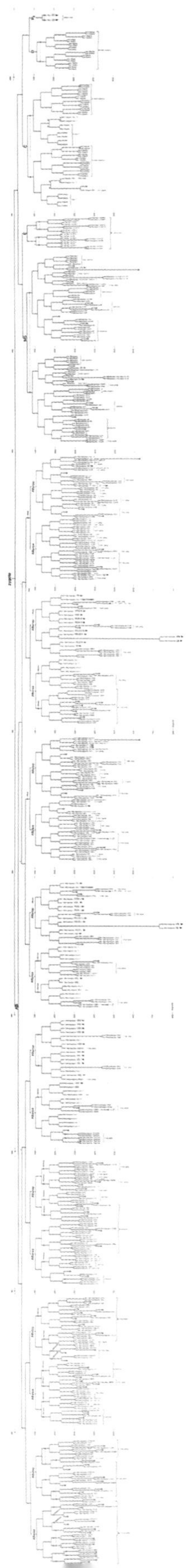

vorgänge finden jedoch innerhalb des Körpers statt, und auch sie sind Mutationen ausgesetzt – somatischen Mutationen im Gegensatz zu den Mutationen der Keimbahn. Für Mitose-Teilungen ist die Mutationsrate sogar höher als bei der Meiose. Wir sollten unserem Immunsystem dankbar dafür sein, dass es solche Gefahren frühzeitig erkennt. Die meisten somatischen Mutationen sind genau wie die meisten Keimbahnmutationen für den Organismus nicht nützlich. Manchmal nützen sie sich selbst, aber für den Organismus sind sie schlecht; in diesem Fall führen sie unter Umständen bösartige Tumore herbei – Krebserkrankungen. Durch die nachfolgende natürliche Selektion innerhalb des Tumors kann eine Abfolge immer heimtückischerer »Krebsstadien« entstehen. Auf das Thema werde ich noch zurückkommen.

Wir können uns vorstellen, die (somatischen) Zellen eines entstehenden Embryos hätten im Körper eine Familiengeschichte: Alle sind aus ihrem großen Vorfahren hervorgegangen, der einzelnen befruchteten Eizelle aus der Zeit vor wenigen Monaten oder Wochen. In jedem Stadium dieser Abstammungsgeschichte, die mit dem Embryo beginnt und sich während des ganzen restlichen Lebens fortsetzt, können somatische Mutationen auftreten. Die Entwicklung eines Wirbeltieres ist die Folge unzähliger Zellteilungen, und deshalb hat man in der Embryologie bequemerweise die Zell-Abstammungslinien eines einfacheren Organismus verfolgt. Der winzige Fadenwurm *Caenorhabditis elegans* besteht nur aus 959 Zellen.[9] Dem genialen Molekularbiologen Sydney Brenner haben wir es zu verdanken, dass dieses Tier zum idealen Gegenstand einer Forschungsrichtung wurde, der seither Dutzende von Instituten auf der ganzen Welt nachgehen. In einem seiner Entwicklungsstadien besteht der Embryo aus genau 558 Zellen. Jede davon hat im entstehenden Embryo eine eigene »Vorfahrenreihe«. Den Stammbaum jeder dieser 558 Zellen im Embryo hat man präzise nachgezeichnet (siehe Seitenrand links). Natürlich ist es unmöglich, die Einzelheiten lesbar auf einer Buchseite unterzubringen, aber man kann sie sich vergrößert ansehen (https://www.wormatlas.org/celllineages.html) und sich damit einen Eindruck von dem verzweigten Stammbaum der Zellen in einem Embryo verschaffen: Er besteht aus »Familien« und »Unterfamilien«. Wenn man die Beschriftung neben den Zellfamilien lesen könnte, würde man Begriffe wie »Darm«, »Körpermuskulatur« oder »Ringganglion« erkennen. Auf den Gedanken, dass Zellfamilien sich im Embryo fortpflanzen, müssen wir später noch einmal zurückkommen.

Wenn der Zellstammbaum schon für nur 558 Zellen eines Fadenwurmes so aussieht, kann man sich vorstellen, wie kompliziert er für unsere 30 oder 40 Billionen Zellen sein muss. Ähnliche Markierungen – Muskeln, Darm, Nervensystem und so weiter – könnte man auch an den Zellen eines menschlichen Embryos anbringen (folgende Seite). Das gilt, obwohl die Stammbäume in einem Wirbeltierembryo nicht so streng festgelegt sind und wir den so benannten Zellen keine festen Zahlen zuordnen können. Wichtig ist der Hinweis, dass diese verschiedenen Zellfamilien im entstehenden Embryo genetisch identisch sind, solange nichts schiefgeht. Wäre es anders, würden sie nicht kooperieren. Wenn aber etwas schiefgeht und sie genetisch nicht mehr genau gleich sind – nun, an dieser Stelle besteht die Gefahr, dass sie zu schlechten Gefährten werden. Und es besteht die Gefahr, dass sie durch natürliche Selektion innerhalb des Körpers sogar zu sehr schlechten Gefährten werden: zu Krebszellen.

Wie man an dem folgenden Diagramm erkennt, spaltet sich der Stammbaum unserer Zellen nach einigen ersten Zellgenerationen in drei Hauptfamilien auf: Ektoderm, Mesoderm und Endoderm. Aus der Ektoderm-Zellfamilie gehen im weiteren Verlauf Haut, Haare, Nägel und die ungeheuer vergrößerten Fußnägel hervor, die wir Hufe nennen. Ebenso tragen Abkömmlinge des Ektoderms zu den verschiedenen Teilen des Nervensystems bei. Die Zellfamilie des Endoderms verzweigt sich und lässt Unterfamilien entstehen, die am Ende zu Magen und Darm werden; andere Unterfamilien bilden Leber, Lunge, Pankreas und andere Drüsen. Die Mesoderm-Dynastie schließlich wird zu zahlreichen Unterfamilien, die sich immer weiter verzweigen und Muskeln, Nieren, Knochen, Herz, Fett und die Fortpflanzungsorgane entstehen lassen, allerdings nicht die Keimbahn – diese macht sich frühzeitig selbstständig und wird für ihr bevorzugtes Schicksal, weitere Generationen hervorzubringen, bereitgestellt.

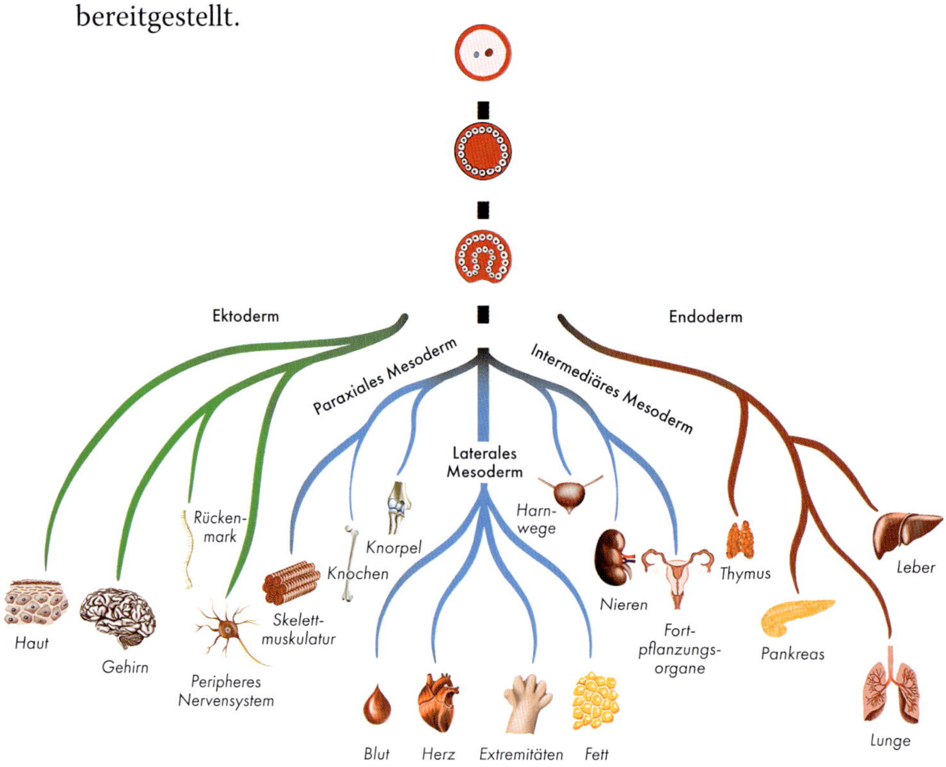

Von somatischen Mutationen abgesehen, enthält jede Zelle in dem wachsenden Stammbaum das gleiche Genom, aber in den einzelnen Geweben werden unterschiedliche Gene eingeschaltet. Oder anders gesagt: Sie sind *genetisch* gleich, aber *epigenetisch* unterschiedlich (wer durch das ganze Tamtam um den Begriff in der Öffentlichkeit vielleicht verwirrt ist, was die wahre Bedeutung von »Epigenetik« angeht, sollte sich die zugehörige Endnote ansehen).[10] Leberzellen besitzen die gleichen Gene wie Muskelzellen, aber wenn sie in der Embryonalentwicklung ein gewisses Stadium hinter sich gebracht haben, sind in ihnen nur noch Leber-spezifische Gene aktiv. Und die Zellen der Leber-»Familie« im Stammbaum teilen sich weiter, bis die Leber ausgewachsen ist. Dann stellen sie die Teilung ein. Das Gleiche gilt für alle diese »Familien«, wobei jede ihren eigenen Zeitpunkt für das Wachstumsende hat. Zellen müssen »wissen«, wann sie sich nicht mehr teilen dürfen. An dieser Stelle beginnen unter Umständen die Schwierigkeiten.

Von einem wichtigen Vorbehalt abgesehen, ist die Zahl der Zellgenerationen, bevor die Zellteilung zum Stillstand kommt, von Gewebe zu Gewebe unterschiedlich, sie liegt aber in der Regel zwischen 40 und 60. Das mag sich nach einer erstaunlich geringen Zahl anhören. Aber wir müssen an die Macht des exponentiellen Wachstums denken. Wenn in jeder Generation eine Zweiteilung stattfindet (was glücklicherweise nicht der Fall ist), würden 50 Generationen von Leberzellen eine Leber von der Größe eines großen Elefanten ergeben. Verschiedene Zelllinien stellen die Teilung an unterschiedlichen Punkten ein und bringen am Ende Organe von unterschiedlicher Größe hervor. Daran erkennt man, warum jede Zelllinie unbedingt wissen muss, wann die Teilung beendet ist.

Jede der 30 Billionen Zellen in einem Körper ist durch eine Zellteilung entstanden. Und jede dieser Zellteilungen ist durch somatische Mutationen gefährdet. Damit sind wir bei dem »wichtigen Vorbehalt«, der für das Thema der schlechten Gefährten von Bedeutung ist. Die Zellen in einer Abstammungslinie sind genetisch nur so lange identisch, wie in den aufeinanderfolgenden Generationen dieser Linie keine somatische Mutation dazwischenkommt. Die meisten somatischen Mutationen sind harmlos. Wie sieht es aber aus, wenn eine solche Mutation in einer Zelle entsteht und deren Verhalten verändert, sodass sie sich weigert, die Teilung einzustellen? Dann kommt ihre Abstammungslinie in dem »Stammbaum« nicht zu einem disziplinierten Stillstand, sondern sie pflanzt sich unkontrolliert immer weiter fort. Die Tochterzellen der mutierten Zelle erben die gleiche rebellische Mutation und teilen sich ebenfalls. Deren Tochterzellen erben wiederum das rebellische Gen, und … Solche Dinge führen zu seltsamen Auswüchsen wie dem, der den abgebildeten Kaktus ziert.

Ein Kaktus mit einer somatischen Mutation

Verfolgen wir nun einmal den weiteren Werdegang der Nachkommen einer solchen rebellischen Zelle beispielsweise in einem Menschen. Die Zellen pflanzen sich über eine unbegrenzte Zahl von Generationen ohne jede Disziplin fort und unterliegen nun einer Form der natürlichen Selektion. Warum sage ich »Form«? Es ist schlicht und einfach natürliche Selektion. Die rebellischen Zellen unterliegen der natürlichen Selektion, die in jeder Hinsicht ebenso darwinistisch ist wie jene, die den schnellsten Puma oder Gabelbock hervorbringt, den schönsten Pfau oder die schönste Petunie, den fruchtbarsten Kabeljau oder das Gänseblümchen. Rebellische Zellen mit somatischen Mutationen können innerhalb des Körpers durch natürliche Selektion eine Evolution durchmachen und zu Krebszellen werden, die sich bedrohlich auf andere Körperteile verteilen (»metastasieren«). Jetzt begünstigt die natürliche Selektion innerhalb des Tumors diejenigen Zellen, die zu besseren Krebszellen werden. Was aber bedeutet »besser« für Krebszellen? Sie werden beispielsweise zu Spezialisten darin, sich eine gute Blutversorgung für die eigene Ernährung zu sichern. Das ganze faszinierende, beunruhigende und für einen Darwinisten keineswegs überraschende Thema erörtern Bücher wie *The Cheating Cell* von Athena Aktipis und *The Society of Genes* (dt. *Das geheime Leben im Menschen*) von Itai Yanai und Martin Lercher.

Da Krebs (innerhalb des Körpers) eine Evolution durch natürliche Selektion durchmacht, sollten wir seine evolutionären Anpassungen genauso betrachten wie die Anpassungen von Gabelböcken oder Kabeljauen, nur mit dem Unterschied, dass es sich bei seiner ökologischen Umwelt nicht um das Meer oder die offene Prärie handelt, sondern um das Innere eines (beispielsweise) menschlichen Körpers. Die Erörterung der guten Gefährten in diesem Kapitel hat uns auf die Vorstellung von einer Ökologie der Gene im Körper vorbereitet, die eine Parallele zu der weiter verbreiteten Idee einer äußeren Ökologie bildet. Diese innere Ökologie ist auch das Umfeld, in dem *schlechte* Gefährten gedeihen können. Ein wichtiger Unterschied besteht darin, dass die natürliche Evolution im offenen Meer oder in der Prärie sich in der Zukunft unbegrenzt fortsetzt. Die Evolution von Krebs dagegen endet abrupt mit dem Tod des Patienten, ganz gleich, ob er durch den Krebs oder etwas anderes verursacht wurde. Der Krebs wird im Laufe seiner Evolution immer besser darin, sich (als unbeabsichtigte Folge) selbst umzubringen. Auch das sollte uns nicht überraschen. Natürliche Selektion blickt, wie ich immer wieder betont habe, nicht in die Zukunft. Ein Tumor kann nicht vorhersehen, dass seine zunehmende Bösartigkeit ihn am Ende selbst töten wird. Natürliche Selektion ist der *blinde* Uhrmacher. Das Wachstum des Tumors endet mit dem Tod des Organismus, aber die Zahl der Zellteilungen ist so groß, dass ein konstruktiver evolutionärer Wandel stattfinden kann. Konstruktiv aus der Perspektive des Krebses, destruktiv für den Patienten. Das Buch von Athena Aktipis behandelt die Evolution der Krebszellen im Körper kunstvoll und genau so, wie wir die Evolution von Büffeln oder Skorpionen in der Serengeti behandeln würden.

Krebszellen, oder vielmehr die mutierten Gene, die Zellen krebsartig machen, sind also ein Typ »schlechter Gefährten«. Andere sind die sogenannten *Segregationsverzerrer.* Samen- und Eizellen – die Gameten – sind, wie wir bereits erfahren haben, »haploid«: Im Gegensatz zu normalen Körperzellen besitzen sie nicht zwei Kopien von jedem Gen, sondern nur eine. Haploide Gameten (die nur einen Chromosomensatz enthalten) gehen durch eine besondere Form der Zellteilung, die Meiose, aus diploiden Zellen hervor, die zwei Chromosomensätze enthalten, wobei ein Satz von der Mutter und der andere vom Vater stammt. Nur wenn Gameten durch Meiose entstehen, treffen die beiden Sätze auf demselben Chromosom zusammen. Die Meiose sorgt für eine komplizierte Vermischung, bei der Abschnitte der väterlichen und mütterlichen Chromosomen zerschnitten und vertauscht zusammengefügt werden, sodass ein neuer Satz aus gemischten Chromosomen entsteht. Jede Gamete ist einzigartig, denn jede enthält eine andere Zusammenstellung der väterlichen und mütterlichen Gene in jedem ihrer (bei Menschen 23) Chromosomen. Die Vermischung hat zur Folge, dass jedes Gen aus dem diploiden Satz von (bei Menschen 46) Chromosomen mit einer Wahrscheinlichkeit von durchschnittlich 50 Prozent in die Gameten gelangt.

Der »phänotypische Effekt« eines Gens zeigt sich in der Regel irgendwo im Körper – er kann sich auf die Länge des Schwanzes, die Größe des Gehirns oder die Spitzen des Geweihs auswirken. Wie aber sieht es aus, wenn ein Gen entsteht, das seinen phänotypischen Effekt während des Prozesses der Gametenproduktion entfaltet? Und wenn es sich bei diesem Effekt um ein Ungleichgewicht in der Gametenproduktion handelt, sodass das Gen selbst mit einer Chance von mehr als 50 Prozent in jeder einzelnen Keimzelle landet? Solche betrügerischen Gene gibt es tatsächlich – sie heißen »Segregationsverzerrer«. Die Vermischung während der Meiose führt dann anders als im Normalfall nicht zu einer fairen Verteilung auf alle Gameten, sondern die Verteilung erfolgt einseitig zugunsten des Segregationsverzerrers. Ein solches Gen gelangt also mit einer Wahrscheinlichkeit von mehr als 50 Prozent in eine Keimzelle.

Wie man leicht erkennt, würde sich ein solcher rebellischer Segregationsverzerrer, nachdem er einmal entstanden ist, unter ansonsten gleichen Voraussetzungen schnell in der Population ausbreiten. Diesen Prozess bezeichnet man als meiotischen Drive. Das rebellische Gen verbreitet sich nicht, weil es dem Individuum beim Überleben oder bei der Fortpflanzung einen Vorteil verschafft; es vermittelt keinen Nutzen im üblichen Sinn, sondern hat schlicht die »unfaire« Neigung, sich selbst in die Gameten zu befördern. Den meiotischen Drive können wir als eine Art Krebs auf Ebene der Population betrachten. Ein Sonderfall ist das »treibende Y-Chromosom«, das heißt, ein Gen auf dem Y-Chromosom, das auf Männer die Wirkung hat, sie vorwiegend Y-Samenzellen und damit männliche Nachkommen produzieren zu lassen. Taucht ein treibendes Y in einer Population auf, treibt es sie wegen des Mangels an Weibchen in Richtung des Aussterbens – ein wahrhafter Krebs auf Populationsebene. Bill Hamilton äußerte sogar den Vorschlag, man könne Gelbfiebermücken bekämpfen, indem man gezielt ein treibendes Männchen in die Population einschleust. Theoretisch sollte die Population dann wegen des Mangels an Weibchen drastisch schrumpfen.

Auch andere Methoden wurden vorgeschlagen, um Schädlinge durch »treibende Gene« unter Kontrolle zu bringen. In Kapitel 8 habe ich bereits erwähnt, wie ungeheuer unverantwortlich es vom 11. Duke of Bedford war, die in Amerika heimischen Grauhörnchen in Großbritannien einzuführen. Er ließ sie nicht nur auf seinem eigenen Anwesen im Woburn Park frei, sondern schenkte Exemplare landauf, landab auch anderen Grundbesitzern. Das, so nehme ich an, hielt man damals für eine lustige Idee, aber sie hatte zur Folge, dass die einheimische Eichhörnchenpopulation ausgerottet wurde. Heute geht man der Frage nach, ob es machbar ist, ein treibendes Gen in den Genpool der Grauhörnchen einzuschleusen. Es würde nicht auf dem Y-Chromosom liegen, sondern auf eine etwas andere Weise zu einem Weibchenmangel führen. Die Urheber der Idee sind sich der Notwendigkeit, dabei vorsichtig vorzugehen, sehr bewusst. Wir wollen die Grauhörnchen in Großbritannien ausrotten, aber nicht in Amerika, wo sie hingehören und auch geblieben wären, hätte es nicht den Duke von Bedford gegeben.

Zumindest in der Gestalt von Krebs drängen sich schlechte Gefährten in unsere Vorahnungen. Für die Zwecke dieses Buches müssen wir aber die Rolle des Gens als guter Gefährte in den Vordergrund stellen. Dem letzten Kapitel bleibt es daher vorbehalten, genau dingfest zu machen, was sie kooperieren lässt. Von grundlegender Bedeutung, so behaupte ich, ist dabei die Tatsache, dass sie in jedem Körper einen Ausweg in Richtung der nächsten Generation gemeinsam haben.

Gute Gefährten, gekleidet für die Freilandarbeit: R. A. Fisher und E. B. Ford. Näheres zu meinem Verdacht, dass es sich um eine historisch bedeutsame Aufnahme handelt, in den Anmerkungen.[11]

13

EIN GEMEINSAMER AUSWEG IN DIE ZUKUNFT

WENN DIE WUNDER DER WISSENSCHAFT vermittelt werden sollen, überrascht man uns gern mit der üppigen – und für manche Menschen beunruhigenden – Zahl der Bakterien in unserem Körper. Wir sind es gewohnt, uns vor ihnen zu fürchten, aber die meisten Bakterien sind, wie es in dem Buchtitel von Jake Robinson heißt, »unsichtbare Freunde«.[1] Sie leben vorwiegend im Darm – Schätzungen reichen von 39 bis 100 Billionen, und damit liegt ihre Zahl in der gleichen Größenordnung wie die unserer »eigenen« Zellen, die auf rund 40 Billionen geschätzt wird. Die Hälfte bis drei Viertel aller Zellen in unserem Körper sind also nicht unsere »eigenen«. Dabei sind aber noch nicht die Mitochondrien berücksichtigt. Schwärme dieser winzigen Maschinenräume des Stoffwechsels liegen in unseren Zellen und denen aller Eukaryonten (das heißt, aller Lebewesen mit Ausnahme der Bakterien und Archaea). Heute ist zweifelsfrei nachgewiesen, dass Mitochondrien aus frei lebenden Bakterien hervorgegangen sind.[2] Sie pflanzen sich wie Bakterien durch Zellteilung fort, und jedes von ihnen besitzt – ebenfalls wie ein Bakterium –

seine eigenen Gene auf einem ringförmigen Chromosom. Um es rundheraus zu sagen: Sie *sind* Bakterien, symbiontische Bakterien, die sich im angenehmen Inneren von Tier- und Pflanzenzellen angesiedelt haben. Aufgrund der DNA-Sequenzen wissen wir sogar, welche heutigen Bakterien ihre engsten Vettern sind. Die Zahl der Mitochondrien in unserem Körper liegt bei vielen Billionen.

Die Bakterien, die zu Mitochondrien wurden, brachten viele lebenswichtige biochemische Fähigkeiten mit, und deren Entwicklung war vermutlich schon abgeschlossen, lange bevor sie als Mitochondrien-Vorstufen aufgenommen wurden. In unseren Zellen haben sie vor allem die Aufgabe, Brennstoffe auf Kohlenstoffbasis zu verarbeiten und dabei die erforderliche Energie zu gewinnen. Natürlich handelt es sich dabei nicht um die heftige, schnelle Verbrennung in Form von Feuer, sondern um eine langsame, geordnete, stufenweise ablaufende Oxidation. Wir sind nicht nur ein Schwarm von Bakterien, sondern wir könnten auch keinen Muskel bewegen, keinen Sonnenuntergang bewundern, uns nicht verlieben, keine Melodie pfeifen, keinen Demagogen verachten, kein Tor schießen und auf keine kluge Idee kommen, ohne dass sie unermüdlich ihr chemisches Know-how aktivieren, fachkundige Kunstgriffe, die von der natürlichen Selektion zusammengestellt wurden, als sie in einem längst verflossenen Meer des Präkambriums zwischen konkurrierenden Bakterien auswählte.

Im Inneren von Pflanzenzellen wimmelt es außerdem von grünen *Chloroplasten*, die ebenfalls von Bakterien abstammen (allerdings von einer anderen Gruppe, den Cyanobakterien). Wie die Mitochondrien, so sind auch Chloroplasten in jeder sinnvollen Bedeutung des Wortes Bakterien. Und wie die Mitochondrien steuerten sie eine beachtliche Mitgift an biochemischer Akrobatik bei, in diesem Fall die Photosynthese. Praktisch alles Leben auf der Erde wird letztlich von

Energie angetrieben, die der gewaltige Kernfusionsreaktor namens Sonne abstrahlt. Eingefangen wird sie durch Photosynthese in Solarzellen, die mit Chloroplasten ausgestattet sind, unter anderem in Blättern; später wird sie an die Mitochondrien weitergegeben, jene chemischen Fabriken, die wir alle in uns tragen. Photonen, die von der Sonne ins Meer fallen, werden nicht von Blättern aufgefangen, sondern von einzelligen grünen Lebewesen. Ob an Land oder im Meer, Sonnenenergie ist die Grundlage aller Nahrungsketten. Die einzigen Ausnahmen sind nach meiner Kenntnis jene seltsamen Lebensgemeinschaften, die ihre Energie letztlich aus heißen Quellen beziehen, den »Rauchern« am Meeresboden und ähnlichen Kanälen für Wärme aus dem Erdinneren.

Unsere Mitochondrien kämen ohne uns nicht zurecht, und ebenso würden wir ohne sie keine zwei Augenblicke überleben. Wir sind zutiefst in gegenseitiger Freundschaft vereint. Unsere Gene und ihre Gene sind gute Gefährten und wandern seit 2 Milliarden Jahren im Gleichschritt, wobei jedes von der natürlichen Selektion so geformt wurde, dass es in der von dem anderen gestalteten Umwelt überlebt. Die meisten Mitochondrien-Gene, die ihren Ursprung in ihren bakteriellen Vorfahren haben, sind schon vor langer Zeit entweder in unsere eigenen Chromosomen gewandert oder wurden als überflüssiger Ballast abgelegt. Aber warum sind Mitochondrien und manche anderen Bakterien so gut zu uns, während wieder andere uns Cholera, Tetanus, Tuberkulose oder die Pest anhängen? Darauf gebe ich folgende darwinistische Antwort: Es ist ein Beispiel für die Quintessenz dieses ganzen Kapitels. *Mitochondrien-Gene und unsere »eigenen« Gene gelangen durch den gleichen gemeinsamen Ausgang in die Zukunft.* Das gilt ganz buchstäblich, wenn wir weiblich sind oder wenn wir kurz einmal über die Tatsache, dass Mitochondrien bei Männern keine Zukunft haben, hinwegsehen. Der Schlüssel zu kameradschaftlichem Wohlwollen oder seinem Gegenteil ist, wie ich noch zeigen werde, der Weg, auf dem ein Gen von seinem derzeitigen Körper in einen Körper der nächsten Generation wandert.[3]

Mitochondrien und Chloroplasten sind vielleicht die ältesten Beispiele für Bakterien, die in Tieren dienstbar gemacht wurden, aber die einzigen sind sie nicht. Auch eine neuere Inszenierung dieser alten Eingliederungsereignisse passt genau zur These der genzentrierten Sichtweise. Die Embryonalentwicklung des Wirbeltierauges erfordert ein Protein namens IRBP, das die Trennung zwischen den Netzhautzellen erleichtert und dazu beiträgt, dass sie besser sehen. In einer großen Übersichtsuntersuchung fand man IRBPs bei über 900 Tierarten[4], darunter bei allen untersuchten Wirbeltieren und auch bei Amphioxus, einem kleinen, primitiven Lebewesen, das mit Wirbeltieren verwandt ist, aber kein Rückgrat besitzt.[5] Von den 685 Arten wirbelloser Tiere dagegen besaß nur eines ein IRBP-ähnliches Molekül: der Flohkrebs *Hyalella*. Unter den Pflanzen kommt etwas Ähnliches wie IRBP nur bei einer einzigen Art vor, nämlich bei dem Wunderbaum *Ricinus communis*. Außerdem findet man es bei einer kleinen Gruppe von Pilzen. Bei Bakterien sind ähnliche Moleküle wie die IRBPs allgegenwärtig. Ein Stammbaum der IRBP-artigen Moleküle lässt bei Bakterien zahlreiche Verzweigungen erkennen, und die bilden Parallelen zu den Wirbeltieren, in denen sie vorkommen: Beide Stammbäume entspringen einem einzigen Punkt.[6] Die Einzelvorkommen (Krebs, Pilz und Pflanze) haben ihren Ursprung ebenfalls in dem Bakterienstammbaum, allerdings in weit voneinander getrennten Teilen. Dies ist ein stichhaltiges Indiz für einen horizontalen Gentransfer von verschiedenen Bakterien ins Eukaryontengenom. Die Befunde legen nachdrücklich die Vermutung nahe, dass die Wirbeltier-IRBPs »monophyletisch« sind und alle von einem einzigen Vorfahren abstammen, das heißt, ganz am Anfang der Wirbeltierevolution hat ein einziger Übersprung von einem Bakterium stattgefunden. Seit diesem Ereignis wurden die betreffenden Gene immer vertikal über die Generationen weitergegeben, genau wie die Bakterien, die zu den Mitochondrien wurden – allerdings waren die Vorfahren der Mitochondrien keine einzelnen Gene, sondern ganze Bakterienzellen.

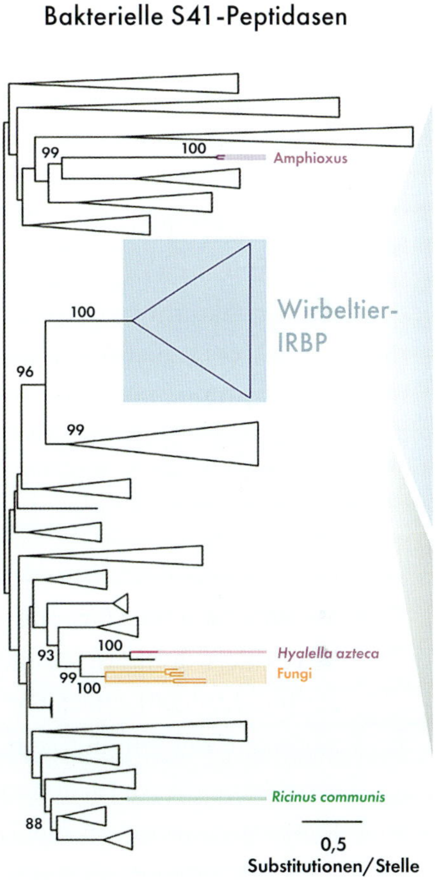

Solchen Bakterien, die mit den Gameten des Wirtes von einem Wirt zum nächsten übertragen werden, möchte ich einen allgemeinen Namen geben: Ich nenne sie *Verticobacter*, weil sie vertikal durch die Generationen wandern. Musterbeispiele für Verticobacter sind die Vorfahren der Mitochondrien und Chloroplasten. Solche Bakterien können andere Organismen nur dadurch infizieren, dass sie mit den Gameten in ihre Kinder wandern. Ein typischer »Horizontobacter« dagegen kann auf allen möglichen Wegen von einem Wirt zum anderen gelangen. Lebt er beispielsweise in der Lunge, können wir vermuten, dass die Infektion über Tröpfchen verläuft, die durch Husten oder Niesen in die Luft gesprüht und vom nächsten Opfer eingeatmet werden. Einen Horizontobacter »kümmert« es nicht, ob sein Opfer sich fortpflanzt. Er »will« nur, dass das Opfer hustet (oder niest oder mit Händen, Lippen oder Geschlechtsorganen den Körperkontakt herstellt), und arbeitet auf dieses Ziel hin – wobei »arbeiten« bedeutet, dass seine Gene erweiterte phänotypische Wirkungen auf Körper und Verhalten des Wirtes haben und ihn dazu antreiben, einen weiteren Wirt anzustecken. Ein Verticobacter dagegen »achtet« sehr darauf, dass sein »Opfer« sich erfolgreich fortpflanzt, und »will«, dass es überlebt und Nachkommen hervorbringt. »Opfer« ist eigentlich nicht das richtige Wort, deshalb habe ich es in Anführungszeichen gesetzt. Das liegt natürlich daran, dass die »Hoffnung« eines Verticobacter auf zukünftige Übertragung in den Nachkommen des Wirtes liegt und genau mit den »Hoffnungen« des Wirtes selbst übereinstimmt. Wenn die Gene eines Verticobacter also über ihren erweiterten Phänotyp auf den Wirt einwirken, tun sie das in der Regel in Übereinstimmung mit den phänotypischen Wirkungen der Gene des Wirtes selbst. In der Theorie sollten die Gene eines Verticobacter in allen Einzelheiten genau das Gleiche »wollen« wie die Gene des Wirtes.

Ein gutes Beispiel für einen Horizontobacter ist das Pertussisbakterium, der Erreger des Keuchhustens. Es lässt die Betroffenen husten und geht durch die Luft in Tröpfchen, die beim Husten ausgestoßen werden, auf sein nächstes Opfer über. Ein anderer Horizontobacter ist der Choleraerreger. Er verlässt den Körper über den Durchfall, gelangt in die Trinkwasserversorgung und »hofft«, dass dort jemand anderes das verunreinigte Wasser trinkt. Ob seine Opfer sterben, »kümmert« ihn nicht, und er hat kein »Interesse« an ihrem Fortpflanzungserfolg.

Der Gedanke, ein Parasit könne »wollen«, dass sein Opfer etwas tut, bedarf einer Erklärung. Hier kommt wieder, wie ich am Ende von Kapitel 8 versprochen habe, der erweiterte Phänotyp ins

Spiel. Die parasitologische Literatur ist voller makabrer Geschichten über Parasiten, die das Verhalten ihrer Wirte manipulieren; in der Regel verändern sie das Verhalten eines Zwischenwirtes, damit er die Übertragung zum nächsten Stadium im komplizierten Lebenszyklus des Parasiten ermöglicht.[7] In vielen derartigen Geschichten kommen keine Bakterien vor, sondern Würmer, aber sie vermitteln das Prinzip, das ich verdeutlichen möchte. »Saitenwürmer« gehören zum Tierstamm der Nematomorpha und leben im ausgewachsenen Zustand im Wasser, aber die Larven sind Parasiten und befallen meist Insekten.[8] Diese Wirtsinsekten leben an Land, und deshalb muss die Wurmlarve irgendwie ins Wasser gelangen, damit sie ihren Lebenszyklus als ausgewachsener Wurm abschließen kann. Infizierte Grillen werden veranlasst, selbstmörderisch ins Wasser zu springen. Eine infizierte Biene taucht in einen Teich. Anschließend bricht der Saitenwurm sofort aus und schwimmt weg, während die verwundete Biene zurückbleibt und stirbt. Aufseiten des Wurmes handelt es sich dabei vermutlich um eine echte darwinistische Anpassung, das heißt, es hat eine natürliche Selektion von Wurm-Genen stattgefunden, deren (»erweiterter«) phänotypischer Effekt darin besteht, das Verhalten eines Insekts zu verändern.

Ein weiteres Beispiel ist *Toxoplasma gondii*, ein Parasit aus der Gruppe der Protozoen. Sein Endwirt ist die Katze, die Funktion des Zwischenwirtes erfüllen Ratten und andere Nagetiere. Die Ratte infiziert sich über Katzenexkremente. Anschließend ist *Toxoplasma* darauf angewiesen, dass die infizierte Ratte von einer Katze gefressen wird, damit der Parasit seinen Lebenszyklus vollenden kann.[9] Er nistet sich im Gehirn der Ratte ein und manipuliert ihr Verhalten so, wie es diesem Zweck dient. Infizierte Ratten haben keine Angst mehr vor Katzen und verlieren insbesondere die Abneigung gegen den Geruch von Katzenurin. Sie fühlen sich sogar regelrecht zu Katzen hingezogen, offensichtlich aber nicht zu Tieren, die keine Beutegreifer sind oder keine Ratten angreifen. Manches spricht dafür, dass sie durch eine verstärkte Produktion des Hormons Testosteron auch allgemein die Furcht verlieren. Unabhängig von den Einzelheiten kann man aber vernünftigerweise vermuten, dass die Verhaltensänderung der Ratte eine darwinistische Anpassung aufseiten des Parasiten ist. Damit ist sie ein erweiterter Phänotyp der *Toxoplasma*-Gene. Die natürliche Selektion hat bei dem Parasiten diejenigen Gene begünstigt, deren erweiterter phänotypischer Effekt eine Verhaltensänderung bei Ratten ist.

Die hervortretenden Augen der Schnecke sind für Vögel ein verlockendes Ziel

Der Saugwurm *Leucochloridium* aus der Gruppe der Plattwürmer lebt als Parasit in Vögeln. Sein Zwischenwirt ist eine Schnecke, und er muss den Übergang von der Schnecke zum Vogel schaffen. Die Schnecken, die er infiziert, sind im Wesentlichen nachtaktiv, die Vögel dagegen, die den nächsten Wirt bilden, sind tagsüber unterwegs. Der Wurm manipuliert das Verhalten der Schnecke so, dass sie sich am Tag ins Freie begibt. Aber damit haben die Probleme der Schnecke erst begonnen. In einem Stadium seiner Entwicklung dringt der Wurm in die Augenstiele der Schnecke ein, die daraufhin grotesk anschwellen und auf ihrer ganzen Länge lebhaft zu pulsieren scheinen.[10]

Damit sollen die Augenstiele aussehen wie kleine, krabbelnde Raupen. Wie dem auch sei, sie werden auf diese Weise sicherlich auffälliger, und Vögel picken sie bereitwillig ab. Die infizierten Schnecken selbst sind auch aktiver als solche ohne Parasiten. Die Schnecke stirbt nicht, sondern wird nur blind. Sie kann ihre Augenstiele regenerieren, sodass sie am nächsten Tag wiederum pulsieren und vielleicht erneut abgepickt werden. Obendrein kastriert der Wurm die Schnecke, die sein Opfer ist. Auch das ist eine interessante Geschichte. Die »parasitäre Kastration« kommt so häufig vor, dass sie einen eigenen Namen trägt. Sie wird von einem breiten Spektrum verschiedener Parasiten aus dem gesamten Tierreich praktiziert, darunter Protozoen, Plattwürmer, Insekten und verschiedene andere Gliederfüßer. Einer davon ist *Sacculina*, der parasitäre Rankenfußkrebs, den ich in Kapitel 6 vorgestellt habe; dort habe ich versprochen, auf ihn zurückzukommen.

Sacculina ist vielleicht das extremste Beispiel für die »degenerative« Evolution, wie sie für Parasiten typisch ist. In Darwins Büchern über Rankenfußkrebse, die ihn in acht der 20 Jahre ablenkten, in denen er ansonsten etwas über Evolution hätte veröffentlichen können, stufte er die Vorlieben von *Sacculina* falsch ein.[11] Wer könnte es ihm verdenken? Wir müssen das Tier nur ansehen. Sein äußerlich sichtbarer Teil ist ein weicher Beutel, der an der Unterseite eines Krebses hängt. Zum größten Teil besteht der »Rankenfußkrebs« aber aus einem verzweigten Wurzelsystem, das sich durch das Körperinnere des unglückseligen Krebses zieht. Am Ende füllt es den Körper vollständig aus, und wenn man den Krebs entfernen könnte, sodass nur *Sacculina* übrig bleibt, würde es so aussehen:

Das ist kein Krebs

Woher wissen wir, dass es sich bei diesem System aus verzweigten kleinen Wurzeln, diesem ausladenden Gebilde, das wie eine Pflanze oder ein Pilz aussieht, tatsächlich um einen Rankenfußkrebs handelt? Woher wissen wir, dass es überhaupt ein Krebstier ist? Das verraten die verschiedenen Larvenstadien seines Lebenszyklus. Auf die Naupliuslarve folgt die Cyprislarve, und beide sind unverkennbar krebsartig.[12] Und als wäre noch ein letzter Beleg notwendig, hat man auch das Genom von *Sacculina* sequenziert.[13] »Und es steht geschrieben: Krebs«, wie die Muslime sagen.

Als Erstes greift *Sacculina* die Fortpflanzungsorgane des Krebses an. Das ist die bereits erwähnte »parasitäre Kastration«. Auch Rankenfußkrebse selbst, im Meer lebende Verwandte der Landasseln, werden manchmal von parasitären Krebsen kastriert. Welchen Sinn hat die parasitäre Kastration? Warum geht ein Parasit geradewegs auf die Keimdrüsen seines Wirtes los, bevor er andere Organe frisst?

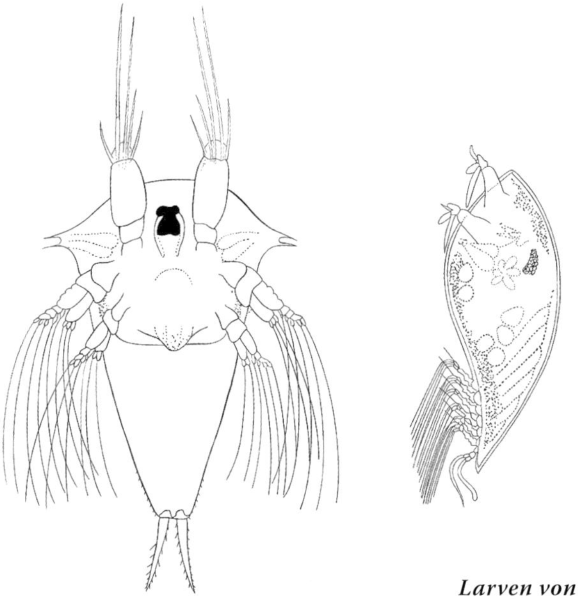

Larven von Sacculina

Wie alle Tiere, so wurden auch die Vorfahren des Wirtes von der natürlichen Selektion fein auf ein empfindliches Gleichgewicht zwischen der Fortpflanzungsnotwendigkeit (jetzt) und der Überlebensnotwendigkeit (mit späterer Fortpflanzung) abgestimmt. Ein Parasit wie *Sacculina* hat aber kein Interesse daran, seinen Wirt bei der Fortpflanzung zu unterstützen. Seine Gene haben ihren Ausweg in die Zukunft nicht mit denen des Wirtes gemeinsam. Die Gene von *Sacculina* »wollen« das »Gleichgewicht« des Wirtes in Richtung des Überlebens verschieben, damit er den Parasiten so lange wie möglich ernähren kann. Wie ein gefügiger, kastrierter Ochse, der immer mehr Fett ansetzt, so wird auch der Krebs von dem Parasiten gezwungen, auf die Fortpflanzung zu verzichten und zu einer dauerhaften Nahrungsquelle zu werden.

Umgekehrt ist die Situation, wenn Parasiten als »Verticoparasiten« mit den Keimzellen des Wirtes in dessen nächste Generation gelangen. Verticoparasiten infizieren nicht potenzielle Wirte im Allgemeinen, sondern nur die Nachkommen ihres individuellen Wirtes. Die Gene eines Verticoparasiten haben den »Ausweg« mit denen des Wirtes gemeinsam, und deshalb stehen ihre erweiterten phänotypischen Wirkungen im Einklang mit den phänotypischen Effekten der Wirts-Gene. Wenden wir unter den üblichen Vorbehalten unsere Freiheit zur Personifizierung an und betrachten die »bevorzugten Alternativen« eines Verticoparasiten, beispielsweise eines Verticobacter. Er wandert in den Eizellen seines Wirtes unmittelbar in dessen Kind. Hier stimmen die Interessen von Parasit und Wirt überein, und ihre Gene sind sich, was die optimale Anatomie und das optimale Verhalten des Wirtes angeht, »einig«. Beide »wollen«, dass der Wirt sich fortpflanzt und zu diesem Zweck auch überlebt. Wenn die Gene eines vertikal übertragenen Parasiten auf ihren Wirt erweiterte phänotypischen Effekte haben, sollten diese Effekte einmal mehr vollkommen und in allen Einzelheiten mit den phänotypischen Wirkungen der »eigenen« Gene des Wirtstieres übereinstimmen.

Ein Extremfall eines Verticoparasiten sind die Mitochondrien. Sie werden seit Langem vertikal innerhalb der Eizellen ihrer Wirte über die Generationen weitergegeben und sind so freundschaftlich-kooperativ geworden, dass ihr Ursprung als Parasiten kaum noch zu erkennen ist und lange übersehen wurde. Ein Horizontoparasit wie *Sacculina* hat die umgekehrten »Vorlieben«. Er hat kein »Interesse« an einer erfolgreichen Fortpflanzung seines Wirtes. Ob ein Horizontoparasit sich um das Überleben seines Wirtes »kümmert«, hängt davon ab, ob er davon profitieren kann, vermutlich wie im Fall von *Sacculina*, weil ihn ein lebendiger Wirt ernährt. Wenn er durch Kastration das Gleichgewicht im inneren Haushalt des Wirtes von der Fortpflanzung in Richtung des Überlebens verschieben kann, umso besser.

Der Bandwurm *Spirometra mansanoides* kastriert seine Opfer (Mäuse) nicht, erzielt aber ein ähnliches Ergebnis. Er scheidet ein Wachstumshormon aus, durch das sie dicker werden als ihre normalen Artgenossen. Damit sind sie auch dicker, als es dem von der natürlichen Selektion herbeigeführten Optimum für Maus-Gene entspricht, die ein Gleichgewicht zwischen Wachstum und Fortpflanzung herstellen. Käfer der Gattung *Tribolium* entwickeln sich normalerweise durch sechs aufeinanderfolgende Larvenhäutungen, wobei sie immer größer werden und sich am Ende in das ausgewachsene Tier verwandeln. Wenn das parasitische Protozoon *Nosema whitei* die Larven von *Tribolum* infiziert, unterdrückt es die Verwandlung in das ausgewachsene Stadium. Die Larve wächst stattdessen weiter, macht sechs zusätzliche Häutungen durch und ist am Ende eine riesige Made, die mehr als doppelt so viel wiegt wie die größte nicht-infizierte Larve. Die natürliche Selektion hat *Nosema*-Gene begünstigt, deren erweiterter phänotypischer Effekt in einer auffälligen Verdoppelung der Fettvorräte von *Tribolium* besteht, und der wird auf Kosten der Fortpflanzung des Käfers erzielt.

Der kleine Bandwurm *Anomotaenia brevis* muss den Weg in seinen Endwirt finden, einen Specht. Zu diesem Zweck bedient er sich eines Zwischenwirts, und das ist eine Ameise der Spezies *Temnothorax nylanderi*. Diese hat die Gewohnheit, die Exkremente von Spechten einzusammeln und damit ihre Larven zu füttern. In den Exkrementen sind häufig Bandwurmeier enthalten, die dann von den Ameisenlarven gefressen werden. Anschließend übt der Parasit auf das Verhalten der Ameisen eine interessante Wirkung aus, wenn sie erwachsen werden. Sie halten sich bei der Arbeit zurück und werden von Arbeiterinnen, die nicht von Parasiten befallen sind, gefüttert. Die von Parasiten befallenen Ameisen leben auch bis zu dreimal länger als ihre normalen Artgenossen.[14] Damit steigt die Wahrscheinlichkeit, dass sie von einem Specht gefressen werden – und das wiederum nützt dem Bandwurm.

Manche parasitischen Saugwürmer veranlassen ihr Opfer – eine Schnecke –, ein anormal dickes Gehäuse zu bilden. Schneckenhäuser sind vermutlich eine Anpassung, mit der sich die Schnecke schützt und ihr Leben verlängert. Aber der Aufbau eines Gehäuses erfordert wie jeder andere Körperteil einen gewissen Aufwand. Im individuellen Haushalt der Schneckenentwicklung wird der Preis für ein dickeres Gehäuse vermutlich aus anderen Etats bezahlt, so aus denen, die für die Fortpflanzung vorgesehen sind. Die natürliche Selektion der Schnecken hat ein empfindliches Gleichgewicht zwischen Überleben und Fortpflanzung hergestellt. Ist das Gehäuse zu dünn, wird das Überleben gefährdet. Ein zu dickes Schneckenhaus ist zwar gut für das Überleben, es zieht aber Ressourcen von der Fortpflanzung ab. Als Parasit, der nicht vertikal übertragen wird, »kümmert« sich der Saugwurm nicht um die Fortpflanzung der Schnecke. Er »will«, dass die Schnecke ihre Prioritäten in Richtung des individuellen Überlebens verschiebt.[15] Daher, so nehme ich an, das dickere Gehäuse. In der Sprache des erweiterten Phänotyps begünstigt die natürliche Selektion bei dem Saugwurm jene Gene, die einen phänotypischen Effekt auf die Schnecke ausüben und ihr sorgfältig ausbalanciertes Gleichgewicht durcheinanderbringen. Das dickere Schneckenhaus ist ein erweiterter Phänotyp der Saugwurm-Gene, denn es nützt ihnen, aber nicht den eigenen Genen der Schnecke. Interessant ist dieser Fall als Beispiel für einen Parasiten, der seinem Wirt scheinbar – aber nur scheinbar – etwas Gutes tut. Er stärkt die Rüstung der Schnecke und verlängert vielleicht ihr Leben. Wäre das aber wirklich gut für die Schnecke, würde sie es auch ohne die »Hilfe« eines Parasiten tun. Die Schnecke bringt einen fein abgestimmten inneren Haushalt ins Gleichgewicht. Zu großzügiger

Aufwand für das Überleben schwächt die Fortpflanzung. Der Parasit stört dieses Gleichgewicht und verschiebt es auf Kosten der Fortpflanzung zu weit in Richtung des Überlebens.

Nach der von mir vertretenen genzentrierten Sichtweise unternehmen Gene alle erforderlichen Schritte, um sich selbst in die ferne Zukunft fortzupflanzen. Wenn es um »eigene«, vertikal weitergegebene Gene geht, handelt es sich bei diesen Schritten um phänotypische Auswirkungen auf Form, Funktionsweise und Verhalten des »eigenen« Körpers. Gene unternehmen diese Schritte, weil sie die Eigenschaften einer ununterbrochenen, vertikal wandernden Linie erfolgreicher Gene geerbt haben, die in der Vergangenheit der Vorfahren die gleichen Schritte unternommen haben – genau deshalb existieren sie heute noch. Alle unsere »eigenen« Gene sind gute Gefährten, die sich darüber einig sind, wie die besten Schritte aussehen. Alles, was einem Mitglied des genetischen Kartells hilft, in die nächste Generation zu gelangen, hilft automatisch auch allen anderen. Alle sind sich »einig« über das Ziel, ganz gleich, auf wie unterschiedliche Weise sie sich auf den Phänotyp auswirken. Und warum sind sie sich einig? Gerade deshalb, weil sie in jeder Generation den gleichen Ausgang in die nächste Generation gemeinsam haben. Dieser Ausweg sind die Gameten – die Samen- und Eizellen – der jetzigen Generation. Damit können wir zu den Verticobactern und anderen Verticoparasiten zurückkehren. Sie haben genau den gleichen Ausweg wie die eigenen Gene des Wirtes und deshalb im Kern auch genau die gleichen Interessen.

Die Gene eines Verticobacter blicken auf die gleiche Linie von Vorfahren in der Vergangenheit zurück wie die eigenen Gene des Wirtes. Sie haben den gleichen Grund, sich gegenüber unseren eigenen Genen als gute Gefährten zu verhalten, wie unsere eigenen Gene untereinander. Wenn ein Tier von Beinen und einer leistungsfähigen Lunge zum schnellen Laufen profitiert, profitieren auch die Verticobacter in seinem Inneren davon. Hat ein Verticobacter eine erweiterte phänotypische Wirkung auf die Laufgeschwindigkeit, wird diese Wirkung nur dann begünstigt, wenn sie auch aus der Sicht des ganzen Lebewesens positiv ist. Die Interessen von Wirt und Bakterium stimmen in allen Einzelheiten überein. Ein Horizontobacter dagegen könnte mit größerer Wahrscheinlichkeit »wollen«, dass sein Opfer vor Erschöpfung hustet, wenn es verfolgt wird – denn Husten ist genau das, was der Horizontobacter braucht, um auf ein weiteres Opfer übertragen zu werden. Ein anderer Horizontobacter »will« vielleicht, dass sein Opfer sich promiskuitiver paart, als es dem von den eigenen Genen des Wirtes »erwünschten« Optimum entspricht, um so die Kontakte mit anderen Wirten und damit die Ansteckungsgelegenheiten zu maximieren. Ein extremer Horizontobacter frisst vielleicht das Gewebe des Wirtes vollständig auf, sodass dieser nur noch ein Beutel voller Sporen ist, der irgendwann platzt und seinen Inhalt in alle Winde verstreut, sodass er frische Wirte finden und erobern kann.

Ein Verticobacter »will«, dass seine Opfer sich erfolgreich fortpflanzen (und wie wir bereits erfahren haben, bedeutet das, dass »Opfer« eigentlich nicht das richtige Wort ist). Seine »Hoffnungen« für die Zukunft stimmen genau mit denen seines Wirtes überein. Seine Gene bauen in Kooperation mit den Wirtsgenen einen starken Körper auf, der bis ins fortpflanzungsfähige Alter überlebt. Seine Gene tragen dazu bei, den Wirt mit allem auszustatten, was für Überleben und Fortpflanzung erforderlich ist: mit der Geschicklichkeit zum Nestbau, der Sorgfalt beim Sammeln von Futter für die Nachkommen, der Fähigkeit, zur richtigen Zeit unabhängig zu werden und die Produktion der nächsten Generation vorzubereiten und so weiter. Hat ein Verticobacter einen erweiterten phänotypischen

Effekt auf das Gefieder eines Wirtsvogels, könnte die natürliche Selektion jene Gene des Verticobacter begünstigen, die für noch buntere Federn sorgen und den Wirt attraktiver für das andere Geschlecht machen. Die Gene von Verticobacter und Wirt sind sich in jeder Hinsicht »einig«.

Genau die gleiche Argumentation trifft natürlich auch auf Viren zu. Damit nähern wir uns der überraschenden Wendung in diesem Kapitel und diesem Buch. Jedes Virus, das (beispielsweise) unter Menschen auf dem Weg über Samen- oder Eizellen von Generation zu Generation wandert, hat die gleichen »Interessen« wie unsere »eigenen« Gene. Jede Farbe, Form, Verhaltensweise oder biochemische Eigenschaft, die für unsere »eigenen« Gene am besten ist, ist auch am besten für die Verticoviren (nennen wir sie einmal so). Verticovirus-Gene werden zu guten Gefährten unserer eigenen Gene – das erklärt die allgemein bekannte Tatsache, dass Viren uns nicht nur schaden, sondern auch helfen können.[16] Horizontoviren dagegen kümmern sich nicht darum, ob sie ihre Opfer umbringen, solange sie auf dem von ihnen gewählten Weg in neue Opfer gelangen – durch Husten, Niesen, Händeschütteln, Küssen, Geschlechtsverkehr, was es auch sein mag.

Ein gutes Beispiel für ein Horizontovirus ist der Tollwuterreger. Er wird über den schäumenden Speichel seiner Opfer übertragen und veranlasst sie, andere Tiere zu beißen, sodass auch deren Blut infiziert wird. Außerdem veranlasst er seine Opfer, beispielsweise »tollwütige« Hunde, weit herumzustreifen (und das sogar in der Mittagssonne), statt in ihrem normalen Heimatrevier zu bleiben und vielleicht zu schlafen. Das hilft dem Virus, sich in einem größeren geographischen Bereich auszubreiten.

Was wäre ein gutes, realistisches Beispiel für ein Verticovirus? Schätzungen zufolge bestehen rund acht Prozent des menschlichen

Genoms in Wirklichkeit aus Virusgenen, die es im Laufe der Jahrmillionen in sich aufgenommen hat.[17] Manche dieser »Retroviren« sind passiv, andere haben aber auch positive Wirkungen. So wurde beispielsweise die Vermutung geäußert, dass die Plazenta der Säugetiere in der Evolution aus einer nützlichen Kooperation mit einem »endogenen« Retrovirus entstanden ist, nachdem es diesem gelungen war, sich in die DNA des Zellkerns einzubauen.[18] Der führende Virologe L. P. Villarreal geht sogar noch weiter und vermutet: »Viren waren in der Evolution an den meisten wichtigen biologischen Wandlungen von Wirtsorganismen beteiligt«, und »von den Ursprüngen des Lebens bis zur Evolution der Menschen waren Viren anscheinend beteiligt ... Viren sind so machtvoll und so alt, dass ich ihre Rolle für das Lebendige mit den Worten ›*Ex virus omnia*‹ (alles aus dem Virus) zusammenfassen würde.«[19]

Wird jetzt klar, worauf ich in diesem Kapitel letztlich hinauswill? In welcher Hinsicht unterscheiden sich unsere »eigenen« Gene von gutartigen Viren, die gute Gefährten sind? Warum drängen wir nicht auf die letzte *reductio*? Warum betrachten wir nicht das ganze Genom als riesige Kolonie aus symbiontischen Verticoviren? Dies ist kein sachlicher Beitrag zur Wissenschaft der Virologie. So ehrgeizig bin ich nicht. Vielmehr möchte ich unsere Vorstellung von dem, was wir unter einem »Virus« verstehen, erweitern – genau wie der »erweiterte Phänotyp« eine weiter gefasste Bedeutung des Begriffs »Phänotyp« ist. Unsere »eigenen« Gene sind Verticoviren, gute Gefährten, die zusammenhalten und kooperieren, weil sie den gleichen Ausgang in die nächste Generation benutzen. Sie kooperieren in dem gemeinsamen Projekt, einen Körper aufzubauen, der den Zweck hat, sie weiterzugeben. Viren, wie wir den Begriff normalerweise verstehen, und auch Computerviren sind Algorithmen, die befehlen: »Verdoppele mich.« Die »eigenen« Gene eines Elefanten sind Algorithmen, die, wie ich es in einem früheren Buch formuliert habe, sagen: »Vervielfältige mich auf dem Umweg, zunächst einen Elefanten zu bauen.«[20] Sie sind Algorithmen, die nur in Gegenwart der anderen Gene im Genpool funktionieren. Sie sind die Entsprechung zu einer riesigen Gesellschaft kooperierender Viren.

Ich behaupte nicht einfach, unser Genom würde aus »endogenen Retroviren« (ERVs) bestehen, die früher frei waren, uns infiziert haben und dann in die Chromosomen aufgenommen wurden. Das stimmt in manchen Fällen und ist auch wichtig, aber es ist nicht das, was ich mit diesem letzten Kapitel sagen will. Auch Lewis Thomas meinte nicht das Gleiche, was ich jetzt meine, aber ich würde gerne seine poetische Vision übernehmen, um mein Buch zu seinem Höhepunkt zu führen.

> Wir leben in einer tanzenden Matrix aus Viren; wie Bienen schwirren sie von Organismus zu Organismus, von Pflanze zu Insekt, zu Säugetier, zu mir und dann wieder zurück und ins Meer; Stücke von dem einen Genom, Genstränge von einem anderen mit sich schleppend, übertragen sie DNA-Transplantate und verteilen Erbmasse, als wären sie auf einer großen Party.[21]

Wesensverwandt mit meiner Vision vom Genom als Genossenschaft von Verticoviren ist auch das Phänomen der »springenden Gene«. Für die Entdeckung dieser »beweglichen genetischen Elemente« erhielt Barbara McClintock den Nobelpreis.[22] Gene behalten ihren Platz in einem bestimmten Chromosom nicht immer bei. Sie können sich lösen und sich an einer weit entfernten Stelle im Genom wieder einbauen. Das Genom des Menschen besteht zu rund 44 Prozent aus solchen springenden Genen oder »Transposons«.[23] McClintocks Entdeckung der springenden Gene beschwört die Vision vom Genom als Gesellschaft herauf, die einem Ameisennest gleicht: eine Gesellschaft von Viren, die durch ihren gemeinsamen Ausweg und damit auch durch ihre gemeinsame Zukunft und die gemeinsamen Handlungen, die darauf berechnet sind, sie zu sichern, zusammengehalten werden.

Nach meiner Vermutung besteht die wichtige Unterscheidung, die wir vornehmen müssen, nicht zwischen »eigen« und »fremd«, sondern zwischen *vertico* und *horizonto*. Was wir normalerweise Viren nennen – HIV, Coronaviren, Influenza, Masern, Pocken, Windpocken, Röteln, Tollwut –, sind ausnahmslos *Horizonto*viren. Genau das ist der Grund, warum die Evolution bei vielen von ihnen in eine Richtung geführt hat, die uns schädigt. Auf Wegen, die ausschließlich die ihren sind, wandern sie von Körper zu Körper – durch Berührung, durch die Atemluft, durch den Kontakt von Genitalien, mit dem Speichel oder was auch sonst, aber nicht auf dem Weg über die Keimzellen, auf dem unsere eigenen Gene die Generationen überspannen. Viren, die mit unseren eigenen Genen das gleiche genetische Schicksal teilen, haben keinen Grund, aus der guten Gefährtenschaft auszuscheren. Im Gegenteil: Sie haben durch das Überleben und die erfolgreiche Fortpflanzung jedes Körpers, den sie gemeinsam bewohnen, viel zu gewinnen, und zwar genau auf die gleiche Weise wie unsere eigenen Gene. Sie haben es verdient, dass wir sie als »unsere eigenen« betrachten, und das sogar in einem noch engeren Sinn als die Mitochondrien, denn diese wandern nur in der weiblichen Linie weiter. Und so betrachtet, sind unsere »eigenen« Gene nicht stärker unsere »eigenen« als ein Retrovirus, das in eines unserer Chromosomen eingebaut wurde und genau auf dem gleichen Weg über Samen- oder Eizelle in die nächste Generation gelangt wie alle anderen Gene im Chromosom.

Auf eines kann ich nicht nachdrücklich genug hinweisen: Ich behaupte nicht, alle unsere Gene seien früher eigenständige Viren gewesen, die später »aus der Kälte hereingekommen sind« und wie die Retroviren dem »Club« des Genoms in unserem eigenen Zellkern »beigetreten« sind. Das gilt, soweit man weiß, für rund acht Prozent unserer Gene, es könnte auch für viele weitere gelten, und es ist sowohl interessant als auch wichtig, aber es ist hier nicht mein Thema. Mir geht es darum, den Unterschied zwischen »eigen« und »fremd« kleinzureden und stattdessen die Unterscheidung zwischen *vertico* und *horizonto* zu betonen.

Unser ganzes Genom – mehr noch: der gesamte Genpool jeder Tierart – ist eine wimmelnde Kolonie symbiontischer Verticoviren. Auch hier rede ich nicht nur über die rund acht Prozent unseres Genoms, die tatsächlich aus Retroviren bestehen, sondern auch über die restlichen 92 Prozent. Sie sind genau deshalb gute Gefährten, weil sie vertikal weitergegeben werden, und das schon seit unzähligen Generationen. Das ist die radikale Schlussfolgerung, auf die dieses Kapitel zugesteuert hat. Der Genpool einer Spezies, auch unserer eigenen, ist eine gigantische Kolonie aus Viren, die alle erpicht darauf sind, in die Zukunft zu reisen. Sie kooperieren miteinander bei dem Projekt, Körper aufzubauen, weil die aufeinanderfolgenden, vorübergehenden, sich fortpflanzenden und dann sterbenden Körper sich als die besten Vehikel erwiesen haben, mit denen man den großen vertikalen Treck durch die Zeit unternehmen kann. Jeder von uns ist die Verkörperung einer großen, brodelnden, wimmelnden, durch die Zeit reisenden Virenkooperative.

DANK

FOLGENDE PERSONEN haben verschiedene Entwürfe ganz oder teilweise gelesen und nützliche Vorschläge gemacht: John Krebs, Nick Davies, Jane Sefc, Michael Rodgers, Yan Wong, Joan Stevenson-Hinde, David Haig und die außerordentlich gewissenhafte Karen Owens.

Beratung in einzelnen Fragen gewährten freundlicherweise Henry Bennet-Clark, Michael Hansell, Paula Kirby, Claire Spottiswoode, Ben Sandkam, Stephen Simpson, Peter Slater, Michael Ward, Latha Menon, Victor Flynn, Michael Kettlewell, Steven Balbus, Nicholas Kettlewell und Ron Hoy. Besonders dankbar bin ich Edward Holmes für die Beratung und ermutigende Kommentare zu Kapitel 13.

Zusätzlich zu den vom Verlag angegebenen Bildquellen nahmen folgende Personen große Mühe auf sich, um bei der Beschaffung von Bildern zu helfen: Keita Tanaka, Kathryn Marguy, Danielle Czerkaszyn, Michael Sweet, Anil Kumar Verma, Hussein Latif, Yathin Krishnappa, Tim Coulson und Christopher Barnhart.

Autor und Künstlerin haben nach anfänglicher Ermutigung durch Anthony Cheetham stark von dem Verlag Head of Zeus profitiert. Von den vielen Personen, die hinter den Kulissen gearbeitet haben, möchten wir besonders Neil Belton, Clémence Jacquinet und Jessie Price nennen. Außerdem war es uns ein Vergnügen, für die US-Ausgabe mit Jean Thomson Black und ihren Kolleginnen zusammenzuarbeiten.

ANMERKUNGEN

1 DAS TIER LESEN

1 Geschlechtspronomen werden immer mit ziemlicher Sicherheit irgendjemanden beleidigen. Ich habe keine Sympathie für umständliche Konstruktionen wie »He or she must ask himself or herself whether it is fair to the reader to subject him or her (or them) to such tortured language«. In vielen Sprachen hat sogar das Wort »reader« eine Doppelbedeutung (*Leser oder Leserin*). Ich bevorzuge eine andere Konvention, die im Einklang mit handküssender Höflichkeit oder altmodischen Knicksen steht: Danach bedienen sich Schreibende der Pronomen, die im Gegensatz zu ihrem eigenen Geschlecht stehen. Da ich zufällig ein Mann bin, bezeichne ich meine hypothetische Wissenschaftlerin der Zukunft als »sie«. Wäre ich eine Autorin, würde ich es anders herum handhaben.

2 Das Experiment beschreibt er in seiner dreibändigen Autobiographie *Narrow Roads to Gene Land*, in der seine wissenschaftlichen Fachartikel zwischen entlarvenden persönlichen Erinnerungen abgedruckt sind. »Deshalb ein letztes Geständnis: Auch ich wäre vermutlich so feige, dass ich Finanzmittel für die Suche nach einem ›Elixier‹ in der Altersforschung geben würde, wenn mich irgendjemand davon überzeugen könnte, dass eine gewisse Hoffnung besteht. Gleichzeitig möchte ich, dass sie nicht besteht, damit ich nicht in Versuchung geführt werde. Elixiere scheinen mir eine antieugenische Bestrebung der schlimmsten Art zu sein und können in keiner Weise eine Welt schaffen, an der unsere Nachkommen Freude hätten. Mit solchen Gedanken schneide ich Grimassen, reibe mir zwei ungefragt buschige Augenbrauen mit dem Ballen eines glücklicherweise noch opponier-

baren Daumens, schnarche durch Nasenöffnungen, die jeden Tag stärker den pferdehaarigen Rissen eines alten edwardianischen Sofas ähneln, und stapfte mit Fingerknöcheln, die noch nicht ganz, aber beinahe den Boden berühren, in Richtung meines nächsten Artikels.«

3 Trivers (2000).

4 1. Korinther 13,12. Diese Endnote sollte eigentlich überflüssig sein. Die Formulierung gehört zu den 129 Bibelzitaten, die ich in meinem Buch *Der Gotteswahn*, wie auch viele Zitate von Shakespeare, als unentbehrlichen Teil unserer Kultur und als notwendiges Zubehör zu einem erfüllten, literarischen Leben aufgeführt habe. Ich habe mich dort für religiöse Bildung eingesetzt, womit ich Kenntnisse über Religion gemeint habe, nicht aber die Indoktrinierung mit einer bestimmten Religion.

5 Die darwinistische natürliche Selektion wählt innerhalb von Populationen aus und nicht zwischen ihnen. Das war Darwin vollständig klar (mit einer Ausnahme, als er in seinem 1871 erschienenen Werk *Die Abstammung des Menschen* über Menschen sprach). Die Dinosaurier wurden von Säugetieren verdrängt, aber diese Ablösung war kein darwinistischer Selektionsvorgang. Darwinistisch war dagegen das unterschiedlich gute Überleben einzelner Säugetiere innerhalb jeder Säugetierspezies, denn darin spiegelte sich der individuelle Erfolg in dem Vorhaben wider, in die Fußstapfen bestimmter ausgestorbener Dinosaurierarten zu treten.

6 Im »Cartesianischen Theater« (Dennett, 1991) sitzt kein kleiner Homunculus.

7 Lettvin et al. (1959) vermaßen im weiteren Verlauf die Nervenimpulse in einzelnen Neuronen des Froschgehirns, während sie den Augen bestimmte Dinge zeigten. Das »Gleichheitsneuron« zum Beispiel ist anfangs untätig, wenn man ihm ein kleines bewegliches Objekt präsentiert. Dann plötzlich »bemerkt« es das Objekt und beginnt, Impulse abzugeben. Die Impulsrate steigt jedes Mal, wenn das Objekt sein Bewegungsmuster verändert und beispielsweise eine Kurve beschreibt.

8 Der Physiologe Horace Barlow (1961, 1963), der am Sehsystem von Fröschen Pionierarbeit leistete, hatte eine anregende Vorstellung von Sinnessystemen im Allgemeinen, und die steht im Einklang mit diesem Buch. Er bezeichnete die neuronale Repräsentation zusammenfassend als »näherungsweise Schätzungen der vermutlichen Wahrheit über die derzeitige Umwelt«. Er formulierte es nicht mit diesen Worten, aber seine Idee war damit gleichbedeutend: die Abstimmung des Sinnessystems eines Tieres ist eine Art negative Darstellung der statistischen Eigenschaften seiner Umwelt.

9 Im Krüger-Nationalpark stieß ich einmal auf eine Urinspur, die ein brünstiges Elefantenmännchen im Staub hinterlassen hatte. Sie sah annähernd wie

eine Sinuskurve aus und war offensichtlich entstanden, weil sein tropfender Penis wie ein Pendel nach rechts und links schwang. Ich fotografierte sie mit der unbestimmten Idee, einen Mathematiker um eine Fourier-Analyse zu bitten und daraus die Länge des Penis zu errechnen. Wie aus vielen meiner Pläne, so wurde auch daraus nie etwas.

10 Ein besonders nützliches Hilfsmittel zur Modellierung sind Computersimulationen. Eigentlich läuft in einem Computer nichts anderes ab, als dass Milliarden von Nullen und Einsen ungeheuer schnell hin und her geschoben werden. Aus dem Computer auslesen kann man aber beispielsweise ein Schachspiel, das weltweite Wetter, die Verkehrsdichte an der Spaghettikreuzung in Birmingham, ein Pendel, die Eroica-Symphonie, die zyklische Populationsentwicklung von Lemmingen und Polarfüchsen, die Stadt Vancouver oder die Wellen der Muskelfaserkontraktionen in einem Herzen.

11 Nach meiner Ansicht hätten Pääbo und seine Mitarbeitenden auch dafür geehrt werden sollen, dass sie so diszipliniert und pedantisch die Methoden ausgearbeitet haben, mit denen alte DNA genau erforscht werden konnte. Es gibt dabei viele Fallstricke, vor allem die Verunreinigung mit moderner DNA. Dass dies häufig nicht angemessen berücksichtigt wurde, führte zu vorschnellen, schlagzeilenträchtigen Berichten aus der ganzen Welt über absurd alte DNA.

12 Die Wiederbelebung ausgestorbener Säugetiere wirft das Problem auf, unter den heute lebenden Tieren einen Ersatz-Mutterleib zu finden. Die DNA der Steller-Seekuh wurde gesichert und sequenziert. Dass man sie wieder zum Leben erwecken könnte, wäre ein großartiger Gedanke. Das vermutlich unüberwindliche Problem besteht aber darin, eine Ersatzmutter zu finden, der man den Embryo einpflanzen könnte. Ihre heute noch lebenden Vettern, die Dugongs und Seekühe, sind zu klein und könnten sie nicht zur Welt bringen. In dieser Hinsicht bieten die Mammuts bessere Aussichten, denn die heutigen Elefanten sind groß genug, um mit ihnen schwanger zu werden. Bei Beuteltieren stellt sich das Problem interessanterweise nicht, denn sie sind bei der Geburt sehr klein und krabbeln dann in den Brutbeutel. Ein Ersatzbeutel lässt sich viel leichter improvisieren als eine Ersatz-Gebärmutter. Der Tasmanische Beutelwolf wäre bei der Geburt so groß wie ein Reiskorn und würde sich damit nicht sonderlich von einer neugeborenen Schmalfuß-Beutelmaus unterscheiden, seiner heutigen, mausgroßen Verwandten. In ferner Zukunft werden Embryologen wahrscheinlich in der Lage sein, Embryonen auch außerhalb des Mutterleibes heranzuzüchten. Das ist das Schöne an den digitalen Eigenschaften der DNA: Es ist nicht notwendig, irgendwelches biologisches Material zu bewahren. Solche zukünftigen Embryologen müssen dann nur in eine Bibliothek gehen und das Genom herunterladen.

13 Cavalli-Sforza & Feldman (1981).

14 Sein wunderschön geschriebenes, 1942 erschienenes Hauptwerk *On Growth and Form* ist voller Zitate in vielen Sprachen, darunter Latein, Griechisch, Französisch, Deutsch, Italienisch und Provencalisch, meist ohne Übersetzungen außer im Fall des Provencalischen, bei dem er sich herabließ, es für uns (ins Französische) zu übersetzen. Ich danke Denis Noble, der den Dialekt des provencalischen Zitats, das aus einem Gedicht des Naturforschers Jean-Henri Fabre stammt, bestätigte. Es veranlasste Thompson zu einer ergreifenden Abschweifung über den Kampf eines alten Mannes gegen die Schwerkraft: »Der langsame Verfall der Körperhaltung ist ein Ausdruck einer ungleichen Konkurrenz zwischen unseren Körperkräften und der unveränderlichen Kraft der Gravitation, die uns abwärts zieht, wenn wir gern aufstehen würden. Denn gegen die Schwerkraft kämpfen wir an allen unseren Tagen mit jeder Bewegung unserer Gliedmaßen, mit jedem Schlag unseres Herzens; sie ist die unzähmbare Kraft, die uns am Ende besiegt, die uns auf das Totenbett legt und uns dann ins Grab sinken lässt.« Ich sage »ergreifend«, weil Sir D'Arcy in seinen besten Tagen, um Peter Medawar zu zitieren, »über 1,80 Meter groß war, mit dem Körperbau und der Haltung eines Wikingers und mit einem Stolz im Betragen, der von einem guten Aussehen kommt, von dem man weiß, dass man es besitzt«.

15 Nun, fast vollständig festgelegt. In manchen Zusammenhängen ist das »fast« wichtig, aber nicht für die Aussage dieses Kapitels. »Somatische« Mutationen, das heißt Mutationen von Zellen innerhalb des Organismus, finden statt und können Abstammungslinien von Zellen hervorbringen, die innerhalb des Körpers eine weitere Evolution durchmachen. Solche Zellen können mit weiteren somatischen Mutationen zu Tumoren werden. Durch natürliche Selektion der rebellischen Zellen innerhalb des Körpers werden Tumore dann manchmal bösartig. Später geht es ihnen besser, wenn sie bösartig sind – aber für den Körper als Ganzes sind sie genau das Gegenteil von besser. Auf das Thema werden wir in Kapitel 12 zurückkommen. Im Zusammenhang mit diesem Kapitel beschäftigen wir uns nur mit Mutationen der *Keimbahn*, das heißt mit solchen, die an zukünftige Generationen weitergegeben werden.

16 Nur allzu leicht verwechselt man Evolution mit Entwicklung. Bei der Entwicklung verändert sich ein einziges Gebilde. In der Evolution unterscheidet sich jedes Gebilde in einer Reihe geringfügig von seinem Vorgänger wie die aufeinanderfolgenden Einzelbilder eines Films. Astronomen reden zu Unrecht von der »Evolution« der Sterne entlang einer »Hauptreihe«, wie beispielsweise in dem Satz: »Die Evolution der Sonne wird ihren Abschluss mit einem roten Zwerg finden«. Aufeinanderfolgende Sonnengenerationen gibt

es nicht. Es gibt nur eine Sonne, und die verändert sich. Nein, die *Entwicklung* der Sonne wird ihren Abschluss in einem roten Zwerg finden. Wir können beobachten, wie sich die Form eines lebenden Körpers im Prozess der Embryonal*entwicklung* verändert. Und wir sehen die *Evolution* der Körperform, wenn wir aufeinanderfolgende Generationen in einer Reihe anordnen und beobachten, wie sich die typische Form von Generation zu Generation verändert. Die Form eines typischen Angehörigen einer Spezies durchläuft eine *Evolution*, der Genpool durchläuft eine *Entwicklung*.

17 In progressiven biologischen Kreisen blickt man angeblich missbilligend auf den Gedanken, Evolution sei fortschrittlich. Das tut man zu Recht, jedenfalls wenn es um die beliebte Karikatur geht, wonach Evolution auf einen angeblichen Höhepunkt in Form des *Homo sapiens* zustrebt. Wenn wir aber über die Evolution komplexer Organe wie der Augen reden, kommt man von dem Gedanken an eine fortschreitende Verbesserung nicht los. Ein vollständig funktionsfähiges Wirbeltier-Auge muss eine Reihe weniger leistungsfähiger Zwischenstadien durchgemacht haben, das ist einfach eine logische Zwangsläufigkeit. Eine gute historische Darstellung über den Fortschrittsgedanken in der Evolution stammt von Michael Ruse (2010).

2 »GEMÄLDE« UND »STATUEN«

1 Foto mit freundlicher Genehmigung von Yathin Krishnappa. Diese besondere Echsenart hat noch einen zweiten Trick im Ärmel. Es handelt sich um eine »fliegende Echse« der Gattung *Draco*, die man besser als gleitende Echse bezeichnen sollte. Entlarvt ein Fressfeind die Tarnung, erhebt sich *Draco* in die Luft und gleitet elegant zu einem anderen Baum in sicherer Entfernung. Ihre »Flügel« sind aber, anders als bei einem Vogel oder einer Fledermaus, keine abgewandelten Arme. Sie breitet vielmehr die Rippen seitlich aus, und eine Hautmembran zwischen ihnen gibt eine Oberfläche ab, die hervorragend die Luft einfangen kann.

2 In ländlichen Gebieten fällt die dunkle Form auf, und die helle ist getarnt. Dass beide Formen innerhalb derselben Spezies erhalten bleiben (»Polymorphismus«), liegt daran, dass in den beiden Gebieten seit der industriellen Revolution ein entgegengesetzter Selektionsdruck herrscht – dies konnte Bernard Kettlewell (1973) überzeugend nachweisen. Daran hängt eine faszinierende Geschichte, aber die würde uns zu weit vom Thema wegführen.

3 Barnhart et al. (2008).

4 http://www.mirror.co.uk/news/world-news/incredible-snake-us-es-tail-looks-5971693

5 »Where are the snows of yesteryear?« Die Die berühmte Zeile von François Villon wurde ins Englische übersetzt von Rosetti.

6 Das Foto wurde freundlicherweise von Michael Sweet zur Verfügung gestellt, ebenso der gelb gestreifte Käfer auf S. 38.

7 R. F. Mash, zitiert in Tinbergen (1964).

8 Radford et al. (2020). Foto von Cameron Radford, freundlicherweise zur Verfügung gestellt von Neil Jordan.

9 De Brunhoff (1935).

10 Crew (2014).

11 Standbild aus einem Film von Michael Sweet.

12 Foto von Hussein Latif.

13 Hendrik et al. (2022).

3 IN DEN TIEFEN DES PALIMPSESTS

1 Lents (2019).

2 Haldane (1940). Über ihn gibt es unzählige Geschichten. Im Ersten Weltkrieg fuhr er einmal als Frontoffizier mit einem Fahrrad im Blickfeld der Deutschen über eine Lichtung, um seine – in diesem Fall gerechtfertigte – Überzeugung zu beweisen, dass sie zu erstaunt wären und nicht schießen würden. Wie sein etwas weniger berühmter Vater nahm auch er gefährliche Selbstversuche vor. Eine der kleineren Folgen dieser Versuche war ein geplatztes Trommelfell, und daraus entwickelte er ein Partykunststück: Wenn er Pfeife rauchte, stieß er den Rauch aus dem Ohr aus.

3 Zu den Fleischflossern, die zurückblieben, gehören die Quastenflosser. Sie gingen den anderen Weg und wanderten in die Tiefsee, und das ist vielleicht der Grund, warum sie dem Aussterben entgingen. Lange glaubte man, sie seien zusammen mit den Dinosauriern verschwunden, aber 1938 entdeckte die Museumskuratorin Marjorie Courtenay-Latimer ein Exemplar im Fangnetz eines südafrikanischen Fischereischiffs. Da sie seine wahre Identität nicht glauben mochte, zog sie Professor J. L. B. Smith (1956) hinzu, und der schrieb einen spannenden Bericht über den ersten Anblick des Fisches: »Ich hätte nicht überraschter sein können, wenn ich gesehen hätte, wie ein Dinosaurier die Straße hinunterläuft ... Der erste Anblick traf mich wie ein glühend heißer Schlag und sorgte dafür, dass ich mich zittrig und verwirrt fühlte, mein Körper prickelte. Ich stand da, als wäre ich zu Stein erstarrt. Ja, es gab nicht den Schatten eines Zweifels: Schuppe für Schuppe, Knochen für Knochen, Flosse für Flosse war es ein echter Quastenflosser. Es hätte eines dieser Geschöpfe aus der Zeit vor 200 Millionen Jahren sein können,

das wieder lebendig geworden war. Ich vergaß alles andere und schaute und schaute nur, dann trat ich fast ängstlich näher und berührte ihn und streichelte ihn, während meine Frau schweigend zusah.« Nach der Erstentdeckerin gab er dem Fisch den wissenschaftlichen Namen *Latimeria*.

4 Ein ungewöhnlich intelligentes Individuum kommt auf einen schlauen Trick und lernt, ihn zu vervollkommnen. Vielleicht ahmen ihn dann andere nach wie die Blaumeisen, die lernten, die Milchflaschen an britischen Haustüren zu öffnen; die Gewohnheit verbreitete sich als memetische Epidemie über das ganze Land. Heute wird Milch nicht mehr an die Haustür geliefert, aber wenn die Praxis sich noch lange fortgesetzt hätte, wäre vielleicht der Baldwin-Effekt eingetreten. Einzelne Meisen, die genetisch so ausgestattet waren, dass sie die Gewohnheit am schnellsten erlernen konnten, hätten ihre Gene überproportional häufig weitergegeben. Am Ende hätten die Vögel sie aufgrund ihrer Evolution so schnell erlernt, dass sie sie überhaupt nicht mehr hätten lernen müssen. Die ursprünglich erlernte Gewohnheit wäre genetisch übernommen worden.

5 Ich habe sie immer für eine gute Idee gehalten und war erfreut, als der Astronom Steven Balbus der Theorie von Romer (und seinem Fisch) wieder auf die Beine half. Der ungewöhnlich große Mond der Erde erzeugt zusammen mit der Sonne auf Meereshöhe einen Gezeitenwechsel mit hoher Amplitude. Gezeitenbecken bleiben in großer Höhe zurück und trocknen aus. Im Devon war der Mond nur halb so weit von der Erde entfernt wie heute, und die Gezeitenamplitude war noch größer. Ging das Wasser zurück, strandeten Fische häufig in Becken, die dann austrockneten. Die Fähigkeit, in ein benachbartes tieferes Becken zu wechseln, war dann von Vorteil. Wie solche Verhältnisse den Anfangsimpuls für die Evolution von Anpassungen an das Landleben geliefert haben könnten, ist leicht zu erkennen. Balbus' Verfeinerung von Romers Theorie (die aus *viel* mehr besteht als aus meiner kurzen, nichtmathematischen Zusammenfassung) muss nicht einmal Trockenheit postulieren. Wenn ein Experte aus einem vollkommen anderen Wissenschaftsgebiet sie nutzt, um zur Biologie beizutragen, ist das höchst erfreulich. Balbus' (2014) Theorie wurde sogar zur Anregung für das Gedicht »Tidal Evolution« von Sam Illingworth (2020).

6 Eine Fischgattung, der Grunion (*Leuresthes*), deren Vorfahren im Gegensatz zu denen der Schildkröten nie außerhalb des Meeres lebten, kriecht auf den Strand und vergräbt ihre Eier oberhalb der Gezeitenlinie außerhalb der Reichweite von Meeresraubtieren. Das tun die Fische in großen Massen, ein erstaunliches Schauspiel, das unter dem Namen California Grunion Run bekannt ist. Zwei Wochen später schlüpfen die Jungen, nutzen die Flut und begeben sich wieder ins Meer. Rowland (2010).

7 »Die Blumen sind aufgegangen im Lande, der Lenz ist herbeigekommen, und die Turteltaube lässt sich hören in unserem Lande.« (Hohelied Salamos 2, 12) In der englischen Version steht *turtle*, das könnte auch eine Schildkröte sein.

8 Dies ist eine Kapitelüberschrift in meinem Buch *Der erweiterte Phänotyp*, das ich in Kapitel 4 des vorliegenden Buches kurz zusammenfasse.

9 Schlechte Konstruktionen sind im menschlichen Körper so allgegenwärtig, dass man ein Buch darüber schreiben könnte; genau das hat Nathan Lents (2019) getan.

10 Wedel (2012).

11 »Geringfügige Kosten« ist eine Lieblingsformulierung von Wirtschaftswissenschaftlern, aber was bedeutet sie in der Evolution? Hier bedeutet sie, dass Individuen in jeder einzelnen Generation, in der sie den geringfügigen Aufwand für eine Verlängerung des Umwegs auf sich nahmen, besser überlebten als Konkurrenten, die in ihrer Embryonalentwicklung den großen Preis für eine radikale Veränderung bezahlten.

12 Sie verlaufen nicht auf dem direkten Weg, sondern machen einen Umweg rund um das Rohr, das die Niere mit der Blase verbindet (Willians, 1996b).

13 Simpson (1980).

14 Das deutsche Wort »Bauplan« wird in der Biologie auf der ganzen Welt verwendet. In die englische Sprache wurde es als Lehnwort so gut integriert, dass ich lieber den englischen Plural »bauplans« anstelle des korrekten deutschen *Baupläne* verwende.

15 Nikaido et al. (1999).

16 Erstaunlicherweise stimmt das in Wirklichkeit nicht ganz. Der Zoologe Ernst Haeckel, Darwins führender Vertreter in Deutschland, veröffentlichte 1866 einen Stammbaum aller Säugetiere, und darin platzierte er die »Obesa« (Flusspferde) als Schwestergruppe aller Wale. Später (1895) überlegte er es sich anders. Anfangs hatte er recht – genau wie bei mehreren Gelegenheiten auch sein Vorbild Charles Darwin, dessen erste Auflage der *Entstehung der Arten* wissenschaftlich genauer ist als die sechste.

17 Es gibt auch repetitive DNA-Sequenzen, die man eher als »Schrott« bezeichnen könnte, weil sie in dem Sinn, dass sie keine Proteinketten codieren, wirklich bedeutungslos sind. In jedem Fall würde man aber die sogenannten »Schrott-Gene« als egoistische Gene im Sinne meines Buches mit dem gleichen Titel betrachten. Auf Seite 47 meines Buches *Das egoistische Gen* [in der deutschen Ausgabe Seite 87, Anm. d. Übers.] schrieb ich: »Ein großer Teil der DNA wird niemals in Eiweiß umgesetzt. Vom Standpunkt des individuellen Organismus aus betrachtet, scheint dies widersinnig zu sein. Wenn der ›Zweck‹ der DNA der ist, den Bau von Körpern zu beaufsichtigen, so ist

es überraschend ... Vom Blickpunkt der egoistischen Gene selbst gesehen, gibt es jedoch keinen Widerspruch. Der wirkliche ›Zweck‹ der DNA ist es, zu überleben – nicht mehr und nicht weniger. Die überflüssige DNA erklärt man am einfachsten, wenn man annimmt, dass sie ein Parasit oder bestenfalls ein harmloser, wenn auch nutzloser Passagier ist, der sich in der von der restlichen DNA geschaffenen Überlebensmaschine mitnehmen lässt.« (Dawkins, 1976). Weiter entwickelt wurde diese Vermutung von Doolittle & Sapienza (1980) sowie von Orgel & Crick (1980).

18 Von diesem großartigen Beispiel erfuhr ich aus dem 2009 erschienenen Buch *Why Evolution Is True* von Jerry Coyne; dort wird das Thema detaillierter behandelt.

19 Und das, obwohl der Lesevorgang durch eine Fülle nicht korrigierter Mutationen verzerrt wird, die sich in dem Zeitraum angesammelt haben, seit das Pseudogen von dem Organismus selbst nicht mehr abgelesen wurde.

4 REVERSE ENGINEERING

1 Lewontin (1979).

2 Über das 1983 erschienene Buch von Kimura erzählte John Maynard Smith eine lustige Geschichte. Kimura erkannte widerstrebend an, dass manche Eigenschaften tatsächlich als darwinistische Anpassungen von der natürlichen Selektion gestaltet wurden. Sein Widerwille war aber so groß, dass er es nicht über sich brachte, den Satz selbst aufzuschreiben. Also bat er seinen Kollegen, den amerikanischen Genetiker James Crow, ihn an seiner Stelle zu Papier zu bringen. Das ist eine gute Geschichte und typisch für den lieben John Maynard Smith, aber glauben kann man sie kaum. Wie kann es sein, dass ein intelligenter Mensch es nicht schafft, sich von den offenkundigen, gestalteten Eigenschaften der Lebewesen beeindrucken zu lassen?

3 Das Zitat aus Cain (1966, nachgedruckt 1989) lautet weiter: »*Polyxenus* ist ein sehr bemerkenswerter kleiner Tausendfüßer, der tatsächlich kopfüber an der Decke kleiner Spalten wandern und sich dort sogar häuten kann. Wie Manton gezeigt hat, versetzt ein seltsamer, Y-förmiger Chitinbalken das Tier in die Lage, sich beim Gehen eines weiten Schwunges mit den Beinen zu bedienen und eine beträchtliche Schnelligkeit zu erreichen, ohne dafür lange Beine zu brauchen. Geschwindigkeit ist notwendig, denn es muss zur Nahrungssuche lange Wege auf sich nehmen, und kurze Beine sind in den Spalten, in denen es sich versteckt, von Vorteil. Sein Gang verläuft grundsätzlich langsam und versetzt es in die Lage, die Decke einer Spalte mit vielen Bein-Enden gleichzeitig zu berühren; eine noch sicherere Haftung wird

durch spezielle Lappen an diesen Enden erreicht. Weiter weist sie darauf hin, dass der Y-förmige Balken auch vollkommen unabhängig bei manchen sehr schnell laufenden Hundertfüßern hervorgebracht wird, und das genau aus dem gleichen Grund, nämlich um die Gelenke eines sehr weit ausgreifenden Beines zu stärken.«

4 Haldane (1932).

5 Lewontin (1967).

6 Gregory (1981).

7 Dawkins & Krebs (1979).

8 Cecil Day-Lewis, *The Unwanted.* »Nolens volens wurde es geboren, göttlich geformt und schön.«

9 Die Regeln der biologischen Nomenklatur bestimmen, dass ältere Namen Vorrang haben. Manch einer weiß vielleicht, dass der Name *Brontosaurus* aus diesem Grund von *Apatosaurus* abgelöst wurde. Die Bezeichnung *Brontosaurus* wurde allerdings wiederbelebt, als man die Entscheidung traf, zwei Gattungen zu unterscheiden. Es ist eine Freude, zu diesem Kindheitsliebling zurückzukehren. Gould (1991), Callaway (2015).

10 Die Daten, aufgrund derer ich das Diagramm gezeichnet habe, stammen aus Poulsen et al. (2018). Die gerade Linie ist eine einfache lineare Regression. Fairerweise sollte ich hinzufügen, dass Poulsen et al. mit ihrem Artikel die Absicht verfolgten, Zweifel an der Gültigkeit der zuvor veröffentlichten Daten zu säen, und zwar vorwiegend weil die Bedingungen bei der Blutdruckmessung zu unterschiedlich waren. Einen Zweifel an dem aufwärtsgerichteten Trend mit der Körpergröße sollte man aber nur haben, wenn die Messmethoden *systematisch* mit der Größe variieren, und für eine solche Vermutung scheint es keinen Anlass zu geben. Die hohe Zahl für die Giraffe (*Giraffa camelopardus*) ist ungeachtet solcher Einwände ziemlich überzeugend.

11 Für die Verwendung von Logarithmen gibt es noch andere Gründe.

12 Østergaard et al. (2013).

13 »Molaren« ist für die Zähne von Fleischfressern eine schlechte Bezeichnung, denn sie stammt von dem lateinischen mola (»Mühlstein«), und die Molaren der Fleischfresser sind gerade das Gegenteil von Mühlsteinen. Der Name stammt aus der Anatomie des Menschen, wo die Molaren tatsächlich wie Mühlsteine zum Zermahlen aussehen und auch diese Funktion haben. Ein Extrembeispiel für eine andere menschenzentrierte Falschbenennung betrifft einen Knochen in den Kiefern von Fischen mit einem absurd langen Namen. Wir Menschen besitzen getrennte Knochen, die als Gaumenbein (*Os palatinum*), Flügelbein (*Os pterygoideum*) und Quadratbein (*Os quadratum*) bezeichnet werden. Diese für den einzelnen Knochen im Fisch-

kiefer zum palatopterygoquadratum zu kombinieren, gibt offensichtlich der Redewendung »das Pferd beim Schwanz aufzäumen« eine ganz neue Bedeutung.

14 Der große amerikanische Paläontologe G. G. Simpson (1953) vertrat die Ansicht, man könne die ersten Pferde in Laubfresser (die Blätter von den Bäumen fraßen und heute ausgestorben sind) und Grasfresser unterteilen. Grasfresser haben in der Regel komplizierter gebaute Zähne mit höheren Kronen, vermutlich um die Zellen der Gräser mit ihrem hohen Siliziumoxidgehalt verarbeiten zu können. Man hat vermutet, dass die Mahlzähne der Pferde mit ihren hohen Kronen sich im Gleichschritt mit der Evolution der Gräser entwickelt haben. Es gibt aber Hinweise (Strömberg, 2006), wonach die Gräser schon einige Zeit vor den Pferdezähnen mit ihren hohen Kronen entstanden sind; von »Gleichschritt« zu sprechen, könnte also unzutreffend sein.

15 Die Vermutung wurde mir gegenüber von Gary Meaney (2022) geäußert, einem jungen Zoologen und Autor aus Dublin.

16 »So wie der Hirsch nach Wasser schreit«. Hymnus (1696), auf der Grundlage von Psalm 42 »Wie der Hirsch lechzt nach frischem Wasser«.

17 Normalerweise schlucken Delfine ihre Fische im Ganzen, es gibt aber auch faszinierende Geschichten darüber, wie manche Delfine in einen Kugelfisch beißen, ohne ihn zu schlucken, und ihn als Rauschmittel nutzen. Wenn Kugelfische angegriffen werden, scheiden sie zur Abwehr ein Nervengift aus. Dieses ist in hoher Dosis tödlich, hat aber in geringen Mengen eine leichte Rauschwirkung, was übrigens auch für japanische Sashimi-Gourmets einen besonderen Reiz ausmacht. Die Köche werden ausführlich in der Kunst unterrichtet, die tödlich giftigen Teile zu entfernen. Ein Dokumentarfilm der BBC zeigt, wie Delfine auf einem Kugelfisch herumkauen und ihn untereinander weitergeben wie Menschen, die sich einen Joint teilen. Anschließend verfallen die Delfine offensichtlich in einen tranceähnlichen Zustand. Der Kugelfisch schwimmt am Ende davon und ist vermutlich ein wenig beschädigt, aber geschluckt wurde er nicht. BBC1, *Dolphins – Spy in the Pod*, Episode 2. Clip ›Pass the Puffer‹, unter https://www.youtube.com/watch?v=msx3BAhIeQg.

18 Ebenso wenig hilfreich sind die Bezeichnungen »Fleischfresser« (auch andere Säugetiere fressen Fleisch) und »Insektenfresser« (auch andere Säugetiere fressen Insekten). Ich freue mich mitteilen zu können, dass die zweite Bezeichnung offiziell nicht mehr verwendet wird.

19 Von der Zeit vor dem Kambrium bis zur Jurazeit bildeten Afrika, Madagaskar, Südamerika, die Antarktis, Australien und Neuseeland einen einzigen riesigen Kontinent namens Gondwana.

20 Van der Linden (2016).
21 Wrangham (2009).
22 Grant & Grant (2014), Weiner (1994).
23 Pratt (2005).
24 Fairerweise muss man hinzufügen, dass in Wirklichkeit deutlich mehr Zeit zur Verfügung stand als die 5 Millionen Jahre, die das Alter der ältesten Insel Kauai darstellen. Die Inselgruppe selbst ist nämlich älter und umfasste Inseln, die einst ebenfalls von Vögeln bevölkert waren und heute unter den Wogen versunken sind. Ähnliche Überlegungen gelten auch für die Galapagos-Inseln.

5 GEMEINSAMES PROBLEM, GEMEINSAME LÖSUNG

1 Ridley (2020).
2 Ein trauriger Film (der nachträglich kolorierten ursprünglichen Schwarz-Weiß-Fassung) zeigt ihn in seinem Käfig. Man sollte bei YouTube nach »Thylacine« suchen.
3 Das Gewicht eines Tieres nimmt mit der dritten Potenz seiner Größe zu. Die Kraft eines Muskels dagegen wächst in der Regel nur mit dem Quadrat der Größe, denn die Zahl der parallel arbeitenden Muskelfasern ist proportional zum Querschnitt des Muskels. Da Hirsche viel größer sind als Hirschkäfer, brauchen sie unverhältnismäßig viel mehr Muskelkraft als der Käfer, um einen Konkurrenten in die Luft zu heben. Die ganze Frage der größten Maßstäbe wird umfassend behandelt in Geoffrey West (2017), einem prachtvollen Beispiel dafür, welchen Beitrag ein schlauer Physiker zur Biologie liefern kann. Mit einem breiten Spektrum atemberaubender Erkenntnisse beschreibt West mit den gleichen mathematischen Methoden alles Mögliche, von Bakterien bis hin zu Großstädten.
4 Tenaza (1975).
5 Land (1980).
6 Perkins (2012).
7 Nach dem Stich einer Bienenarbeiterin erweisen sich die Widerhaken auch für die Biene selbst als tödlich. Wegen der Eigenschaft, die sie zu einer so wirksamen Waffe machen, ist es für die Biene nahezu unmöglich, den Stachel zurückzuziehen. Sie hängt an ihrem Opfer, und wenn dieses sie abstreift, bleibt der Stachel zusammen mit einigen lebenswichtigen inneren Organen hängen, sodass diese aus dem Körper der zum Tode verurteilten Biene herausgerissen werden. Die vom Körper getrennte Giftpumpe spritzt ihr Gift weiterhin in das Opfer, nachdem sie aus der Biene entfernt wurde.

Ein solcher selbstmörderischer Kamikazeangriff steht in wunderschönem Einklang mit der genzentrierten Sichtweise auf die natürliche Selektion. Bienenarbeiterinnen sind unfruchtbar. Die Selektion begünstigt Gene, die eine Arbeiterin zum Selbstmord programmieren, denn dies nützt Kopien derselben Gene, die von den fortpflanzungsfähigen Mitgliedern des Bienenstocks – den Königinnen und den Männchen – weitergegeben werden. Hat eine Biene genug Zeit, kann sie theoretisch ihr Leben retten, indem sie im Kreis wandert und sich »herausschraubt«. Als Junge konnte ich einmal zusehen, wie eine Biene dies tat, nachdem sie mich in die Hand gestochen hatte. Mein stolzer Bericht (Dawkins 2013) über meine altruistische jugendliche Geduld wurde von einem Imker infrage gestellt (Garvey 2014): Er bestritt, dass Bienen sich herausschrauben können. Absolution erhielt ich durch einen Film, der auch eine gute Erklärung und Animationen der abwechselnden Sägebewegungen der beiden gezackten Schneiden enthält (https://www.youtube.com/watch?v=nTVsqc2CCGo).

8 Ihren Namen geben sie dem Tierstamm der Nesseltiere oder »Cnidaria«, zu dem Quallen, Polypen, Korallen und Seeanemonen gehören. »Cnide« ist das griechische Wort für »Nessel«. Seeanemonen besitzen ebenfalls Cnidoblasten und schießen damit wie mit einer Harpune auf kleine Beutetiere. Wenn man die Tentakel einer Seeanemone berührt, scheinen sie festzukleben. Hunderte von winzigen Harpunen schießen dann in den Finger, und jede ist noch mit ihrem Cnidoblasten verbunden. Im Gegensatz zu Quallen enthalten die Cnidoblasten der meisten Seeanemonen nicht so viel Gift, dass sie uns verletzen könnten, aber unter Umständen bekommt man einen Ausschlag.

9 Simon Conway Morris (2003) zählt 13 konvergente »Maulwürfe« aus der ganzen Welt auf.

10 Der Hauptentdecker der Echolokation von Fledermäusen war Donald Griffin (1959), der auch den Begriff prägte. Darüber hinaus interessierte er sich sehr für die Frage, wie Zugvögel sich orientieren. Einer nicht belegten Erzählung zufolge hatte er einen vollständig mit Instrumenten ausgestatteten Kleinbus und nahm damit unangekündigte Kontrollbesuche in den Forschungslabors vor, die an der magnetischen Orientierung der Vögel arbeiteten.

11 Boonman et al (2014).

12 Teeling et al. (2000).

13 Nagel (1974).

14 Gallagher (2020).

15 Li et al. (2010). Delfine und kleine Fledermäuse liegen dabei dicht nebeneinander.

16 Feigin et al. (2023).

17 Huelsmann et al. (2019).
18 Francis Collins, persönliche Mitteilung.
19 Kowalczyk et al. (2022).
20 S. Turvey, zitiert in Dawkins & Wong (2016); dieses Buch erörtert auch die elektrischen Sinne von Schnabeltieren und Löffelstören.
21 Horka et al. (2018).
22 Conway Morris (2003, 2015).

6 VARIATIONEN ÜBER EIN THEMA

1 Ein Fisch mit einer Schwimmblase ist eine höher entwickelte Form des Cartesianischen Tauchers. Als Cartesianischen Taucher bezeichnet man ein einfaches Spielzeug, das eine Luftblase enthält. Man setzt den Taucher in eine Flasche mit Wasser. Nimmt der Wasserdruck in der Flasche zu, schrumpft die Luftblase, und damit verändert sich die Lage ihres Auftriebsgleichgewichts. Wenn man ihn richtig einstellt (was nicht schwer ist), sodass er sich im Gleichgewicht in der Mitte der Flasche befindet, kann man den bevorzugten Punkt sehr empfindlich heben oder senken, indem man sanft auf den Korken drückt oder ihn loslässt. Eine noch genauere Steuerung ermöglicht ein Schraubverschluss, den man auf die Flasche dreht (in Großbritannien denke ich an große Cider-Flaschen). Er sorgt dafür, dass die Blase im Taucher kleiner oder größer wird wie die Schwimmblase in einem Fisch. Die Schwimmblase wird vom Fisch selbst gesteuert und nicht von jemandem, der außen den Korken manipuliert, aber ansonsten ist er ein Cartesianischer Taucher. Als ich in Florida Seekühe beobachtete, war ich beeindruckt davon, wie träumerisch und fischähnlich sie dahintrieben, aber eine Schwimmblase haben sie nicht. Wie man nachweisen konnte, ist ihr Schwerpunkt nach vorn verlagert und schafft damit einen Ausgleich für die natürliche Neigung, sich mit dem Kopf nach oben zu drehen – was für ein Tier, das seine Nahrung am Meeresboden sucht, von Nachteil wäre. Außerdem gleichen schwere Knochen die ansonsten vorhandene Tendenz auf, zur Oberfläche aufzusteigen. Aber wie schaffen sie es, an die Oberfläche zu kommen, wenn sie müssen? Es hat sich herausgestellt, dass sie den Punkt des hydrostatischen Gleichgewichts durch Steuerung des Lungenvolumens verändern. Bei einem pelagischen (am Meeresboden schwimmenden) Tintenfisch namens *Oxythoe* hat sich konvergent ebenfalls eine Schwimmblase entwickelt. Packart & Wurtz (1994).
2 Die Schätzungen der Artenzahl gehen weit auseinander. Maßgeblich für mich ist das Buch von George Barlow (2000).

3 Barlow (2000). Häufiger stellen Tiere sich tot, um nicht angegriffen zu werden.
4 Barlow (2000).
5 Ford (1975).
6 Das 1932 erschienene Buch von Huxley legte den Grundstein für eine ganze Forschungsrichtung, die sich mit den relativen Wachstumsgeschwindigkeiten einzelner Körperteile beschäftigte. Wenn ein Tier heranwächst, werden seine verschiedenen Teile meist nicht mit der gleichen Geschwindigkeit größer – sonst würde man von Isometrie sprechen. Das allometrische (unproportionale) Wachstum folgt in der Regel einer mathematisch festgelegten Beziehung, in der die Wachstumsgeschwindigkeit eines Teils des Tieres proportional zur Wachstumsgeschwindigkeit einer gewissen Potenz eines anderen ist. Der evolutionäre Wandel kann sich als genetisch verursachte Veränderung der Potenz und/oder der Proportionalitätskonstante zeigen. Die mathematischen Gesetze für die Unterschiede zwischen der Form ausgewachsener Körper, wie sie von D'Arcy Thompson schematisch dargestellt wurden, erklären sich dann evolutionär als Unterschiede mathematisch festgelegter Veränderungen der Wachstumsgeschwindigkeit in verschiedenen Körperteilen. Solche Veränderungen stehen unter genetischer Kontrolle, denn in den Zellen einzelner Teile des Embryos werden unterschiedliche Gene eingeschaltet. Wenn die Potenz in der Gleichung bei einer Gruppe von Tieren – beispielsweise Säugetieren – gleich bleibt, hat dies die mathematische Folge, dass man ein Punktdiagramm des Logarithmus der Größe eines Körperteils gegen den Logarithmus der Größe eines anderen auftragen kann, wobei die Punkte eine gerade Linie bilden. Anschließend kann man fragen, warum manche Punkte oberhalb der Linie und andere darunter liegen. So haben beispielsweise Affen ein größeres Gehirn, als es für Säugetiere von ihrer Größe normal wäre.
7 Die Ursache ist die Kavitation kurz nach dem eigentlichen Hammerschlag. Patek (2015).
8 Patek (2015).
9 Kaji et al. (2018).
10 In dieser Hinsicht ähneln sie den viel stärker asymmetrischen Winkerkrabben, die ihre einzelne gewaltig vergrößerte Schere – wobei Links- und Rechtshänder in gleicher Häufigkeit vorkommen – dazu nutzen, sich gegenseitig Signale zu geben, wobei jede Spezies in einem eigenen charakteristischen Rhythmus mit der Schere winkt.
11 Deutsch & Mouchel-Vielh (2003).
12 Die Rechtschreibprüfung von Microsoft Word wollte *in the course of* (»in dessen Verlauf«) zu *during* (»während«) ändern, was man durchaus ver-

stehen kann. Bei dieser seltenen Gelegenheit wollte ich jedoch den Begriff nicht im übertragenen, sondern im wörtlichen Sinn verwenden. Eine Gelegenheit, die ich mir nicht entgehen lassen konnte, obwohl ich einräumen muss, dass der übertragene Gebrauch so häufig geworden ist, dass er das Original fast verdrängt hat. Nach den Feststellungen von Fachleuten wie C. S. Lewis (1939) haben viele oder sogar die meisten Wörter sich im Vergleich zu ihrer früheren Bedeutung in einen übertragenen Sinn gewandelt. *Inspiration* (»Inspiration«) bedeutete beispielsweise ursprünglich *breathing in* (»Einatmung«). *Course* (»Kurs«) kommt von dem lateinischen Wort für Lauf, und daher kommt der Verlauf eines Flusses, aber auch der Verlauf einer Diskussion.

13 Die Arbeitsgruppe von Patel veröffentlichte ihre Befunde in einer Reihe von Fachartikeln; eine nützliche Zusammenfassung stammt von Shubin (2020).

14 Glenner et al. (2008).

15 Deutsch (2010). Ungefähr acht Jahre lang, in denen er seine große Evolutionstheorie hätte veröffentlichen können, widmete sich Darwin dem Verfassen mehrerer detaillierter Monographien über Rankenfußkrebse. Als eines von Darwins Kindern im Haus eines Freundes herumgeführt wurde, soll es angeblich gefragt haben: »Aber wo macht dein Papa denn seine Rankenfußkrebse?«; offensichtlich nahm das Kind also an, dass »Rankenfußkrebse machen« für jeden Vater die Hauptbeschäftigung war.

16 Sir Thomas Browne (*Religio medici*, 1643); Üb. v. W. v. Koppenfels; Mainz: Dieterichsche Verlagsbuchhandlung 1998, S. 37.

7 IN LEBENDIGER ERINNERUNG

1 Es sei denn, die Vermutung trifft zu, die ich mit einem leichten Augenzwinkern in meiner ersten Veröffentlichung in *Nature* (Dawkins 1971) geäußert habe: Danach unterliegt das beobachtete (und ziemlich beunruhigende) Phänomen, dass Gehirnzellen jeden Tag in großer Zahl absterben, nicht dem Zufall, sondern ist ein Erinnerungsmechanismus. Wenn ich damit recht hatte, könnten wir wirklich davon sprechen, dass das Gehirn geformt und auf konstruktive Weise behauen wird, was ein wenig an die darwinistische natürliche Selektion erinnert.

2 Skinner (1984), Pringle (1951).

3 Darwin (1868). Der Geistliche Whitwell Evin sagte 1859 zu Darwins Verleger John Murray, Darwin hätte statt *Der Ursprung der Arten* lieber ein ganzes Buch ausschließlich über Tauben schreiben sollen (http://friendsofdarwin.com/articles/whitwell-elwin/).

4 Zusätzliche Glaubwürdigkeit erhält meine Vermutung durch einen großartigen Film mit einem geretteten jungen Biber, der aus Weihnachtsschmuck und Spielzeug einen Damm baute (https.//laughingsquid.com/rescued-beaver-builds-indoor-dam/). In einem deutschen Film habe ich auch gesehen, wie ein Biber in einem kahlen Raum einen nicht vorhandenen Damm aus Luft baute, ein schönes Beispiel für eine »Leerlaufhandlung«, wie sie in der Verhaltensforschung genannt wird.

5 Kringelbach & Berridge (2010).

6 Frank (2018).

7 Hartshorne (1958). Siehe auch Hall-Craggs (1969). Roger Payne (1972) und Payne & McVay (1971) vertraten nachdrücklich die Ansicht, dass die Walgesänge Musik sind, die von Walen und Menschen gleichermaßen geschätzt wird. Die Gesänge der Buckelwale sind ungeheuer lang, laut und kompliziert – das wissen wir durch Paynes großartige Aufnahmen, die Judy Collins und anderen menschlichen Musikern als Anregung dienten. Leider starb Roger, als meine Arbeit an diesem Buch sich gerade in den letzten Zügen befand. Wenn Wale trauern können (was vermutlich der Fall ist), und wenn sie die vielen Nachrufe lesen könnten, stelle ich mir in meiner Phantasie vor, welches Requiem sie für den Mann komponieren würden, der so viel dafür tat, ihre Spezies vor der Ausrottung im Namen der Habgier durch den Menschen zu retten. Für mich ist es ein Trost, dass das Balliol College in Oxford ihm 2007 den Dawkins-Preis für Tierschutz und Tierwohl verlieh.

8 Thorpe (1961), Marler & Slabbekoorn (2004), Catchpole & Slater (2008), Kroodsma & Miller (1982).

9 Wren (1924), Krebs (1977).

10 Ich weiß nicht, wie er auf die Idee kam, aber John Krebs selbst hielt in seinem Zimmer in Oxford einen Lieblingsstar, und der sorgte bei den Studenten seines Tutoriums immer wieder für Unruhe, indem er Johns Stimme hervorragend nachahmte und immer wieder »Yes … yes … yes« sagte, wenn im Gespräch der Studierenden eine Pause eintrat. Ebenso gelang ihm die faszinierende Nachahmung des Geräusches von Flüssigkeit, die aus einer Flasche ausgeschüttet wird, und er schmetterte auch die Anfangstakte einer Mozart-Arie. Ebenso können Stare hervorragend das Klingeln eines Telefons nachahmen, und sie sind in vielen Fällen dafür verantwortlich, dass jemand aus dem Garten völlig umsonst ins Haus läuft. Solche Vorfälle scheinen der Beau-Geste-Hypothese zusätzliche Glaubwürdigkeit zu verleihen. Von Bedeutung dürfte auch sein, dass Stare unter den Singvögeln mit ihren anormal komplizierten Gesängen eine Ausnahme sind. Jedes Männchen verfügt über 60 bis 80 »Motive«, von denen viele durch Nachahmung erlernt und in einen höchst komplexen Gesang eingebaut werden.

11 Konishi & Nottebohm (1969).
12 Konishi & Nottebohm (1969).
13 Es waren nicht nur Ratten, aber es hätten gut welche sein können. Eine der Zeitschriften – auf die Nennung ihres Namens verzichte ich – bezeichnete die Versuchstiere immer als »Ss« (kurz für »subjects«). Am Anfang des Methodenteils in jedem Artikel konnte man lesen: »Ss waren Ratten …« oder »Ss waren Tauben …« Vom praktischen Nutzen einmal abgesehen, war entscheidend, dass es keine Rolle spielte, welche Spezies man untersuchte. Ss waren Ss. Ungeachtet der Spezies waren sie leere Gefäße, die man mit den Gesetzen des Lernens füllen konnte.
14 Dawkins & Krebs (1978), Krebs & Dawkins (1984).
15 Dawkins & Krebs (1978). Eine ähnliche Aussage von Merlin Sheldrake (2020) bezieht sich auf den Pilz *Ophiocordyceps*, der in den Körper einer Ameise eindringt (Hughes et al., 2012). Er betäubt die Ameise, veranlasst sie, auf der nächstbesten Pflanze bis zum höchsten Punkt zu klettern und dann ihre Kiefer mit dem sogenannten »Todesbiss« in eine wichtige Leitungsbahn der Pflanze zu bohren. Der Pilz ernährt sich von der Ameise und lässt aus ihrem Kopf ein kleines, pilzförmiges Gebilde wachsen, das die Sporen freisetzt; diese regnen auf alle Ameisen hinunter, die zufällig weiter unten vorbeikommen. Sheldrake formuliert es so: »Der Pilz hat keinen zuckenden, muskulösen Tierkörper mit Zentralnervensystem, und er kann auch nicht gehen, beißen oder fliegen. Also erteilt er entsprechende Kommandos. Die Strategie funktioniert so gut, dass er die Fähigkeit, ohne sie zu überleben, verloren hat. Für einen Teil seines Lebens muss *Ophiocordyceps* in einen Ameisenkörper schlüpfen.« (Üb. S. Vogel; *Verwobenes Leben*, Berlin: Ullstein 2020, S. 162)
16 Krebs & Dawkins (1984).
17 Trivers (1972), Symons (1979), Low (2000), Miller (2000).
18 Gar nicht zu reden von den Kapiteln mit den Überschriften »Wettrüsten und Manipulation« und »Wirkung auf Distanz« in meinem früheren Buch *Der erweiterte Phänotyp*.
19 Lehrman (1964). Hier ergibt sich eine interessante Komplikation: Experimente von Mei-Fang Cheng in Lehrmans altem Institut legten nach seinem Tod die Vermutung nahe, dass das Männchen das Weibchen indirekt beeinflusst. Das Beugegurren veranlasst sie, ebenfalls zu gurren, und ihr eigenes Geräusch regt die Eierstöcke zum Wachstum an. Ich gehe davon aus, dass meine Argumentation sich dadurch nicht ändert, sie wird aber sicher komplizierter (Cheng, 1986).
20 Hinde & Steel (1976).
21 Lorenz (1966b).
22 Stevenson (1969).

23 Braaten & Reynolds (1999).

24 Dies behauptete der angesehene niederländische Verhaltensforscher und Anthropologe Adriaan Kortland. Das englische Wort für Nesthocker lautet *nidicolous*, aber durch einen Tippfehler machte er daraus *nidiculous*. Die Redakteure der Fachzeitschrift (die ebenfalls Niederländer waren, die Zeitschrift erschien aber auf Englisch) konnten Dr. Kortland nicht erreichen (er untersuchte gerade Schimpansen tief im afrikanischen Regenwald), und so mussten sie eine redaktionelle Entscheidung treffen. »Nidiculous« ist nur eine Mutation von einem Buchstaben sowohl von »nidicolous« als auch von »ridiculous« (»lächerlich«) entfernt. »Ridiculous ist im Englischen weitaus gebräuchlicher als »nidicolous«, also griffen sie auf die »Gesetze der Wahrscheinlichkeit« zurück und druckten Kortlands Satz als »Man is a ridiculous species« (»der Mensch ist eine lächerliche Spezies«). Natürlich wussten sie genau, was er gemeint hatte. Es war ein Akt des humorvollen Unfugs auf Kortlands Kosten, und wahrscheinlich nicht der letzte.

25 Ein Palindrom kann man vorwärts und rückwärts gleichermaßen lesen wie Napoleons angebliche Grabinschrift »Able was I ere I saw Elba« oder einen deutschen Satz wie »Trug Tim eine so helle Hose nie mit Gurt?«

26 Jennifer Doudna, eine der Entdeckerinnen der CRISPR-Methode, war auch Co-Autorin eines hübschen persönlichen Berichts (Doudna & Sternberg 2017).

27 Beall (2007).

28 Hanlon (2007).

29 Daniel Dennett (Nachdruck in Hofstadter & Dennett 1981) malte sich aus, man würde sein Gehirn entnehmen, in einem Gefäß am Leben erhalten und über Funk mit seinem Körper verbinden. Derartige Gedankenexperimente überzeugen mich davon, dass manche Philosophen lohnende Dinge tun. Insbesondere, wenn sie sich wie Dennett die Mühe machen, Naturwissenschaft zu studieren.

8 DAS UNSTERBLICHE GEN

1 Eine wissenschaftliche, ausgewogene Darstellung der Geschichte der genzentrierten Sichtweise stammt von Ågren (2021). Das Gleiche unternehmen Sterelny & Kitcher (1988) aus philosophischer Sicht.

2 Forschende, die unrecht haben, erweisen uns einen nützlichen Dienst, wenn sie ihren Irrtum deutlich zur Schau stellen, und insbesondere wenn der Irrtum vielfach geteilt, aber nicht ausdrücklich formuliert wird. Der schottische Zoologe V.C. Wynne-Edwards wird zu Recht gelobt, weil er einen

wichtigen Fehler entlarvte, der bis dahin nur unausgesprochen, undeutlich und beklagenswert weit verbreitet war – zum Beispiel in den Schriften des amerikanischen Ökologen W. C. Allee und des österreichischen Verhaltensforschers Konrad Lorenz (1966a). Viele Vorgänger hatten den Irrtum der »Gruppenselektion« anerkannt, ohne dass es ihnen klar war. Sie gingen, wie Wynne-Edwards ausdrücklich erklärte, unausgesprochen davon aus, dass die natürliche Selektion zwischen Tier*gruppen* auswählt. Manche nahmen an, Individuen täten das, was für die Erhaltung der Art am besten ist. Wynne-Edwards ging insbesondere davon aus, dass Individuen Schritte zur Einschränkung ihrer persönlichen Fortpflanzung unternehmen, weil Überbevölkerung für die Gruppe schlecht ist. Damit hatte er unrecht, aber ich erwähne es als Parallele, um deutlich zu machen, dass man aus Fehlern einen konstruktiven Nutzen ziehen kann.

3 Noble (2017), Seite x.

4 Alcock (1979), Barash (1982), Barkow, Cosmides & Tooby (1992), Bateson & Hinde (1982), Buss (2005), Chagnon & Irons (1979), Clutton-Brock et al. (1982), Daly & Wilson (1983), Gadagkar (1997), Grafen & Ridley (2006), Haig (2020), Halliday & Slater (1983), Hamilton (1996, 2001, 2005), Hinde (1982), King's College Sociobiology Group (1982), Krebs & Davies (1978, 1984, 1987, 1991), Low (2000), Manning und Stamp Dawkins (1998), McFarland (1985), Miller (2000), Symons (1979), Taborsky et al. (2021), Trivers (1985, 2011), Wilson (1975), Workman & Reader (2004).

5 Singer (1931), S. 568.

6 Noble (2017), S. 160.

7 Tov (undatiert).

8 Manche Gene sind mutationsanfälliger als andere. In einigen Genomabschnitten, den sogenannten Hotspots, ist die Mutationsrate besonders hoch. Es gibt auch sogenannte »Mutatorgene«, die den phänotypischen Effekt haben, die Mutationsrate anderer Gene zu steigern. Letztere werden dann von der Selektion im Allgemeinen benachteiligt, weil die meisten Mutationen schädlich sind. In einem System, das bereits gut funktioniert, führt eine zufällige Veränderung mit großer Wahrscheinlichkeit zu einer Verschlechterung – »never change a running system«. Wie der große Evolutionsforscher George C. Williams darlegte, wird darwinistische Selektion die Mutationsrate in Richtung null treiben, ein Ergebnis, das glücklicherweise nie erreicht wird – glücklicherweise, weil die Evolution sonst zum Stillstand käme. Besonders wünschenswert ist eine Abnahme der Mutationsrate in Genomabschnitten mit Genen, die für das Wohlergehen des Organismus überdurchschnittlich wichtig sind. Man würde damit rechnen, dass die natürliche Selektion sich besonders intensiv darum bemüht, solche Regionen vor »zu-

fälligen« Mutationen zu »schützen«. Wir könnten also erwarten, dass wir in solchen lebenswichtigen Genomabschnitten »Anti-Hotspots« (Mutations-»Coldspots«) finden. Hinweise darauf gibt es bei der Pflanze *Arabidopsis*, die in der Botanik die Entsprechung zur Taufliege *Drosophila* ist (Monroe, 2022).

9 Während unserer Podiumsdiskussion in Hay-on-Wye im Jahr 2022 verlieh Denis Noble nochmals seiner Hoffnung (Noble, 2017) Ausdruck, man werde eines Tages Belege dafür finden, dass Mutationen in eine nützliche Richtung gelenkt werden. Auf solche Belege warte ich voller Skepsis, und sehr skeptisch bin ich im Fall körperlicher Anpassungen bei eukaryontischen Lebewesen, die sich sexuell fortpflanzen. In unserer Diskussion im Jahr 2022 in Hay-on-Wye erklärte Noble zu Recht, Darwin habe in späteren Lebensjahren eine eigene lamarckistische Theorie der »Pangenesis« entwickelt. Noble vertritt die exzentrische Ansicht, dies sei der wahre Darwin, der sich nicht dem Neodarwinismus angeschlossen und auch nicht dem deutschen Zoologen August Weisman mit seinem Konzept einer unabhängigen Keimbahn applaudiert hätte, die wie ein Fluss durch die geologische Zeit fließt, wobei eine Abfolge sterblicher Körper die Seitenarme bilden. Ich betrachte Darwins »Keimchen« wie die Mehrheit der Biologen und Wissenschaftshistoriker als irrige, fehlgeleitete Bestrebung, seine Theorie vor einer Kritik zu schützen, bei der wir heute im Licht der mendelschen Genetik erkennen, wie falsch sie war. Hätte Darwin doch nur Mendel gelesen! Dann wäre eine große Last von ihm genommen worden, und er hätte Pangenesis und Keimchen über Bord geworfen. Auch in dieser Hinsicht bin ich überzeugt, dass Noble vollkommen unrecht hat. Nach meiner Überzeugung wäre Darwin von der neodarwinistischen Revolution, durch die Fisher und andere Darwins große Arbeit mit der mendelschen Genetik in Einklang brachten, begeistert gewesen.

10 Williams (1966 a).

11 J. B. S. Haldane schrieb über seinen Vater (und damit auch über sich selbst): »Er wurde mit einem historisch gekennzeichneten Y-Chromosom geboren. Damit will ich sagen, dass seine Vorfahren in der mutmaßlichen direkten männlichen Linie seit ungefähr A. D. 1250 bekannt sind. Nach meiner Kenntnis gibt es in Großbritannien ungefähr 15 ähnlich gekennzeichnete Gruppen von Y-Chromosomen.« Theoretisch ist der Familienname eines Mannes eine historische Kennzeichnung des Y-Chromosoms, aber die Annahme, es habe in jeder Generation seit 1250 eine legitime Vaterschaft gegeben, ist, gelinde gesagt, ehrgeizig. Der Genetiker Bryan Sykes nahm in Yorkshire und Nachbarregionen Kontakt zu einer großen Zahl von Männern mit Namen Sykes auf und stellte fest, dass ungefähr 50 Prozent von ihnen das gleiche

Y-Chromosom besaßen wie er selbst. Er konnte nachweisen, dass alle von einem Sykes-Vorfahren abstammten, der im 13. Jahrhundert lebte (zufällig ungefähr zur gleichen Zeit wie Haldanes bekannter Urahn). Zur Erklärung der 50 Prozent, mit denen er nicht das Y-Chromosom teilte, postulierte er eine illegitime Abstammung (oder eine entsprechende Nicht-Vaterschaft) zu irgendeinem Zeitpunkt im Laufe der Generationen. Mithilfe der Daten konnte er die Häufigkeit solcher Ereignisse berechnen und gelangte zu einem Wert von ein bis zwei Prozent je Generation. Das ist eine niedrige Zahl. Aber angenommen, es habe in jedem Jahrhundert vier Haldane-Generationen gegeben, läge die Wahrscheinlichkeit, dass die Abstammungslinie von J. B. S. seit 1250 mindestens eine illegitime Abstammung (oder ihre Entsprechung) enthält, bei ungefähr 40 Prozent (http://cafamilies.org/sikes/bbc/surnames_prog1.html).

12 Samen- und Eizellen entstehen durch Meiose, eine besondere Form der Zellteilung. Sie hat zur Folge, dass jede Keimzelle nur 23 Chromosomen enthält – bei Menschen 23 – anstelle des doppelten Chromosomensatzes, der in unseren normalen Körperzellen aus 46 Chromosomen besteht. 23 der 46 Chromosomen werden unverändert von der Mutter übernommen, 23 unverändert vom Vater. Die beiden Sätze von jeweils 23 Chromosomen bleiben in allen Zellen des Körpers unabhängig voneinander. Nur in der Meiose treffen die Chromosomen der Paare aufeinander und ordnen sich nebeneinander an. Dann geschieht etwas Bemerkenswertes. Sie tauschen beträchtliche Abschnitte untereinander aus. Diesen Vorgang nennt man Crossing-over, und wie man daran leicht erkennt, sind vollständige Chromosomen keine Replikatoren. Kleine Chromosomenabschnitte können sich aber über viele Generationen verdoppeln, bevor sie durch Crossing-over getrennt werden.

13 Ebenso *Das strategische Gen*, ein Vorschlag von David Haig (2002).

14 Dieses Argument vertrete ich in »Universal Darwinism«, meinem Beitrag zur Darwin-Hundertjahrfeier in Cambridge (Dawkins 1983).

15 Die Ansicht, kulturelle Vererbung könne die genetische Vererbung nachahmen und sich sogar auf den anatomischen Phänotyp auswirken, ist durchaus vertretbar, ich möchte aber hier nicht weiter darauf eingehen. Meme sind Replikatoren eines anderen Typs. In einem recht seltsamen Sinn neigt der Phänotyp des Beschnittenseins dazu, über Generationen weitergegeben zu werden, weil die Religion die gleiche generationenübergreifende Neigung hat und eine Ursache der Beschneidung sein kann. Entscheidend ist aber die Frage, ob eine *zufällig* vorgenommene Beschneidung sich in der nächsten Generation wiederholen würde. Nach meiner Vermutung wäre das möglich, wenn die Väter wollen, dass »mein Sohn so aussieht wie ich«. Das ist zwar als Analogie zur genetischen Übertragung ein wenig interessant, es ist aber

zu trivial, hat keine Auswirkungen auf meine Argumentation und ist insgesamt zu geringfügig, als dass es über eine Endnote hinauswachsen könnte.

16 Gould (1992) in seiner Rezension über das wunderschöne Buch *The Ant and the Peacock* von Helena Cronin (1991).

17 Eine Ausnahme, die auf komische Weise die Regel bestätigt: Einmal konnte ich beim Mittagessen das folgende Gespräch zwischen dem Registrar (einem einflussreichen leitenden Beamten) der Universität Oxford und einem anderen Fellow des dortigen New College mithören. »Was hat sich gestern bei der Wochensitzung abgespielt?« »Das weiß ich nicht. Ich habe das Protokoll noch nicht geschrieben.« So sollten die Dinge eigentlich nicht laufen, es ist nicht die Vorgehensweise von Buchhaltern, und Gene sind keine Buchhalter, sondern aktive kausale Ursachen. Natürlich machte er einen Scherz.

18 Williams (1992). Ich möchte noch ein weiteres Beispiel für die Kladesselektion nennen. Die meisten Tiere pflanzen sich sexuell fort, sporadisch kommt es aber auch zur ungeschlechtlichen Fortpflanzung, bei der die Weibchen ohne Mitwirkung der Männchen Nachwuchs hervorbringen (Maynard Smith, 1978). Interessant wird die Sache durch das »sporadisch«. Wenn man einen Stammbaum aller Lebensformen zeichnet und die ungeschlechtlichen Zweige farbig darstellt, fällt auf, dass keine großen Äste gekennzeichnet werden, sondern nur die Spitzen der Zweige. Es sieht so aus, als würde ungeschlechtliche Fortpflanzung von Zeit zu Zeit entstehen und dann schnell wieder aussterben, bevor die Evolution einer großen Klade stattfinden konnte. Soweit mir bekannt ist, gibt es nur ein einziges Beispiel für eine größere Klade mit ausschließlich ungeschlechtlichen Weibchen: die Klasse der Bdelloidea aus dem Stamm der Rotifera. Ich konnte hören, wie John Maynard Smith auf seine unnachahmliche Weise einmal sagte, die Bdelloidea seien ein Skandal, und man solle sie gesetzlich verbieten.

19 Eine solche Karte kann man auch für die Abschnitte mit den Tastsinnesnerven auf der Haut zeichnen; das ist zwar ebenfalls interessant, aber es ist eine andere Geschichte. So sind Gene nicht.

20 Mein Modell mit dem hängenden Tuch ähnelt oberflächlich der »epigenetischen Landschaft« von Waddington (z. B. 1977). Es sind aber zwei ganz unterschiedliche Dinge, und man sollte sie nicht verwechseln.

21 Hamilton (1964).

22 Hamilton (1972).

23 Hull (1981).

24 Siehe das Kapitel »Die Wiederentdeckung des Organismus« in Dawkins (1982).

25 Vielleicht auch Meme und wer weiß, was für exotische Replikatoren noch auf anderen Welten, aber hier ist nicht der Ort, um näher darauf einzugehen.

9 DRAUSSEN VOR DER KÖRPERWAND

1 Hansell (1968).
2 Hansell (1984, 2007).
3 Der Lieblingsdinosaurier meines sechsjährigen Enkels ist *Parasaurolophus*, und er lenkte auch meine Aufmerksamkeit als Erster auf ihn und wies mich auf seine bemerkenswerte Knochenleiste hin. Andere Arten aus der Gruppe der Hadrosaurier hatten einen kugelförmigen Kopf, der anscheinend auch als Resonanzraum diente. Es besteht eine interessante Konvergenz mit einer Gruppe ausgestorbener Gnu-ähnlicher Säugetiere, deren kuppelförmige Nasenhöhle vermutlich dem gleichen Zweck diente. O'Brien et al. (2016).
4 Bennet-Clark (1970).
5 Das könnte zum Teil daran liegen, dass es eine bestimmte verwirrte Geisteshaltung gibt, der zufolge es mit Rassismus zu tun hat.
6 Bentley & Hoy (1974).
7 Ich vermute, man könnte der natürlichen Selektion ein wenig Hilfestellung leisten. Man könnte alle weiblichen Maulwurfsgrillen in einem großen Gehege schwerhörig machen und damit den Selektionsdruck auf die Männchen, lauter zu singen, steigern. Grillen tragen die Ohren an den Beinen, und wir Menschen werden ein wenig schwerhörig, wenn sich in unseren Ohren zu viel Ohrenschmalz ansammelt; vielleicht könnte man also den Grillenweibchen das Hören erschweren, indem man ihre Beine mit einem Wachsfilm überzieht. Würde man ein Langzeitexperiment in dieser Richtung unternehmen und die Beine einer ausreichenden Zahl von Weibchengenerationen mit Wachs versehen, dann, so meine Prophezeiung, würde die natürliche Selektion männliche Grillen bevorzugen, die ihren Lockgesang besser verstärken, indem sie größere Megaphone bauen. Nun könnte man fragen: Wenn eine solche Verstärkung möglich ist, warum nutzen die Männchen sie nicht ohnehin, auch ohne dass die Weibchen mit Wachs behandelt wurden? Die Antwort (und darin liegt eine allgemeine Lehre) hat vermutlich mit der stets wichtigen Vorstellung von einem wirtschaftlichen Kompromiss zu tun. Ein größeres Megaphon zu graben würde zusätzliche Energie erfordern. Das genaue Ausmaß jener darwinistischen Anpassung ist das Ergebnis eines empfindlichen Gleichgewichts zwischen Kosten und Nutzen. Und dieses Gleichgewicht würde sich verschieben, wenn man die Weibchen künstlich schwerhörig machen würde.
8 Cronin (1991), Andersson (1994).
9 Gilliard (1969).
10 Laland (2004), Turner (2004), Jablonka (2004), Dawkins (2004).

10 DER GENZENTRIERTE BLICK ZURÜCK

1 A. E. Housman, *Last Poems*, XL.

2 Davies (2015).

3 Ob und was sie denken oder fühlen, können wir nicht wissen. Wir leugnen es nicht (Griffin, 1976). Statt Annahmen darüber zu treffen, ob sie es tun oder nicht tun, lässt man die Frage in der Verhaltensforschung vorübergehend außer Acht und konzentriert sich darauf, was wir beobachten und messen können. Auch die natürliche Selektion sieht nur Verhaltensweisen. Wenn sie zwischen Gefühlen auswählt, dann nur indirekt über Verhaltensweisen, die Gefühle umfassen. Die Honiganzeiger sind Brutparasiten aus Afrika und Asien, die nicht mit dem Kuckuck verwandt sind, und bedienen sich einer anderen, eigentlich noch grausigeren Mordmethode. Sie tragen an der Schnabelspitze einen Haken, mit dem sie ihre Mitbewohner im Nest zerfetzen und zerschneiden. Das heißt, wenn sie überhaupt Mitbewohner haben, nachdem sie schon die Eier der Wirtsvögel mit demselben scharfen Haken durchlöchert haben. Es gibt noch einen anderen Aspekt, der nichts mit dem Brutparasitismus zu tun hat, aber so interessant ist, dass man ihn nicht übergehen kann: Diese Vögel tragen ihren Namen, weil sie die bemerkenswerte Gewohnheit haben, Menschen zu Bienenstöcken zu führen, und wenn die Menschen dann den Bienenstock wegen des Honigs aufgebrochen haben, können die Vögel abkassieren und Wachs und Maden fressen. Sie stoßen einen speziellen Ruf aus, der »Folge mir zum Honig« bedeutet. Mich fasziniert dieser Mutualismus, und ich frage mich, wie weit er in der Evolution zurückreicht. Führten diese Vögel schon unsere *Australopithecus*-Vorfahren und deren Vorfahren im Afrika des Pliozäns zum Honig? Das scheint plausibel, denn die ersten Homininen waren viel geschickter als wir darin, auf Bäume zu klettern, wo sich Bienennester natürlicherweise befinden. Andererseits brauchen die Honiganzeiger unter anderem deshalb die Hilfe von Menschen beim Einbrechen in die Bienennester, weil Menschen die Bienen mit Rauch beruhigen. Es spricht aber nichts dafür, dass *Australopithecus* bereits das Feuer gezähmt hatte. *Homo erectus* dagegen besaß vermutlich diese Fähigkeit, man kann sich also vorstellen, dass die Partnerschaft zwischen Menschen und Honiganzeigern bis zu eine Million Jahre vor dem *Homo sapiens* zurückreicht, weiter aber nicht. Eine Million Jahre wären vielleicht genug Zeit gewesen, damit die natürliche Selektion das Verhalten ins Repertoire der Honiganzeiger aufnehmen konnte. Nebenbei bemerkt (Yong, 2011) gibt es entgegen einer weitverbreiteten Meinung anscheinend keine Belege dafür, dass Honiganzeiger auch Honigdachse zu Bienennestern führen.

4 Tyson (2014).

5 Die Komponisten sind sich da nicht einig. Mahler macht das absteigende Intervall in seiner ersten Symphonie zu einer reinen Quart. In dem Orgelkonzert »Kuckuck und Nachtigall« von Händel ist es eine kleine Terz. Manchen Beschreibungen zufolge fangen Kuckucke im Frühjahr mit einer kleinen Terz an, dehnen sie aber im Sommer zu einer großen Terz. Andererseits lässt Frederick Delius in seiner Tondichtung »On hearing the first cuckoo in spring« eine kleine Terz hören, und ich glaube nicht, dass er eine Fortsetzung für den Sommer geschrieben hat. Können wir daraus schließen, dass Beethovens ländliches Idyll im Sommer spielt? In einem alten Gedicht heißt es: »The cuckoo comes in April, / Sings the month of May. / Changes its tune / In the middle of June. / In July he flies away.« (»Der Kuckuck kommt im April / Singt im Monat Mai. / Ändert seine Melodie / in der Mitte des Juni / und fliegt im Juli davon.«)

6 Ein anderes Beispiel für diese Art von Kompromiss liegt uns näher: der Kompromiss zwischen dem menschlichen Beckenknochen und einem Babykopf. Unsere *Australopithecus*-Vorfahren gaben den vierbeinigen Gang aller anderen Primaten auf. Worin der Selektionsdruck in Richtung des aufrechten Ganges auch bestehen mochte (siehe Kingdon, 2003), in jedem Fall veränderte er das Becken so, dass ein schnelles aufrechtes Laufen möglich wurde, das an die Stelle des vierbeinigen Galopps trat, den wir bei anderen Primaten beobachten und der bei Pavianen besonders gut zu erkennen ist. Gleichzeitig wurden durch den aufrechten Gang die Hände frei, sodass sie Werkzeuge herstellen und Gegenstände tragen und handhaben konnten. Die so entstandenen Voraussetzungen begünstigten die Evolution von Intelligenz und Gehirnvergrößerung. Aber das große Gehirn der Babys machte die Entbindung schwierig, was auf das weibliche Becken den Druck erhöhte, größer zu werden (während für die Babys der Druck bestand, früher und hilfloser geboren zu werden). Das beste Becken für eine Entbindung ist nicht das beste Becken zum schnellen Laufen. Das weibliche Becken ist also ein unvermeidlicher Kompromiss zwischen zwei entgegengesetzten Selektionskräften: Es ist zu groß für eine optimale Fortbewegung und zu klein für eine optimale Entbindung. Helen Joyce (2021) untermauert mit diesem Evolutionsargument die ohnehin stichhaltige Begründung für getrennte Sportereignisse für biologische Frauen.

7 Und der Mitochondrien-Gene, aber das ist vermutlich bedeutungslos.

8 Eine ungewöhnlich anschauliche Parallele ist der nächtliche Rüstungswettlauf zwischen Nachtfaltern und den Fledermäusen, die mit ihrem Radar Jagd auf sie machen. Das »Radar« der Fledermäuse ist in Wirklichkeit ein Sonar, aber natürlich haben sich in der Evolution der Falter Ohren entwickelt,

die gezielt auf die Ultraschallfrequenzen der Fledermäuse abgestimmt sind. Hört ein Nachtfalter überhaupt etwas, kann er davon ausgehen, dass es eine Fledermaus ist, und das setzt eine Abfolge von Sturzflug-, Spiral-, Ausweichen- und Richtungswechselmanövern in Gang, die an die Manöver menschlicher Piloten in Luftschlachten denken lassen (Roeder & Treat, 1961).

9 A. S. Kline übersetzt »heysugge« mit »sparrow« ins moderne Englisch, vielleicht weil »hedge sparrow« nicht ins Versmaß gepasst hätte.

10 Unser Y-Chromosom ist klein, und man kennt dort nur sehr wenige geschlechtsgekoppelte Gene. Ein beliebtes Lehrbuch-Beispiel waren Haare an den Ohren, aber selbst dieser Zusammenhang wurde infrage gestellt. Aber ganz gleich, ob es überhaupt männliche geschlechtsgekoppelte Merkmale gibt, in jedem Fall gibt es eine große Zahl geschlechtsbeschränkter männlicher Eigenschaften, darunter nicht nur naheliegende Dinge wie der Penis, sondern auch statistische Einflüsse auf Körpergröße, Muskelentwicklung, Laufgeschwindigkeit, Schwimmgeschwindigkeit, Aufschlagstärke beim Tennis und vieles andere.

11 Der israelische Zoologe Amotz Zahavi (1997) formulierte die faszinierende Theorie, es gehe in Wirklichkeit darum, Fressfeinde anzulocken. Der Jungvogel erpresst seine Eltern, damit sie ihn füttern und ruhigstellen, weil ansonsten sein lautes Quieken natürliche Feinde anlockt! Übersetzt würde sein Quieken dann bedeuten: »Katze, Katze, komm und fang mich! Ich bin hier, und es ist mir gleichgültig, wer es weiß, bis meine Eltern mich füttern.« Anfangs war ich skeptisch, aber heute gefällt mir die Theorie; für meine Ausführungen über die Kuckucke ist sie aber nicht von Bedeutung.

12 Tinbergen (1951).

13 Tanaka et al. (2005).

14 Li et al. (2010).

11 NOCH MEHR BLICKE IN DEN RÜCKSPIEGEL

1 Haig (1993, 2002, 2020).

2 Das ganze Thema der Konflikte zwischen Genen wird umfassend behandelt in dem Buch *Genes in Conflict* von Burt und Trivers (2006). Robert Trivers gehört zu den einflussreichen Denkern, die zur Anregung für eine ganze Generation von Evolutionsbiologen wurden, darunter auch Davin Haig (und ich).

3 Shaffner (2004).

4 Le Boeuf (1974), Le Boeuf & Reiter (1988).

5 Charnov (1982).

6 Wer dies liest und (was im Gegensatz zu mir viele tun) zuallererst an die menschliche Spezies denkt, wird eine scheinbare Anomalie bemerken. Männer können sich in einem höheren Alter noch fortpflanzen als Frauen, deren Fortpflanzungsfähigkeit in der Mitte des Lebens durch die Wechseljahre beendet wird. Ob eine nennenswerte Zahl von Männern im Naturzustand so lange lebte, dass sie Nutzen aus diesem scheinbaren Vorteil schlagen konnten, ist zweifelhaft. Die Menopause hat vermutlich auch eigene Vorteile, denn sie setzt zu einer Zeit ein, in der eine Frau ihren Genen durch die Fürsorge für Enkel mehr nützen kann, als wenn sie eigene Kinder versorgt.

7 Dies ist die anständige Version des Fachbegriffs. John Krebs und ich waren vorübergehend stolz darauf, dass wir die weniger höfliche Version in die Fachliteratur eingeführt hatten, aber das war vielleicht auch allzu einfach, denn einer von uns war Redakteur der betreffenden Zeitschrift. Um Buße dafür zu leisten, dass wir damit auf ein totes Pferd einschlugen, bleibe ich hier bei der gepflegten Version.

8 Dawkins (1989).

9 Aber wenn die Fledermäuse nicht zuerst da gewesen wären, hätte es vielleicht Nagetiere mit Flügeln gegeben.

10 Dawkins (1989).

11 W. B. Yeats, »Easter 1916« (»Ostern 1916«, Üb. v. J. Utz; in: *Englische und amerikanische Dichtung*, Bd. 3; München: dtv 2001, S. 161.) »Ach, in einem Augenblick« ist ebenfalls von Yeats, aber aus einem anderen Gedicht.

12 Ich empfehle nachdrücklich, in dem ausgezeichneten, von James Rosindell mit James Wong geschriebenen Zoompast-Programm herumzuzoomen.

13 Bodmer & McKie (1994).

14 Jeder von uns trägt einige tödliche oder subletale rezessive Gene. Diese sind aber selten, und wenn wir unsere Partner nach dem Zufallsprinzip suchen, wird ein Kind wahrscheinlich nicht unter der doppelten Dosis zu leiden haben. Wer aber ein Geschwister heiratet, hat eine Chance von 25 Prozent, dass ein Kind die doppelte Dosis erbt, und das gilt für jedes einzelne der letalen oder subletalen Gene. Heiratet man eine Cousine oder einen Cousin ersten Grades, besteht für jedes schädliche Gen eine Chance von 1 zu 16, immer noch so viel, dass von einer solchen Verbindung abgeraten wird. In Pakistan finden nahezu 50 Prozent der Eheschließungen zwischen Cousins und Cousinen ersten Grades statt. Die Sitte hat sich auch bei Briten pakistanischer Abstammung erhalten, und bei ihnen ist die Säuglingssterblichkeit doppelt so hoch wie im landesweiten Durchschnitt. Neben den letalen rezessiven Genen, an denen man tatsächlich stirbt, haben die weiter verbreiteten subletalen rezessiven Gene schädliche Auswirkungen auf Körper

und Geist. Charles Darwin war sich der Inzuchtdepression bewusst, die Ursachen verstand man zu seiner Zeit jedoch nicht, und er war beunruhigt wegen seiner möglicherweise unklugen Entscheidung, seine Cousine ersten Grades Emma Wedgwood zu heiraten. Weiße Laborratten sind das Produkt vieler Generationen einer Paarung zwischen Bruder und Schwester, und trotzdem sind sie bemerkenswert frei von Inzuchtdepressionen. Das ist kein Widerspruch. Die letalen und subletalen rezessiven Gene sind verschwunden, weil in den früheren Generationen ein starker natürlicher Selektionsdruck gegen sie bestand. Wenn man darüber nachdenkt, liegt das natürlich auf der Hand – ein seltener echter Fall einer Ausnahme, welche die Regel bestätigt!

15 Im Jahr 2012 moderierte ich für den britischen Fernsehsender Channel 4 einen dreiteiligen Dokumentarfilm mit dem Titel *Sex, Death and the Meaning of Life* (»Sex, Tod und der Sinn des Lebens«). Für eine der drei Episoden war ursprünglich geplant, dass mein gesamtes Genom sequenziert und die Datendisk für 1000 Jahre in der Familiengruft der Dawkins' in Chipping Norton begraben werden sollte. In der Sendung malte ich mir aus, man werde sie in 1000 Jahren ausgraben, und ein Klon von mir würde geboren. Darüber sollte ich in der Sendung nachgrübeln. Welchen Ratschlag würde ich meinem jungen Zwillingsbruder (denn ein Zwillingsbruder wäre er) geben? »Mach nicht die gleichen Fehler, die ich gemacht habe! Nutze unser gemeinsames Genom besser als ich.« Es war auch eine Gelegenheit, die Vorstellung von einem Klon zu entzaubern und über die Frage der persönlichen Identität nachzudenken. Mein Klon wäre nicht ich, sondern er hätte genau wie eineiige Zwillinge eine eigene persönliche Identität. Um das zu verdeutlichen, interviewte ich heutige eineiige Zwillinge. Der junge Richard der Zukunft würde in einer grundlegend anderen Welt aufwachsen und könnte mir von allen verblüffenden Veränderungen erzählen, die sich in der Welt während der 1000 Jahre, die zwischen uns lagen, abgespielt hatten. Und in der Phantasie konnte er auf die erstaunlich primitive Welt zurückblicken, in der der alte Richard gelebt hatte, auf die veränderten Sitten, Gebräuche, Technik und Sprache. Wie sich herausstellte, nahm die Dokumentation eine andere Wendung, aber die Produktionsfirma hatte bereits die Sequenzierung meines Genoms bezahlt, und man übergab mir die Datendisk als Willkommensgeschenk.

16 Dawkins & Wong (2016), S. 68.

17 Dr. Wong fügt folgende Anmerkung hinzu: »Auf den ersten Blick mag es erstaunlich wirken, dass unsere Jean- und John-Chromosomen allgemeine Merkmale der Menschheitsgeschichte offenlegen und nicht nur unsere eigene Vergangenheit und die unserer engsten Familie. Man kann sich das

Ganze als Merkmal des hohen Alters von Jeans und Johns gemeinsamer genetischer Abstammung vorstellen, die sich in Tausenden, Zehntausenden, ja sogar Hunderttausenden oder Millionen von Jahren bemisst. Schon wenn wir nur 1000 Jahre zurück in die Vergangenheit gehen, haben wir so viele Ururur…urgroßeltern, dass man sie sich als Zufallsstichprobe der meisten Europäer jener Zeit vorstellen kann. Noch weiter in der Vergangenheit werden unsere Vorfahren eigentlich zu einer Zufallsstichprobe aller Nichtafrikaner (oder zumindest aller, die nicht über lange Zeit reproduktiv isoliert waren).«

18 Scally (2012).

19 Svante Pääbo berechnete zum Spaß die Wahrscheinlichkeit, dass ein Neandertaler in sein Arbeitszimmer spazierte. Europäer besitzen in der Regel zwei Prozent Neandertalergene, aber es sind bei jedem andere zwei Prozent. Theoretisch könnten die ganzen verschiedenen Zweiprozenthäppchen zufällig in einem einzigen Menschen zusammentreffen. Aber das wird nicht geschehen!

20 Wenn man sich weit genug in die Vergangenheit zurück begibt und dort jemanden ausfindig macht, ist diese Person entweder der Urahn aller heute lebenden Menschen oder keines heute lebenden Menschen. Halbe Sachen gibt es nicht. Die Begründung für diese überraschende Schlussfolgerung erläutere ich in *Geschichten vom Ursprung des Lebens,* »Begegnung 0«. Die Frage ist hier nur, ob William der Eroberer weit genug in der Vergangenheit gelebt hat.

12 GUTE GEFÄHRTEN, SCHLECHTE GEFÄHRTEN

1 Yanai & Lercher (2015).

2 Die Argumentation habe ich in Dawkins (2011) dargelegt. Insbesondere bei Pflanzen gibt es Ausnahmen, aber darauf werde ich hier nicht eingehen.

3 Die erste Barriere ist nicht immer geographischer Natur; das gilt insbesondere für Insekten, die sich häufig im Rahmen einer sogenannten »sympatrischen« Artbildung aufteilen. Sympatrische Artbildung ist anscheinend auch für die adaptive Radiation von Fischen in Seen wichtig (Schluter & McPhail, 1992), so auch für die Buntbarsche in den großen afrikanischen Seen, die ich in einem anderen Zusammenhang in Kapitel 6 erwähnt habe.

4 Dies ist der Titel der amerikanischen Ausgabe (2001). Wie in vielen anderen Fällen unterscheidet er sich von dem der ursprünglichen britischen Ausgabe, der *Mendel's Demon* (2000) lautete. Man sollte Mark auch nicht (wie es häufig geschieht) mit Matt Ridley verwechseln (die beiden sind nicht verwandt),

der ebenfalls ein enger Freund und Autor schöner Bücher ist. Einmal konnte der Redakteur einer Fachzeitschrift erreichen, dass die beiden unwissentlich in derselben Ausgabe die Bücher des jeweils anderen rezensierten. Beide waren freundlich zueinander, und Mark beendete seine Rezension mit der Bemerkung, Matts Buch sei »eine hervorragende Ergänzung für unseren gemeinsamen Lebenslauf«.

5 (Ford, 1975). Und man muss einräumen, dass er auch ein Snob war. Wenn andere vielleicht über eine leichte mathematische Berechnung gesagt hätten, »das haben wir schon im Kindergarten gelernt«, formulierte es Ford in seiner charakteristischen Weise anders: »Das haben wir schon auf den Knien unseres Kindermädchens gelernt.«

6 Fords beliebtes Buch über Schmetterlinge (1945) machte den jungen Bill Hamilton mit der Genetik bekannt. Alan Grafen (2005) bemerkte in seiner biographischen Ergänzung zu Hamiltons dreibändigen Memoiren: »Schon allein dass er zur Anregung für diesen einen jungen Biologen wurde, hätte Fords Anstrengung beim Verfassen von *Butterflies* gerechtfertigt.«

7 Das Gemälde von Curtis findet sich in seiner achtbändigen Abhandlung über britische Insekten (1832) und trägt die Beschriftung *Triphaena consequa*. Das Exemplar fand er auf der Isle of Bute vor der schottischen Westküste. Die Regeln der Taxonomie haben zur Folge, dass der offizielle lateinische Name einer Spezies sich ändern kann, wenn eine frühere Benennung entdeckt wird. Was 1832 *Triphaena consequa* war, könnte heute einen anderen Namen haben. Ein moderner Kommentar zu Curtis' Buch gibt für die von ihm *Triphaena consequa* genannte Spezies den Namen *Noctua comes ab. curtisii* an. *Noctua* war der ältere Name der Gattung, den Carl von Linné, der Vater der Taxonomie, ihr gegeben hatte und heute als offizieller Name wieder gültig ist. »*ab.*« ist die Abkürzung für »aberrannte Form«, und wenn man die Form mit den dunklen Flügeln mit der weiter verbreiteten hellen Form vergleicht, kann man sie sicher als aberrant bezeichnen. Nach meiner Überzeugung ist der dunkle Schmetterling auf dem Gemälde, den Curtis als *Triphaena consequa* bezeichnete, kein anderer als die Form von *Triphaena (Noctua) comes*, die Ford als »curtisii« kannte.

8 (Leigh, 1971).

9 Molekulargenetiker bezeichnen *Caenorhabditis elegans* gern als den »Fadenwurm« oder sogar nur als »den Wurm«, als gäbe es keine anderen. In Wirklichkeit ist er nur einer von mehr als 50 000 Wurm- und 30 000 Fadenwurmarten. Das 1971 erschienene Lehrbuch über die Zoologie der Wirbellosen von Ralph Buchsbaum zeichnet folgendes denkwürdige Bild: »Würde man alle Materie im Universum mit Ausnahme der Fadenwürmer beseitigen, wäre unsere Welt immer noch grundlegend erkennbar, und wenn wir

sie als körperlose Geister erforschen könnten, würden wir ihre Berge, Hügel, Täler, Flüsse, Seen und Ozeane vorfinden, repräsentiert durch einen Film aus Fadenwürmern. Auch die Lage der Städte wäre zu erkennen, denn zu jeder Ansammlung von Menschen gäbe es eine entsprechende Ansammlung bestimmter Fadenwürmer. Bäume würden nach wie vor in geisterhaften Reihen stehen und unsere Straßen und Autobahnen repräsentieren. Die Standorte der verschiedenen Pflanzen und Tiere wären zu erkennen, und wenn wir über ausreichende Kenntnisse verfügen, könnten wir in vielen Fällen sogar ihre Spezies feststellen, indem wir ihre ehemaligen parasitischen Fadenwürmer untersuchen würden.« Und abgesehen von den Fadenwürmern gibt es mindestens vier weitere Stämme von »Würmern«.

10 Den Begriff »Epigenetik« prägte der Genetiker, Biologe und theoretische Biologe W. H. Waddington aus Edinburgh 1942. Man bezeichnet damit die Erforschung der unterschiedlichen Gen-Expression in der Embryonalentwicklung – wie Gene in verschiedenen Zellen eingeschaltet werden oder auch nicht; im Gegensatz zur Genetik, mit der man erforscht, ob die Gene selbst in aufeinanderfolgenden Generationen vorhanden sind oder fehlen. In jüngerer Zeit haben wortgewaltige populärwissenschaftliche Autoren für eine ermüdende Verwirrung gesorgt: Sie bezeichnen mit »Epigenetik« bevorzugt oder sogar ausschließlich jene seltenen und nach meiner Ansicht bedeutungslosen Sonderfälle, in denen die epigenetische Ein- oder Ausschaltung von Genen an die nächste Generation weitergegeben wird. Waddington leitete »Epigenetik« von »Epigenese« ab, einer historisch gewachsenen Denkschule der Embryologie, zu der sich alle heutigen Vertreter des Fachgebietes bekennen, im Gegensatz zur Präformationstheorie, der heute überwundenen Vorstellung, wonach die Eizelle oder in einer anderen Version die Samenzelle einen fertigen Embryo im Kleinformat enthält, der dann zur vollen Körpergröße heranwächst. Da die Zellen verschiedener Gewebe, wie wir heute wissen, die gleichen Gene enthalten und sich doch so stark unterscheiden, gibt es offensichtlich keine logische Alternative zur unterschiedlichen Aktivierung oder Inaktivierung von Genen, das heißt zur Epigenetik in Waddingtons Sinn.

11 In Oxford werden ganze Zoologengenerationen nie den Vortrag von E. B. Ford über das eigenartige Grenzphänomen bei dem Schmetterling *Maniola jurtina* vergessen. Ford und seine Kollegen fanden einen plötzlichen Bruch zwischen zwei stabilen Polymorphismen beiderseits einer Linie, die sich quer durch den Südwesten Englands zog (Ford, 1975). In meiner Terminologie waren das zwei verschiedene Sätze von Genen, die »gute Gefährten« sind, ähnlich wie bei der Trennung zwischen Barra und Orkney, nur mit dem Unterschied, dass es in diesem Fall keine geographische Erklärung für

die rätselhafte Grenzlinie gab. Außerdem verschob sich die Linie von Jahr zu Jahr. Als die Wissenschaftler sie in einem Jahr zu Fuß verfolgten, stießen sie auf eine Hecke, die anscheinend die Grenze markierte. Ich kann noch heute aus dem Gedächtnis Professor Fords sanfte, höchst präzise Formulierung zitieren: »An dieser Stelle war klar, dass die Sache kritisch wurde. Deshalb setzten wir uns an der Hecke hin und aßen unsere Sandwiches.« Ich habe den starken Verdacht, dass auf dem Foto genau diese fragliche Hecke zu sehen ist. Ford hätte sicher keine Gelegenheit ausgelassen, seinen Helden R. A. Fisher mitzunehmen, damit er sie sich selbst ansah. Wenn ich recht habe, ist dies eine historische Aufnahme.

13 EIN GEMEINSAMER AUSWEG IN DIE ZUKUNFT

1 Robinson (2023).
2 Margulis (1998).
3 Fine (1975), Ewald (1987, 1994).
4 Kalluraya et al. (2023). Die Arbeiten fanden im Institut von Matthew Daugherty statt.
5 Das Wort »primitiv« hat in der Biologie eine genau festgelegte Bedeutung. Es heißt nicht »urtümlich«, und es ist nicht abschätzig. Es bedeutet nur, dass ein Lebewesen seinen Vorfahren ähnelt. Amphioxus (*Brachiostoma*) ist ein modernes, heute lebendes Tier, also kann es natürlich kein Urahn ebenso moderner Wirbeltiere sein. Es hat sich aber seit der Zeit des gemeinsamen Vorfahren weniger verändert als die heutigen Wirbeltiere. Damit ist es definitionsgemäß primitiv.
6 Kalluraya et al. (2023).
7 Hughes et al. (2012). Dawkins (1990).
8 Das sind weder Nematoden noch Nemertini. Es handelt sich um drei verschiedene Tierstämme, die man wegen der ähnlichen, von *nema* (dem griechischen Wort für »Faden«) abgeleiteten Namen leicht verwechseln kann.
9 Manch einer fragt sich vielleicht, warum Parasiten und insbesondere Würmer häufig einen so komplizierten Lebenszyklus haben, der auf dem Weg zum sogenannten Endwirt über Zwischenwirte und manchmal bis zu fünf Wirtsstadien verläuft. Ich nehme an, das geschieht aus einem ähnlichen Grund, aus dem auch Pflanzen sich verschiedener Tiere bedienen, die ihre Samen oder Pollen transportieren. Sich durch Husten oder Niesen mit Tröpfchen durch die Luft zu verbreiten ist für Bakterien oder Viren gut und schön, aber Würmer brauchen einen größeren Träger, beispielsweise ein

Tier. Katzen fressen keine Katzen, aber sie fressen Ratten, und Ratten sind für Würmer bequeme, bewegliche Träger.

10 Simon (2014).
11 Deutsch (2009).
12 Calman (1911).
13 Blaxter et al. (2023).
14 LePage (2023).
15 Dawkins (1982, S. 210–212).
16 Pride (2020). Jeder von uns ist die Heimat von rund 380 Billionen Viren; viele davon sind Bakteriophagen (Phagen), die Bakterien befallen und uns damit nützen. Eine vielversprechende medizinische Forschungsrichtung ist die Suche nach Phagen, die uns vor antibiotikaresistenten Bakterien schützen können.
17 Arnold (2020).
18 Haig (2012), Villarreal (2016), Chuong (2018).
19 Villarreal (2026).
20 Das Zitat stammt aus Dawkins (1996).
21 Thomas (1974).
22 Pray & Zhaurova (2008).
23 Mills et al. (2007).

LITERATUR

Adams, D (1980) *The Restaurant at the End of the Universe.* Picador, London [dt. *Das Restaurant am Ende des Universums.* Üb. v. B. Schwarz; München: Heyne 1998].

Ågren, JA (2021) *The Gene's-Eye View of Evolution.* Oxford University Press, Oxford.

Aktipis, A (2020) *The Cheating Cell – how evolution helps us understand and treat cancer.* Princeton University Press, Princeton, NJ.

Alcock, J (1979) *Animal Behavior.* Sinauer, Sunderland, MA.

Andersson, M (1994) *Sexual Selection.* Princeton University Press, Princeton, NJ.

Arnold, C (2020) *The non-human living inside of you.* Nautilus. Coldspring Harbor Laboratory, NY.

Balbus, SA (2014) Dynamical, biological and anthropic consequences of equal lunar and solar angular radii. *Proc. Roy. Soc. A*, 470.

Barash, DP (1982) *Sociobiology and Behavior.* Hodder & Stoughton, London [dt. *Soziobiologie und Verhalten.* Üb. v. I. Horn; Berlin: Parey 1980].

Barkow, JH, Cosmides, L & Tooby, J (1992) *The Adapted Mind.* Oxford University Press, New York.

Barlow, GW (2000) *The Cichlid Fishes: nature's grand experiment in evolution.* Perseus, New York.

Barlow, HB (1961) Possible principles underlying the transformations of sensory messages. In WA Rosenblish (ed.), *Sensory Communication.* MIT Press, Cambridge, MA.

Barlow, HB (1963) The coding of sensory messages. In WH Thorpe & OL Zangwill (eds), *Current Problems in Animal Behaviour.* Cambridge University Press, Cambridge.

Barnhart, MC et al. (2008) Adaptations to host infection and larval parasitism in Unionoidea – *J. N. Am. Benthol. Soc.*, 27, 370–394.
Bateson, PPG & Hinde, RA (1982) *Current Problems in Sociobiology*. Cambridge University Press, Cambridge.
Beall, CM (2007) Two routes to functional adaptation: Tibetan and Andean high-altitude natives. *Proceedings of the National Academy of Sciences*, 104 (suppl. 1), 8655–8660.
Bennet-Clark, HC (1970) The mechanism and efficiency of sound production in mole crickets. *Journal of Experimental Biology*, 52, 619–652.
Bentley, D und Hoy, R (1974) The neurobiology of cricket song. *Scientific American*, 231, 34–44.
Blaxter, M et al. (2023) The genome sequence of the crab hacker barnacle, *Sacculina carcini* (Thompson, 1836). *Wellcome Open Research*, 8, 91.
Bodmer, WF & McKie, R (1994) *The Book of Man*. Little Brown, London.
Boonman, A et al. (2014) Nonecholocating fruit bats produce biosonar clicks with their wings. *Current Biology*, 24, 2962–2967.
Braaten, RF & Reynolds, K (1999) Auditory preference for conspecific song in isolation-reared zebra finches. *Animal Behaviour*, 58, 105–111.
Brenner, S (1974) The genetics of *Caenorhabditis elegans*. Genetics, 77, 71–94.
Brenner, S (2002) Nature's gift to science. *Nobel Lecture*, 8 Dez., Nachdruck (2003) in *ChemBioChem* 4, 683–687.
Brunhoff, J de (1935) *Babar's Travels*. Methuen, London.
Buchsbaum, R. (1971) *Animals Without Backbones*, Volume 1. Pelican, London.
Burt, A & Trivers, RL (2006) *Genes in Conflict*. Harvard University Press, Cambridge, MA.
Buss, DM (ed., 2005) *The Handbook of Evolutionary Psychology*. Wiley, New Jersey.
Cain, AJ (1989) The perfection of animals. *Biological Journal of the Linnean Society*, 36, 3–29. Nachdruck von JD Carthy & CL Duddington (eds) (1966), *Viewpoints in Biology*, 4. Butterworth, Oxford.
Caldwell, RL & Dingle, H (1976) Stomatopods. *Scientific American*, Jan., 80–89.
Callaway, E (2015) Beloved *Brontosaurus* makes a comeback. *Nature Communications*, 7. April.
Calman, WT (1911) *Life of Crustacea*. Macmillan, New York.
Catchpole, CK & Slater, PJB (2008) *Bird Song*. Cambridge University Press, Cambridge.
Cavalli-Sforza, LL (2000) *Genes, Peoples and Languages*. Allen Lane, London.
Cavalli-Sforza, LL & Feldman, MW (1981) *Cultural Transmission and Evolution*. Princeton University Press, Princeton, NJ.
Chagnon, NA & Irons, W (eds, 1979) *Evolutionary Biology and Human Social*

Behavior: an anthropological perspective. Duxbury Press, North Scituate, MA.
Charnov, EL (1982) *The Theory of Sex Allocation.* Princeton University Press, Princeton, NJ.
Chaucer, G (1382) *The Parlement of Foules.* Librarius.
Cheng, M-F (1986) Female cooing promotes ovarian development in Ring Doves. *Physiology and Behavior,* 37, 371–374.
Chun, Li (2020) Amazing reptile fossils from the marine Triassic of China. *Bulletin of the Chinese Academy of Sciences,* 24, 80–82.
Chuong, EB (2018) The placenta goes viral. Retroviruses control gene expression in pregnancy. *PLOS Biol.,* 16. Oktober.
Clutton-Brock, TH et al. (1982) *Red Deer: behavior and ecology of two sexes.* Chicago University Press, Chicago.
Conway Morris, S (2003) *Life's Solution: inevitable humans in a lonely universe.* Cambridge University Press, Cambridge [dt. *Jenseits des Zufalls: wir Menschen im einsamen Universum.* Üb. v. S. Schneckenburger; Berlin: Berlin Univ. Press 2008].
Conway Morris, S (2015) *The Runes of Evolution.* Templeton Press, Pennsylvania.
Cott, HB (1940) *Adaptive Coloration in Animals.* Methuen, London.
Coyne, JA (2009) *Why Evolution Is True.* Oxford University Press, Oxford.
Craik, KJW (1943) *The Nature of Explanation.* Cambridge University Press, Cambridge.
Crew, B (2014) Caterpillar an expert in mimicry. *Australian Geographic,* 17. April.
Cronin, H (1991) *The Ant and the Peacock.* Cambridge University Press, Cambridge.
Curtis, J (1832) *British Entomology.* J Pigott, London.
Daly, M & Wilson, M (1983) *Sex, Evolution and Behavior.* Willard Grant, Boston.
Darwin, C (1859) *On the Origin of Species.* Murray, London [dt. Neuübersetzung *Der Ursprung der Arten.* Üb. v. E. Schönfeld; Stuttgart: Klett-Cotta 2018].
Darwin, C (1868) *The Variation of Animals and Plants under Domestication.* John Murray, London [dt. *Das Variieren der Thiere und Pflanzen im Zustande der Domestication.* Üb. v. V. Carus; Stuttgart: Schweizerbart 1868].
Darwin, C (1871) *The Descent of Man.* Appleton, New York [dt. *Die Abstammung des Menschen.* Üb. v. V. Carus; Nachdruck Wiesbaden: Fourier 1966].
Davies, NB (2015) *Cuckoo: cheating by nature.* Bloomsbury, London.
Dawkins, R (1971) Selective neurone death as a possible memory mechanism. *Nature,* 229, 118–119.

Dawkins, R (1976, 1989) *The Selfish Gene*. Oxford University Press, Oxford [dt. *Das egoistische Gen*. Üb. v. K. Sousa de Ferreira; Jubiläumsausgabe Heidelberg: Spektrum Akad. Verlag 1994].

Dawkins, R (1982) *The Extended Phenotype*. Oxford University Press, Oxford [dt. *Der erweiterte Phänotyp*. Üb. v. W. Meyer; Berlin: Springer 2018].

Dawkins, R (1983) Universal Darwinism. In DS Bendall (ed.), *Evolution from Molecules to Man*. Cambridge University Press, Cambridge.

Dawkins, R (1988) The evolution of evolvability. In C Langton (ed.), *Artificial Life*. Addison Wesley, Boston.

Dawkins, R (1990) Parasites, desiderata lists, and the paradox of the organism. In AE Keymer and AF Read (eds), *The Evolutionary Biology of Parasitism. Supplement to Parasitology*, 100, S63–S73.

Dawkins, R (1996) *Climbing Mount Improbable*. Viking, London [dt. *Gipfel des Unwahrscheinlichen*. Üb. v. S. Vogel; Reinbek: Rowohlt 1999].

Dawkins, R. (2004) Extended phenotype – but not too extended. *Biology & Philosophy*, 19, 377–396.

Dawkins, R (2009) *The Greatest Show on Earth*. Free Press, London [dt. *Die Schöpfungslüge*. Üb. v. S. Vogel; Berlin: Ullstein 2010].

Dawkins, R (2011) *The Magic of Reality*. Transworld, London [dt. *Der Zauber der Wirklichkeit*. Üb. v. S. Vogel; Berlin: Ullstein 2012].

Dawkins, R (2013) *An Appetite for Wonder*. Bantam, London [dt. *Die Poesie der Naturwissenschaften*. Üb. v. S. Vogel; Berlin: Ullstein 2016].

Dawkins, R & Krebs, JR (1978) Animal signals: information or manipulation. In JR Krebs & NB Davies (eds), *Behavioural Ecology*, 282–309.

Dawkins, R & Krebs, JR (1979) Arms races between and within species. *Proc. Roy. Soc. Lond. B*, 205, 489–511.

Dawkins, R & Wong, Y. (2016) The Ancestor's Tale: a pilgrimage to the dawn of life. Second Edition, Weidenfeld & Nicolson, London [1. Aufl. dt. *Geschichten vom Ursprung des Lebens*. Üb. v. S. Vogel; Berlin: Ullstein 2008].

Dennett, D (1991) *Consciousness Explained*. Little Brown, Boston [dt. *Philosophie des menschlichen Bewusstseins*. Üb. v. F. Wuketits; Hamburg: Hoffmann und Campe 1994].

Deutsch, J (2009) Darwin and the Cirripedes: insights and dreadful blunders. *Integrative Zoology*, 4, 316–322.

Deutsch J (2010) Darwin and barnacles. *Comptes Rendus Biologies*, 333, 99–106.

Deutsch, JS & Mouchel-Vielh, E (2003) Hox genes and the crustacean body plan. *BioEssays*, 25, 878–887.

Diamond, J & Bond, AB (2013) *Concealing Coloration in Animals*. Harvard University Press, Cambridge, MA.

Doolittle, WF & Sapienza, C (1980) Selfish genes, the phenotype paradigm and genome evolution. *Nature*, 284, 601–603.
Doudna, JA & Sternberg, SH (2017) *A Crack in Creation: gene editing and the unthinkable power to control evolution.* Houghton Mifflin Harcourt, Boston [dt. *Eingriff in die Evolution: Die Macht der CRISPR-Technologie.* Üb. v. S. Vogel; Berlin: Springer Verlag 2018].
Ewald, PW (1987) Transmission modes and evolution of the parasitism–mutualism continuum. *Annals of the New York Academy of Sciences*, 503, 295–306.
Ewald, PW (1994) *Evolution of Infectious Disease.* Oxford University Press, New York.
Feigin, CY et al. (2023) Convergent deployment of ancestral functions during the evolution of mammalian flight membranes. *Science Advances*, 9.
Fine, PEF (1975) Vectors and vertical transmission: an epidemiological perspective. *Annals of the New York Academy of Sciences*, 266, 173–194.
Fisher, RA (1930, 1958) *The Genetical Theory of Natural Selection.* Dover, New York.
Ford, EB (1945) *Butterflies.* Collins, London.
Ford, EB (1975) *Ecological Genetics.* Chapman and Hall, London.
Fowler, HW (1968) *Modern English Usage.* Oxford University Press, Oxford.
Framond, L de et al. (2022) The broken-wing display across birds and the conditions for its evolution. *Proceedings of the Royal Society B*, 289.
Frank, L (2018) Can electrically stimulating your brain make you too happy? *Atlantic*, 21. März.
Frisch, K von (1950) Bees – their vision, chemical senses, and language. Cornell University Press, Ithaca, NY [dt. Originalausgabe *Aus dem Leben der Bienen.* Berlin: Springer 1993].
Gadagkar, R (1997) *Survival Strategies.* Harvard University Press, Cambridge, MA.
Gallagher, P (2020) Be still my heart: dolphins can detect babies in the womb. *Evie Magazine*, 1. Okt.
Garvey, KK (2014) Can a bee unscrew the sting? *Bug Squad*, 24. Feb.
Gilliard, ET (1969) *Birds of Paradise and Bower Birds.* Weidenfeld & Nicolson, London.
Gissler, CF (1884) The crab parasite, *Sacculina. American Naturalist*, 18, 225–229.
Glenner, H et al. (2008) Induced metamorphosis in crustacean y-larvae: towards a solution to a 100-year-old riddle. *BMC Biology*, 6, 21.
Gould, SJ (1991) *Bully for Brontosaurus.* Hutchinson, London [dt. *Bravo, Brontosaurus.* Üb. v. S. Vogel; Hamburg: Hoffmann und Campe 1994].
Gould, SJ (1992) The confusion over evolution. *New York Review of Books*, 39 (19), 47–54.

Grafen, A (2005) William Donald Hamilton. In Mark Ridley (ed.), *Last Words.* Volume 3 of WD Hamilton (2005), *Narrow Roads of Gene Land.* Oxford University Press, Oxford.

Grafen, A & Ridley, Mark (2006) *Richard Dawkins: how a scientist changed the way we think.* Oxford University Press, Oxford.

Grant, P & Grant, R (2014) *Forty Years of Evolution.* Princeton University Press, Princeton, NJ.

Gregory, R (1981) *Mind in Science.* Weidenfeld & Nicolson, London.

Gregory, R (1998) *Eye and Brain.* Oxford University Press, Oxford [dt. *Auge und Gehirn.* Üb. v. M. Niehaus; Reinbek: Rowohlt 2001].

Griffin, DR (1959) *Echoes of Bats and Men.* Anchor, New York [dt. *Vom Echo zum Radar: Mit Schallwellen sehen.* Üb. v. E. Trumler; München: Desch 1960].

Griffin, DR (1976) *The Question of Animal Awareness.* Rockefeller University Press, New York.

Haeckel, E (2017) *The Art and Science of Ernst Haeckel.* Taschen, Köln.

Haig, D (1993) Genetic conflicts in human pregnancy. *Quarterly Review of Biology*, 68, 495–532.

Haig, D (2002) *Genomic Imprinting and Kinship.* Rutgers University Press, New Brunswick, NJ.

Haig, D (2012) Retroviruses and the placenta. *Current Biology*, 22, R609–R613.

Haig, D (2020) *From Darwin to Derrida: selfish genes, social selves, and the meanings of life.* MIT Press, Cambridge, MA.

Haldane, JBS (1932) *The Causes of Evolution.* Longmans, Green, London.

Haldane, JBS (1940) Man as a sea beast. In *Possible Worlds.* Evergreen Books, London.

Halliday, TR & Slater, PJB (eds, 1983) *Animal Behaviour.* Blackwell Scientific Publications, Oxford.

Hall-Craggs, J (1969) The aesthetic content of bird song. In RA Hinde (ed.), *Bird Vocalizations.* Cambridge University Press, Cambridge.

Hamilton, WD (1964) The genetical evolution of social behaviour, I. *Journal of Theoretical Biology*, 7, 1–16.

Hamilton, WD (1972) Altruism and related phenomena, mainly in social insects. *Annual Review of Ecology and Systematics*, 3, 193–232.

Hamilton, WD (1996, 2001, 2005) *Narrow Roads of Gene Land.* Oxford University Press, Oxford. Drei Bände.

Hamilton, WD & May, RM (1977) Dispersal in stable habitats. *Nature*, 269, 578–581.

Hanlon, R (2007) Cephalopod dynamic camouflage. *Current Biology*, 17, R400–R404.

Hansell, MH (1968) The house building behaviour of the caddis-fly larva *Silo pallipes fabricius*: I. The structure of the house and method of house extension. *Animal Behaviour*, 16, 558–561.
Hansell, MH (1984) *Animal Architecture and Building Behaviour*. Longman, London.
Hansell, MH (2007) *Built by Animals: the natural history of animal architecture*. Oxford University Press, Oxford.
Hartshorne, C (1958) The relation of bird song to music. *Ibis*, 100, 421–445.
Hendrik, LK et al. (2022) A review of false heads in Lycaenid butterflies. *Journal of the Lepidopterists' Society*, 76, 140–148.
Hinde, RA (ed., 1969) *Bird Vocalizations*. Cambridge University Press, Cambridge.
Hinde, RA (1982) *Ethology*. Fontana, London.
Hinde, RA & Steel, E (1976) The effect of male song on an estrogen-dependent behavior pattern in the female canary (Serinus canarius). *Hormones and Behavior*, 7, 293–304.
Hofstadter, DR & Dennett, DC (1981) The Mind's I. Harvester Press, Brighton [dt. *Einsicht ins Ich: Fantasien und Reflexionen über Selbst und Seele*. Üb. v. U. Enderwitz; Stuttgart: Klett-Cotta 1991].
Horka, I et al. (2018) Multiple origins and strong phenotypic convergence in fish-cleaning palaemonid shrimp lineages. *Molecular Phylogenetics and Evolution*, 124, 71–81.
Hughes, DP et al. (2012) *Host Manipulation by Parasites*. Oxford University Press, Oxford.
Hull, DL (1981) The units of evolution: a metaphysical essay. In UJ Jensen & R Harré (eds), *The Philosophy of Evolution*. Harvester, London.
Huelsmann, M et al. (2019) Genes lost during the transition from land to water in cetaceans highlight genomic changes associated with aquatic adaptations. *Science Advances*, 5.
Huxley, JS (1923) *Essays of a Biologist*. Chatto & Windus, London.
Huxley, JS (1932) *Problems of Relative Growth*. Dial Press, New York.
Illingworth, S (2020) Tidal evolution. *The Poetry of Science*.
Jablonka, E (2004) From replicators to heritably varying phenotypic traits: the extended phenotype revisited. *Biology and Philosophy*, 19, 353–375.
Joyce, WG & Gauthier, JA (2003) Palaeoecology of Triassic stem turtles sheds new light on turtle origins. *Proc. Roy. Soc. Lond., B*, 271, 1–5.
Joyce, H (2021) *Trans: when ideology meets reality*. Oneworld, London [dt. *Fakten über Transgender*. Bonn: Magas 2024].
Kaji, T et al. (2018) Parallel saltational evolution of ultrafast movements in snapping shrimp claws. *Current Biology*, 28, 106–113.

Kalluraya, CA et al. (2023) Bacterial origin of a key innovation in the evolution of the vertebrate eye. *Proc. Nat. Acad. Sci.*, 120.

Kettlewell, HBD (1973) *The Evolution of Melanism.* Oxford University Press, Oxford.

Kimura, M (1983) *The Neutral Theory of Molecular Evolution.* Cambridge University Press, Cambridge.

Kingdon, J (2003) *Lowly Origin.* Princeton University Press, Princeton, NJ.

King's College Sociobiology Group (1982). *Current Problems in Sociobiology.* Cambridge University Press, Cambridge.

Konishi, M & Nottebohm, F (1969) Experimental studies in the ontogeny of avian vocalizations. In RA Hinde (ed.), *Bird Vocalizations.* Cambridge University Press, Cambridge.

Kowalczyk, A et al. (2022) Complementary evolution of coding and noncoding sequence underlies mammalian hairlessness, *eLife*, 11, 7. Nov.

Krebs, JR (1977) The significance of song repertoires: the Beau Geste hypothesis. *Animal Behaviour*, 25, 475–478.

Krebs, JR & Davies, NB (eds, 1978, 1984, 1991) Behavioural Ecology: an evolutionary approach. Blackwell Scientific Publications, Oxford.

Krebs, JR & Davies, NB (1987) An Introduction to Behavioural Ecology. Blackwell Scientific Publications, Oxford.

Krebs, JR & Dawkins, R (1984) Animal signals: mindreading and manipulation. In JR Krebs & NB Davies (eds), *Behavioural Ecology* (Second Edition), Blackwell Scientific Publications, Oxford, 380–402.

Kringelbach, ML & Berridge, KC (2010) The functional anatomy of pleasure and happiness. *Discov. Med.*, 9, 579–587.

Kroodsma, DH & Miller, EH (eds, 1982) *Acoustic Communication in Birds.* Volume 2. Academic Press, New York.

Laland, K (2004) Extending the extended phenotype. *Biology and Philosophy*, 19, 313–325.

Land, MF (1980) Optics and vision in invertebrates. In H Autrum (ed.), *Handbook of Sensory Physiology*, 7, 471–592. Springer-Verlag, Berlin.

Le Boeuf, BJ (1974) Male–male competition and reproductive success in elephant seals. *American Zoologist*, 14, 163–176.

Le Boeuf, B & Reiter, J (1988) Lifetime reproductive success in northern elephant seals. In TH Clutton-Brock (ed.), *Reproductive Success.* Chicago University Press, Chicago, 344–362.

Le Duc, D et al. (2022) Genomic basis for skin phenotype and cold adaptation in the extinct Steller's sea cow. *Science Advances*, 8.

Lehrman, DS (1964) The reproductive behavior of ring doves. *Scientific American*, 211, 48–55.

Leigh, EG (1971) *Adaptation and Diversity.* Freeman, Cooper, San Francisco.
Lents, NH (2019) *Human Errors.* Houghton Mifflin, Boston/New York.
LePage, M (2023) Life-extending parasite makes ants live at least three times longer. *New Scientist,* 12. Juni.
Lettvin, JY et al. (1959) What the frog's eye tells the frog's brain. *Proceedings of the I.R.E.,* 47, 1940–1951.
Lettvin, JY et al. (1961) Two remarks on the visual system of the frog. In WA Rosenblith (ed.), *Sensory Communication,* MIT Press, Cambridge, MA.
Lewis, CS (1939) Bluspels and flalansferes: a semantic nightmare. In *Rehabilitations and Other Essays.* Oxford University Press, Oxford.
Lewontin, RC (1967) Spoken remark in *Mathematical Challenges to the Neo-Darwinian Interpretation of Evolution.* In PS Morgan & M Kaplan (eds), *Wistar Institute Symposium Monograph,* 5, 79.
Lewontin, RC (1979) Sociobiology as an adaptationist program. *Behavioral Science,* 24, 5–14.
Li, Y et al. (2010) The hearing gene Prestin unites echolocating bats and whales. *Current Biology,* 20, 55–56.
Lorenz, K (1966a) *On Aggression.* Methuen, London [dt. Originalausgabe *Das sogenannte Böse.* München: dtv 1995].
Lorenz, K (1966b) *Evolution and Modification of Behavior.* Methuen, London [dt. Originalausgabe *Phylogenetische Anpassung und adaptive Modifikation des Verhaltens.* In: *Über tierisches und menschliches Verhalten,* Bd. 2 München: Piper 1965].
Low, B (2000) *Why Sex Matters.* Princeton University Press, Princeton, NJ.
Luo, K et al. (2019) Novel instance of brood parasitic cuckoo nestlings using bright yellow patches to mimic gapes of host nestlings. *Wilson Journal of Ornithology,* 131, 686–693.
McFarland, D (1985) *Animal Behaviour.* Pitman, London [dt. *Biologie des Verhaltens: Evolution, Physiologie, Psychologie.* Üb. v. W. Dreßen u. a.; Heidelberg: Spektrum Akad. Verlag 1999].
Manning, A & Stamp Dawkins, M (1998) *An Introduction to Animal Behaviour.* Cambridge University Press, Cambridge.
Margulis, L (1998) *The Symbiotic Planet.* Weidenfeld & Nicolson, London [dt. *Der symbiotische Planet oder wie die Evolution wirklich verlief.* Üb. v. S. Vogel; Frankfurt: Westend 2017].
Marler, P & Slabbekoorn, H (eds, 2004) *Nature's Music: the science of birdsong.* Elsevier, Amsterdam.
Martin, JW et al. (eds), (2014) *Atlas of Crustacean Larvae.* Johns Hopkins University Press, Baltimore.
Maynard Smith, J (1978) *The Evolution of Sex.* Cambridge University Press.

Mayr, E (1963) *Animal Species and Evolution.* Harvard University Press, Cambridge, MA [dt. *Artbegriff und Evolution.* Üb. v. G. Heberer; Hamburg: Parey 1967].

Meaney, G (2022) *Zoology's Greatest Mystery.* ISBN 9798424725319.

Miller, G (2000) *The Mating Mind.* Heinemann, London [dt. *Die sexuelle Evolution: Partnerwahl und Entstehung des Geistes.* Üb. v. J. Wissmann; Heidelberg: Spektrum Akad. Verlag 2001].

Mills, RE et al. (2007) Which transposable elements are active in the human genome? *Trends in Genetics,* 23, No 4.

Monroe, JG et al. (2022) Mutation bias reflects natural selection in *Arabidopsis thaliana. Nature,* 602, 101–105.

Nagel, T (1974) What is it like to be a bat? *Philosophical Review,* 83, 435–450.

Nikaido, M et al. (1999) Phylogenetic relationships among cetartiodactyls based on insertions of short and long interspersed elements: hippopotamuses are the closest extant relatives of whales. *Proceedings of the National Academy of Sciences,* 96, 10261–10266.

Noble, D (2017) *Dance to the Tune of Life: biological relativity.* Cambridge University Press, Cambridge.

O'Brien, HD et al. (2016) Unexpected convergent evolution of nasal domes between Pleistocene bovids and Cretaceous Hadrosaur dinosaurs. *Current Biology,* 26, 503–508.

Orgel, LE & Crick, FHC (1980) Selfish DNA: the ultimate parasite. *Nature,* 284, 604–607.

Østergaard, KH et al. (2013) Left ventricular morphology of the giraffe heart examined by stereological methods. *Anatomical Record,* 296, 611–621.

Owen, D (1980) *Camouflage and Mimicry.* Oxford University Press, Oxford.

Pääbo, S (2014) *Neanderthal Man: in search of lost genomes.* Basic Books, New York [dt. *Die Neandertaler und wir: meine Suche nach den Urzeit-Genen.* Üb. v. S. Vogel. Neuausgabe München: DVA 2024].

Packard, A & Wurtz, M (1994) An octopus, *Ocythoe,* with a swimbladder and triple jets. *Philosophical Transactions of the Royal Society B,* 344, 261–275.

Patek, SN (2015) The most powerful movements in biology. *American Scientist,* 103, 330–337.

Payne, RS (1972) The song of the whale. In P. Marler (ed.), *Marvels of Animal Behavior,* 144–167. National Geographic Society, Washington, D.C.

Payne, RS & McVay, S (1971) Songs of humpback whales. *Science,* 173, 585–597.

Perkins, S (2012) Porcupine quills reveal their prickly secrets. Science.org, 10. Dez.

Poulsen, CB et al. (2018) Does mean arterial blood pressure scale with body mass in mammals? Effects of measurement of blood pressure. *Acta Physiologica,* 222, e13010.

Pratt, HD (2005) *The Hawaiian Honeycreepers*. Oxford University Press, Oxford.

Pray, L & Zhaurova, K (2008) Barbara McClintock and the discovery of jumping genes (transposons). *Nature Education*, 1, 169.

Pride, D (2020) Viruses can help us as well as harm us. *Scientific American*, 323, 6, 46–53. [dt. Viren können nicht nur schaden, sondern auch helfen. *Spektrum der Wissenschaft*, 22.12.2020]

Pringle, JWS (1951) On the parallel between learning and evolution. *Behaviour*, 3, 174–214.

Quackenbush, EM (1968) From Sonsorol to Truk: a dialect chain. PhD thesis, University of Michigan.

Radford, C et al. (2020) Artificial eyespots on cattle reduce predation by large carnivores. *Communications Biology*, 3, 430.

Reich, D (2018) *Who We Are and How We Got Here*. Oxford University Press, Oxford.

Ridley, Mark (2001) *The Cooperative Gene* (zuvor erschienen in Großbritannien (2000) unter dem Titel *Mendel's Demon*). Free Press, New York.

Ridley, Matt (2020) *How Innovation Works*. Fourth Estate, London.

Robinson, JM (2023) *Invisible Friends*. Pelagic, London.

Roeder, KD & Treat, A (1961) The detection and evasion of bats by moths. *American Scientist*, 49, 135–148.

Romer, AS (1933) *Man and the Vertebrates*. Volume 1. Nachdruck Penguin, London, 1954.

Rowland, T (2010) Running with the grunion. *Santa Barbara Independent*, 9. April.

Ruse, M (2010) Evolution and the idea of social progress. In DR Alexander & RL Numbers (eds), *Biology and Ideology from Descartes to Dawkins*. Chicago University Press, Chicago.

Sandkam, BA (2021) Extreme Y chromosome polymorphism corresponds to five male reproductive morphs of a freshwater fish. *Nature, Ecology and Evolution*, 5, 939–948.

Scally, A (2012) What have we got in common with a gorilla? *Sanger Institute Press Release*, 7. März.

Schluter, D & McPhail, JD (1992) Ecological character displacement and speciation in sticklebacks. *American Naturalist*, 140, 85–108.

Shaffner, SF (2004) The X chromosome in population genetics. *Nature Reviews (Genetics)*, 5, 43–51.

Sheldrake, M (2020) *Entangled Life*. Penguin, London [dt. *Verwobenes Leben: Wie Pilze unsere Welt formen und unsere Zukunft beeinflussen*. Üb. v. S. Vogel; Berlin: Ullstein 2020].

Sheppard, PM (1975) *Natural Selection and Heredity*. Hutchinson, London.
Shubin, N (2020) *Some Assembly Required*. Pantheon, New York [dt. *Die Geschichte des Lebens: vier Milliarden Jahre Evolution entschlüsselt.* Üb. v. S. Vogel; Frankfurt a. M.: S. Fischer 2021].
Simon, M (2014) Absurd creature of the week: the parasitic worm that turns snails into disco zombies. *Wired*, 18. Sept.
Simpson, GG (1953) *The Major Features of Evolution*. Simon & Schuster, New York.
Simpson, GG (1980) *Splendid Isolation*. Yale University Press, New Haven, CT.
Singer, C (1931) *A Short History of Biology*. Oxford University Press, Oxford.
Skelhorn, J. et al. (2010) Masquerade: camouflage without crypsis. *Science*, 327, 51.
Skinner, BF (1984) The phylogeny and ontogeny of behavior. *Behavioral and Brain Sciences*, 7, 669–677.
Smith, JLB (1956) *Old Fourlegs*. Longmans, Green, London [dt. *Vergangenheit steigt aus dem Meer*. Üb. v. K. Lamerdin; Stuttgart: Günther 1957].
Sober, E & Wilson, DS (1998) *Unto Others: the evolution and psychology of unselfish behavior*. Harvard University Press, Cambridge, MA.
Spottiswoode, C et al. (2011) Ancient host specificity within a single species of brood parasitic bird. *Proceedings of the National Academy of Sciences*, 108, 17738–17742.
Spottiswoode, C et al. (2022) Genetic architecture facilitates then constrains adaptation in a host–parasite coevolutionary arms race. *Proceedings of the National Academy of Sciences*, 119.
Sterelny, K (2001) *Dawkins vs. Gould: survival of the fittest*. Icon, Cambridge.
Sterelny, K & Kitcher, P (1988) The return of the gene. *The Journal of Philosophy*, 85, 339–361.
Stevenson, J (1969) Song as a reinforcer. In RA Hinde (ed.), *Bird Vocalizations*. Cambridge University Press, Cambridge.
Strömberg, CAE (2006) Evolution of hypsodonty in equids: testing a hypothesis of adaptation. *Paleobiology*, 32, 236–258.
Sykes, B (2001) *The Seven Daughters of Eve*. Bantam Press, London [dt. *Die sieben Töchter Evas: Warum wir alle von sieben Frauen abstammen*. Üb. v. A. Kamphuis; Bergisch Gladbach: Lübbe 2002].
Symons, D (1979) *The Evolution of Human Sexuality*. Oxford University Press, New York.
Taborsky, M et al. (2021) *The Evolution of Social Behaviour*. Cambridge University Press, Cambridge.

Tanaka, KD et al. (2005) Yellow wing-patch of a nestling Horsfield's hawk cuckoo Cuculus fugax induces miscognition by host: mimicking a gape? *Journal of Avian Biology*, 36, 461–464.
Teeling, EC et al. (2000) Molecular evidence regarding the origin of echolocation and flight in bats. *Nature*, 403, 188–192.
Tenaza, RR (1975) Pangolins rolling away from predation risks. *Journal of Mammalogy*, 56, 257.
Thomas, L (1974) *The Lives of a Cell*. Futura, London [dt. *Das Leben überlebt*. Üb. v. M. Carroux; Köln: Kiepenheuer und Witsch 1976].
Thompson, D'Arcy W (1942) *On Growth and Form*. Cambridge University Press, Cambridge [dt. *Über Wachstum und Form*. In gekürzter Fassung neu hrsg. von John Tyler Bonner. Üb. von Ella M. Fountain u. Magdalena Neff. Frankfurt a. M.: Suhrkamp 1983].
Thorpe, WH (1961) *Bird Song*. Cambridge University Press, Cambridge.
Tinbergen, N (1951) *The Study of Instinct*. Oxford University Press, Oxford [dt. *Instinktlehre: vergleichende Erforschung angeborenen Verhaltens*. Üb. v. O. Koehler; Berlin: Parey 1979].
Tinbergen, N (1964) On adaptive radiation in gulls. *Zoologische Mededelingen*, 39, 209–223.
Tinbergen, N (1966) *Animal Behavior*. Time, New York [dt. *Tiere und ihr Verhalten*. Üb. v. H. H. Wellmann u. a.; Reinbek: Rowohlt 1976].
Tov, E (undatiert) *The Torah Scroll: how the copying process became sacred*. TheTorah.com.
Trivers, RL (1972) Parental investment and sexual selection. In B Campbell (ed.), *Sexual Selection and the Descent of Man*. Aldine, Chicago.
Trivers, RL (1985) *Social Evolution*. Benjamin/Cummings, Menlo Park, CA.
Trivers, RL (2000) In memory of Bill Hamilton. *Nature*, 404, 828.
Trivers, RL (2011) *The Folly of Fools*. Basic Books, New York [dt. *Betrug und Selbstbetrug: Wie wir uns selbst und andere erfolgreich belügen*. Üb. v. S. Vogel; Berlin: Ullstein 2013].
Turner, JS (2004) Extended phenotypes and extended organisms. *Biology and Philosophy*, 19, 327–352.
Tyson, N deGrasse (2014) *The Pluto Files*. WW Norton, New York.
Van der Linden, A (2016) No teeth, long tongue, no problem: adaptations for anteating. *That's Life*. thatslifesci.com.
Villarreal, LP (2016) Viruses and the placenta: the essential virus first view. *APMIS*, 124, 20–39.
Von Holst, E & von Saint Paul, U (1962) Electrically controlled behavior. *Scientific American*, 236, 50–59.
Waddington, CH (1942) *The epigenotype*. Endeavour, 1, 18–20.

Waddington, CH (1977) *Tools for Thought.* Jonathan Cape, London.
Wedel, MJ (2012) A monument of inefficiency: the presumed course of the recurrent laryngeal nerve in Sauropod dinosaurs. *Acta Palaeontologica Polonica*, 57, 251–256.
Weiner, J (1994) *The Beak of the Finch.* Jonathan Cape, London [dt. *Der Schnabel des Finken oder der kurze Atem der Evolution.* Üb. v. M. Reiss; München: Droemer Knaur 1994].
West, G (2017) *Scale.* Penguin, London.
Wickler, W (1968) *Mimicry in Plants and Animals.* Weidenfeld & Nicolson, London. [dt. Originalausgabe: *Mimikry: Nachahmung und Täuschung in der Natur.* Frankfurt a. M.: Fischer Taschenbuch Verlag 1973].
Williams, GC (1992) *Natural Selection: domains, levels and challenges.* Oxford University Press, New York.
Williams, GC (1966, Nachdruck 1996a) *Adaptation and Natural Selection.* Princeton University Press, Princeton, NJ.
Williams, GC (1996b) *Plan and Purpose in Nature.* Weidenfeld & Nicolson, London.
Wilson, EO (1975) *Sociobiology: the new synthesis.* Harvard University Press, Cambridge, MA.
Workman, L & Reader, L (2004) *Evolutionary Psychology: an introduction.* Cambridge University Press, Cambridge.
Wrangham, R (2009) Catching *Fire: how cooking made us human.* Profile Books, London [dt. *Feuer fangen: Wie das Kochen uns zu Menschen machte.* Üb. v. U. Rennert; München: DVA 2009].
Wren, PC (1924) *Beau Geste.* Murray, London 8dt. [dt. *Drei Brüder.* Üb. v. C. Ehrenstein; Berlin: Th. Knaur Nachf. 1927].
Wynne-Edwards, VC (1962) *Animal Dispersion in Relation to Social Behaviour.* Oliver and Boyd, Edinburgh.
Yanai, I & Lercher, M (2015) *The Society of Genes.* Harvard University Press, Cambridge, MA [dt. *Das geheime Leben im Menschen: ein faszinierender Blick auf die Gesellschaft unserer Gene.* Üb. v. M. Lercher; Köln: Quadriga 2016].
Yong, E (2011) Lies, damned lies and honey badgers. *Discover*, 19. Sept.
Zahavi, A & Zahavi, A (1997) *The Handicap Principle: a missing piece of Darwin's puzzle.* Oxford University Press, Oxford [dt. *Signale der Verständigung: das Handicap-Prinzip.* Üb. v. A. Ehlers; Frankfurt a. M.: Insel 1998].
Zimmer, C (2021) A new company with a wild mission: bring back the woolly mammoth. *New York Times*, 13. Sept.

PERSONEN- UND SACHREGISTER

Aale 151
Ablenkungshypothese 43
Ablenkungsverhalten 153
Adams, Douglas 205
Adaptionismus 77, 81
adaptive Radiation 164 f., 167 f.
Adler 112 f.
Afrotheria 130, 132
Aktipis, Athena 373 f.
Aldabra-Inseln 65
Alexandra (Prinzessin) 336
Alexej (Zarewitsch) 336
Algorithmen 396
Alice (Prinzessin von Albany) 336
Alice (Prinzessin von Hessen) 336
Allele 273
Alligatorenschildkröten 164
Altruismus 322
Ameisen 103, 105, 107, 333, 391
Ameisenbären 102 f.
Ameisenbeutler 105 f.
Ameisenigel 104–106, 130, 147
Aminosäuren 143, 278
Amphibien 187
Amphioxus 382
Amphipoda 180
Amsel 315
Ancyclomenes 156
Anglerfisch 163 f.
Anglerfische 163 f.
Anomotaenia brevis 391
Anpassung, evolutionäre 252, 373
Antikythera 83
Antilopen 84, 108, 126, 134, 355
Aquarienfische 305
Archaea 108, 379
Archaeopteryx 109
Armadillidium 122 f.
Artbildung 170 f., 351, 360
Artiodactyla 74
Äsop 310, 313
Asseln 49, 124, 388
Asymmetrie 312 f., 323
Atlas of Crustacean Larvae 190
Attenborough, David 205, 289
Augen 87, 126, 387
Austernfischer 113, 315, 319
Autosomen 296, 303 f., 307, 323

Babar-Effekt 41
Bachstelzen 293
Backenzähne 98 f.
Bakterien 223 f., 359 f., 379 f., 382 f., 385
Bakteriophagen (Phagen) 223
Baldwin-Effekt 50
Bandeulen 362 f., 366
Bandwürmer 391
Barbourofelidae 137
Barlow, George 168
Barra 365
Barra, Äußere Hebriden 364
Bartenwale 102, 113, 144, 161
Batty, Wilf 120
Bauplan (Körperplan) 72, 253
Beatrice (Prinzessin) 337
Beau-Geste-Hypothese 206
Becken 428
Beethoven, Ludwig van 236, 291
Belohnung 193–198, 201, 209 f., 217 f.
Belohnungslernen 195
Bennett-Clark, Harry 272
Bentley, David 274
Bestrafung 194 f., 200–204, 207
Beugegurren 215, 281
Beutelmulle 149
Beuteltiere 105, 107, 120, 132, 138
Beutelwolf, Tasmanischer 22, 132
bewegliche genetische Elemente 397
Biber 52, 197, 285
Bienen 128, 190, 201, 385
Bindung 154
bithorax 180
Blattinsekten 43
Blaue-Augen-Gen 280
Blauwale 54, 160
Blindmulle 132
Blutdruck 93 f., 147
Bonobos 342 f., 350 f.
Brachiosaurus 69
Braunbären 147
Braunkehlsalanganen 140
Brenner, Sydney 368
broken wing display 152
Brontosaurus 91, 94
Brooke, Michael 300, 313
Browne, Sir Thomas 190
Brüllaffen 285
Brunhoff, Jean de 41
Brustkorb 69, 278
Brustpanzer 63
Brutparasiten 288, 320
Brutverhalten 215
Buntbarsche 51, 167 ff., 171 f., 288

Caenorhabditis elegans 368
Cain, Arthur 79
Canidae 96
Carapax 174, 179
Carnegie Mellon University 149
Carnivora 136, 138
Central Valley (Kalifornien) 352
CERN (großer Hadronenbeschleuniger) 358
Chamäleon 227, 250
Chaucer, Geoffrey 302 f.
China 63, 65
Chloroplasten 380, 382 f.
Cholera 381, 384
Chromosomen 245, 296, 303 f., 374
Cnidocyten 129
Cochlea 143
Collins, Francis 146
Colugo (fliegender Lemur) 130
Companion-Song 359
Computerfestplatte 74 f., 243
Computermodell 16
Computersimulationen 149
Computerviren 396
Conway Morris, Simon 156

Coronaviren 398
Cott, Hugh 84
Covid-19-Pandemie 225
Covid-Virus 225
Crick, Francis 241 f.
CRISPR (Clustered Regularly Interspaced Short Palindromic Repeats) 224
Crossing-over 245 f., 346, 366
Cuculidae 288
Cuculus canorus 299
curtisii 362, 364 f.
Curtis, John 362
Cyanobakterien 380
Cyprislarven 186

Dachs 147
Dachsammern 208 f., 217, 219
Darm 95, 108 ff., 353, 355, 367, 369
Darwin, Charles 242
Darwinfinken 114
Darwinismus 10, 260, 310
Davies, Nick 289 f., 300, 302, 313, 315 f.
Degeneration, evolutionäre 188
Delfine 100, 102, 135, 139, 143 f., 250
Denisova-Menschen 22
Desman 147
Devonzeit 48, 50 f., 58, 66
digitale Genomforschung 241
Dinosaurier 54, 60, 91 f., 98, 102, 136, 144, 271
diploide Zellen 374
Diptera 37, 180
DNA 22, 144, 224, 239, 242
DNA-Sequenzen 22 f., 144, 224, 380
Dodo 22
Dolly (Schaf) 242
Dominanz 362, 364 f.
Dornschwanzhörnchen 130 f.
Dreibinden-Gürteltier 122
Dugongs 52 f., 57, 59, 130, 145, 148, 160
Dynastor darius 39

Echolokation 138 ff., 143 f., 150
Echsen 14, 27
Edward (Herzog von Kent) 336
Edward VII. (König von England) 336
Effekt des seltenen Feindes 313
egoistische Gene 321
Eiablage 129, 299
Eichhörnchen 196, 252, 353
Einschränkungen der Vollkommenheit 67
Einsiedlerkrebse 183
Einstein, Albert 235, 239
Eisvögel 116
Eiszeiten 85
Elefanten 41, 93, 99, 130, 172, 371, 397
elektrische Felder 151 f.
Elizabeth II. (Königin von England) 335
Embryo 369
Embryologie 88, 126, 253, 278, 368
Embryonalentwicklung 30
endogene Retroviren (ERVs) 397
Entenmuscheln 188
Enzyme 355
Epigenetik 371
Erdferkel 105 f., 130, 132, 250
Erdwolf 106
erweiterter Phänotyp 354, 386, 390 ff., 396
Escherichia coli 354
Eukaryonten 379, 382
Eulen 30, 365
Eulenmotten 39
Eulenschwalm 31, 45
Evolution, degenerative 387
Evolution, konvergente 106, 109, 123, 127, 130, 132, 140, 152 f., 156, 158

Evolvierbarkeit 252 ff.

Facetotecta 187
Fadenwürmer 368 f.
Falschfarbenbilder 142
Faltenwespen 269 f.
Fangschreckenkrebse 175, 177 ff., 183
Färbung 280, 291, 309, 316, 320
Felidae 96
Fettschwalmen 139
Fetus 143
Fetzenfische 32, 161, 163
Feuerfische 161
Finken 115, 218, 292 f.
Fischattrappen 34
Fischkunden 154
Fisher, Ronald 328, 364, 377
Flechten 28, 294
Fleck, blinder 67
Fledermäuse 100, 138–142, 144 f., 150, 250
Fleischfresser 95 f., 100, 108, 110, 137, 355, 367
Flohkrebse 180, 382
Fluchtkuckuck, asiatischer 319 f.
Flug 130, 145, 149, 235, 266
Flughörnchen 130 f.
Flughunde 139
Fluken 54, 161
Flundern 229
Flusspferde 52, 73 f., 159 f., 250
Ford, EB 361 f., 364 ff., 377
Forellen 163
Fossilien 22, 48, 60, 91, 110, 352, 360
Fourier-Analyse 18
Fourier-Prinzip 18
frequenzabhängige Selektion 308
Friedrich (Prinz) 336
Frösche 17, 28, 313
Füchse 152
Galapagosfinken 115
Galapagos-Inseln 65, 114 f., 166
Galapagos-Meeresechsen 52, 57, 65, 136
Galapagos-Riesenschildkröte 66
Galopp 54, 134
Gameten 165, 351, 374 f., 383, 393
Gang 78
Gangarten 134, 136
Gänse 219 f.
Garnelen 123, 154 f., 164, 184, 190
Gastrolithen 111
Gauthier, Jacques 58
Gaviale 100
Gedächtnis 223 ff.
Gedankenlesen 211 f.
Gehirn 15, 18 f., 87, 91, 142, 197, 215, 220, 232, 297
Gehirnforschung 197
Gehör 208
Geier 42, 127
Geisterpfeifenfische 162
gekochter Frosch (Fabel) 313
Gelbfiebermücken 376
Genom 145 ff., 241, 338, 344
genomische Prägung 321 f.
Genomsequenzen 344
Genpaare 341
Genpool 24, 345, 347 f., 353, 356, 359 f., 367
Gensequenzierung 74
Geruchssinn 74 f., 127, 151
Geryon 174
Gesamtfitness 259
geschlechtsbeschränkte Gene 304
geschlechtsgekoppelte Gene 304
Gibbons 285
Giraffen 91, 160
Gleitbeutler 132, 144 f.
Gleitflug 130, 145

Gliederfüßer 72, 127, 173, 181 f., 252, 387
Glockenreiher, afrikanische 116
Glomerida 123
Glomeris 123
Goldfische 316, 319
Goldmakrelen 73
Goldmulle 132, 149
Gondwana 105
Goodall, Jane 265
Gorillas 110, 342, 344
Gould, Stephen Jay 77, 250 f.
Grabwespen 269 f.
Grant, Peter und Rosemary 114
Grashüpfer 269
Grauhörnchen, amerikanisches 252, 376
Graulaubenvügel 284
Grillen 274 f., 280, 349, 385
Grillengesänge 274
Groflhirnrinde 214
Guppys 305
Gürteltiere 104, 122
GWAS (genomweiten Assoziationsstudie) 146, 148
Gymnarchidae 151
Gymnotidae 151

Haare 128, 130, 150 f.
Haarlosigkeit 149
Haeckel, Ernst 175 f.
Haig, David 109, 321 f.
Haldane, J. B. S. 48 f., 81
Hamilton, William Donald 11, 258, 260, 329 ff., 376
Hämophilie 336–339
Hanlon, Roger 228 f.
Hansell, Michael 267 f.
Haplochromis 169
Hartshorne, Charles 205, 210
Harvard University 77, 321
Häufigkeitsgleichgewicht 308
Hauptgene 364 f.
Haussperling 302
Hautfarbe 227
Hautkunst 227
Hawaii 115, 166
Hawaii-Sichelkleidervogel 114
Heckenbraunellen 293, 297, 299, 301 ff. 313
Helmholtz, Hermann von 87
Hermaphrodit 164
Herz 86, 91, 93 f., 160
Heuschrecken 31, 271, 334
Himalayageier 42
Hinde, Robert 216
Hippolytidae 156
Hirschferkel 121
Hirschkäfer 121
HIV 398
Hoatzin 109
Hobart (Zoo) 120
Höhenangst 233 f.
Holst, Erich von 215
Homo erectus 348 f., 351
Homo heidelbergensis 360
Homo rhodesiensis 360
Homo sapiens 110, 348 f., 351
homozygot 362
Homunculus 214
Honigdachse 201
Hören 139 f., 142, 205, 207 f., 217, 236, 274
horizontaler Gentransfer 382
Horizontobacter 383 f., 394
Horizontoparasit 390
Horizontoviren 395
Hornschnabel 111
Hoy, Ronald 274
Huftiere 73, 161
Hull, David 262

Human-Genomprojekt 146, 358
Hume, David 85
Hummer 178 f., 183 f., 190
Hund 96, 120, 128, 193 ff., 211, 293, 310
Hundertfüßer 123, 129, 178, 181
Hüpfen 134 f.
Huxley, Aldous 188
Huxley, Julian 174, 187
Hyalella 382
Hyänen 106
Hybriden 274, 276, 351
Hybridtauben 209

Ichthyosaurier 54, 56, 101, 135 f.
Igel 100, 103, 130, 132, 353
Igeltenrek 130
IGWAS (interspezifische genomweite Assoziationsstudie) 146–149
Iiwikleidervogel 114, 116
Immunsystem 15, 223, 225, 230, 368
Impedanzanpassung 271
Impfungen 225
inaktivierte Gene 146, 151
inclusive fitness 259
Influenza 398
IRBP (Protein) 382
Irene (Prinzessin) 336

James-Webb-Weltraumteleskop 142, 358
John- und Jean-Gene 341
Jones, Steve 336
Joyce, Walter 58
Jurazeit 109

Kakawahie 114
Kaktus 372
Kameraauge 91, 126 f., 138
Kammfinger, afrikanische 148
Kanarienvögel 207, 216, 280, 284
Kängurus 134 f.
Kaninchen 108
Kardinale 316, 319
Kärpflinge 305
Katapult-Prinzip 178
Katzen 39, 385
Kaufabneigung 211, 314, 316, 319
Kaufunlust 212 f.
Kaulquappen 114, 187
Keats, John 216, 218, 236, 314
Kegelschnecken 129
Kehlkopf 69
Kehlkopfnerv 67, 68 ff., 89
Keimbahnmutation 243, 367, 368
Keimdrüsen 388
Keimzellen 351, 375, 389, 398
Keratin 103, 125
Keuchhusten 384
Kiemen 33, 52 ff.
Kilner, Rebecca 315
Kimura, Motoo 79
Kladesselektion 254
Kletterbeutler, fliegende 131
Klimawandel 85
Klippenexperiment 232 f.
Kloake 54
Klon 242
Knallkrebse 177
Knochen 60 f., 71, 110, 147, 173, 355
Knochenfische 161, 164
Koaleszenztheorie 338, 341
Kochen (Erfindung) 110
Köcherfliegenlarven 266–269, 277
Kolibri 112 f., 116
kooperatives Gen 246
Kopffüßer 127, 228, 230
Kormorane 149, 287
Körpertemperatur 107, 147
Krabben 123, 178, 183 f., 186, 190
Krähen 197

Krebse 184, 388
Krebs, John 84, 206, 210, 310, 314
Krebslarven 185
Krebstiere 122 ff., 158, 173, 175, 177 f., 183, 186 ff., 190
Krebszellen 369, 373 f.
Kreuzschnabel 112, 114
Kreuzung 22, 274, 276 f., 349, 351 f., 360, 365
Krill 102 f.
Krillkrebse 161
Krokodile 52, 101
Kuckuck, Gemeiner 78, 287–291, 293, 302 f., 305, 307, 309 f., 312–316, 319 f.
Kuckucksbienen 288
Kuckuckseier-Mimikry 304
Kuckucksei-Mimickry 292
Kuckucksei-Mimikry 293 f.
Kuckucksfische 288
Kuckucksnest 288
Kuckuckswespen 288
Kuckuckswitwe, afrikanische 288, 303
Kugelasseln 125, 180
Kugelfische 162
Kuhstärlinge 288
künstliche Selektion 194, 203 f., 278
Kurzkopfgleitbeutler 131
Kurzschnabel-Ameisenigel 105

Lachmöwen 40, 282
Lachtauben 209, 215 f., 280, 284
Lamprologus lemairii 166 f.
Landschildkröten 58 f., 60, 62, 65, 148
Langschnabeligel 105
Längsflosse 151
lateinische Sprache 122, 124
Laubenvögel 282 ff.
Laubheuschrecken 36, 269
Laurasiatheria 132
Laysangimpel 114
Lebendgebärende 56, 164
Leber 20, 239, 353, 370 f.
Le Boef, Burney 323
Leierschwänze 205, 207
Leigh, Egbert 367
Lemur, fliegender 130, 145
Leoparden 39, 86, 128, 355, 361
Leopold (Herzog von Albany) 336
Lernen 191 f., 195, 201, 203, 205, 207, 217, 219 f., 222 f., 225, 231, 234
Leucochloridium 386
Lewontin, Richard 77, 79, 81
Litopterna 71
Löffelstöre 152
Löffler 112 f.
Lorenz, Konrad 218 ff., 297
Löwen 84, 95 f., 101, 125 f., 355
Lungen 383
Lungenfische 49
Luscinia megarhynchos 210 f.
Lustzentren 199 f.

Madagaskar 36, 130
Makaken 223
Makrelen 163
Malaiisch 124
Malawisee 167 ff.
Manipulation 181, 212 f., 314
Manupilation 282
Marler, Peter 205
Masern 224, 398
Maulbrüter 288
Maulwurf 147
Maulwurf, eurasischer 132
Maulwurfsgrillen 271 f., 274, 277
Maulwurfsratte, asiatische 132
Mäuse 93, 172, 220, 351 f., 391
Maynard Smith, John 9
Mayr, Ernst 348

May, Robert 331
McClintock, Barbara 397
Meeresschildkröten 52, 56–59, 62, 65
Megachiroptera 139 f.
Mehrebenenselektion 251 f.
Meiose 350, 361, 368, 374 f.
Mendel, Georg 256
Mesohippus 137
Mesozoikum 66, 135
Microchiroptera 139 f.
Milner, Peter 197, 200
Mitochondrien 379–383, 390
Mittel-Grundfink 115
Modifikatoren 364 ff.
Mojave-Eidechse 13, 20
Mojave-Wüste 13, 21, 27
Molekulargenetik 21, 58, 72 f., 158
Mondfische 162
monophyletisch 382
Moosfrösche 36
Motten 294, 300, 361 f.
mRNA-Impfstoffe 225
mRNA (Messenger-RNA) 225
Mulligan, J. A. 207
Mumps 224
Muränen 155
Muscheln 33, 113, 127, 188
Muskelmagen 111
Mutation 25, 78–81, 180, 243 f., 248, 254, 256 f., 327, 336, 364, 367 f., 372 f.
Myrmecophaga 103

Nachtigallen 206, 207, 215 f., 218, 314, 320
Nacktmulle 149, 332–335
Nagel, Thomas 141
Nagetiere 128, 130, 132, 135 f., 385
Napfschnecken 188
Naschvögel 115
Nashörner 41
Nashornkäfer 121
natürliche Selektion 45, 152, 154, 158, 184, 191 f., 195, 202, 226, 231, 249, 252, 258, 269, 277, 279, 326, 346, 372, 392
Naupliuslarve 186, 189, 388
Neandertaler 22
Nebelparder 97, 107
Nektarvogel, afrikanischer 116
Nelson, Keith 210
Nematomorpha 385
Nestbau 215 f., 282
Netzhaut 29, 39, 67 f., 87, 126, 142, 382
Neuweltpapagei 112
Nimbochromis livingstonii 166 f.
Nimravidae 137
Noble, Denis 237, 239, 241 f., 247
Noctua comes 362
Nosema-Gene 391
Nucleotidsequenzen 242
Numbat 105 f.

Odontochelys semitestacea 62 f., 65
Ohr 18, 44, 139 ff., 143, 280
Olds, James 197, 200, 203
operante Konditionierung 192 f.
Opossum 147
Organismen als vorübergehende Vehikel 238, 262
Orkneyinseln 365
Ortstreue 154
Oryctodromeus 136
Otter 52, 57, 147 f.

Pääbo, Svantje 22
Paarhufer 159 f.
Paka 121
Palaemonidae 155 f.
Palaeochersis 60 ff., 65

Palimpsest (genetisches Totenbuch) 11 f., 20, 47, 49, 66, 68, 70, 105, 160
Panzerung 126, 173
Papageien 113, 207
Papageischnabel-Kleidervogel 116
Pappochelys 65
Parallelentwicklung 167
Paranthropus (Australopithecus) boisei 110
Paranthropus (Australopithecus) robustus 110
Parasaurolophus 271
parasitäre Kastration 387 f.
Parasiten 154, 187 f., 190, 286, 288, 385 ff., 389–392
Parhyale 180
Pastorale-Symphonie (Beethoven) 291
Patel, Nipam 180
Paviane 234
Pazifikinseln 115, 274
Penfield, Wilder 214
Penis 304
Perm 66
Pertussisbakterium 384
Pfeifkuckuck, chinesischer 320
Pfeil-und-Bogen-Prinzip 178
Pferde 71, 98, 137
Pflanzenfresser 94 f., 97, 99, 107 f., 110, 367
Pflegeeltern 286, 288–291, 293 f., 297, 309, 312–315, 320
Phänotyp, erweiterter 384
phänotypische Effekte 390, 392
Philip (Herzog von Edinburgh) 335
Phnotyp 23, 254, 256, 267, 269, 278 ff., 282, 384
Pholidota 124, 136
Phylloides imperialis 41
Pieperwaldsänger 269 f.
Pillenkäfer 122, 158
Pistolenkrebse 177
Plankton 186, 189 f.
Planwirtschaftsgen 327
Plastron 63
Plattfische 227 f., 230
Plattschwanzgecko 35
Plattwürmer 386 f.
Plazenta 132, 396
Plazentatiere 132, 135
Pleiotropie 81
Pleopoden 179
Plesiosaurier 58, 135 f.
Pliohippus 97 f.
Pocken 24, 252, 398
Poecilia 305
Poecilia parae 305, 309
Polygene 276
Polymorphismus 305, 308
Populationsgenetik 25, 338
Pottwale 102, 139
Prägung 219 f., 222, 297
Prestine 144
Prestin-Gen 144, 150, 345
Prestin-Sequenzen 144
Priestley, J. B. 359
primäre Belohnung (primäre Verstärkung) 193, 204
Prinzip des seltenen Feindes 310
Proganochelys 60 f., 63, 66
Protozoen 108, 385
Pseudogene 74 ff.
Pterosaurier 126
Ptolemäus 83
Putzerfische 154, 158
Putzergarnelen 155 f.
Putzerhandwerk 154

QR-Code 20
Quallen 360
Quallenfische 129

Rankenfußkrebse 188 ff., 387 f.
Ratten 198, 385 f.
Raupen 31, 35, 39, 41, 43, 45, 114, 184, 267, 294, 300, 387
Regel für innere Widersprüche (Koran) 12, 66, 70
Regenwürmer 72, 100, 250, 353
Reißzähne 94, 96–99, 136 f.
Reiher 116
Replika 263
Replikator 251, 262
Retroviren (ERVs) 396
Reverse Engineering 83, 90 f., 94 f., 99, 101 ff., 107, 114, 116
Rhinolophidae 140
Ricinus communis 382
Ridley, Mark 262, 357
Ridley, Matt 119
Riesenalk 22
Riesenasseln 124
Riesenfaultier 72 f.
Riesengleiter 130 f.
Riesenkrabbe 182
Riesenkrabbe, Japanische 183
Riesenkugler 123
Riesenmoas 111
Ringelwürmer 72, 127, 179, 252
RNA 224
RNA-Bilder 224
Robben 52, 57, 74, 148, 160, 323, 328, 330
Robinson, Jake 379
Rohrsänger 78, 293, 300, 313, 315 f.
Rollasseln 122 f., 158
Romer, AS 50 f.
Röteln 398
Rothirsche 323
Royal Society 84
Ruderfußkrebse 175 f.
Rupert von Teck 336
Säbelzahnkatze (falsche) 137
Säbelzahnkatzen 96 ff., 137 f., 158
Säbelzahntiger 96
Sacculina 189 f., 387–390
Sackträgerraupe 268 f.
Saftkugler 123, 158
Saitenwürmer 385
Salamander 187, 352
Salzkrebschen 72
Sandregenpfeifer 152
Säugetiere 58, 73, 145, 150, 324
Saugwürmer 386, 392
Sauropoden 91 ff.
Sauroposeidon 91
Schallwellen 19
Scherenschnabel 112 f.
Schildkröten 61, 63, 65 f.
Schimpansen 222, 266, 342–345, 350 f.
Schlangen 34, 38
Schleppnetzfischer 103
Schmerzen 200 ff., 204, 234
Schmerzrezeptornerven 215
Schmetterlinge 32, 38, 43, 45, 114, 172, 184, 362, 365
Schnabel 111, 113, 115, 196, 220, 316, 319 f.
Schnäbel 114
Schnabel-Grundfink 115
Schnabeltiere 52, 105, 129, 147, 152
Schnecken 267, 362, 386 f., 392
Schneckenhäuser 183, 267
Schneeleoparden 29
Schneidezähne 98 f.
Schollen 227
Schopfhuhn 109
Schrott-Gene 74
Schuppentiere 104 ff., 124 f., 136
Schützenfische 116
Schwalben 17, 141, 250
Schwebfliegen 36 f.
Schweine 74, 160, 193

Schwertfische 250
Schwertwale 102, 139
Schwimmbeutler 52, 147 f.
Schwimmblase 163
Schwimmflossen 60
Schwimmhäute 145
Seedrachen 161
See-Elefanten 323 f., 329, 330
Seehunde 147
Seeigel 186
Seekühe 132, 145, 149, 160
Seelöwen 52, 57
Seepferdchen 32, 162
Seepocken 188
Seeschlangen 51, 53, 229
Segmentierung 178 f., 182, 253
Segregation 365
Segregationsverzerrer 375
sekundäre Belohnung 193
sekundäre Verstärkung 204
Selektionsdruck 27, 80, 172 f., 246, 294, 302, 309, 312 f., 345
selektive Verdrängung 345 f.
sexuelle Fortpflanzung 348, 359
sexuelle Rekombination 25, 248, 359
sexuelle Selektion 25
sexuelle Ungleichheit 324
Shaping-Methode 194
Sicyonia 189
Simulation 234
Simulation oder Phantasie 231
Singer, Charles 239–242
sisters (gesprochenes Wort) 19 f., 44, 88
Skinner, B. F. 193 ff.
Skinner-Box 192 f., 196 f.
somatische Mutation 368, 371 f.
Sonar 56, 138, 140, 145
Sonne 23, 49, 226, 381
soziale Insekten 258, 333
SpaceX 357 f.
Spannerraupe 32
Spatzen 302
Spechte 391 f.
spektakuläre adaptive Radiation 165
Sperling 310
Spezies als Skulptur 23
Sphaerotheriida 123
Spinnen 35
Spirometra mansanoides 391
Spitzmäuse 52, 100, 139, 147
Spottiswoode, Claire 303
springende Gene 397
Springhasen 135
Stachelschweine 127 f., 130
Stammbäume 148, 254, 335, 342 f., 345, 369, 382
Stebbins, Ledyard 171 f.
Steel, Elizabeth 216
Stenopodidae 156
Sterelny, Kim 251, 286
Stevenson, Joan 218
Stimulation 198, 214
Stoffwechselrate 107
Stoffwechselwege 354 f.
Stoflzähne 99
Strategie der hinterlistigen Männchen 330
Strauflenvögel 111
Südamerika 72, 103, 109, 121, 127, 138
Supergen 366
supernormaler Reiz 315
Symmetrie 30
Synästhesie 141

Tagschläfer 31, 35, 45
Tamandua 103 f., 106
Tanaka, Keita 320
Tanganjikasee 167 f., 288
Tarnung 27, 29 f., 37, 44, 119, 229

Tasmanische Tiger 120
Tasmanische Wölfe 120
Tauben 194, 203, 208, 216, 281
Taufliegen 361
Tausendfüßer 123, 125, 158, 178
Taylor, Bert Leston 92
Teleogryllus commodus 274
Teleogryllus oceanicus 274
Teleoistei 161
Temnothorax nylanderi 391
Tenrek 147
Termiten 103, 105 f., 333
Testosteron 322, 386
Tetanus 381
Thaumoctopus mimicus 229
Thoaterium 71
Thomas, Lewis 397
Thompson, D'Arcy 174
Thylacinus 120
Thylacosmilus 138
Tiarajudens 98 f.
Tier-Statuen 31 ff.
Tiger 29, 39, 306, 308
Tiktaalik 110
Tinbergen, Niko 315
Tintenfisch 42
Tintenfische 126, 228 ff.
Todesersatz 234
Tollwut 395, 398
Toxoplasma-Gene 386
Toxoplasma gondii 385
Transplantate 397
Transposons 397
Triaszeit 60, 63
Tribolium 391
Tribolum 391
Trilobiten 127, 152
Triphaena comes 362
Triplettcodons 241
Trivers, Robert 11, 322
Trompetenfische 162
Truthahngeier 127
Tuberkulose 381

Uhrmacher, blinder 374
Ultraschall 139 f., 143
Ultraschallsonar 144
Ultraviolettstrahlung 226
Umwegproblem 234 f.
unsterbliche Gene 21, 241, 245, 248
Unterkiefer 96, 254 f.
Uropoden 179 f.

Verbrecher-DNA 224
Verdauung 95, 107, 367
Verdauungstrakt 108
Verkaufstalent 212, 314, 316, 319
Verstärkungslernen 195
Verticobacter 383 f., 393, 394
Verticoparasiten 389 f., 393
Verticoviren 395 ff., 399
Victoria (Königin) 335 f.
Victoriasee 51, 166–170
Villarreal, L. P. 396
Viren 223, 395–399
visuelle Klippe 232
Vitamin D 226
Vogelgesang 205, 210, 213
Vorhersage 12 ff., 16 f., 197, 235
vulkanische Inseln 115, 165

Waldsänger-Darwinfink 115
Wale 59, 74, 159 ff.
Walrosse 52, 99
Wanderheuschrecken 334
Wandertaube 22
Wasserflöhe 183
Watson, James 241 f.
Wattwürmer 72
Wegläufer 331–335

Weiflnackenkuckuck 319
Wespen 36 f.
Wettrüsten, evolutionäres 126
Wicken Fen (Naturschutzgebiet) 289, 313
Wiesenpieper 290, 292 ff., 298, 300, 313
Windpocken 24, 398
Wirbeltiere 48, 51, 72, 181, 382 f.
Wissenschaftler der Zukunft (Scientist of the Future) 10, 60, 230 f.
Wölfe 147
Wollmammut 22
Wong, Yan 339, 341
Wrangham, Richard 110
Wühlmäuse 52, 147 f.
Würmer 385
Wyndham, John 288
Zähne 94–97, 99, 100 ff., 105, 107, 110, 154 f., 196, 367
Zahnwale 139 f.
Zaunkönig 288, 293, 314
Zebrafinken 218
Zehnfuflkrebse 184
Zellteilung 361, 367 f., 371, 374
Zikaden 129
Zoea 184, 186
Zuhausebleiber 331 ff.
Zweiflügler 37
Zwergameisenbären 103
Zwergdarwinfink 115
Zwergmännchen 164
Zwischenwirt 385

BILDNACHWEIS

Alle Illustrationen im Innenteil des Buches stammen von Jana Lenzová.
Die übrigen Abbildungen wurden übernommen von:

Akg-images: S. 176 (Science Source) — Alamy: S. 13 (Minden Pictures), 28 (Max Allen), 30 (Michael Carroll/Media Drum World), 31 re. (blickwinkel), 31 li. (Bill Coster IN), 35 Mi. (André Gilden), 36 li., 38 u. (bd. Minden Pictures), 40 (Azura Ahmad), 189 o. (Library Book Coll.), 214 (Science History Images), 228 (Zoonar GmbH), 229 u. li. (Helmut Corneli), 233 (Bill Waterson), 389 (The Reading Room) — Brett Billing and Ryan Hagerty USFWS: S. 33 — W. B. Carr: S. 299 li. — Nick Davies: S. 295 — Richard Dawkins: S. 19, 20, 62 (nach Joyce & Gauthier, 2003), 93 — Bill Hamilton: S. 11 (mit freundlicher Genehmigung von Dr. Mary Bliss) — Roger Hanlon: S. 229 o. — Yathin Krishnappa: S. 27 — Husein Latif: S. 43 o. re. — Cameron Radfords: S. 41 — Shutterstock: S. 34 (reptiles4all), 35 o. (yod 67), 35 u. (Jiri Balek), 37 (HWall), 39 (Super Prin), 42 (Alexis Srsa), 43 u. (3ffi), 44 (Jamikorn Sooktaramorn), 143 (GagliardiPhotography), 229 u. re. (FtLaud) — Bard G. Stokke, NINA: S. 291 — Prof. Michael Sweet: S. 36 re., 38 o., 43 o. li. — Rose Thorogood: S. 299 re. — Charles Tyler: S. 292 — Anil Kumar Verma: S. 32 — Wikimedia Commons: S. 354 (Zlir'a), 377

sowie aus:
Aktipis, *The Cheating Cell:* S. 370 — Bentley/Hoy, R. The Neurobiology of Cricket Song: S. 275 — Cavalli-Sforza/Feldman, *Cultural Transmission*: S. 153 — Dawkins/Wong, *The Ancestor's Tale:* S. 340 — Frolová, P. et al. (2022) Molecular Phylogeny and Historical Biogeography of Marine Palaemonid Shrimps (Palaemonidae: Palaemonella–Cuapetes group), *Scientific Reports*, 12, 15237 (Abb. 2): S. 157 — Gregory, RL (1983) Mind in Science. A History of Explanations in Psychology and Physics', *Group Analysis: The International Journal of Group-Analytic Psychotherapy* (© 1983, SAGE Publications): S. 82 — Kalluraya et al., Bacterial Origin (Abb. 2, A): S. 383 — Kowalczyk et al., *Complementary Evolution*: S. 150 — Martin, *Atlas of Crustacean Larvae:* S. 185, 187, 189 u. (re. bearb. Dahms et al. 2006) — Kalliopi Monoyios in Shubin, *Some Assembly Required:* S. 181 — Sulston et al. (1983) The Embryonic Cell Lineage of the Nematode Caenorhabditis Elegans, *Developmental Biology*: S. 368 — Thompson, *On Growth and Form*: S. 174